▶第1章◀ 方程式・式と証明

1 3次式の乗法公式と因数分解(p.2)

1 (1) $(x-1)^3=x^3-3\times x^2\times 1+3\times x\times 1^2-1^3$
$=\boldsymbol{x^3-3x^2+3x-1}$

(2) $(2a+b)^3=(2a)^3+3\times(2a)^2\times b+3\times(2a)\times b^2+b^3$
$=\boldsymbol{8a^3+12a^2b+6ab^2+b^3}$

(3) $(x+1)(x^2-x+1)=(x+1)(x^2-x\times 1+1^2)$
$=x^3+1^3$
$=\boldsymbol{x^3+1}$

(4) $(2a-b)(4a^2+2ab+b^2)=(2a-b)\{(2a)^2+2a\times b+b^2\}$
$=(2a)^3-b^3$
$=\boldsymbol{8a^3-b^3}$

乗法公式
① $(a+b)^3$
$=a^3+3a^2b+3ab^2+b^3$
② $(a-b)^3$
$=a^3-3a^2b+3ab^2-b^3$
③ $(a+b)(a^2-ab+b^2)$
$=a^3+b^3$
④ $(a-b)(a^2+ab+b^2)$
$=a^3-b^3$

2 (1) $x^3+1=x^3+1^3$
$=(x+1)(x^2-x\times 1+1^2)$
$=\boldsymbol{(x+1)(x^2-x+1)}$

(2) $8a^3-b^3=(2a)^3-b^3$
$=(2a-b)\{(2a)^2+2a\times b+b^2\}$
$=\boldsymbol{(2a-b)(4a^2+2ab+b^2)}$

因数分解の公式
① a^3+b^3
$=(a+b)(a^2-ab+b^2)$
② a^3-b^3
$=(a-b)(a^2+ab+b^2)$

3 (1) $(2x+1)^3=(2x)^3+3\times(2x)^2\times 1+3\times(2x)\times 1^2+1^3$
$=\boldsymbol{8x^3+12x^2+6x+1}$

(2) $(3x-y)^3=(3x)^3-3\times(3x)^2\times y+3\times(3x)\times y^2-y^3$
$=\boldsymbol{27x^3-27x^2y+9xy^2-y^3}$

(3) $(x+2y)(x^2-2xy+4y^2)=(x+2y)\{x^2-x\times 2y+(2y)^2\}$
$=x^3+(2y)^3=\boldsymbol{x^3+8y^3}$

(4) $(3a-b)(9a^2+3ab+b^2)=(3a-b)\{(3a)^2+3a\times b+b^2\}$
$=(3a)^3-b^3=\boldsymbol{27a^3-b^3}$

4 (1) $x^3+8=x^3+2^3=(x+2)(x^2-x\times 2+2^2)$
$=\boldsymbol{(x+2)(x^2-2x+4)}$

(2) $8a^3-1=(2a)^3-1^3=(2a-1)\{(2a)^2+2a\times 1+1^2\}$
$=\boldsymbol{(2a-1)(4a^2+2a+1)}$

5 (1) $(3a+2b)(9a^2-6ab+4b^2)$
$=(3a+2b)\{(3a)^2-3a\times 2b+(2b)^2\}$ ⬅乗法公式③
$=(3a)^3+(2b)^3=\boldsymbol{27a^3+8b^3}$

(2) $(-x+2y)^3$
$=(-x)^3+3\times(-x)^2\times(2y)+3\times(-x)\times(2y)^2+(2y)^3$ ⬅乗法公式①
$=\boldsymbol{-x^3+6x^2y-12xy^2+8y^3}$

(3) $(-3x-2)^3$
$=(-3x)^3-3\times(-3x)^2\times 2+3\times(-3x)\times 2^2-2^3$ ⬅乗法公式②
$=\boldsymbol{-27x^3-54x^2-36x-8}$

(4) $(3x-4y)(9x^2+12xy+16y^2)$
$=(3x-4y)\{(3x)^2+3x\times 4y+(4y)^2\}$ ⬅乗法公式④
$=(3x)^3-(4y)^3=\boldsymbol{27x^3-64y^3}$

6 (1) $250a^3+2b^3=2(125a^3+b^3)=2\{(5a)^3+b^3\}$
$=2[(5a+b)\{(5a)^2-(5a)\times b+b^2\}]$
$=\mathbf{2(5a+b)(25a^2-5ab+b^2)}$

(2) $8px^3-py^3=p(8x^3-y^3)=p\{(2x)^3-y^3\}$
$=p[(2x-y)\{(2x)^2+(2x)\times y+y^2\}]$
$=\mathbf{p(2x-y)(4x^2+2xy+y^2)}$

⬅因数分解の公式①

⬅因数分解の公式②

JUMP 1

考え方 乗法公式が使えるように計算の順序を考える。

$(a+b)^2(a-b)^2(a^4+a^2b^2+b^4)^2$
$=\{(a+b)(a-b)\}^2(a^4+a^2b^2+b^4)^2$ ⬅$a^nb^n=(ab)^n$
$=(a^2-b^2)^2(a^4+a^2b^2+b^4)^2$ ⬅$(a+b)(a-b)=a^2-b^2$
$=[(a^2-b^2)\{(a^2)^2+a^2\times b^2+(b^2)^2\}]^2$ ⬅$a^nb^n=(ab)^n$
$=\{(a^2)^3-(b^2)^3\}^2$ ⬅乗法公式④
$=(a^6-b^6)^2$ ⬅$(a^m)^n=a^{mn}$
$=(a^6)^2-2a^6\times b^6+(b^6)^2$
$=\mathbf{a^{12}-2a^6b^6+b^{12}}$ ⬅$(a^m)^n=a^{mn}$

2 二項定理(p.4)

7 $(x+2)^4={}_4C_0x^4+{}_4C_1x^3\times 2^1+{}_4C_2x^2\times 2^2+{}_4C_3x^1\times 2^3+{}_4C_4\times 2^4$
$=1\times x^4+4\times x^3\times 2+6\times x^2\times 4+4\times x\times 8+1\times 16$
$=\mathbf{x^4+8x^3+24x^2+32x+16}$

二項定理
$(a+b)^n$
$={}_nC_0a^n+{}_nC_1a^{n-1}b$
$+\cdots+{}_nC_ra^{n-r}b^r$
$+\cdots+{}_nC_{n-1}ab^{n-1}$
$+{}_nC_nb^n$
また，
${}_nC_{n-r}={}_nC_r$
である。

8 $(4x+y)^5$ の展開式の一般項は
${}_5C_r(4x)^{5-r}y^r={}_5C_r\cdot 4^{5-r}\cdot x^{5-r}\cdot y^r$
と表せる。これが xy^4 の項になるのは $r=4$ のときである。
よって，求める係数は
${}_5C_4\times 4^{5-4}={}_5C_1\times 4=\frac{5}{1}\times 4=\mathbf{20}$

9 (1) $(a-b)^4={}_4C_0a^4+{}_4C_1a^3(-b)^1$
$+{}_4C_2a^2(-b)^2+{}_4C_3a^1(-b)^3+{}_4C_4(-b)^4$
$=1\times a^4+4\times a^3(-b)+6\times a^2b^2+4\times a(-b^3)+1\times b^4$
$=\mathbf{a^4-4a^3b+6a^2b^2-4ab^3+b^4}$

(2) $(x+3)^5={}_5C_0x^5+{}_5C_1x^4\times 3^1+{}_5C_2x^3\times 3^2$
$+{}_5C_3x^2\times 3^3+{}_5C_4x^1\times 3^4+{}_5C_53^5$
$=1\times x^5+5\times x^4\times 3+10\times x^3\times 9$
$+10\times x^2\times 27+5\times x\times 81+1\times 243$
$=\mathbf{x^5+15x^4+90x^3+270x^2+405x+243}$

(3) $(2x-3y)^4={}_4C_0(2x)^4+{}_4C_1(2x)^3(-3y)^1+{}_4C_2(2x)^2(-3y)^2$
$+{}_4C_3(2x)^1(-3y)^3+{}_4C_4(-3y)^4$
$=1\times 16x^4+4\times 8x^3\times(-3y)+6\times 4x^2\times 9y^2$
$+4\times 2x\times(-27y^3)+1\times 81y^4$
$=\mathbf{16x^4-96x^3y+216x^2y^2-216xy^3+81y^4}$

(4) $(2x+y)^6={}_6C_0(2x)^6+{}_6C_1(2x)^5y^1+{}_6C_2(2x)^4y^2+{}_6C_3(2x)^3y^3$
$+{}_6C_4(2x)^2y^4+{}_6C_5(2x)^1y^5+{}_6C_6y^6$
$=1\times 64x^6+6\times 32x^5y+15\times 16x^4y^2+20\times 8x^3y^3$
$+15\times 4x^2y^4+6\times 2xy^5+1\times y^6$
$=\mathbf{64x^6+192x^5y+240x^4y^2+160x^3y^3}$
$\mathbf{+60x^2y^4+12xy^5+y^6}$

10 (1) $(a+b)^6$ の展開式の一般項は ${}_6C_r a^{6-r} b^r$ と表せる。
これが a^4b^2 の項になるのは $r=2$ のときである。
よって，求める係数は

$${}_6C_2=\frac{6\times5}{2\times1}=\mathbf{15}$$

(2) $(x-2)^6$ の展開式の一般項は

$${}_6C_r x^{6-r}(-2)^r={}_6C_r(-2)^r x^{6-r}$$

と表せる。これが x^4 の項になるのは $r=2$ のときである。
よって，求める係数は

$${}_6C_2\times(-2)^2=\frac{6\times5}{2\times1}\times(-2)^2=\mathbf{60}$$

(3) $(3x^2+2y)^5$ の展開式の一般項は

$${}_5C_r(3x^2)^{5-r}(2y)^r={}_5C_r\cdot3^{5-r}\cdot2^r\cdot x^{10-2r}y^r$$

と表せる。これが x^6y^2 の項になるのは $r=2$ のときである。
よって，求める係数は

$${}_5C_2\times3^{5-2}\times2^2=\frac{5\times4}{2\times1}\times3^3\times2^2=\mathbf{1080}$$

⬅ $(a+b)^n$ の一般項は ${}_nC_r a^{n-r} b^r$

JUMP 2

$(x+y+z)^5$ を展開したとき，$x^py^qz^r$ の項の係数は

$$\frac{5!}{p!q!r!}\quad ただし，p+q+r=5$$

と表せる。xy^2z^2 の項になるのは $p=1$，$q=2$，$r=2$ のときである。
よって，求める係数は

$$\frac{5!}{1!2!2!}=\frac{5\times4\times3\times2\times1}{1\times2\times1\times2\times1}=\mathbf{30}$$

考え方 多項定理を用いる。

多項定理
$(a+b+c)^n$ の展開式における $a^pb^qc^r$ の項は

$$\frac{n!}{p!q!r!}a^pb^qc^r \quad (p+q+r=n)$$

3 整式の除法 (p.6)

11

$$\begin{array}{r} x^2-2x+3 \\ x+2\overline{)\,x^3\qquad\ -\ x+8} \\ \underline{x^3+2x^2\qquad\qquad} \\ -2x^2-\ x\quad \\ \underline{-2x^2-4x\quad} \\ 3x+8 \\ \underline{3x+6} \\ 2 \end{array}$$

商は $\boldsymbol{x^2-2x+3}$，余りは $\mathbf{2}$

⬅ x^2 の項の場所はあけておく。

12 与えられた条件から

$$3x^3+5x^2+7x+9=B\times(3x-1)+12$$

よって

$$B\times(3x-1)=3x^2+5x^2+7x+9-12=3x^3+5x^2+7x-3$$

ゆえに

$$B=(3x^3+5x^2+7x-3)\div(3x-1)=\boldsymbol{x^2+2x+3}$$

⬅ 整式 A を整式 B で割ったとき，商を Q，余りを R とすると，
$A=BQ+R$
(RはBより次数の低い整式)

13 (1)

$$\begin{array}{r} 2x-2 \\ 2x+1\overline{)\,4x^2-2x+5} \\ \underline{4x^2+2x\qquad} \\ -4x+5 \\ \underline{-4x-2} \\ 7 \end{array}$$

商は $\boldsymbol{2x-2}$，余りは $\mathbf{7}$

1章 方程式・式と証明

(2) 商は $\boldsymbol{x-1}$，余りは $\boldsymbol{x}$

$$
\begin{array}{r}
x-1 \\
x^2+x+2\,\overline{)\,x^3 +2x-2} \\
x^3+x^2+2x \\
\hline
-x^2 -2 \\
-x^2-\ x-2 \\
\hline
x
\end{array}
$$

←x^2 の項の場所はあけておく。

14 与えられた条件から

$A=(2x^2+3x+4)\times(x+3)+(-x-12)$

$=2x^3+9x^2+13x+12-x-12$

$\boldsymbol{=2x^3+9x^2+12x}$

←整式 A を整式 B で割ったとき，商を Q，余りを R とすると，
$A=BQ+R$
(RはBより次数の低い整式)

15

$$
\begin{array}{r}
3x^2+2x-3 \\
2x^2-3x+4\,\overline{)\,6x^4-5x^3 +17x-12} \\
6x^4-9x^3+12x^2 \\
\hline
4x^3-12x^2+17x \\
4x^3-\ 6x^2+\ 8x \\
\hline
-\ 6x^2+\ 9x-12 \\
-\ 6x^2+\ 9x-12 \\
\hline
0
\end{array}
$$

商は $\boldsymbol{3x^2+2x-3}$，余りは $\boldsymbol{0}$

←x^2 の項の場所はあけておく。

16 与えられた条件から

$3x^3+4x^2+4x+8=B\times(3x+1)+7$

よって

$B\times(3x+1)=3x^3+4x^2+4x+8-7=3x^3+4x^2+4x+1$

ゆえに

$B=(3x^3+4x^2+4x+1)\div(3x+1)=\boldsymbol{x^2+x+1}$

←整式 A を整式 B で割ったとき，商を Q，余りを R とすると，
$A=BQ+R$
(RはBより次数の低い整式)

17 与えられた条件から

$4x^4+7x^2+x+15=B\times(2x^2+3x+4)+(x-1)$

よって

$B\times(2x^2+3x+4)=4x^4+7x^2+x+15-(x-1)=4x^4+7x^2+16$

ゆえに

$B=(4x^4+7x^2+16)\div(2x^2+3x+4)=\boldsymbol{2x^2-3x+4}$

←整式 A を整式 B で割ったとき，商を Q，余りを R とすると，
$A=BQ+R$
(RはBより次数の低い整式)

JUMP 3

A を x について整理すると

$A=2x^2+(y+4)x+6y^2-2y-1$

であるから

$$
\begin{array}{r}
2x\ -3y+4 \\
x+2y\,\overline{)\,2x^2+(y+4)x+6y^2-\ 2y-1} \\
2x^2+4y\quad x \\
\hline
(-3y+4)x+6y^2-\ 2y \\
(-3y+4)x-6y^2+\ 8y \\
\hline
12y^2-10y-1
\end{array}
$$

商は $\boldsymbol{2x-3y+4}$，余りは $\boldsymbol{12y^2-10y-1}$

考え方 着目する文字について降べきの順に整理する。

←余りは x を含まない。

A を y について整理すると

$$A=6y^2+(x-2)y+2x^2+4x-1$$

であるから

$$\begin{array}{r@{\,}l} & 3y-x-1 \\ 2y+x \,\big)\!\! & 6y^2+(x-2)y+2x^2+4x-1 \\ & \underline{6y^2+3xy} \\ & (-2x-2)y+2x^2+4x \\ & \underline{(-2x-2)y-x^2-x} \\ & 3x^2+5x-1 \end{array}$$

商は $\boldsymbol{3y-x-1}$，余りは $\boldsymbol{3x^2+5x-1}$

⬅余りは y を含まない。

4 分数式 (p.8)

18 (1) $\dfrac{3x+6}{x^2+x-2}=\dfrac{3(x+2)}{(x+2)(x-1)}=\boldsymbol{\dfrac{3}{x-1}}$

⬅因数分解して，共通な因数を約分する。

(2) $\dfrac{x^2-1}{x-2}\div\dfrac{x^2+3x+2}{x^2-4}$

$=\dfrac{x^2-1}{x-2}\times\dfrac{x^2-4}{x^2+3x+2}$

⬅割り算は分母・分子を逆にして掛ける。

$=\dfrac{(x+1)(x-1)}{x-2}\times\dfrac{(x+2)(x-2)}{(x+1)(x+2)}=\boldsymbol{x-1}$

19 (1) $\dfrac{x^2}{x-1}-\dfrac{1}{x-1}=\dfrac{x^2-1}{x-1}=\dfrac{(x-1)(x+1)}{x-1}=\boldsymbol{x+1}$

(2) $\dfrac{1}{x+2}+\dfrac{5}{x^2-x-6}$

$=\dfrac{1}{x+2}+\dfrac{5}{(x+2)(x-3)}=\dfrac{x-3}{(x+2)(x-3)}+\dfrac{5}{(x+2)(x-3)}$

⬅分母を通分して $(x+2)(x-3)$ にそろえる。

$=\dfrac{x-3+5}{(x+2)(x-3)}=\dfrac{x+2}{(x+2)(x-3)}=\boldsymbol{\dfrac{1}{x-3}}$

20 (1) $\dfrac{x^2+2x-3}{x^2+x-6}\times\dfrac{x^2-4x+4}{x^2-3x+2}$

$=\dfrac{(x+3)(x-1)}{(x+3)(x-2)}\times\dfrac{(x-2)^2}{(x-1)(x-2)}=\boldsymbol{1}$

(2) $\dfrac{x}{x^2-1}\div\dfrac{x^2+8x+16}{x^2+3x-4}$

$=\dfrac{x}{x^2-1}\times\dfrac{x^2+3x-4}{x^2+8x+16}$

⬅割り算は分母・分子を逆にして掛ける。

$=\dfrac{x}{(x+1)(x-1)}\times\dfrac{(x+4)(x-1)}{(x+4)^2}=\boldsymbol{\dfrac{x}{(x+1)(x+4)}}$

21 (1) $3+\dfrac{1-3x}{x+2}=\dfrac{3(x+2)}{x+2}+\dfrac{1-3x}{x+2}$

⬅分母を通分して $x+2$ にそろえる。

$=\dfrac{3(x+2)+1-3x}{x+2}=\boldsymbol{\dfrac{7}{x+2}}$

(2) $\dfrac{2}{x+3}-\dfrac{1}{x+2}$

$=\dfrac{2(x+2)}{(x+3)(x+2)}-\dfrac{x+3}{(x+3)(x+2)}$

⬅分母を通分して $(x+3)(x+2)$ にそろえる。

$=\dfrac{2(x+2)-(x+3)}{(x+3)(x+2)}=\boldsymbol{\dfrac{x+1}{(x+3)(x+2)}}$

(3) $\dfrac{3}{x^2-9}-\dfrac{1}{x^2-4x+3}$

$=\dfrac{3}{(x+3)(x-3)}-\dfrac{1}{(x-1)(x-3)}$

$=\dfrac{3(x-1)}{(x+3)(x-3)(x-1)}-\dfrac{x+3}{(x+3)(x-3)(x-1)}$

$=\dfrac{3(x-1)-(x+3)}{(x+3)(x-3)(x-1)}$

$=\dfrac{2(x-3)}{(x+3)(x-3)(x-1)}=\mathbf{\dfrac{2}{(x+3)(x-1)}}$

⬅分母を通分して $(x+3)(x-3)(x-1)$ にそろえる。

22 (1) $\dfrac{x^2+2x}{x^2-2x-3}\times\dfrac{x^2-4x+3}{x^2-4}\times\dfrac{x^2-x-2}{2x^2-2x}$

$=\dfrac{x(x+2)}{(x-3)(x+1)}\times\dfrac{(x-1)(x-3)}{(x+2)(x-2)}\times\dfrac{(x-2)(x+1)}{2x(x-1)}=\mathbf{\dfrac{1}{2}}$

(2) $\dfrac{4x^2-1}{x^2+x-12}\div\dfrac{2x^2-x-1}{x^2-16}$

$=\dfrac{4x^2-1}{x^2+x-12}\times\dfrac{x^2-16}{2x^2-x-1}$

$=\dfrac{(2x+1)(2x-1)}{(x+4)(x-3)}\times\dfrac{(x+4)(x-4)}{(2x+1)(x-1)}=\mathbf{\dfrac{(2x-1)(x-4)}{(x-3)(x-1)}}$

⬅割り算は分母・分子を逆にして掛ける。

23 (1) $x+2+\dfrac{2-x}{x-1}=\dfrac{(x+2)(x-1)}{x-1}+\dfrac{2-x}{x-1}$

$=\dfrac{x^2+x-2+2-x}{x-1}=\mathbf{\dfrac{x^2}{x-1}}$

(2) $\dfrac{2}{x-4}-\dfrac{1}{x+3}+\dfrac{x-4}{x^2-x-12}=\dfrac{2}{x-4}-\dfrac{1}{x+3}+\dfrac{x-4}{(x-4)(x+3)}$

$=\dfrac{2}{x-4}-\dfrac{1}{x+3}+\dfrac{1}{x+3}=\mathbf{\dfrac{2}{x-4}}$

JUMP 4

考え方 まず，分母・分子をそれぞれ整理する。

(分子) $=\dfrac{x(x-2)}{x-2}+\dfrac{1}{x-2}=\dfrac{x(x-2)+1}{x-2}=\dfrac{x^2-2x+1}{x-2}$

(分母) $=\dfrac{x-2}{x-2}+\dfrac{1}{x-2}=\dfrac{(x-2)+1}{x-2}=\dfrac{x-1}{x-2}$

よって $\dfrac{x+\dfrac{1}{x-2}}{1+\dfrac{1}{x-2}}=\dfrac{x^2-2x+1}{x-2}\div\dfrac{x-1}{x-2}$

$=\dfrac{x^2-2x+1}{x-2}\times\dfrac{x-2}{x-1}$

$=\dfrac{(x-1)^2}{x-2}\times\dfrac{x-2}{x-1}=\mathbf{x-1}$

⬅ $\dfrac{(分子)}{(分母)}=(分子)\div(分母)$

別解 $\dfrac{x+\dfrac{1}{x-2}}{1+\dfrac{1}{x-2}}=\dfrac{\left(x+\dfrac{1}{x-2}\right)\times(x-2)}{\left(1+\dfrac{1}{x-2}\right)\times(x-2)}$

$=\dfrac{x(x-2)+1}{(x-2)+1}$

$=\dfrac{x^2-2x+1}{x-1}$

$=\dfrac{(x-1)^2}{(x-1)}=\mathbf{x-1}$

⬅分母・分子に $(x-2)$ を掛ける。

5 複素数 (p.10)

24 $1-x$, $2y+3$ は実数であるから

$1-x=-2$, $2y+3=13$　より　$\boldsymbol{x=3,\ y=5}$

> **複素数の相等**
> a, b, c, d が実数のとき,
> $a+bi=c+di$
> $\iff a=c$ かつ $b=d$

25 (1) $(3+2i)+(2-3i)=(3+2)+(2-3)i=\boldsymbol{5-i}$

(2) $(4+2i)-(2+i)=(4-2)+(2-1)i=\boldsymbol{2+i}$

(3) $(1+3i)(2+5i)=2+5i+6i+15i^2$
$=2+5i+6i+15\times(-1)$
$=\boldsymbol{-13+11i}$

⇐ $i^2=-1$

(4) $\dfrac{13}{3+2i}=\dfrac{13(3-2i)}{(3+2i)(3-2i)}=\dfrac{13(3-2i)}{9-4i^2}$
$=\dfrac{13(3-2i)}{9-4(-1)}=\dfrac{13(3-2i)}{13}=\boldsymbol{3-2i}$

⇐分母 $3+2i$ と共役な複素数 $3-2i$ を分母・分子に掛ける。

26 (1) $(2-3i)+(5+4i)=(2+5)+(-3+4)i=\boldsymbol{7+i}$

(2) $(3+i)-(2-4i)=(3-2)+\{1-(-4)\}i=\boldsymbol{1+5i}$

(3) $i(2-3i)=2i-3i^2=2i-3\times(-1)=\boldsymbol{3+2i}$

⇐ $i^2=-1$

(4) $(1+3i)(2-3i)=2-3i+6i-9i^2$
$=2-3i+6i-9\times(-1)=\boldsymbol{11+3i}$

⇐ $i^2=-1$

27 (1) $\overline{z}=\boldsymbol{2-3i}$

(2) $z\overline{z}=(2+3i)(2-3i)$
$=4-9i^2$
$=4-9\times(-1)=\boldsymbol{13}$

⇐ $z=a+bi$ のとき
$\overline{z}=a-bi$
$z\overline{z}=(a+bi)(a-bi)$
$=a^2-(bi)^2=a^2+b^2$

(3) $\dfrac{z}{\overline{z}}=\dfrac{2+3i}{2-3i}=\dfrac{(2+3i)^2}{(2-3i)(2+3i)}$
$=\dfrac{4+12i+9i^2}{4-9i^2}=\dfrac{4+12i+9\times(-1)}{4-9\times(-1)}$
$=\boldsymbol{-\dfrac{5}{13}+\dfrac{12}{13}i}$

⇐分母 $2-3i$ と共役な複素数 $2+3i$ を分母・分子に掛ける。

28 (1) $(-2+3i)-(4-i)=(-2-4)+(3+1)i$
$=\boldsymbol{-6+4i}$

(2) $(3-i)i+(2+5i)=3i-i^2+2+5i$
$=3i-(-1)+2+5i=\boldsymbol{3+8i}$

⇐ $i^2=-1$

(3) $(2+3i)(5-2i)=10-4i+15i-6i^2$
$=10+11i-6\times(-1)=\boldsymbol{16+11i}$

⇐ $i^2=-1$

(4) $\dfrac{5+3i}{2-3i}=\dfrac{(5+3i)(2+3i)}{(2-3i)(2+3i)}$
$=\dfrac{10+15i+6i+9i^2}{4-9i^2}$
$=\dfrac{10+21i+9\times(-1)}{4-9\times(-1)}=\boldsymbol{\dfrac{1}{13}+\dfrac{21}{13}i}$

⇐分母 $2-3i$ と共役な複素数 $2+3i$ を分母・分子に掛ける。

(5) $\dfrac{1-4i}{2i-3}=\dfrac{(1-4i)(-3-2i)}{(-3+2i)(-3-2i)}$
$=\dfrac{-3-2i+12i+8i^2}{(-3)^2-(2i)^2}$
$=\dfrac{-3+10i-8}{9-4i^2}=\dfrac{-11+10i}{9-4\times(-1)}=\boldsymbol{-\dfrac{11}{13}+\dfrac{10}{13}i}$

⇐分母 $2i-3=-3+2i$ と共役な複素数 $-3-2i$ を分母・分子に掛ける。

29 (左辺)$=6x-3yi-2xi-4yi^2$

$=6x-(3y+2x)i-4y\times(-1)$

$=6x+4y-(2x+3y)i$

$6x+4y$，$2x+3y$ は実数で，これと (右辺) の実部，虚部がそれぞれ等しいので

$6x+4y=2$，$-(2x+3y)=1$

これを解いて　$\boldsymbol{x=1}$，$\boldsymbol{y=-1}$

JUMP 5

考え方　左辺を展開して，実部と虚部に分けて考える。

$(x+yi)^2=x^2+2xyi+y^2i^2=x^2-y^2+2xyi$　より

$x^2-y^2+2xyi=8i$

x^2-y^2，$2xy$ は実数であるから

$x^2-y^2=0$ ……①　　$2xy=8$ ……②

⬅①は実部，②は虚部

①より　$(x+y)(x-y)=0$

よって　$x=-y$　または　$x=y$

$x=-y$ のとき

②より $xy=4$ であるから $-y^2=4$　　これは不適

⬅$(\text{実数})^2\geqq 0$

$x=y$ のとき

②より $xy=4$ であるから $x^2=4$　　ゆえに　$x=\pm 2$

よって，求める x，y の値は　$\boldsymbol{(x,\ y)=(2,\ 2),\ (-2,\ -2)}$

6 負の数の平方根 (p.12)

負の数の平方根

(1)　$a>0$ のとき，$\sqrt{-a}=\sqrt{a}\,i$

(2)　$a>0$ のとき，$-a$ の平方根は $\pm\sqrt{-a}=\pm\sqrt{a}\,i$

30 (1)　$\sqrt{-7}=\boldsymbol{\sqrt{7}\,i}$

(2)　$\pm\sqrt{-64}=\pm\sqrt{64}\,i=\boldsymbol{\pm 8i}$

31 (1)　$\sqrt{-2}\times\sqrt{-10}=\sqrt{2}\,i\times\sqrt{10}\,i=\sqrt{20}\,i^2=\boldsymbol{-2\sqrt{5}}$

⬅$a>0$ のとき，$\sqrt{-a}$ を含む計算は，$\sqrt{-a}$ を $\sqrt{a}\,i$ として行う。

(2)　$\dfrac{\sqrt{8}}{\sqrt{-24}}=\dfrac{\sqrt{8}}{\sqrt{24}\,i}=\dfrac{1}{\sqrt{3}\,i}=\dfrac{\sqrt{3}}{3i}$

$=\dfrac{\sqrt{3}\times i}{3i\times i}=\dfrac{\sqrt{3}\,i}{3i^2}=\boldsymbol{-\dfrac{\sqrt{3}}{3}i}$

32 (1)　$\boldsymbol{x=\pm\sqrt{-10}=\pm\sqrt{10}\,i}$

(2)　$x^2=-4$ より

$\boldsymbol{x}=\pm\sqrt{-4}=\pm\sqrt{4}\,i=\boldsymbol{\pm 2i}$

$x^2=k$ の解

2次方程式 $x^2=k$ の解は

$x=\pm\sqrt{k}$

33 (1)　$\sqrt{-25}=\sqrt{25}\,i=\boldsymbol{5i}$

(2)　$\pm\sqrt{-18}=\pm\sqrt{18}\,i=\boldsymbol{\pm 3\sqrt{2}\,i}$

34 (1)　$\sqrt{-8}\times\sqrt{-2}-\sqrt{-9}=\sqrt{8}\,i\times\sqrt{2}\,i-\sqrt{9}\,i$

$=\sqrt{16}\,i^2-\sqrt{9}\,i$

$=4\times(-1)-3i$　　⬅$i^2=-1$

$=\boldsymbol{-4-3i}$

(2)　$\sqrt{-3}\times\sqrt{-4}+\sqrt{-27}\times\sqrt{-1}=\sqrt{3}\,i\times\sqrt{4}\,i+\sqrt{27}\,i\times i$

$=\sqrt{12}\,i^2+\sqrt{27}\,i^2$

$=2\sqrt{3}\times(-1)+3\sqrt{3}\times(-1)$　　⬅$i^2=-1$

$=\boldsymbol{-5\sqrt{3}}$

(3)　$\dfrac{\sqrt{-45}}{\sqrt{-5}}=\dfrac{\sqrt{45}\,i}{\sqrt{5}\,i}=\dfrac{3\sqrt{5}}{\sqrt{5}}=\boldsymbol{3}$

35 (1) $\boldsymbol{x}=\pm\sqrt{-8}=\pm\sqrt{8}\,i=\boldsymbol{\pm 2\sqrt{2}\,i}$

(2) $x^2=-49$ より

$\boldsymbol{x}=\pm\sqrt{-49}=\pm\sqrt{49}\,i=\boldsymbol{\pm 7i}$

36 (1) $\sqrt{-2}\times\sqrt{8}+\sqrt{32}\times\sqrt{-2}=\sqrt{2}\,i\times\sqrt{8}+\sqrt{32}\times\sqrt{2}\,i$

$=\sqrt{16}\,i+\sqrt{64}\,i$

$=4i+8i$

$=\boldsymbol{12i}$

(2) $(\sqrt{-6}+\sqrt{-8})(\sqrt{-6}-\sqrt{-8})=(\sqrt{6}\,i+\sqrt{8}\,i)(\sqrt{6}\,i-\sqrt{8}\,i)$

$=6i^2-8i^2$

$=6\times(-1)-8\times(-1)$　⇐ $i^2=-1$

$=-6+8=\boldsymbol{2}$

(3) $(3+\sqrt{-5})^2=(3+\sqrt{5}\,i)^2$

$=9+6\sqrt{5}\,i+5i^2$

$=9+6\sqrt{5}\,i+5\times(-1)$　⇐ $i^2=-1$

$=\boldsymbol{4+6\sqrt{5}\,i}$

(4) $\left(\dfrac{\sqrt{12}}{\sqrt{-9}}\right)^3=\left(\dfrac{\sqrt{12}}{\sqrt{9}\,i}\right)^3=\left(\dfrac{2\sqrt{3}}{3i}\right)^3=\dfrac{8\times3\sqrt{3}}{27i^3}$

$=\dfrac{8\sqrt{3}\times i}{9i^3\times i}=\dfrac{8\sqrt{3}\,i}{9(i^2)^2}=\dfrac{8\sqrt{3}\,i}{9\cdot(-1)^2}=\boldsymbol{\dfrac{8\sqrt{3}}{9}i}$

⇐ $i^2=-1$ を用いるため，i の偶数乗（ここでは 4 乗）を作る。
$i^4=(i^2)^2$ である。

37 (1) $x^2=-\dfrac{1}{4}$ より

$\boldsymbol{x}=\pm\sqrt{-\dfrac{1}{4}}=\pm\sqrt{\dfrac{1}{4}}\,i=\boldsymbol{\pm\dfrac{1}{2}i}$

(2) $x^2=-\dfrac{4}{3}$ より

$\boldsymbol{x}=\pm\sqrt{-\dfrac{4}{3}}=\pm\sqrt{\dfrac{4}{3}}\,i=\pm\dfrac{2}{\sqrt{3}}i=\boldsymbol{\pm\dfrac{2\sqrt{3}}{3}i}$

JUMP 6

考え方　分母と共役な複素数を分母・分子に掛ける。

(1) $\dfrac{\sqrt{5}-\sqrt{-2}}{\sqrt{5}+\sqrt{-2}}=\dfrac{\sqrt{5}-\sqrt{2}\,i}{\sqrt{5}+\sqrt{2}\,i}=\dfrac{(\sqrt{5}-\sqrt{2}\,i)^2}{(\sqrt{5}+\sqrt{2}\,i)(\sqrt{5}-\sqrt{2}\,i)}$

$=\dfrac{5-2\sqrt{10}\,i+2i^2}{5-2i^2}=\dfrac{5-2\sqrt{10}\,i+2\times(-1)}{5-2\times(-1)}$　⇐ $i^2=-1$

$=\boldsymbol{\dfrac{3-2\sqrt{10}\,i}{7}}$

(2) $\dfrac{1}{1+\sqrt{2}+\sqrt{-4}}=\dfrac{1}{1+\sqrt{2}+\sqrt{4}\,i}=\dfrac{1}{1+\sqrt{2}+2i}$

⇐ $(1+\sqrt{2})+2i$ と共役な複素数は $(1+\sqrt{2})-2i$

$=\dfrac{(1+\sqrt{2})-2i}{\{(1+\sqrt{2})+2i\}\{(1+\sqrt{2})-2i\}}$

$=\dfrac{1+\sqrt{2}-2i}{(1+\sqrt{2})^2-4i^2}=\dfrac{1+\sqrt{2}-2i}{1+2\sqrt{2}+2-4\times(-1)}$

$=\dfrac{1+\sqrt{2}-2i}{7+2\sqrt{2}}=\dfrac{(1+\sqrt{2}-2i)(7-2\sqrt{2})}{(7+2\sqrt{2})(7-2\sqrt{2})}$

$=\dfrac{7-2\sqrt{2}+7\sqrt{2}-4-14i+4\sqrt{2}\,i}{49-8}$

$=\boldsymbol{\dfrac{3+5\sqrt{2}-(14-4\sqrt{2})i}{41}}$

7 2次方程式(p.14)

38 (1) $x=\dfrac{-5\pm\sqrt{5^2-4\times1\times1}}{2\times1}=\dfrac{\boldsymbol{-5\pm\sqrt{21}}}{\boldsymbol{2}}$

(2) $x=\dfrac{-(-1)\pm\sqrt{(-1)^2-4\times2\times(-4)}}{2\times2}=\dfrac{\boldsymbol{1\pm\sqrt{33}}}{\boldsymbol{4}}$

(3) $x=\dfrac{-(-1)\pm\sqrt{(-1)^2-4\times2\times3}}{2\times2}=\dfrac{1\pm\sqrt{-23}}{2\times2}=\dfrac{\boldsymbol{1\pm\sqrt{23}\,i}}{\boldsymbol{4}}$

解の公式
2次方程式
$ax^2+bx+c=0$
の解は
$x=\dfrac{-b\pm\sqrt{b^2-4ac}}{2a}$

39 (1) $x=\dfrac{-4\pm\sqrt{4^2-4\times1\times6}}{2\times1}$

$=\dfrac{-4\pm\sqrt{-8}}{2}=\dfrac{-4\pm2\sqrt{2}\,i}{2}=\boldsymbol{-2\pm\sqrt{2}\,i}$

別解 $x^2+2\times2x+6=0$ より

$x=\dfrac{-2\pm\sqrt{2^2-1\times6}}{1}=-2\pm\sqrt{-2}=\boldsymbol{-2\pm\sqrt{2}\,i}$

← $ax^2+2b'x+c=0$ の解は $x=\dfrac{-b'\pm\sqrt{b'^2-ac}}{a}$

(2) $x=\dfrac{-(-6)\pm\sqrt{(-6)^2-4\times4\times1}}{2\times4}$

$=\dfrac{6\pm\sqrt{20}}{8}=\dfrac{6\pm2\sqrt{5}}{8}=\dfrac{\boldsymbol{3\pm\sqrt{5}}}{\boldsymbol{4}}$

別解 $4x^2-2\times3x+1=0$ より

$x=\dfrac{-(-3)\pm\sqrt{(-3)^2-4\times1}}{4}=\dfrac{\boldsymbol{3\pm\sqrt{5}}}{\boldsymbol{4}}$

← $ax^2+2b'x+c=0$ の解は $x=\dfrac{-b'\pm\sqrt{b'^2-ac}}{a}$

(3) $x=\dfrac{-4\pm\sqrt{4^2-4\times3\times5}}{2\times3}$

$=\dfrac{-4\pm\sqrt{-44}}{6}=\dfrac{-4\pm2\sqrt{11}\,i}{6}=\dfrac{\boldsymbol{-2\pm\sqrt{11}\,i}}{\boldsymbol{3}}$

別解 $3x^2+2\times2x+5=0$ より

$x=\dfrac{-2\pm\sqrt{2^2-3\times5}}{3}=\dfrac{-2\pm\sqrt{-11}}{3}=\dfrac{\boldsymbol{-2\pm\sqrt{11}\,i}}{\boldsymbol{3}}$

← $ax^2+2b'x+c=0$ の解は $x=\dfrac{-b'\pm\sqrt{b'^2-ac}}{a}$

40 (1) $x=\dfrac{-(-3)\pm\sqrt{(-3)^2-4\times1\times1}}{2\times1}=\dfrac{\boldsymbol{3\pm\sqrt{5}}}{\boldsymbol{2}}$

(2) $x=\dfrac{-(-3)\pm\sqrt{(-3)^2-4\times1\times7}}{2\times1}=\dfrac{3\pm\sqrt{-19}}{2}=\dfrac{\boldsymbol{3\pm\sqrt{19}\,i}}{\boldsymbol{2}}$

(3) $x=\dfrac{-(-2)\pm\sqrt{(-2)^2-4\times2\times3}}{2\times2}$

$=\dfrac{2\pm\sqrt{-20}}{4}=\dfrac{2\pm2\sqrt{5}\,i}{4}=\dfrac{\boldsymbol{1\pm\sqrt{5}\,i}}{\boldsymbol{2}}$

別解 $2x^2-2\times1x+3=0$ より

$x=\dfrac{-(-1)\pm\sqrt{(-1)^2-2\times3}}{2}=\dfrac{1\pm\sqrt{-5}}{2}=\dfrac{\boldsymbol{1\pm\sqrt{5}\,i}}{\boldsymbol{2}}$

← $ax^2+2b'x+c=0$ の解は $x=\dfrac{-b'\pm\sqrt{b'^2-ac}}{a}$

(4) $x=\dfrac{-3\pm\sqrt{3^2-4\times3\times(-5)}}{2\times3}=\dfrac{\boldsymbol{-3\pm\sqrt{69}}}{\boldsymbol{6}}$

(5) $x=\dfrac{-(-2)\pm\sqrt{(-2)^2-4\times4\times3}}{2\times4}$

$=\dfrac{2\pm\sqrt{-44}}{8}=\dfrac{2\pm2\sqrt{11}\,i}{8}=\dfrac{\boldsymbol{1\pm\sqrt{11}\,i}}{\boldsymbol{4}}$

別解 $4x^2-2\times1x+3=0$ より

$x=\dfrac{-(-1)\pm\sqrt{(-1)^2-4\times3}}{4}=\dfrac{1\pm\sqrt{-11}}{4}=\dfrac{\boldsymbol{1\pm\sqrt{11}\,i}}{\boldsymbol{4}}$

← $ax^2+2b'x+c=0$ の解は $x=\dfrac{-b'\pm\sqrt{b'^2-ac}}{a}$

41 (1) $x=\dfrac{-(-1)\pm\sqrt{(-1)^2-4\times1\times(-1)}}{2\times1}=\dfrac{1\pm\sqrt{5}}{2}$

(2) $(2x-3)^2=0$ より $x=\dfrac{3}{2}$

(3) $x=\dfrac{-(-3)\pm\sqrt{(-3)^2-4\times2\times4}}{2\times2}=\dfrac{3\pm\sqrt{-23}}{4}=\dfrac{3\pm\sqrt{23}i}{4}$

(4) $x=\dfrac{-(-6)\pm\sqrt{(-6)^2-4\times2\times9}}{2\times2}$

$=\dfrac{6\pm\sqrt{-36}}{4}=\dfrac{6\pm6i}{4}=\dfrac{3\pm3i}{2}$

別解 $2x^2-2\times3x+9=0$ より

$x=\dfrac{-(-3)\pm\sqrt{(-3)^2-2\times9}}{2}=\dfrac{3\pm\sqrt{-9}}{2}=\dfrac{3\pm3i}{2}$

← $ax^2+2b'x+c=0$ の解は $x=\dfrac{-b'\pm\sqrt{b'^2-ac}}{a}$

(5) $x=\dfrac{-2\sqrt{6}\pm\sqrt{(2\sqrt{6})^2-4\times(-3)\times(-2)}}{2\times(-3)}$

$=\dfrac{-2\sqrt{6}\pm\sqrt{0}}{-6}=\dfrac{\sqrt{6}}{3}$

別解 両辺を -1 倍して

$$3x^2-2\sqrt{6}x+2=0$$
$$(\sqrt{3})^2x^2-2\sqrt{3}\sqrt{2}x+(\sqrt{2})^2=0$$
$$(\sqrt{3}x-\sqrt{2})^2=0$$

よって $x=\dfrac{\sqrt{2}}{\sqrt{3}}=\dfrac{\sqrt{6}}{3}$

JUMP 7

考え方 解の公式を用いる。

$x=\dfrac{-(1+2\sqrt{3})\pm\sqrt{(1+2\sqrt{3})^2-4\times\sqrt{3}\times(1+\sqrt{3})}}{2\times\sqrt{3}}$

$=\dfrac{-(1+2\sqrt{3})\pm\sqrt{(1+4\sqrt{3}+12)-(4\sqrt{3}+12)}}{2\sqrt{3}}$

$=\dfrac{-1-2\sqrt{3}\pm1}{2\sqrt{3}}=\dfrac{-\sqrt{3}-6\pm\sqrt{3}}{6}$

← $\dfrac{-\sqrt{3}-6+\sqrt{3}}{6}=\dfrac{-6}{6}=-1$

$\dfrac{-\sqrt{3}-6-\sqrt{3}}{6}=\dfrac{-6-2\sqrt{3}}{6}=\dfrac{-3-\sqrt{3}}{3}$

よって $x=-1,\ \dfrac{-3-\sqrt{3}}{3}$

別解

両辺を $\sqrt{3}$ 倍して

$3x^2+(\sqrt{3}+6)x+(\sqrt{3}+3)=0$

$x=\dfrac{-(\sqrt{3}+6)\pm\sqrt{(\sqrt{3}+6)^2-4\times3\times(\sqrt{3}+3)}}{2\times3}$

$=\dfrac{-(\sqrt{3}+6)\pm\sqrt{3}}{6}$

よって $x=-1,\ \dfrac{-3-\sqrt{3}}{3}$

8 判別式(p.16)

42 (1) $D=5^2-4\times1\times2=17>0$ より

異なる2つの実数解をもつ。

(2) $D=3^2-4\times2\times2=-7<0$ より

異なる2つの虚数解をもつ。

(3) $D=(-4)^2-4\times4\times1=0$ より

重解をもつ。

← $ax^2+bx+c=0$ について $D=b^2-4ac$

43 $D=2^2-4(m-2)=-4m+12$ ← $D=b^2-4ac$

異なる 2 つの虚数解をもつのは，$D<0$ のときであるから

$-4m+12<0$

$-4m<-12$

よって　$\boldsymbol{m>3}$

別解　$x^2-2x+m-2=0$　より ← $ax^2+2b'x+c=0$ に対し $\frac{D}{4}=b'^2-ac$

$\frac{D}{4}=(-1)^2-1\times(m-2)=-m+3$

異なる 2 つの虚数解をもつのは，$D<0$ のときであるから

$-m+3<0$

よって　$\boldsymbol{m>3}$

44 (1) $D=7^2-4\times1\times(-2)=57>0$　より ← $D=b^2-4ac$

異なる 2 つの実数解をもつ。

(2) $D=5^2-4\times(-2)\times(-4)=-7<0$　より

異なる 2 つの虚数解をもつ。

(3) $D=(-2\sqrt{6})^2-4\times3\times2=0$　より

重解をもつ。

別解　$3x^2-2\sqrt{6}x+2=0$　より ← $ax^2+2b'x+c=0$ に対し $\frac{D}{4}=b'^2-ac$

$\frac{D}{4}=(-\sqrt{6})^2-3\times2=6-6=0$

よって，**重解をもつ。**

45 $D=(-2)^2-4(-m+3)=4m-8$

異なる 2 つの虚数解をもつのは，$D<0$ のときであるから ← $D=b^2-4ac$

$4m-8<0$

$4m<8$

よって　$\boldsymbol{m<2}$

別解　$x^2-2x-m+3=0$　より ← $ax^2+2b'x+c=0$ に対し $\frac{D}{4}=b'^2-ac$

$\frac{D}{4}=(-1)^2-1\times(-m+3)=m-2$

異なる 2 つの虚数解をもつのは，$D<0$ のときであるから

$m-2<0$

よって　$\boldsymbol{m<2}$

46 $D=\{2(m-3)\}^2-4(m^2-21)$

$=4m^2-24m+36-4m^2+84=-24m+120$

重解をもつのは，$D=0$ のときであるから

$-24m+120=0$

よって　$\boldsymbol{m=5}$

このとき，2 次方程式は　$x^2+4x+4=0$ ← $x^2+2(5-3)x+5^2-21=0$

$(x+2)^2=0$　より，**重解は**　$\boldsymbol{x=-2}$

別解　$x^2+2(m-3)x+m^2-21=0$　より ← $ax^2+2b'x+c=0$ に対し $\frac{D}{4}=b'^2-ac$

$\frac{D}{4}=(m-3)^2-1\times(m^2-21)$

$=m^2-6m+9-m^2+21=-6m+30$

重解をもつのは，$D=0$ のときであるから　$-6m+30=0$

よって　$\boldsymbol{m=5}$

このとき，2 次方程式は $x^2+4x+4=0$

$(x+2)^2=0$　より，**重解は**　$\boldsymbol{x=-2}$

47 (1) 左辺を展開して整理する。

$x^2+2x+1-3x-3+3=0$ より $x^2-x+1=0$

$D=(-1)^2-4\times1\times1=-3<0$

よって，**異なる 2 つの虚数解をもつ。**

(2) 左辺を展開して整理する。

$x^2+4x+4+3x-9=0$ より $x^2+7x-5=0$

$D=7^2-4\times1\times(-5)=69>0$

よって，**異なる 2 つの実数解をもつ。**

48 $D=(3m)^2-4(2m^2+m+3)$

$=9m^2-8m^2-4m-12$

$=m^2-4m-12=(m+2)(m-6)$

実数解をもつのは，$D\geqq0$ のときであるから

$(m+2)(m-6)\geqq0$

よって $\boldsymbol{m\leqq-2,\ 6\leqq m}$

⬅$D>0$ のとき
異なる 2 つの実数解をもち
$D=0$ のとき
重解（実数）をもつ

49 $D=\{-2(m-1)\}^2-4\times2\times(5-m)$

$=4m^2-8m+4-40+8m$

$=4m^2-36=4(m+3)(m-3)$

よって，この方程式は

$D>0$ つまり **$m<-3,\ 3<m$ のとき異なる 2 つの実数解，**

$D=0$ つまり **$m=\pm3$ のとき重解，**

$D<0$ つまり **$-3<m<3$ のとき異なる 2 つの虚数解をもつ。**

別解 $2x^2-2(m-1)x+5-m=0$ より

$\dfrac{D}{4}=\{-(m-1)\}^2-2\times(5-m)=m^2-2m+1-10+2m$

$=m^2-9=(m+3)(m-3)$

よって，この方程式は

$D>0$ つまり **$m<-3,\ 3<m$ のとき異なる 2 つの実数解，**

$D=0$ つまり **$m=\pm3$ のとき重解，**

$D<0$ つまり **$-3<m<3$ のとき異なる 2 つの虚数解をもつ。**

⬅$ax^2+2b'x+c=0$ に対し
$\dfrac{D}{4}=b'^2-ac$

JUMP 8

考え方 m の値で場合分け。

$m=0$ のとき

$2x=0$ より $x=0$

となるから，1 つの実数解。

⬅$m=0$ のときは 1 次方程式

$m\neq0$ のとき

$D=2^2-4\times m\times4m$

$=-4(4m^2-1)$

$=-16\left(m+\dfrac{1}{2}\right)\left(m-\dfrac{1}{2}\right)$

⬅$m\neq0$ のときは 2 次方程式

⬅$mx^2+2x+4m=0$
において，
$\dfrac{D}{4}=1^2-m\times4m=1-4m^2$
としてもよい。

以上より，この方程式は

$m=0$ のとき 1 つの実数解，

$D>0$ つまり **$-\dfrac{1}{2}<m<0,\ 0<m<\dfrac{1}{2}$ のとき異なる 2 つの実数解，**

$D=0$ つまり **$m=\pm\dfrac{1}{2}$ のとき重解，**

$D<0$ つまり **$m<-\dfrac{1}{2},\ \dfrac{1}{2}<m$ のとき異なる 2 つの虚数解をもつ。**

9 解と係数の関係(p.18)

50 (1) $\alpha+\beta=-\frac{4}{2}=\mathbf{-2}$

(2) $\alpha\beta=\frac{-5}{2}=\mathbf{-\frac{5}{2}}$

(3) $\alpha^2\beta+\alpha\beta^2=\alpha\beta(\alpha+\beta)$

$=-\frac{5}{2}\times(-2)=\mathbf{5}$

(4) $\alpha^2+\beta^2=(\alpha+\beta)^2-2\alpha\beta$

$=(-2)^2-2\times\left(-\frac{5}{2}\right)$

$=4+5=\mathbf{9}$

(5) $\alpha^3+\beta^3=(\alpha+\beta)^3-3\alpha\beta(\alpha+\beta)$

$=(-2)^3-3\times\left(-\frac{5}{2}\right)\times(-2)$

$=-8-15=\mathbf{-23}$

⬅$\alpha+\beta=-\frac{b}{a}$

⬅$\alpha\beta=\frac{c}{a}$

⬅この変形は重要
$(\alpha+\beta)^2=\alpha^2+2\alpha\beta+\beta^2$
より
$\alpha^2+\beta^2=(\alpha+\beta)^2-2\alpha\beta$

⬅$(\alpha+\beta)^3=\alpha^3+3\alpha^2\beta+3\alpha\beta^2+\beta^3$ より
$\alpha^3+\beta^3$
$=(\alpha+\beta)^3-3\alpha^2\beta-3\alpha\beta^2$
$=(\alpha+\beta)^3-3\alpha\beta(\alpha+\beta)$

51 解と係数の関係より　$\alpha+\beta=3$，$\alpha\beta=7$

(1) $\alpha^2+\beta^2=(\alpha+\beta)^2-2\alpha\beta$

$=3^2-2\times7=\mathbf{-5}$

(2) $(\alpha-\beta)^2=(\alpha+\beta)^2-4\alpha\beta$

$=3^2-4\times7=\mathbf{-19}$

(3) $(\alpha+1)(\beta+1)=\alpha\beta+(\alpha+\beta)+1$

$=7+3+1=\mathbf{11}$

(4) $\frac{1}{\alpha}+\frac{1}{\beta}=\frac{\beta}{\alpha\beta}+\frac{\alpha}{\alpha\beta}=\frac{\alpha+\beta}{\alpha\beta}=\mathbf{\frac{3}{7}}$

(5) $\frac{\beta}{\alpha}+\frac{\alpha}{\beta}=\frac{\beta^2}{\alpha\beta}+\frac{\alpha^2}{\alpha\beta}=\frac{\alpha^2+\beta^2}{\alpha\beta}=\frac{-5}{7}=\mathbf{-\frac{5}{7}}$

⬅$\alpha+\beta=-\frac{b}{a}$，$\alpha\beta=\frac{c}{a}$
⬅この変形は重要

⬅$(\alpha-\beta)^2=\alpha^2-2\alpha\beta+\beta^2$
$=\alpha^2+2\alpha\beta+\beta^2-4\alpha\beta$
$=(\alpha+\beta)^2-4\alpha\beta$

52 解と係数の関係より　$\alpha+\beta=-\frac{1}{3}$，$\alpha\beta=-\frac{5}{3}$

(1) $\alpha^2+\beta^2=(\alpha+\beta)^2-2\alpha\beta$

$=\left(-\frac{1}{3}\right)^2-2\times\left(-\frac{5}{3}\right)=\mathbf{\frac{31}{9}}$

(2) $\alpha^3+\beta^3=(\alpha+\beta)^3-3\alpha\beta(\alpha+\beta)$

$=\left(-\frac{1}{3}\right)^3-3\times\left(-\frac{5}{3}\right)\times\left(-\frac{1}{3}\right)=\mathbf{-\frac{46}{27}}$

(3) $(\alpha+2)(\beta+2)=\alpha\beta+2(\alpha+\beta)+4$

$=-\frac{5}{3}+2\times\left(-\frac{1}{3}\right)+4=\mathbf{\frac{5}{3}}$

⬅$\alpha+\beta=-\frac{b}{a}$，$\alpha\beta=\frac{c}{a}$
⬅この変形は重要

⬅$(\alpha+\beta)^3=\alpha^3+3\alpha^2\beta+3\alpha\beta^2+\beta^3$ より
$\alpha^3+\beta^3$
$=(\alpha+\beta)^3-3\alpha^2\beta-3\alpha\beta^2$
$=(\alpha+\beta)^3-3\alpha\beta(\alpha+\beta)$

53 1つの解を α とすると他方の解は 2α であるから，
解と係数の関係より

$\alpha+2\alpha=-9$ ……①

$\alpha\times2\alpha=2m$ ……②

①より $3\alpha=-9$ であるから　$\alpha=-3$

このとき，②より　$2m=2\alpha^2=2\times(-3)^2=18$

よって　$\boldsymbol{m=9}$

2つの解は α と 2α であるから，$\mathbf{-3}$，$\mathbf{-6}$

JUMP 9

1つの解をαとすると，もう1つの解は$\alpha+3$であるから，解と係数の関係より

$\alpha+(\alpha+3)=m$ ……①

$\alpha(\alpha+3)=2m+6$ ……②

①より　$m=2\alpha+3$

このとき，②より

$\alpha^2+3\alpha=2(2\alpha+3)+6$

$\alpha^2-\alpha-12=0$

$(\alpha-4)(\alpha+3)=0$

よって　$\alpha=4,\ -3$

$\alpha=4$ のとき，①より　$\boldsymbol{m=11}$

2つの解は　4，7

$\alpha=-3$ のとき，①より　$\boldsymbol{m=-3}$

2つの解は　−3，0

考え方　1つの解をαとし，「3だけ大きい」という条件と解と係数の関係を用いる。

10 解と係数の関係と2次式の因数分解 (p.20)

54 (1)　$x^2-x-4=0$ の解は

$$x=\frac{-(-1)\pm\sqrt{(-1)^2-4\times1\times(-4)}}{2\times1}=\frac{1\pm\sqrt{17}}{2}$$

よって　$x^2-x-4=\boldsymbol{\left(x-\frac{1+\sqrt{17}}{2}\right)\left(x-\frac{1-\sqrt{17}}{2}\right)}$

⬅$ax^2+bx+c=0$ の2つの解をα，βとすると $ax^2+bx+c=a(x-\alpha)(x-\beta)$

(2)　$x^2+9=0$ の解は　$x^2=-9$ より

$x=\pm\sqrt{-9}=\pm3i$

よって　$x^2+9=\boldsymbol{(x-3i)(x+3i)}$

55　2解の和は　$(3+4i)+(3-4i)=6$

積は　$(3+4i)(3-4i)=25$

よって，求める2次方程式の1つは　$\boldsymbol{x^2-6x+25=0}$

⬅$x^2-(和)x+(積)=0$

56 (1)　$x^2-4x+2=0$ の解は

$$x=\frac{-(-4)\pm\sqrt{(-4)^2-4\times1\times2}}{2\times1}$$

$$=\frac{4\pm\sqrt{8}}{2}=\frac{4\pm2\sqrt{2}}{2}=2\pm\sqrt{2}$$

よって　$x^2-4x+2=\{x-(2+\sqrt{2})\}\{x-(2-\sqrt{2})\}$

$=\boldsymbol{(x-2-\sqrt{2})(x-2+\sqrt{2})}$

⬅$ax^2+bx+c=0$ の2つの解をα，βとすると $ax^2+bx+c=a(x-\alpha)(x-\beta)$

(2)　$6x^2-5x-6=0$ の解は

$$x=\frac{-(-5)\pm\sqrt{(-5)^2-4\times6\times(-6)}}{2\times6}$$

$$=\frac{5\pm\sqrt{169}}{12}=\frac{5\pm13}{12}$$

すなわち　$x=\frac{3}{2},\ -\frac{2}{3}$

よって　$6x^2-5x-6=6\left(x-\frac{3}{2}\right)\left(x+\frac{2}{3}\right)$

$=\boldsymbol{(2x-3)(3x+2)}$

⬅x^2の係数6を忘れずにつける。

⬅
2	−3	−9
3	2	4
6	−6	−5

によって，確かめられる。

1章　方程式・式と証明

(3) $2x^2-2x+3=0$ の解は

$$x=\frac{-(-2)\pm\sqrt{(-2)^2-4\times2\times3}}{2\times2}$$

$$=\frac{2\pm\sqrt{-20}}{4}=\frac{2\pm2\sqrt{5}\,i}{4}=\frac{1\pm\sqrt{5}\,i}{2}$$

よって　$2x^2-2x+3=\boldsymbol{2\left(x-\frac{1+\sqrt{5}\,i}{2}\right)\left(x-\frac{1-\sqrt{5}\,i}{2}\right)}$

⬅$ax^2+bx+c=0$ の2つの解を α, β とすると $ax^2+bx+c=a(x-\alpha)(x-\beta)$

57 2解の和は　$(3+\sqrt{2})+(3-\sqrt{2})=6$

積は　$(3+\sqrt{2})(3-\sqrt{2})=7$

よって，求める2次方程式の1つは

$\boldsymbol{x^2-6x+7=0}$

⬅$x^2-(和)x+(積)=0$

58 解と係数の関係より　$\alpha+\beta=-2$, $\alpha\beta=-5$

であるから，$\alpha+3$, $\beta+3$ の和と積をそれぞれ求めて

$(\alpha+3)+(\beta+3)=(\alpha+\beta)+6=-2+6=4$

$(\alpha+3)(\beta+3)=\alpha\beta+3(\alpha+\beta)+9$

$=-5+3\times(-2)+9=-2$

よって，求める2次方程式の1つは

$\boldsymbol{x^2-4x-2=0}$

⬅$x^2-(和)x+(積)=0$

59 2解の和は

$$\frac{-1+\sqrt{7}\,i}{2}+\frac{-1-\sqrt{7}\,i}{2}=\frac{-2}{2}=-1$$

2解の積は

$$\frac{-1+\sqrt{7}\,i}{2}\times\frac{-1-\sqrt{7}\,i}{2}=\frac{1-7i^2}{4}=\frac{8}{4}=2$$

よって，求める2次方程式の1つは

$\boldsymbol{x^2+x+2=0}$

⬅$x^2-(和)x+(積)=0$

60 解と係数の関係より　$\alpha+\beta=-2$, $\alpha\beta=\frac{2}{3}$

(1) $\frac{1}{\alpha}$, $\frac{1}{\beta}$ の和と積をそれぞれ求めて

$$\frac{1}{\alpha}+\frac{1}{\beta}=\frac{\beta}{\alpha\beta}+\frac{\alpha}{\alpha\beta}=\frac{\alpha+\beta}{\alpha\beta}=(-2)\div\frac{2}{3}=-3$$

$$\frac{1}{\alpha}\times\frac{1}{\beta}=\frac{1}{\alpha\beta}=1\div\frac{2}{3}=\frac{3}{2}$$

よって，求める2次方程式の1つは

$$x^2+3x+\frac{3}{2}=0$$

⬅$x^2-(和)x+(積)=0$

すなわち　$\boldsymbol{2x^2+6x+3=0}$

(2) α^2, β^2 の和と積をそれぞれ求めて

$$\alpha^2+\beta^2=(\alpha+\beta)^2-2\alpha\beta=(-2)^2-2\times\frac{2}{3}=\frac{8}{3}$$

$$\alpha^2\beta^2=(\alpha\beta)^2=\frac{4}{9}$$

よって，求める2次方程式の1つは

$$x^2-\frac{8}{3}x+\frac{4}{9}=0$$

⬅$x^2-(和)x+(積)=0$

すなわち　$\boldsymbol{9x^2-24x+4=0}$

JUMP 10

求める2つの数をα，βとすると

$\alpha+\beta=4$，$\alpha\beta=5$　よりα，βは，2次方程式

$x^2-4x+5=0$ ……①　の2解である。

①を解くと　$x=-(-2)\pm\sqrt{(-2)^2-1\times5}=2\pm i$

よって，2つの数は　$\boldsymbol{2+i}$，$\boldsymbol{2-i}$

考え方　与えられた2つの数を解にもつ2次方程式を考える。

⬅$ax^2+2b'x+c=0$ の解は

$$x=\frac{-b'\pm\sqrt{b'^2-ac}}{a}$$

$(a\neq0)$

まとめの問題　式の計算，複素数と方程式(p.22)

1 (1) $(x-3)^3=x^3-3\times x^2\times3+3\times x\times3^2-3^3$

$=\boldsymbol{x^3-9x^2+27x-27}$

(2) $\left(\frac{a}{2}-b\right)\left(\frac{a^2}{4}+\frac{ab}{2}+b^2\right)=\left(\frac{a}{2}-b\right)\left\{\left(\frac{a}{2}\right)^2+\frac{a}{2}\times b+b^2\right\}$

$=\left(\frac{a}{2}\right)^3-b^3=\boldsymbol{\frac{a^3}{8}-b^3}$

(3) $x^3-64=x^3-4^3=\boldsymbol{(x-4)(x^2+4x+16)}$

2 $(2x-y)^6$ の展開式の一般項は

${}_6C_r(2x)^{6-r}\cdot(-y)^r={}_6C_r\cdot2^{6-r}\cdot(-1)^r\cdot x^{6-r}\cdot y^r$

と表せる。これがx^2y^4の項になるのは　$r=4$　のときである。

よって，求める係数は

${}_6C_4\cdot2^{6-4}\cdot(-1)^4={}_6C_2\cdot2^2=\frac{6\times5}{2\times1}\times4=\boldsymbol{60}$

⬅${}_6C_4={}_6C_{6-4}={}_6C_2$

3 与えられた条件から

$x^3+2x^2-x-4=B\times(x+1)+(-2)$

よって

$B\times(x+1)=x^3+2x^2-x-2$

ゆえに

$B=(x^3+2x^2-x-2)\div(x+1)=\boldsymbol{x^2+x-2}$

⬅整式Aを整式Bで割ったとき商をQ，余りをRとすると，

$A=BQ+R$

(RはBより次数の低い整式)

4 (1) $\frac{x^2+2x-3}{x^2+3x}\times\frac{2x^2+2x}{x^2-2x+1}\div\frac{x^2-4x-5}{x^2-1}$

$=\frac{x^2+2x-3}{x^2+3x}\times\frac{2x^2+2x}{x^2-2x+1}\times\frac{x^2-1}{x^2-4x-5}$

$=\frac{(x+3)(x-1)}{x(x+3)}\times\frac{2x(x+1)}{(x-1)^2}\times\frac{(x+1)(x-1)}{(x-5)(x+1)}=\boldsymbol{\frac{2(x+1)}{x-5}}$

⬅割り算は分母・分子を逆にして掛ける。

(2) $\frac{1}{x+2}+\frac{1}{x-4}-\frac{x-6}{x^2-2x-8}$

$=\frac{1}{x+2}+\frac{1}{x-4}-\frac{x-6}{(x+2)(x-4)}$

$=\frac{x-4}{(x+2)(x-4)}+\frac{x+2}{(x+2)(x-4)}-\frac{x-6}{(x+2)(x-4)}$

$=\frac{(x-4)+(x+2)-(x-6)}{(x+2)(x-4)}=\boldsymbol{\frac{x+4}{(x+2)(x-4)}}$

⬅分母を通分して$(x+2)(x-4)$にそろえる。

5 (1) $(2+3i)-(-1-i)=\{2-(-1)\}+\{3-(-1)\}i=\boldsymbol{3+4i}$

(2) $(2+3i)(-2+5i)=-4+10i-6i+15i^2$

$=-4+10i-6i+15\times(-1)$

$=\boldsymbol{-19+4i}$

⬅$i^2=-1$

1章　方程式・式と証明

(3) $\dfrac{2+7i}{1+2i}=\dfrac{(2+7i)(1-2i)}{(1+2i)(1-2i)}=\dfrac{2-4i+7i-14i^2}{1-4i^2}$

$=\dfrac{2+3i-14\times(-1)}{1-(-4)}=\boldsymbol{\dfrac{16}{5}+\dfrac{3}{5}i}$

⬅分母 $1+2i$ と共役な複素数 $1-2i$ を分母・分子に掛ける。

6 (1) $(3+\sqrt{-2})(3-\sqrt{-2})=(3+\sqrt{2}\,i)(3-\sqrt{2}\,i)=3^2-(\sqrt{2}\,i)^2$

$=9-2i^2=9-2\times(-1)=\mathbf{11}$

⬅$a>0$ のとき，$\sqrt{-a}$ を含む計算は，$\sqrt{-a}$ を $\sqrt{a}\,i$ として行う。

(2) $\dfrac{\sqrt{-12}}{\sqrt{-3}}+\dfrac{\sqrt{12}}{\sqrt{-3}}=\dfrac{2\sqrt{3}\,i}{\sqrt{3}\,i}+\dfrac{2\sqrt{3}}{\sqrt{3}\,i}$

$=2+\dfrac{2}{i}=2+\dfrac{2i}{i^2}=\boldsymbol{2-2i}$

⬅$i^2=-1$

7 (1) 両辺に -1 をかけると　$3x^2-4x+2=0$

$\boldsymbol{x}=\dfrac{-(-4)\pm\sqrt{(-4)^2-4\times3\times2}}{2\times3}=\dfrac{4\pm\sqrt{-8}}{6}$

$=\dfrac{4\pm2\sqrt{2}\,i}{6}=\boldsymbol{\dfrac{2\pm\sqrt{2}\,i}{3}}$

別解　$3x^2-2\times2x+2=0$ より

$\boldsymbol{x}=\dfrac{-(-2)\pm\sqrt{(-2)^2-3\times2}}{3}=\dfrac{2\pm\sqrt{-2}}{3}=\boldsymbol{\dfrac{2\pm\sqrt{2}\,i}{3}}$

⬅　$ax^2+2b'x+c=0$ の解は $x=\dfrac{-b'\pm\sqrt{b'^2-ac}}{a}$

(2) $\boldsymbol{x}=\dfrac{-(-\sqrt{3})\pm\sqrt{(-\sqrt{3})^2-4\times1\times1}}{2\times1}$

$=\dfrac{\sqrt{3}\pm\sqrt{-1}}{2}=\boldsymbol{\dfrac{\sqrt{3}\pm i}{2}}$

8 $D=(-m)^2-4\times1\times(2m-3)$

$=m^2-8m+12=(m-2)(m-6)$

(1) 異なる2つの虚数解をもつのは $D<0$ のときであるから

$(m-2)(m-6)<0$

よって　$\boldsymbol{2<m<6}$

(2) 実数解をもつのは $D\geqq0$ のときであるから

$(m-2)(m-6)\geqq0$

よって　$\boldsymbol{m\leqq2,\ 6\leqq m}$

⬅$D>0$ のとき
異なる2つの実数解をもち
$D=0$ のとき
重解（実数）をもつ

9 解と係数の関係より　$\alpha+\beta=-3,\ \alpha\beta=-7$

(1) $\alpha^2\beta+\alpha\beta^2=\alpha\beta(\alpha+\beta)=-7\times(-3)=\mathbf{21}$

(2) $\alpha^2+\beta^2=(\alpha+\beta)^2-2\alpha\beta$

$=(-3)^2-2\times(-7)=\mathbf{23}$

⬅この変形は重要

(3) $\dfrac{\beta^2}{\alpha}+\dfrac{\alpha^2}{\beta}=\dfrac{\beta^3}{\alpha\beta}+\dfrac{\alpha^3}{\alpha\beta}=\dfrac{\alpha^3+\beta^3}{\alpha\beta}=\dfrac{(\alpha+\beta)^3-3\alpha\beta(\alpha+\beta)}{\alpha\beta}$

$=\dfrac{(-3)^3-3\times(-7)\times(-3)}{-7}=\dfrac{-27-63}{-7}=\dfrac{-90}{-7}=\boldsymbol{\dfrac{90}{7}}$

10 1つの解を α とすると他方の解は 3α であるから，
解と係数の関係より

$\alpha+3\alpha=16$ ……①

$\alpha\times3\alpha=m$ ……②

①より　$4\alpha=16$ であるから　$\alpha=4$

このとき，②より　$\boldsymbol{m}=3\alpha^2=3\times4^2=\mathbf{48}$

2つの解は　**4，12**

11 解と係数の関係より　$\alpha+\beta=1$，$\alpha\beta=2$

$2\alpha+1$，$2\beta+1$ の和と積をそれぞれ求めて

$(2\alpha+1)+(2\beta+1)=2(\alpha+\beta)+2=2\times1+2=4$

$(2\alpha+1)(2\beta+1)=4\alpha\beta+2(\alpha+\beta)+1=4\times2+2\times1+1=11$

よって，求める2次方程式の1つは

$\boldsymbol{x^2-4x+11=0}$

←x^2-(和)$x+$積$=0$

11 剰余の定理 (p.24)

61 (1)　$x-1$ で割った余りは $P(1)$

$P(1)=1^3+2\times1^2+1-4=\mathbf{0}$

(2)　$x-2$ で割った余りは $P(2)$

$P(2)=2^3+2\times2^2+2-4=\mathbf{14}$

←整式 $P(x)$ を $x-\alpha$ で割った余り R は　$R=P(\alpha)$

62 $P(x)$ を $(x+1)(x-1)$ で割ったときの商を $Q(x)$ とする。

余りは1次以下の整式なので $ax+b$ とおくと

$P(x)=(x+1)(x-1)Q(x)+ax+b$

とかける。

←余りの次数は，割る式の次数より低い。

$P(1)=a+b$，$P(-1)=-a+b$

一方，剰余の定理より　$P(1)=7$，$P(-1)=3$

したがって　$a+b=7$，$-a+b=3$

これを解いて　$a=2$，$b=5$

ゆえに，余りは $\boldsymbol{2x+5}$

63 (1)　$x-2$ で割った余りは $P(2)$

$P(2)=2^3-3\times2^2+2\times2-2=\mathbf{-2}$

(2)　$x+1$ で割った余りは $P(-1)$

$P(-1)=(-1)^3-3\times(-1)^2+2\times(-1)-2=\mathbf{-8}$

←整式 $P(x)$ を $x-\alpha$ で割った余り R は　$R=P(\alpha)$

64 $x+2$ で割った余りは $P(-2)$

$P(-2)=(-2)^3-5\times(-2)^2+2\times(-2)+k=-32+k$

よって　$-32+k=3$

ゆえに　$\boldsymbol{k=35}$

65 $P(x)$ を $(x+2)(x-2)$ で割ったときの商を $Q(x)$ とする。

余りは1次以下の整式なので，$ax+b$ とおくと

$P(x)=(x+2)(x-2)Q(x)+ax+b$

とかける。

←余りの次数は，割る式の次数より低い。

$P(2)=2a+b$，　$P(-2)=-2a+b$

一方，剰余の定理より　$P(2)=-4$，$P(-2)=8$

したがって　$2a+b=-4$，$-2a+b=8$

これを解いて　$a=-3$，$b=2$

ゆえに，余りは $\boldsymbol{-3x+2}$

66 $x-1$ で割った余りは $P(1)$ より

$P(1)=1^3+k\times1^2+2k\times1+1=3k+2$

よって　$3k+2=8$

ゆえに　$\boldsymbol{k=2}$

←整式 $P(x)$ を $x-\alpha$ で割った余り R は　$R=P(\alpha)$

67 (1) $x+1$ で割った余りは $P(-1)$

$P(-1)=(-1)^4-(-1)^3-(-1)^2-2\times(-1)+5=\mathbf{8}$

(2) $x-3$ で割った余りは $P(3)$

$P(3)=3^4-3^3-3^2-2\times3+5=\mathbf{44}$

(3) $P(x)$ を $(x+1)(x-3)$ で割ったときの商を $Q(x)$ とする。

余りは1次以下の式なので $ax+b$ とおくと

$P(x)=(x+1)(x-3)Q(x)+ax+b$ とかける。

$P(-1)=-a+b$, $P(3)=3a+b$

(1), (2)より $-a+b=8$, $3a+b=44$

これを解いて $a=9$, $b=17$

ゆえに，余りは $\mathbf{9x+17}$

⬅整式 $P(x)$ を $x-\alpha$ で割った余り R は $R=P(\alpha)$

⬅余りの次数は，割る式の次数より低い。

68 $x^2-x-2=(x-2)(x+1)$ より，

$P(x)$ を x^2-x-2 で割ったときの商を $Q(x)$ とする。

余りは1次以下の式なので $ax+b$ とおくと

$P(x)=(x-2)(x+1)Q(x)+ax+b$ とかける。

$P(2)=2a+b$, $P(-1)=-a+b$

一方，剰余の定理より $P(2)=6$, $P(-1)=0$

したがって $2a+b=6$, $-a+b=0$

これを解いて $a=b=2$

ゆえに，余りは $\mathbf{2x+2}$

⬅余りの次数は，割る式の次数より低い。

JUMP 11

$x^2-x-6=(x-3)(x+2)$ より，

$P(x)$ を x^2-x-6 で割ったときの商を $Q_1(x)$ とすると，

余りは $4x+4$ なので

$P(x)=(x-3)(x+2)Q_1(x)+4x+4$ ……①

$x^2+x-2=(x-1)(x+2)$ より，

$P(x)$ を x^2+x-2 で割ったときの商を $Q_2(x)$ とすると，

余りは $2x$ なので

$P(x)=(x-1)(x+2)Q_2(x)+2x$ ……②

$x^2-4x+3=(x-3)(x-1)$ より，

$P(x)$ を x^2-4x+3 で割ったときの商を $Q_3(x)$ とすると，

余りは1次以下の式なので $ax+b$ とおくと

$P(x)=(x-3)(x-1)Q_3(x)+ax+b$ ……③

①，③において $x=3$ を代入すると

$P(3)=4\times3+4=16$

$P(3)=3a+b$

②，③において $x=1$ を代入すると

$P(1)=2\times1=2$

$P(1)=a+b$

よって $3a+b=16$, $a+b=2$

これを解いて $a=7$, $b=-5$

ゆえに，余りは $\mathbf{7x-5}$

考え方 2つの条件から，それぞれ $P(x)=BQ+R$ の形を作る。

⬅余りの次数は，割る式の次数より低い。

12 因数定理(p.26)

69 $P(x)$ が $x-1$ を因数にもつとき $P(1)=0$ より

$1^3+2m\times1^2-m\times1+2=0$

したがって $m=\mathbf{-3}$

因数定理
整式 $P(x)$ が $x-\alpha$ を因数にもつとき
$P(\alpha)=0$

70 $P(x)=x^3+x^2-10x+8$ とおくと

$P(1)=1^3+1^2-10\times1+8=0$

よって，$P(x)$ は $x-1$ を因数にもつ。

$P(x)$ を $x-1$ で割ると，

商が x^2+2x-8 であるから

$P(x)=(x-1)(x^2+2x-8)$

$\quad=\boldsymbol{(x-1)(x-2)(x+4)}$

←
$$\begin{array}{r|l} & x^2+2x-8 \\ \hline x-1 & x^3+x^2-10x+8 \\ & x^3-x^2 \\ \hline & 2x^2-10x \\ & 2x^2-\ 2x \\ \hline & -8x+8 \\ & -8x+8 \\ \hline & 0 \end{array}$$

71 $P(x)$ が $x+1$ を因数にもつとき　$P(-1)=0$　より

$(-1)^3+(-1)^2-m\times(-1)+2=0$

$-1+1+m+2=0$

したがって　$m=\boldsymbol{-2}$

72 (1) $P(x)=x^3-x^2-9x+9$ とおくと

$P(1)=1^3-1^2-9\times1+9=0$

よって，$P(x)$ は $x-1$ を因数にもつ。

$P(x)$ を $x-1$ で割ると，

商が x^2-9 であるから

$P(x)=(x-1)(x^2-9)$

$\quad=\boldsymbol{(x-1)(x+3)(x-3)}$

←
$$\begin{array}{r|l} & x^2\quad\ -9 \\ \hline x-1 & x^3-x^2-9x+9 \\ & x^3-x^2 \\ \hline & -9x+9 \\ & -9x+9 \\ \hline & 0 \end{array}$$

(2) $P(x)=x^3+5x^2+2x-8$ とおくと

$P(1)=1^3+5\times1^2+2\times1-8=0$

よって，$P(x)$ は $x-1$ を因数にもつ。

$P(x)$ を $x-1$ で割ると，

商が x^2+6x+8 であるから

$P(x)=(x-1)(x^2+6x+8)$

$\quad=\boldsymbol{(x-1)(x+2)(x+4)}$

←
$$\begin{array}{r|l} & x^2+6x+8 \\ \hline x-1 & x^3+5x^2+2x-8 \\ & x^3-x^2 \\ \hline & 6x^2+2x \\ & 6x^2-6x \\ \hline & 8x-8 \\ & 8x-8 \\ \hline & 0 \end{array}$$

(3) $P(x)=x^3+5x^2+3x-9$ とおくと

$P(1)=1^3+5\times1^2+3\times1-9=0$

よって，$P(x)$ は $x-1$ を因数にもつ。

$P(x)$ を $x-1$ で割ると，

商が x^2+6x+9 であるから

$P(x)=(x-1)(x^2+6x+9)$

$\quad=\boldsymbol{(x-1)(x+3)^2}$

←
$$\begin{array}{r|l} & x^2+6x+9 \\ \hline x-1 & x^3+5x^2+3x-9 \\ & x^3-x^2 \\ \hline & 6x^2+3x \\ & 6x^2-6x \\ \hline & 9x-9 \\ & 9x-9 \\ \hline & 0 \end{array}$$

73 $P(x)$ が $x-2$ を因数にもつとき　$P(2)=0$　より

$2^3-(m^2+2)\times2^2+3m\times2+4=0$

整理して　$2m^2-3m-2=0$　より　$m=\boldsymbol{-\frac{1}{2},\ 2}$

74 (1) $P(x)=x^3+6x^2+11x+6$ とおくと

$P(-1)=(-1)^3+6\times(-1)^2+11\times(-1)+6=0$

よって，$P(x)$ は $x+1$ を因数にもつ。

$P(x)$ を $x+1$ で割ると，

商が x^2+5x+6 であるから

$P(x)=(x+1)(x^2+5x+6)$

$\quad=\boldsymbol{(x+1)(x+2)(x+3)}$

←
$$\begin{array}{r|l} & x^2+5x+6 \\ \hline x+1 & x^3+6x^2+11x+6 \\ & x^3+x^2 \\ \hline & 5x^2+11x \\ & 5x^2+\ 5x \\ \hline & 6x+6 \\ & 6x+6 \\ \hline & 0 \end{array}$$

(2) $P(x)=2x^3+x^2-5x+2$ とおくと

$P(1)=2\times1^3+1^2-5\times1+2=0$

よって，$P(x)$ は $x-1$ を因数にもつ。

$P(x)$ を $x-1$ で割ると

商が $2x^2+3x-2$ であるから

$P(x)=(x-1)(2x^2+3x-2)$

$=\boldsymbol{(x-1)(2x-1)(x+2)}$

(3) $P(x)=4x^3-3x+1$ とおくと

$P(-1)=4\times(-1)^3-3\times(-1)+1=0$

よって，$P(x)$ は $x+1$ を因数にもつ。

$P(x)$ を $x+1$ で割ると

商が $4x^2-4x+1$ であるから

$P(x)=(x+1)(4x^2-4x+1)$

$=\boldsymbol{(x+1)(2x-1)^2}$

⬅ $x-1$) $2x^3+x^2-5x+2$ 商 $2x^2+3x-2$：$2x^3-2x^2$，$3x^2-5x$，$3x^2-3x$，$-2x+2$，$-2x+2$，0

⬅ $x+1$) $4x^3-3x+1$ 商 $4x^2-4x+1$：$4x^3+4x^2$，$-4x^2-3x$，$-4x^2-4x$，$x+1$，$x+1$，0

JUMP 12

$x^2+x-6=(x+3)(x-2)$ より，

$P(x)=2x^3+ax^2+bx-6$ が x^2+x-6 を因数にもつとき，

$x+3$，$x-2$ を因数にもつから，

$P(-3)=0$，$P(2)=0$

$P(-3)=2\times(-3)^3+a\times(-3)^2+b\times(-3)-6$

$=-54+9a-3b-6=0$

よって　$3a-b=20$ ……①

$P(2)=2\times2^3+a\times2^2+b\times2-6$

$=16+4a+2b-6=0$

よって　$2a+b=-5$ ……②

①，②を解くと　$\boldsymbol{a=3,\ b=-11}$

考え方　2次式 x^2+x-6 を1次式の積に因数分解して考える。

13 高次方程式 (p.28)

75 (1) $(x+2)(x^2-2x+4)=0$ より

$x+2=0$ または $x^2-2x+4=0$

よって　$\boldsymbol{x=-2,\ 1\pm\sqrt{3}i}$

(2) $x^2=A$ とおくと　$A^2-A-2=0$

$(A+1)(A-2)=0$

すなわち　$(x^2+1)(x^2-2)=0$

ゆえに　$x^2+1=0$ または $x^2-2=0$

よって　$\boldsymbol{x=\pm i,\ \pm\sqrt{2}}$

⬅ $x=\dfrac{2\pm\sqrt{4-16}}{2}=\dfrac{2\pm2\sqrt{3}i}{2}=1\pm\sqrt{3}i$

⬅ $x^2=-1$，$x^2=2$

76 $P(x)=x^3+5x^2+2x-8$ とおくと

$P(1)=1^3+5\times1^2+2\times1-8=0$

よって，$P(x)$ は $x-1$ を因数にもち，

$P(x)=(x-1)(x^2+6x+8)$

と因数分解できる。

ゆえに，$P(x)=0$ より

$(x-1)(x^2+6x+8)=0$

$(x-1)(x+2)(x+4)=0$

したがって　$\boldsymbol{x=1,\ -2,\ -4}$

⬅ $x-1$) x^3+5x^2+2x-8 商 x^2+6x+8：x^3-x^2，$6x^2+2x$，$6x^2-6x$，$8x-8$，$8x-8$，0

77 (1) $x^2=A$ とおくと　$A^2-15A-16=0$
$(A+1)(A-16)=0$
すなわち　$(x^2+1)(x^2-16)=0$
ゆえに　$x^2+1=0$ または $x^2-16=0$
よって　$\boldsymbol{x=\pm i,\ \pm 4}$

(2) $P(x)=x^3-2x^2-5x+6$ とおくと
$P(1)=1^3-2\times1^2-5\times1+6=0$
よって，$P(x)$ は $x-1$ を因数にもち，
$P(x)=(x-1)(x^2-x-6)$
と因数分解できる。
ゆえに，$P(x)=0$ より
$(x-1)(x^2-x-6)=0$
$(x-1)(x+2)(x-3)=0$
したがって　$\boldsymbol{x=1,\ -2,\ 3}$

$$\begin{array}{r} x^2-x-6 \\ x-1\,\overline{)\,x^3-2x^2-5x+6} \\ x^3-x^2 \\ \hline -x^2-5x \\ -x^2+x \\ \hline -6x+6 \\ -6x+6 \\ \hline 0 \end{array}$$

(3) $P(x)=x^3-5x^2+2x+8$ とおくと
$P(-1)=(-1)^3-5\times(-1)^2+2\times(-1)+8=0$
よって，$P(x)$ は $x+1$ を因数にもち，
$P(x)=(x+1)(x^2-6x+8)$
と因数分解できる。
ゆえに，$P(x)=0$ より
$(x+1)(x^2-6x+8)=0$
$(x+1)(x-2)(x-4)=0$
したがって　$\boldsymbol{x=-1,\ 2,\ 4}$

$$\begin{array}{r} x^2-6x+8 \\ x+1\,\overline{)\,x^3-5x^2+2x+8} \\ x^3+x^2 \\ \hline -6x^2+2x \\ -6x^2-6x \\ \hline 8x+8 \\ 8x+8 \\ \hline 0 \end{array}$$

(4) $P(x)=x^3-3x^2-2x+4$ とおくと
$P(1)=1^3-3\times1^2-2\times1+4=0$
よって，$P(x)$ は $x-1$ を因数にもち，
$P(x)=(x-1)(x^2-2x-4)$
と因数分解できる。
ゆえに，$P(x)=0$ より
$(x-1)(x^2-2x-4)=0$
よって　$x-1=0$ または $x^2-2x-4=0$
したがって　$\boldsymbol{x=1,\ 1\pm\sqrt{5}}$

$$\begin{array}{r} x^2-2x-4 \\ x-1\,\overline{)\,x^3-3x^2-2x+4} \\ x^3-x^2 \\ \hline -2x^2-2x \\ -2x^2+2x \\ \hline -4x+4 \\ -4x+4 \\ \hline 0 \end{array}$$

78 (1) $x^2-x=A$ とおくと　$A^2-8A+12=0$
$(A-6)(A-2)=0$
$(x^2-x-6)(x^2-x-2)=0$
$(x-3)(x+2)(x-2)(x+1)=0$
よって　$\boldsymbol{x=\pm 2,\ -1,\ 3}$

(2) $P(x)=x^3-x^2-3x+6$ とおくと
$P(-2)=(-2)^3-(-2)^2-3\times(-2)+6=0$
よって，$P(x)$ は $x+2$ を因数にもち，
$P(x)=(x+2)(x^2-3x+3)$
と因数分解できる。
ゆえに，$P(x)=0$ より
$(x+2)(x^2-3x+3)=0$
よって　$x+2=0$ または $x^2-3x+3=0$
したがって　$\boldsymbol{x=-2,\ \dfrac{3\pm\sqrt{3}\,i}{2}}$

$$\begin{array}{r} x^2-3x+3 \\ x+2\,\overline{)\,x^3-x^2-3x+6} \\ x^3+2x^2 \\ \hline -3x^2-3x \\ -3x^2-6x \\ \hline 3x+6 \\ 3x+6 \\ \hline 0 \end{array}$$

(3)　$P(x)=2x^3+3x^2-11x-6$ とおくと

$P(2)=2\times2^3+3\times2^2-11\times2-6=0$

よって，$P(x)$ は $x-2$ を因数にもち，

$P(x)=(x-2)(2x^2+7x+3)$

と因数分解できる。

ゆえに，$P(x)=0$ より

$(x-2)(2x^2+7x+3)=0$

$(x-2)(x+3)(2x+1)=0$

したがって　$\boldsymbol{x=2,\ -3,\ -\frac{1}{2}}$

⬅
$$\begin{array}{r|l} & 2x^2+7x+3 \\ \hline x-2 & 2x^3+3x^2-11x-6 \\ & 2x^3-4x^2 \\ \hline & 7x^2-11x \\ & 7x^2-14x \\ \hline & 3x-6 \\ & 3x-6 \\ \hline & 0 \end{array}$$

JUMP 13

解の 1 つが $2+i$ であるから，これを方程式の左辺に代入すると

$(2+i)^3-2(2+i)^2+a(2+i)+b=0$

展開すると　$(8+12i-6-i)-(8+8i-2)+(2a+ai)+b=0$

$(2a+b-4)+(3+a)i=0$

$2a+b-4$，$3+a$ は実数であるから，

$2a+b-4=0$，$3+a=0$

よって　$\boldsymbol{a=-3,\ b=10}$

このとき，元の方程式は　$x^3-2x^2-3x+10=0$

左辺を因数分解して　$(x+2)(x^2-4x+5)=0$

ゆえに　$x+2=0$ または $x^2-4x+5=0$

したがって　$x=-2,\ 2\pm i$

よって，他の解は　$\boldsymbol{x=-2,\ 2-i}$

別解　$x^3-2x^2+ax+b=0$ は係数が実数の 3 次方程式であるから，

$2+i$ と共役な複素数 $\boldsymbol{2-i}$ も解である。

もう 1 つの解を γ とすると，3 次方程式の解と係数の関係より

$(2+i)+(2-i)+\gamma=2$ ……①

$(2+i)(2-i)+(2-i)\gamma+\gamma(2+i)=a$ ……②

$(2+i)(2-i)\gamma=-b$ ……③

①より　$\boldsymbol{\gamma=-2}$

これを②，③に代入して　$\boldsymbol{a=-3,\ b=10}$

考え方　解を代入して，両辺の実部，虚部を比較する。

⬅a，b が実数のとき
$a+bi=0 \iff a=b=0$

⬅$P(x)=x^3-2x^2-3x+10$ とおくと
$P(-2)=(-2)^3-2\times(-2)^2-3\times(-2)+10=0$
より，$x+2$ を因数にもつ。

⬅係数が実数の n 次方程式が虚数解 $a+bi$ をもつとき，それと共役な複素数 $a-bi$ も解である。

⬅3 次方程式
$ax^3+bx^2+cx+d=0$
の解を α，β，γ とすると
$$\begin{cases}\alpha+\beta+\gamma=-\dfrac{b}{a}\\ \alpha\beta+\beta\gamma+\gamma\alpha=\dfrac{c}{a}\\ \alpha\beta\gamma=-\dfrac{d}{a}\end{cases}$$

14 恒等式 (p.30)

79 (1)　右辺を展開すると

$ax^2+bx+c=6x^2+13x+5$

両辺の同じ次数の項の係数を比べて

$\boldsymbol{a=6,\ b=13,\ c=5}$

(2)　左辺を展開して整理すると

$ax^2+(a+b+c)x+c=x^2+6x+3$

両辺の同じ次数の項の係数を比べて

$a=1$，$a+b+c=6$，$c=3$

よって　$\boldsymbol{a=1,\ b=2,\ c=3}$

別解　この等式の両辺に，

$x=0$ を代入すると　$c=3$ ……①

$x=-1$ を代入すると　$-b=-2$ ……②

$x=1$ を代入すると　$2a+b+2c=10$ ……③

①，②，③より　$\boldsymbol{a=1,\ b=2,\ c=3}$

逆にこのとき，与えられた等式は恒等式となる。

⬅$a=1$，$c=3$ を
$a+b+c=6$ へ代入
$1+b+3=6$，$b=2$

80 (1) 右辺を展開して整理すると

$ax^2+(a-2b)x-a+c=x^2-3x+2$

両辺の同じ次数の項の係数を比べて

$a=1,\ a-2b=-3,\ -a+c=2$

これを解くと　$\boldsymbol{a=1,\ b=2,\ c=3}$

別解　この等式の両辺に，

$x=1$ を代入すると　$a-2b+c=0$

$x=2$ を代入すると　$5a-4b+c=0$

$x=0$ を代入すると　$-a+c=2$

これを解くと　$\boldsymbol{a=1,\ b=2,\ c=3}$

逆にこのとき，与えられた等式は恒等式となる。

⬅ $a=1$ を $a-2b=-3$ へ代入
$1-2b=-3$
$b=2$
$a=1$ を $-a+c=2$ へ代入
$-1+c=2$
$c=3$

(2) 右辺を展開して整理すると

$3x^2+6x-2=ax^2+(2a+b)x+a+b+c$

両辺の同じ次数の項の係数を比べて

$a=3,\ 2a+b=6,\ a+b+c=-2$

これを解くと　$\boldsymbol{a=3,\ b=0,\ c=-5}$

別解　この等式の両辺に，

$x=-1$ を代入すると　$c=-5$ ……①

$x=0$ を代入すると　$a+b+c=-2$ ……②

$x=-2$ を代入すると　$a-b+c=-2$ ……③

①，②，③より　$\boldsymbol{a=3,\ b=0,\ c=-5}$

逆にこのとき，与えられた等式は恒等式となる。

⬅ $a=3$ を $2a+b=6$ へ代入
$6+b=6$
$b=0$
$a=3,\ b=0$ を $a+b+c=-2$ へ代入
$3+0+c=-2$
$c=-5$

81 右辺を展開して整理すると

$x^3-2x^2-5x+6=x^3+(a-3)x^2-(2a-b-3)x+a-b-1$

両辺の同じ次数の項の係数を比べて

$-2=a-3,\ 5=2a-b-3,\ 6=a-b-1$

これを解くと　$\boldsymbol{a=1,\ b=-6}$

⬅ $-2=a-3$ ……①
$5=2a-b-3$ ……②
$6=a-b-1$ ……③
①より $a=1$
これを②へ代入すると
$5=2-b-3$ より $b=-6$
これらは③を満たす。

82 与えられた等式を k について整理すると

$(2x-3y-5)k+x-3y+5=0$

これが k についての恒等式であるから

$2x-3y-5=0,\ x-3y+5=0$

これを解くと　$\boldsymbol{x=10,\ y=5}$

⬅ $2x-3y-5=0$ ……①
$x-3y+5=0$ ……②
①−②より $x=10$
これを②へ代入すると
$10-3y+5=0$ より $y=5$

JUMP 14

$x-y=1$ より $y=x-1$

これを①へ代入すると　$ax^2+bx(x-1)+c(x-1)^2=1$

ゆえに　$(a+b+c)x^2-(b+2c)x+c-1=0$ ……②

②はすべての実数 x に対して成り立つから，

x についての恒等式である。

よって　$a+b+c=0,\ b+2c=0,\ c-1=0$

これを解いて　$\boldsymbol{a=1,\ b=-2,\ c=1}$

考え方　与えられた条件から，文字 y を消去する。

15 等式の証明 (p.32)

83 (証明)　(左辺) $=2(a-b)^2-(a-2b)^2$

$=2(a^2-2ab+b^2)-(a^2-4ab+4b^2)$

$=a^2-2b^2=$ (右辺)

となるので　$2(a-b)^2-(a-2b)^2=a^2-2b^2$　(終)

⬅ 証明法①
$A=\cdots=B$

84 (証明)　$a+b=1$　より　$b=1-a$　であるから

(左辺)$=a^3+(1-a)^3$

$=a^3+(1-3a+3a^2-a^3)$

$=1-3a+3a^2$

(右辺)$=1-3a(1-a)$

$=1-3a+3a^2$

よって，(左辺)=(右辺) となるので

$a^3+b^3=1-3ab$　(終)

⬅条件式から文字消去

⬅証明法②
$A=\cdots=C$，$B=\cdots=C$
より，$A=B$

85 (1)　(証明)

(左辺)$=(3a+b)^2+(a-3b)^2$

$=(9a^2+6ab+b^2)+(a^2-6ab+9b^2)$

$=10a^2+10b^2$

(右辺)$=10(a^2+b^2)=10a^2+10b^2$

よって，(左辺)=(右辺) となるので

$(3a+b)^2+(a-3b)^2=10(a^2+b^2)$　(終)

⬅証明法②
$A=\cdots=C$，$B=\cdots=C$
より，$A=B$

(2)　(証明)　$a-b=2$　より　$a=b+2$　であるから

(左辺)$=(b+2)^2-2b$

$=b^2+4b+4-2b=b^2+2b+4$

(右辺)$=b^2+2(b+2)=b^2+2b+4$

よって，(左辺)=(右辺) となるので

$a^2-2b=b^2+2a$　(終)

⬅条件式から文字消去

⬅証明法②
$A=\cdots=C$，$B=\cdots=C$
より，$A=B$

86 (証明)　$\frac{x}{2}=\frac{y}{5}=k$ とおくと　$x=2k$，$y=5k$　であるから

(左辺)$=\frac{5k-2k}{5k-2\cdot 2k}$

$=\frac{3k}{k}=3=$(右辺)

よって　$\frac{y-x}{y-2x}=3$　(終)

⬅(比例式)$=k$ とおく。

⬅証明法①
$A=\cdots=B$

87 (1)　(証明)

(左辺)$=x^2-4xy+4y^2$

(右辺)$=x^2+4xy+4y^2-8xy=x^2-4xy+4y^2$

よって，(左辺)=(右辺) となるので

$(x-2y)^2=(x+2y)^2-8xy$　(終)

⬅証明法②
$A=\cdots=C$，$B=\cdots=C$
より $A=B$

(2)　(証明)　$a+b+3=0$　より　$a=-b-3$　であるから

(左辺)$=(-b-3)^2+3(-b-3)$

$=b^2+6b+9-3b-9$

$=b^2+3b=$(右辺)

よって　$a^2+3a=b^2+3b$　(終)

⬅条件式から文字消去

⬅証明法①
$A=\cdots=B$

(3)　(証明)　$\frac{x}{a}=\frac{y}{b}=k$ とおくと　$x=ak$，$y=bk$　であるから

(左辺)$=\frac{ak+bk}{a+b}=\frac{(a+b)k}{a+b}=k$

(右辺)$=\frac{b\cdot ak+a\cdot bk}{2ab}=\frac{2abk}{2ab}=k$

よって，(左辺)=(右辺) となるので

$\frac{x+y}{a+b}=\frac{bx+ay}{2ab}$　(終)

⬅(比例式)$=k$ とおく。

⬅証明法②
$A=\cdots=C$，$B=\cdots=C$
より $A=B$

JUMP 15

$\dfrac{x}{3}=\dfrac{y}{4}=\dfrac{z}{5}=k$ とおくと　$x=3k$，$y=4k$，$z=5k$　であるから

$$\frac{8x+9y+4z}{6x+3y+2z}=\frac{24k+36k+20k}{18k+12k+10k}=\frac{80k}{40k}=\mathbf{2}$$

考え方 (比例式)$=k$ とおく。

16 不等式の証明(p.34)

88 (1) (証明)

$$(\text{左辺})-(\text{右辺})=\frac{4a+2b}{3}-\frac{5a+7b}{6}$$
$$=\frac{2(4a+2b)-(5a+7b)}{6}$$
$$=\frac{3a-3b}{6}=\frac{a-b}{2}$$

←証明法①
$A-B>0$ を示す。

ここで，$a>b$ より $a-b>0$ であるから　$\dfrac{a-b}{2}>0$

よって　$\dfrac{4a+2b}{3}-\dfrac{5a+7b}{6}>0$

ゆえに　$\dfrac{4a+2b}{3}>\dfrac{5a+7b}{6}$　(終)

(2) (証明)

$$(\text{左辺})-(\text{右辺})=(x^2+2x+1)-(6x-3)$$
$$=x^2-4x+4$$
$$=(x-2)^2\geqq 0$$

←証明法①
$A-B\geqq 0$ を示す。

←$(\text{実数})^2\geqq 0$

よって　$x^2+2x+1\geqq 6x-3$

等号が成り立つのは，$x-2=0$ のとき

すなわち，$x=2$ のときである。(終)

(3) (証明)

$$(\text{左辺})-(\text{右辺})=a^2+26b^2-10ab$$
$$=a^2-10ab+25b^2+b^2$$
$$=(a-5b)^2+b^2$$

←証明法①
$A-B\geqq 0$ を示す。

ここで，$(a-5b)^2\geqq 0$，$b^2\geqq 0$ であるから

←$(\text{実数})^2\geqq 0$

$(a-5b)^2+b^2\geqq 0$

よって　$a^2+26b^2\geqq 10ab$

等号が成り立つのは $a-5b=0$，$b=0$ のとき

すなわち，$a=b=0$ のときである。(終)

89 (証明)

$$(\text{左辺})=(x^2+6x)+(y^2-2y)+10$$
$$=(x+3)^2-9+(y-1)^2-1+10$$
$$=(x+3)^2+(y-1)^2$$

←平方完成

ここで，$(x+3)^2\geqq 0$，$(y-1)^2\geqq 0$ であるから

←$(\text{実数})^2\geqq 0$

$(x+3)^2+(y-1)^2\geqq 0$

よって　$x^2+6x+y^2-2y+10\geqq 0$

等号が成り立つのは，$x+3=0$，$y-1=0$ のとき

すなわち，$x=-3$，$y=1$ のときである。(終)

90 （証明） 両辺ともに正であるから，両辺を 2 乗して

$(1+2x)^2>(\sqrt{1+4x})^2$ を証明すればよい。

$(1+2x)^2-(\sqrt{1+4x})^2=1+4x+4x^2-(1+4x)=4x^2>0$

よって $(1+2x)^2>(\sqrt{1+4x})^2$

ゆえに，$x>0$ のとき $1+2x>\sqrt{1+4x}$ （終）

⬅証明法②
$A>0$，$B>0$ のとき
$A^2>B^2$ を示す。

91 （証明） $a>0$，$\dfrac{9}{a}>0$ であるから，

相加平均と相乗平均の大小関係より

$a+\dfrac{9}{a}\geqq 2\sqrt{a\times\dfrac{9}{a}}=6$

等号が成り立つのは，$a=\dfrac{9}{a}$ より $a^2=9$ のとき

ここで，$a>0$ であるから，$a=3$ のときである。（終）

⬅$a>0$，$b>0$ のとき
$\dfrac{a+b}{2}\geqq\sqrt{ab}$
等号成立は $a=b$ のとき。
$a+b\geqq 2\sqrt{ab}$
の形で用いることが多い。

JUMP 16

（証明） $(a+b)\left(\dfrac{4}{a}+\dfrac{9}{b}\right)=4+\dfrac{9a}{b}+\dfrac{4b}{a}+9$

$=13+\dfrac{9a}{b}+\dfrac{4b}{a}$

ここで，$\dfrac{9a}{b}>0$，$\dfrac{4b}{a}>0$ であるから，

相加平均と相乗平均の大小関係より

$\dfrac{9a}{b}+\dfrac{4b}{a}\geqq 2\sqrt{\dfrac{9a}{b}\times\dfrac{4b}{a}}=12$

よって $(a+b)\left(\dfrac{4}{a}+\dfrac{9}{b}\right)\geqq 13+12=25$

等号が成り立つのは，$\dfrac{9a}{b}=\dfrac{4b}{a}$ より $a^2=\dfrac{4}{9}b^2$ のとき

ここで，$a>0$，$b>0$ であるから，$a=\dfrac{2}{3}b$ のときである。（終）

考え方 相加平均と相乗平均の関係が使えるように，左辺を展開する。

⬅（誤りの例）
$a>0$，$b>0$ より相加平均と相乗平均の大小関係から
$a+b\geqq 2\sqrt{ab}$ …①
$\dfrac{4}{a}+\dfrac{9}{b}\geqq 2\sqrt{\dfrac{36}{ab}}=\dfrac{12}{\sqrt{ab}}$ …②
両辺とも正であるから，辺々をかけると
$(a+b)\left(\dfrac{4}{a}+\dfrac{9}{b}\right)\geqq 24$
右辺が 25 にならない！
（①，②の等号は同時に成立しない）

まとめの問題 因数定理と恒等式，等式・不等式の証明(p.36) —

1 (1) $x-1$ で割った余りは $P(1)$

$P(1)=1^3-3\times1^2+2\times1+4=\mathbf{4}$

(2) $x+3$ で割った余りは $P(-3)$

$P(-3)=(-3)^3-3\times(-3)^2+2\times(-3)+4=\mathbf{-56}$

⬅整式 $P(x)$ を $x-\alpha$ で割った余り R は $R=P(\alpha)$

2 $x^2-x-6=(x+2)(x-3)$ より，

$P(x)$ を $(x+2)(x-3)$ で割ったときの商を $Q(x)$ とする。

余りは 1 次以下の整式なので $ax+b$ とおくと

$P(x)=(x+2)(x-3)Q(x)+ax+b$ とかける。

$P(-2)=-2a+b$，$P(3)=3a+b$

一方，剰余の定理より $P(-2)=7$，$P(3)=2$

したがって $-2a+b=7$，$3a+b=2$

これを解いて $a=-1$，$b=5$

ゆえに，余りは $\boldsymbol{-x+5}$

⬅余りの次数は，割る式の次数より低い。

3 $P(x)$ が $x-1$ を因数にもつとき　$P(1)=0$　より

$1^3+m\times1^2-(3-m)\times1+4=2m+2=0$

したがって　$\boldsymbol{m=-1}$

このとき　$P(x)=x^3-x^2-4x+4$

$P(x)$ を $x-1$ で割った商が x^2-4 となるので

$P(x)=(x-1)(x^2-4)$

$=\boldsymbol{(x-1)(x+2)(x-2)}$

←整式 $P(x)$ が $x-\alpha$ を因数にもつとき $P(\alpha)=0$

← $x-1$) x^3-x^2-4x+4 の割り算：商 x^2-4、x^3-x^2、$-4x+4$、$-4x+4$、余り 0

4 (1) $P(x)=x^3-3x^2-6x+8$ とおくと

$P(1)=1^3-3\times1^2-6\times1+8=0$

よって，$P(x)$ は $x-1$ を因数にもつ。

$P(x)$ を $x-1$ で割ると，

商が x^2-2x-8 であるから

$P(x)=(x-1)(x^2-2x-8)$

$=\boldsymbol{(x-1)(x+2)(x-4)}$

← $x-1$) x^3-3x^2-6x+8 の割り算：商 x^2-2x-8、x^3-x^2、$-2x^2-6x$、$-2x^2+2x$、$-8x+8$、$-8x+8$、余り 0

(2) $P(x)=x^3+2x^2-13x+10$ とおくと

$P(1)=1^3+2\times1^2-13\times1+10=0$

$P(x)$ は $x-1$ を因数にもつ。

$P(x)$ を $x-1$ で割ると，

商が $x^2+3x-10$ であるから

$P(x)=(x-1)(x^2+3x-10)$

$=\boldsymbol{(x-1)(x-2)(x+5)}$

← $x-1$) $x^3+2x^2-13x+10$ の割り算：商 $x^2+3x-10$、x^3-x^2、$3x^2-13x$、$3x^2-3x$、$-10x+10$、$-10x+10$、余り 0

5 (1) $x^2=A$ とおくと　$A^2-10A+9=0$

$(A-1)(A-9)=0$

すなわち　$(x^2-1)(x^2-9)=0$

ゆえに　$x^2-1=0$ または $x^2-9=0$

よって　$\boldsymbol{x=\pm1,\ \pm3}$

(2) $P(x)=x^3-x^2-3x-1$ とおくと

$P(-1)=(-1)^3-(-1)^2-3\times(-1)-1=0$

$P(x)$ は $x+1$ を因数にもち，

$P(x)=(x+1)(x^2-2x-1)$

と因数分解できる。

ゆえに，$P(x)=0$ より

$(x+1)(x^2-2x-1)=0$

よって　$x+1=0$ または $x^2-2x-1=0$

したがって　$\boldsymbol{x=-1,\ 1\pm\sqrt{2}}$

← $x+1$) x^3-x^2-3x-1 の割り算：商 x^2-2x-1、x^3+x^2、$-2x^2-3x$、$-2x^2-2x$、$-x-1$、$-x-1$、余り 0

(3) $P(x)=3x^3+4x^2-x+6$ とおくと

$P(-2)=3\times(-2)^3+4\times(-2)^2-(-2)+6=0$

よって，$P(x)$ は $x+2$ を因数にもち，

$P(x)=(x+2)(3x^2-2x+3)$

と因数分解できる。

ゆえに，$P(x)=0$　より

$(x+2)(3x^2-2x+3)=0$

よって　$x+2=0$ または $3x^2-2x+3=0$

したがって　$\boldsymbol{x=-2,\ \dfrac{1\pm2\sqrt{2}\,i}{3}}$

← $x+2$) $3x^3+4x^2-x+6$ の割り算：商 $3x^2-2x+3$、$3x^3+6x^2$、$-2x^2-x$、$-2x^2-4x$、$3x+6$、$3x+6$、余り 0

1章　方程式・式と証明

(4) $P(x)=x^3-27x+54$ とおくと

$P(3)=3^3-27\times3+54=0$

よって，$P(x)$ は $x-3$ を因数にもち，

$P(x)=(x-3)(x^2+3x-18)$

と因数分解できる。

ゆえに，$P(x)=0$ より

$(x-3)(x^2+3x-18)=0$

$(x-3)^2(x+6)=0$

よって　$\boldsymbol{x=3,\ -6}$

⬅
$$\begin{array}{r} x^2+3x-18 \\ x-3\overline{)\,x^3\qquad\quad -27x+54} \\ \underline{x^3-3x^2\qquad\qquad\qquad} \\ 3x^2-27x\qquad \\ \underline{3x^2-\ 9x\qquad} \\ -18x+54 \\ \underline{-18x+54} \\ 0 \end{array}$$

6 左辺を展開して整理すると

$ax^2-(4a-b)x+4a-2b+c=2x^2-3x+1$

これが x についての恒等式であるから

$a=2,\ 4a-b=3,\ 4a-2b+c=1$

これを解くと　$\boldsymbol{a=2,\ b=5,\ c=3}$

7 (証明)　$a+2b=4$　より　$a=4-2b$　であるから

(左辺)$=(4-2b)^2-4b^2$

$=16-16b+4b^2-4b^2=16-16b$

(右辺)$=4(4-2b)-8b$

$=16-8b-8b=16-16b$

よって，(左辺)=(右辺) となるので

$a^2-4b^2=4a-8b$　(終)

⬅条件式で文字消去

⬅$A=\cdots=C$，$B=\cdots=C$ より $A=B$

8 (証明)　$\dfrac{x}{3}=\dfrac{y}{4}=k$ とおくと　$x=3k$，$y=4k$

このとき，(左辺)$=\dfrac{2x^2-xy}{y^2-2x^2}=\dfrac{2\times(3k)^2-3k\cdot4k}{(4k)^2-2\times(3k)^2}$

$=\dfrac{6k^2}{-2k^2}=-3=$(右辺)

よって　$\dfrac{2x^2-xy}{y^2-2x^2}=-3$　(終)

⬅(比例式)$=k$ とおく。

9 (証明)　(左辺)−(右辺)$=13a^2+13b^2-(9a^2+12ab+4b^2)$

$=4a^2-12ab+9b^2=(2a-3b)^2\geqq0$

よって　$13(a^2+b^2)\geqq(3a+2b)^2$

等号が成り立つのは　$2a-3b=0$ のとき

すなわち，$a=\dfrac{3}{2}b$ のときである。(終)

⬅$A-B\geqq0$ を示す。

⬅(実数)$^2\geqq0$

10 (証明)　$a>0$，$b>0$ より　$\dfrac{2b}{a}>0$，$\dfrac{3a}{b}>0$

であるから，相加平均と相乗平均の大小関係より

$\dfrac{2b}{a}+\dfrac{3a}{b}\geqq2\sqrt{\dfrac{2b}{a}\times\dfrac{3a}{b}}=2\sqrt{6}$

等号が成り立つのは $\dfrac{2b}{a}=\dfrac{3a}{b}$　より　$a^2=\dfrac{2}{3}b^2$ のとき

ここで，$a>0$，$b>0$ であるから

$a=\dfrac{\sqrt{2}}{\sqrt{3}}b$ すなわち $a=\dfrac{\sqrt{6}}{3}b$ のときである。(終)

⬅$a>0$，$b>0$ のとき $\dfrac{a+b}{2}\geqq\sqrt{ab}$
等号成立は $a=b$ のとき。
$a+b\geqq2\sqrt{ab}$
の形で用いることが多い。

17 直線上の点(p.38)

92 (1) $AB=|(-5)-0|=|-5|=\mathbf{5}$

(2) $AB=|(-5)-(-7)|=|2|=\mathbf{2}$

(3) $AB=|(-9)-3|=|-12|=\mathbf{12}$

2 点間の距離
2 点 $A(a)$, $B(b)$ 間の距離 AB は
$AB=|b-a|$

93

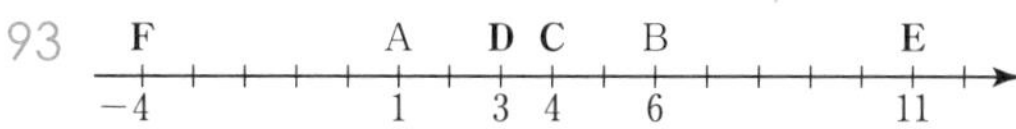

94 (1) $\dfrac{1\times(-1)+5\times5}{5+1}=\dfrac{24}{6}=4$ より **C(4)**

(2) $\dfrac{(-1)+5}{2}=\dfrac{4}{2}=2$ より **D(2)**

(3) $\dfrac{-2\times(-1)+3\times5}{3-2}=17$ より **E(17)**

(4) $\dfrac{-7\times(-1)+3\times5}{3-7}=\dfrac{22}{-4}=-\dfrac{11}{2}$ より $\mathbf{F\left(-\dfrac{11}{2}\right)}$

内分点・外分点の座標
2 点 $A(a)$, $B(b)$ に対して
・線分 AB を $m:n$ に内分する点の座標
$$\frac{na+mb}{m+n}$$
・線分 AB の中点の座標
$$\frac{a+b}{2}$$
・線分 AB を $m:n$ に外分する点の座標
$$\frac{-na+mb}{m-n}$$

95 (1) $AP=|4-1|=|3|=\mathbf{3}$
$BP=|4-6|=|-2|=\mathbf{2}$
$AP:BP=3:2$ であるから,
点 P は線分 AB を **3：2 に内分する点**

(2) $AQ=|(-9)-1|=|-10|=\mathbf{10}$
$BQ=|(-9)-6|=|-15|=\mathbf{15}$
$AQ:BQ=2:3$ であるから,
点 Q は線分 AB を **2：3 に外分する点**

96 (1) $\dfrac{2\times(-3)+1\times9}{1+2}=\dfrac{3}{3}=1$ より **C(1)**

(2) $\dfrac{-2\times(-3)+1\times9}{1-2}=\dfrac{15}{-1}=-15$ より **D(−15)**

97 点 P の座標は $\dfrac{5\times(-2)+4\times7}{4+5}=\dfrac{18}{9}=2$

点 Q の座標は $\dfrac{-5\times(-2)+4\times7}{4-5}=\dfrac{38}{-1}=-38$

よって, $PQ=|(-38)-2|=|-40|=\mathbf{40}$

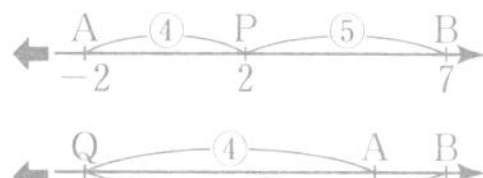

98 (1) $\dfrac{2\times(-7)+3\times(-2)}{3+2}=\dfrac{-20}{5}=-4$ より **C(−4)**

(2) $\dfrac{(-7)+(-2)}{2}=-\dfrac{9}{2}$ より $\mathbf{M\left(-\dfrac{9}{2}\right)}$

(3) $\dfrac{-2\times(-7)+5\times(-2)}{5-2}=\dfrac{4}{3}$ より $\mathbf{D\left(\dfrac{4}{3}\right)}$

(4) $\mathbf{AD}=\left|\dfrac{4}{3}-(-7)\right|=\left|\dfrac{25}{3}\right|=\mathbf{\dfrac{25}{3}}$

$\mathbf{DB}=\left|(-2)-\dfrac{4}{3}\right|=\left|-\dfrac{10}{3}\right|=\mathbf{\dfrac{10}{3}}$

99 線分 AB を 4：3 に内分する点の座標が 7 であるから
$\dfrac{3\times3+4\times b}{4+3}=\dfrac{4b+9}{7}=7$
これを解いて $b=\mathbf{10}$

JUMP 17

線分 AB の 3 等分点の 1 つが点 C であるとき，
次のいずれかが成り立つ。

(i) 点 C が線分 AB を 1：2 に内分する

(ii) 点 C が線分 AB を 2：1 に内分する

(i)のとき

$\dfrac{2\times(-2)+1\times b}{1+2}=3$ より $b=13$

このとき，もう 1 つの 3 等分点は線分 AB を 2：1 に内分するから，

その座標は $\dfrac{1\times(-2)+2\times 13}{2+1}=\dfrac{24}{3}=8$

(ii)のとき

$\dfrac{1\times(-2)+2\times b}{2+1}=3$ より $b=\dfrac{11}{2}$

このとき，もう 1 つの 3 等分点は線分 AB を 1：2 に内分するから，

その座標は $\dfrac{2\times(-2)+1\times\dfrac{11}{2}}{1+2}=\dfrac{\frac{3}{2}}{3}=\dfrac{1}{2}$

よって， **$b=13$，もう 1 つの 3 等分点の座標は 8** または

$b=\dfrac{11}{2}$，もう 1 つの 3 等分点の座標は $\dfrac{1}{2}$

考え方 線分 AB の 3 等分点は 2 つあることに注意する。

(i) A ① C ② B（−2 … b）

(ii) A ② C ① B（−2 … b）

18 平面上の点 (p.40)

100 (1) $AB=\sqrt{\{1-(-2)\}^2+(3-0)^2}=\sqrt{9+9}=\sqrt{18}=\mathbf{3\sqrt{2}}$

(2) $\left(\dfrac{1\times(-2)+2\times 1}{2+1},\ \dfrac{1\times 0+2\times 3}{2+1}\right)$ より **C(0, 2)**

(3) $\left(\dfrac{(-1)\times(-2)+2\times 1}{2-1},\ \dfrac{(-1)\times 0+2\times 3}{2-1}\right)$ より **D(4, 6)**

101 $\left(\dfrac{2+3+(-2)}{3},\ \dfrac{1+4+4}{3}\right)$ より **G(1, 3)**

102 (1) $AB=\sqrt{(6-2)^2+\{(-3)-5\}^2}=\sqrt{16+64}=\sqrt{80}=\mathbf{4\sqrt{5}}$

(2) $\left(\dfrac{3\times 2+1\times 6}{1+3},\ \dfrac{3\times 5+1\times(-3)}{1+3}\right)$ より **P(3, 3)**

(3) $\left(\dfrac{-3\times 2+1\times 6}{1-3},\ \dfrac{-3\times 5+1\times(-3)}{1-3}\right)$ より **Q(0, 9)**

(4) $\left(\dfrac{2+6}{2},\ \dfrac{5+(-3)}{2}\right)$ より **M(4, 1)**

(5) $\left(\dfrac{2+6+1}{3},\ \dfrac{5+(-3)+2}{3}\right)$ より **G$\left(3,\ \dfrac{4}{3}\right)$**

103 $AB=\sqrt{52}$ より

$\sqrt{(x-3)^2+\{4-(-2)\}^2}=\sqrt{52}$

よって $(x-3)^2+\{4-(-2)\}^2=52$

$(x-3)^2+36=52$

$(x-3)^2=16$

$x-3=\pm 4$

ゆえに **$x=7,\ -1$**

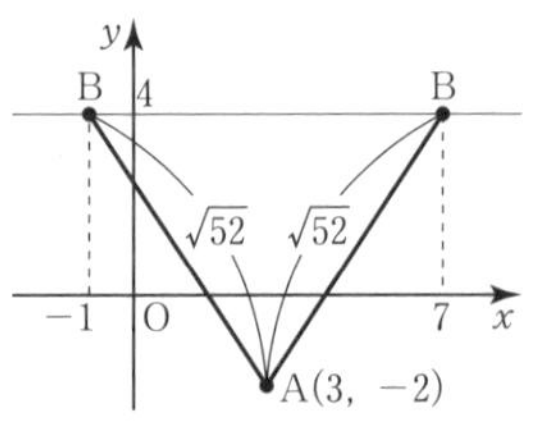

←図のように，点 B の位置は 2 通りある。

2 点間の距離

2 点 $A(x_1, y_1)$, $B(x_2, y_2)$ 間の距離 AB は

$AB=\sqrt{(x_2-x_1)^2+(y_2-y_1)^2}$

内分点と外分点の座標

2 点 $A(x_1, y_1)$, $B(x_2, y_2)$ を結ぶ線分 AB を

$m：n$ に内分する点

$\left(\dfrac{nx_1+mx_2}{m+n},\ \dfrac{ny_1+my_2}{m+n}\right)$

$m：n$ に外分する点

$\left(\dfrac{-nx_1+mx_2}{m-n},\ \dfrac{-ny_1+my_2}{m-n}\right)$

三角形の重心の座標

3 点 $A(x_1, y_1)$, $B(x_2, y_2)$, $C(x_3, y_3)$ を頂点とする三角形の重心の座標は

$\left(\dfrac{x_1+x_2+x_3}{3},\ \dfrac{y_1+y_2+y_3}{3}\right)$

104 (1) 点Cの座標は $\left(\dfrac{-3+(-1)}{2},\ \dfrac{2+(-2)}{2}\right)$

より　**C(−2, 0)**

点Dの座標は $\left(\dfrac{-3\times(-3)+5\times(-1)}{5-3},\ \dfrac{-3\times2+5\times(-2)}{5-3}\right)$

より　**D(2, −8)**

(2) $\mathrm{CD}=\sqrt{\{2-(-2)\}^2+\{(-8)-0\}^2}$

$=\sqrt{16+64}=\sqrt{80}=\boldsymbol{4\sqrt{5}}$

105 (1) $\mathbf{AB}^2=\{(-c)-a\}^2+(0-b)^2$

$=c^2+2ac+a^2+b^2$

$=\boldsymbol{a^2+b^2+c^2+2ac}$

$\mathbf{AC}^2=(3c-a)^2+(0-b)^2$

$=9c^2-6ac+a^2+b^2$

$=\boldsymbol{a^2+b^2+9c^2-6ac}$

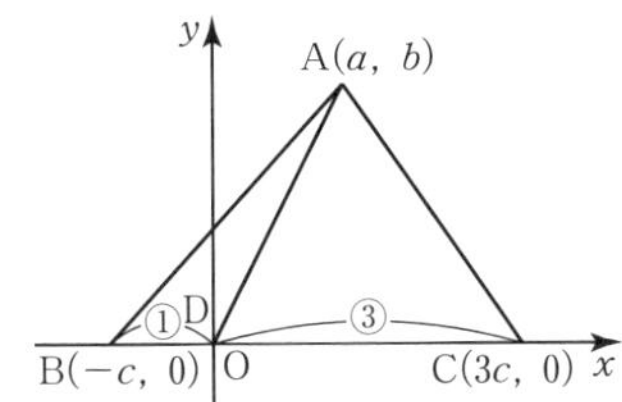

また，辺BCを1：3に内分する点Dは原点Oと一致するから，

$\mathbf{AD}^2=\boldsymbol{a^2+b^2}$

$\mathbf{BD}^2=\boldsymbol{c^2}$

⬅原点Oと点A$(x_1,\ y_1)$の距離は
$\mathrm{OA}=\sqrt{x_1{}^2+y_1{}^2}$

(2) (証明)

(左辺)$=3\mathrm{AB}^2+\mathrm{AC}^2$

$=3(a^2+b^2+c^2+2ac)+(a^2+b^2+9c^2-6ac)$

$=4a^2+4b^2+12c^2$

(右辺)$=4\mathrm{AD}^2+12\mathrm{BD}^2$

$=4(a^2+b^2)+12c^2$

$=4a^2+4b^2+12c^2$

よって，(左辺)=(右辺) となるので

$3\mathrm{AB}^2+\mathrm{AC}^2=4\mathrm{AD}^2+12\mathrm{BD}^2$　(終)

JUMP 18

考え方　正三角形の3辺の長さが等しいことを利用する。

△ABCが正三角形であるとき，

AB=BC=CA　すなわち　$\mathrm{AB}^2=\mathrm{BC}^2=\mathrm{CA}^2$

が成り立つ。

⬅方程式 $X=Y=Z$ は
$\begin{cases}X=Y\\Y=Z\end{cases}$
と連立方程式にする。

$\mathrm{AB}^2=\mathrm{BC}^2$　から

$(0-0)^2+(1-5)^2=(x-0)^2+(y-1)^2$

$x^2+(y-1)^2=16$ ……①

$\mathrm{BC}^2=\mathrm{CA}^2$　から

$(x-0)^2+(y-1)^2=(0-x)^2+(5-y)^2$

$x^2+(y-1)^2=x^2+(5-y)^2$

$x^2+y^2-2y+1=x^2+25-10y+y^2$

$y=3$ ……②

②を①に代入して

$x^2+(3-1)^2=16$

$x^2+4=16$

$x^2=12$

$x=\pm2\sqrt{3}$

よって，求める座標は

$\boldsymbol{(x,\ y)=(2\sqrt{3},\ 3),\ (-2\sqrt{3},\ 3)}$

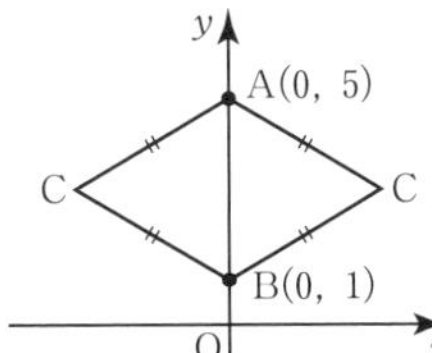

⬅図のように，点Cの位置は2通りある。

19 直線の方程式 (1) (p.42)

106

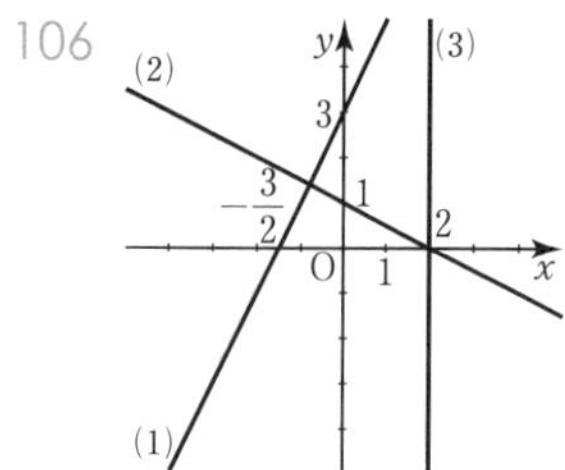

⬅方程式 $y=mx+n$ の表す図形は，傾きが m，y 切片が n の直線。

107 (1) $y-3=2(x-1)$ より $\boldsymbol{y=2x+1}$

(2) $y-4=\dfrac{1-4}{5-2}(x-2)$ より $\boldsymbol{y=-x+6}$

(3) $\boldsymbol{x=2}$

(4) $y-4=\dfrac{4-4}{3-5}(x-5)$ より $\boldsymbol{y=4}$

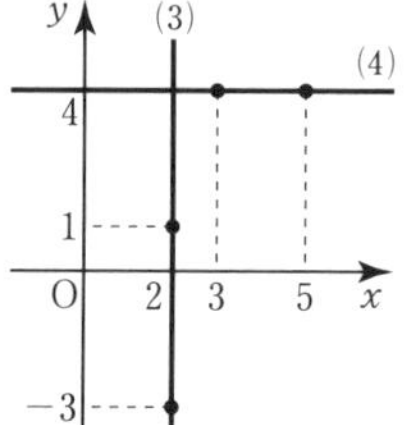

直線の方程式

・点 $(x_1,\ y_1)$ を通り，傾きが m の直線

$$y-y_1=m(x-x_1)$$

・2 点 $(x_1,\ y_1)$，$(x_2,\ y_2)$ を通る直線

$x_1 \neq x_2$ のとき

$$y-y_1=\frac{y_2-y_1}{x_2-x_1}(x-x_1)$$

$x_1=x_2$ のとき

$$x=x_1$$

108

109 (1) $y-(-3)=3(x-1)$ より $\boldsymbol{y=3x-6}$

(2) $y-5=\dfrac{-5-5}{2-(-3)}\{x-(-3)\}$ より

$\boldsymbol{y=-2x-1}$

(3) $\boldsymbol{x=4}$

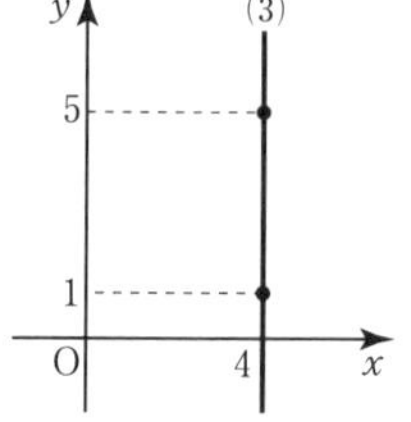

110 2 点 (1，2)，(−3，1) を通る直線の方程式は

$y-2=\dfrac{1-2}{-3-1}(x-1)$ より $y=\dfrac{1}{4}x+\dfrac{7}{4}$

この直線が点 $(4,\ a)$ を通るとき，

$a=\dfrac{1}{4}\cdot 4+\dfrac{7}{4}=\boldsymbol{\dfrac{11}{4}}$

111 (1) $y-(-2)=\dfrac{3}{2}(x-2)$ より $\boldsymbol{y=\dfrac{3}{2}x-5}$

(2) $y-(-2)=\dfrac{-6-(-2)}{-2-(-5)}\{x-(-5)\}$ より $\boldsymbol{y=-\dfrac{4}{3}x-\dfrac{26}{3}}$

(3) $y-0=\dfrac{5-0}{0-2}(x-2)$ より $\boldsymbol{y=-\dfrac{5}{2}x+5}$

別解 x 切片が 2，y 切片が 5 であるから

$\boldsymbol{\dfrac{x}{2}+\dfrac{y}{5}=1}$

⬅$a \neq 0$，$b \neq 0$ のとき，2 点 $(a,\ 0)$，$(0,\ b)$ を通る直線の方程式は

$$\frac{x}{a}+\frac{y}{b}=1$$

(4) $y-(-3)=\dfrac{-3-(-3)}{7-(-7)}\{x-(-7)\}$ より $\boldsymbol{y=-3}$

112 2点$(-1,\ 2)$，$(-3,\ a)$を通る直線の方程式は

$$y-2=\frac{a-2}{-3-(-1)}\{x-(-1)\}\quad より\quad y-2=\frac{a-2}{-2}(x+1)$$

この直線が点$(a,\ 0)$を通るとき，

$$0-2=\frac{a-2}{-2}(a+1)$$

$$4=(a-2)(a+1)$$

$a^2-a-6=0$　より　$(a+2)(a-3)=0$

よって　$a=\mathbf{-2,\ 3}$

⬅展開はせず，この形の式にx，yの値を代入した方がよい。

JUMP 19

点Pは直線 $y=2x+1$ 上にあるから，その座標は

$P(t,\ 2t+1)$　とおける。

直線APの傾きが $\frac{1}{2}$ であるから

$$\frac{2t+1-(-2)}{t-3}=\frac{1}{2}$$

$$2(2t+3)=t-3$$

$$4t+6=t-3$$

よって　$3t=-9$　より　$t=-3$

ゆえに　$\mathbf{P(-3,\ -5)}$

考え方　点Pのx座標をtとおき，直線APの傾きをtで表す。

20 直線の方程式(2) (p.44)

113 (1)　$2x-2y-5=0$　を変形すると

$$y=x-\frac{5}{2}$$

よって，傾きは$\mathbf{1}$，y切片は $\mathbf{-\frac{5}{2}}$

直線は右の図のようになる。

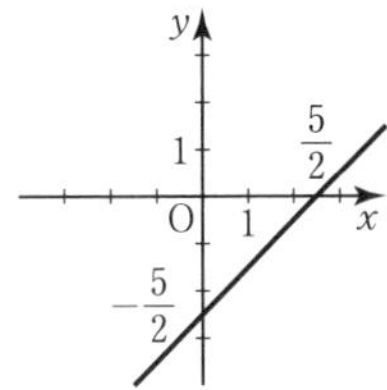

⬅$a\neq0$ または $b\neq0$ のとき，方程式 $ax+by+c=0$ は直線を表す。

(2)　$x+3y-6=0$　を変形すると

$$y=-\frac{1}{3}x+2$$

よって，傾きは $\mathbf{-\frac{1}{3}}$，y切片は$\mathbf{2}$

直線は右の図のようになる。

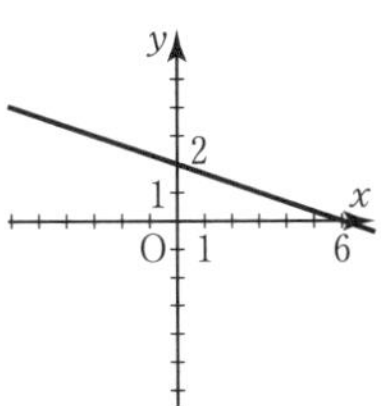

114 (1)　連立方程式 $\begin{cases} x-3y+14=0 \cdots\cdots ① \\ 2x+y+7=0 \cdots\cdots ② \end{cases}$ において，

①＋②×3 より　$7x+35=0$

$$x=-5$$

②より　$2\cdot(-5)+y+7=0$

$$y=3$$

よって，2直線①，②の交点の座標は$\mathbf{(-5,\ 3)}$

⬅2直線の交点の座標は，連立方程式の解である。

(2)　求める直線は，2点$(-5,\ 3)$，$(3,\ 1)$を通るから，その方程式は

$$y-3=\frac{1-3}{3-(-5)}\{x-(-5)\}$$

すなわち

$$\mathbf{x+4y-7=0}$$

⬅2点$(x_1,\ y_1)$，$(x_2,\ y_2)$を通る直線の方程式は

$$y-y_1=\frac{y_2-y_1}{x_2-x_1}(x-x_1)$$

$(x_1\neq x_2$のとき$)$

⬅$y=-\frac{1}{4}x+\frac{7}{4}$ でもよい。

2章　図形と方程式

115 (1) $3x-2y+4=0$ を変形すると

$y=\dfrac{3}{2}x+2$

よって，傾きは $\boldsymbol{\dfrac{3}{2}}$，$y$ 切片は **2**

直線は右の図のようになる。

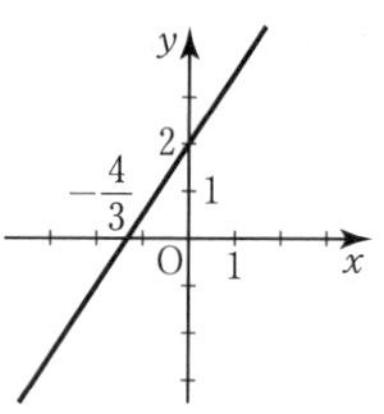

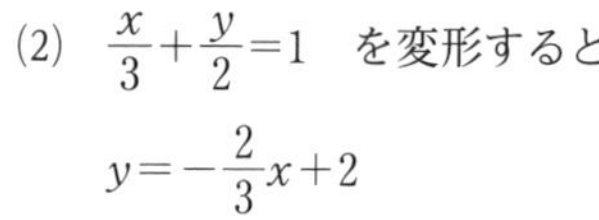

(2) $\dfrac{x}{3}+\dfrac{y}{2}=1$ を変形すると

$y=-\dfrac{2}{3}x+2$

よって，傾きは $\boldsymbol{-\dfrac{2}{3}}$，$y$ 切片は **2**

直線は右の図のようになる。

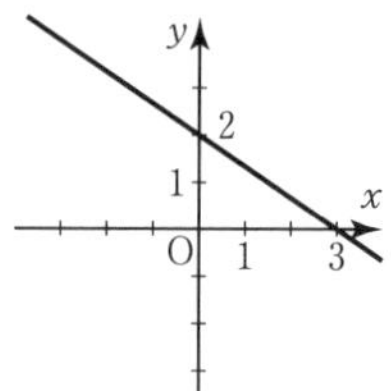

⬅直線 $\dfrac{x}{a}+\dfrac{y}{b}=1$ において，x 切片は a，y 切片は b である。

116 連立方程式 $\begin{cases} 2x-y+7=0 \cdots\cdots ① \\ x+2y-4=0 \cdots\cdots ② \end{cases}$ において，

⬅2 直線の交点の座標は，連立方程式の解である。

①×2+② より　$5x+10=0$

$x=-2$

①より　$2\cdot(-2)-y+7=0$

$y=3$

よって，2 直線の交点の座標は　$(-2,\ 3)$

ゆえに，求める直線の方程式は

⬅点 $(x_1,\ y_1)$ を通り，傾き m の直線の方程式は $y-y_1=m(x-x_1)$

$y-3=-2\{x-(-2)\}$

すなわち　$\boldsymbol{2x+y+1=0}$

⬅$y=-2x-1$ でもよい。

117 連立方程式 $\begin{cases} x-3y-2=0 \cdots\cdots ① \\ 2x+3y-13=0 \cdots\cdots ② \end{cases}$ において，

⬅2 直線の交点の座標は，連立方程式の解である。

①+② より　$3x-15=0$

$x=5$

①より　$5-3y-2=0$

$y=1$

よって，2 直線の交点の座標は　$(5,\ 1)$

ゆえに，求める直線は 2 点 $(5,\ 1)$，$(4,\ 2)$ を通るから，その方程式は

$y-1=\dfrac{2-1}{4-5}(x-5)$

すなわち　$\boldsymbol{x+y-6=0}$

⬅$y=-x+6$ でもよい。

別解　与えられた 2 直線の交点を通る直線は

$x-3y-2+k(2x+3y-13)=0 \cdots\cdots ①$

と表される。この直線が点 $(4,\ 2)$ を通るから，

$4-3\cdot2-2+k(2\cdot4+3\cdot2-13)=0$

よって　$k=4$

これを①に代入して　$x-3y-2+4(2x+3y-13)=0$

すなわち　$\boldsymbol{x+y-6=0}$

⬅平行でない 2 直線 $ax+by+c=0$，$a'x+b'y+c'=0$ の交点を通る直線の方程式は，$ax+by+c+k(a'x+b'y+c')=0$（k は定数）で表される。

118 連立方程式 $\begin{cases} x+y-2=0 \cdots\cdots ① \\ 2x+y-1=0 \cdots\cdots ② \end{cases}$ において，

⬅2 直線の交点の座標は，連立方程式の解である。

②−① より　$x=-1$

①より　$-1+y-2=0$

$y=3$

よって，2 直線①，②の交点の座標は　$(-1,\ 3)$

連立方程式 $\begin{cases} 3x+2y-4=0 \cdots\cdots③ \\ x-3y-5=0 \cdots\cdots④ \end{cases}$ において，

③−④×3 より　$11y+11=0$

$y=-1$

④より　$x-3\cdot(-1)-5=0$

$x=2$

よって，2 直線③，④の交点の座標は　$(2,\ -1)$

ゆえに，求める直線は 2 点 $(-1,\ 3)$，$(2,\ -1)$ を通るから，

その方程式は

$$y-3=\frac{-1-3}{2-(-1)}\{x-(-1)\}$$

すなわち　$\boldsymbol{4x+3y-5=0}$

⬅2 直線の交点の座標は，連立方程式の解である。

⬅$y=-\frac{4}{3}x+\frac{5}{3}$ でもよい。

119　連立方程式 $\begin{cases} x+3y-3=0 \cdots\cdots① \\ -x+3y-9=0 \cdots\cdots② \end{cases}$ において，

①−② より　$x=-3$

①より　$y=2$

よって，2 直線①，②の交点の座標は　$(-3,\ 2)$

3 直線が 1 点で交わるとき，直線 $ax+y+4=0$ は

点 $(-3,\ 2)$ を通るから　$a\cdot(-3)+2+4=0$

ゆえに　$\boldsymbol{a=2}$

⬅交点の座標を求めるときには，係数に文字を含まない①と②を用いるとよい。

JUMP 20

3 直線 $\begin{cases} 4x+3y+2=0 \cdots\cdots① \\ x+7y-12=0 \cdots\cdots② \\ 3x-4y-11=0 \cdots\cdots③ \end{cases}$ において，

直線①，②の交点を A とすると，A$(-2,\ 2)$

直線②，③の交点を B とすると，B$(5,\ 1)$

直線③，①の交点を C とすると，C$(1,\ -2)$

これより

$\mathrm{AB}=\sqrt{\{5-(-2)\}^2+(1-2)^2}=\sqrt{50}$

$\mathrm{BC}=\sqrt{(1-5)^2+\{(-2)-1\}^2}=\sqrt{25}$

$\mathrm{CA}=\sqrt{\{(-2)-1\}^2+\{2-(-2)\}^2}=\sqrt{25}$

よって

$\mathrm{BC}=\mathrm{CA}$　かつ　$\mathrm{BC}^2+\mathrm{CA}^2=\mathrm{AB}^2$

が成り立つから，

△ABC は ∠C＝90° である直角二等辺三角形

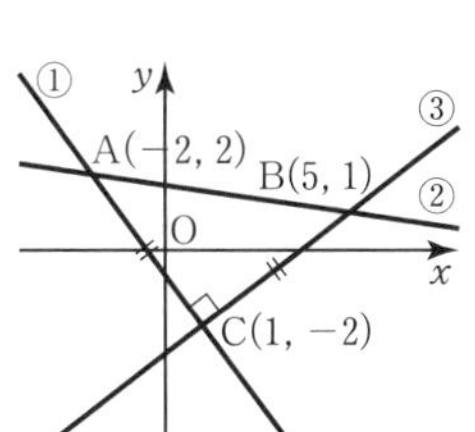

考え方　まず，三角形の 3 つの頂点の座標を求める。

⬅2 直線の交点の座標は，連立方程式の解である。

⬅三角形の形状を考えるから，辺の長さを求める。

21 2 直線の平行条件と垂直条件 (p.46)

120　各直線の傾きは

①　2　②　$\frac{3}{2}$　③　$\frac{2}{3}$　④　-1

⑤　$\frac{2}{3}$　⑥　2　⑦　$-\frac{2}{3}$　⑧　1

(1)　平行な直線は　**①と⑥，③と⑤**

(2)　②と⑦の傾きの積は　$\frac{3}{2}\times\left(-\frac{2}{3}\right)=-1$

④と⑧の傾きの積は　$(-1)\times1=-1$

よって，垂直な直線は　**②と⑦，④と⑧**

2 直線の平行と垂直

2 直線 $y=mx+n$

$y=m'x+n'$

について

2 直線が平行

$\iff m=m'$

2 直線が垂直

$\iff mm'=-1$

121 (1) 直線 $y=3x+1$ の傾きは3であるから，
求める直線の方程式は
$$y-(-1)=3(x-2)$$
すなわち　$\boldsymbol{3x-y-7=0}$

⬅ $y=3x-7$ でもよい。

(2) 直線 $y=3x+1$ に垂直な直線の傾きを m とすると
$$3\times m=-1 \quad より \quad m=-\frac{1}{3}$$
よって，求める直線の方程式は
$$y-(-1)=-\frac{1}{3}(x-2)$$
すなわち　$\boldsymbol{x+3y+1=0}$

⬅ $y=-\frac{1}{3}x-\frac{1}{3}$ でもよい。

122 (1) $2x-5y-3=0$ ……① を変形すると
$$y=\frac{2}{5}x-\frac{3}{5}$$
であるから，直線①の傾きは $\frac{2}{5}$
よって，求める直線の方程式は
$$y-2=\frac{2}{5}(x-4)$$
すなわち　$\boldsymbol{2x-5y+2=0}$

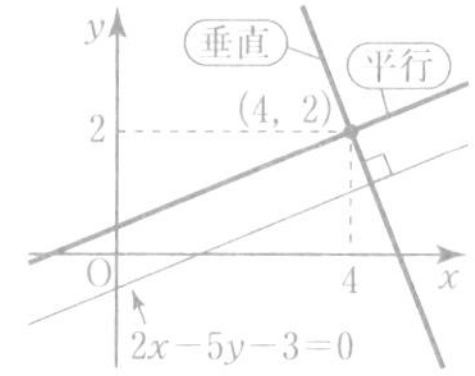

⬅ $y=\frac{2}{5}x+\frac{2}{5}$ でもよい。

(2) 直線①に垂直な直線の傾きを m とすると
$$\frac{2}{5}\times m=-1 \quad より \quad m=-\frac{5}{2}$$
よって，求める直線の方程式は
$$y-2=-\frac{5}{2}(x-4)$$
すなわち　$\boldsymbol{5x+2y-24=0}$

⬅ $y=-\frac{5}{2}x+12$ でもよい。

123 (1) $2x+y-3=0$ ……① を変形すると
$$y=-2x+3$$
であるから，直線①の傾きは -2
直線①に垂直な直線の傾きを m とすると
$$-2\times m=-1 \quad より \quad m=\frac{1}{2}$$
求める直線は y 切片が -2 であるから，その方程式は
$$y=\frac{1}{2}x-2$$
すなわち　$\boldsymbol{x-2y-4=0}$

⬅ $y=\frac{1}{2}x-2$ でもよい。

(2) 求める直線は傾きが $\frac{1}{2}$ で点 $(-2,\ 0)$ を通るから，
その方程式は
$$y-0=\frac{1}{2}\{x-(-2)\}$$
すなわち　$\boldsymbol{x-2y+2=0}$

⬅ $y=\frac{1}{2}x+1$ でもよい。

124 2点 $(-3,\ 0)$，$(0,\ 2)$ を通る直線 l の傾きは　$\frac{2-0}{0-(-3)}=\frac{2}{3}$
直線①は直線 l に平行で，y 切片が -1 であるから
$$y=\frac{2}{3}x-1$$
すなわち　$\boldsymbol{2x-3y-3=0}$

⬅ $y=\frac{2}{3}x-1$ でもよい。

直線②の傾きを m とすると，②は l と垂直であるから

$$\frac{2}{3}\times m=-1 \quad より \quad m=-\frac{3}{2}$$

よって，直線②は傾きが $-\frac{3}{2}$ で，y 切片が 4 であるから

$$y=-\frac{3}{2}x+4$$

すなわち　$\boldsymbol{3x+2y-8=0}$

⬅$y=-\frac{3}{2}x+4$ でもよい。

125 連立方程式 $\begin{cases} 4x-3y-7=0 \cdots\cdots ① \\ 3x+2y-1=0 \cdots\cdots ② \end{cases}$

を解くと　$x=1$，$y=-1$

よって，2 直線①，②の交点の座標は　$(1,\ -1)$

$5x+3y-4=0 \cdots\cdots ③$　を変形すると

$$y=-\frac{5}{3}x+\frac{4}{3}$$

であるから，直線③の傾きは　$-\frac{5}{3}$

直線③に垂直な直線の傾きを m とすると

$$-\frac{5}{3}\times m=-1 \quad より \quad m=\frac{3}{5}$$

よって，求める直線は傾きが $\frac{3}{5}$ で点 $(1,\ -1)$ を通るから，

その方程式は

$$y-(-1)=\frac{3}{5}(x-1)$$

すなわち　$\boldsymbol{3x-5y-8=0}$

⬅$y=\frac{3}{5}x-\frac{8}{5}$　でもよい。

126 (1)　直線 OP の傾きは　$\frac{b-0}{a-0}=\frac{b}{a}$

直線 l：$y=-2x+2$ の傾きは　-2

この 2 直線は垂直であるから

$$\frac{b}{a}\times(-2)=-1 \quad より \quad \frac{b}{a}=\boldsymbol{\frac{1}{2}}$$

(2)　線分 OP の中点の座標は $\left(\frac{a+0}{2},\ \frac{b+0}{2}\right)$　より　$\left(\frac{a}{2},\ \frac{b}{2}\right)$

⬅2 点 $(x_1,\ y_1)$，$(x_2,\ y_2)$ を結ぶ線分の中点の座標は $\left(\frac{x_1+x_2}{2},\ \frac{y_1+y_2}{2}\right)$

これが直線 l：$y=-2x+2$ 上の点であるから

$$\frac{b}{2}=-2\cdot\frac{a}{2}+2$$

すなわち　$\boldsymbol{2a+b=4}$

(3)　(1)，(2)より　$\begin{cases} \frac{b}{a}=\frac{1}{2} & \cdots\cdots ① \\ 2a+b=4 & \cdots\cdots ② \end{cases}$

①を変形して　$b=\frac{a}{2} \cdots\cdots ①'$

これを②に代入して　$2a+\frac{a}{2}=4$　より　$a=\frac{8}{5}$

①′ より　$b=\frac{4}{5}$

よって，点 P の座標は　$\boldsymbol{\left(\frac{8}{5},\ \frac{4}{5}\right)}$

JUMP 21

$ax-2y+3=0$ ……① を変形すると

$y=\frac{a}{2}x+\frac{3}{2}$

$4x-(a-2)y-1=0$ ……② を変形すると

$a=2$ のとき $4x-1=0$ すなわち $x=\frac{1}{4}$ ……③

$a \neq 2$ のとき $y=\frac{4}{a-2}x-\frac{1}{a-2}$

(i) $a=2$ のとき

①は $y=x+\frac{3}{2}$ であるから，③とは垂直でも平行でもない。

(ii) $a \neq 2$ のとき

垂直であるとき， $\frac{a}{2}\times\frac{4}{a-2}=-1$

$4a=-2a+4$

よって $\boldsymbol{a=\frac{2}{3}}$ （$a \neq 2$ を満たす）

平行であるとき， $\frac{a}{2}=\frac{4}{a-2}$

$a^2-2a-8=0$

$(a+2)(a-4)=0$

よって $\boldsymbol{a=-2,\ 4}$ （$a \neq 2$ を満たす）

別解 2直線①，②が垂直である条件は

$a\cdot 4+(-2)\cdot\{-(a-2)\}=0$

よって $\boldsymbol{a=\frac{2}{3}}$

2直線①，②が平行である条件は

$a\{-(a-2)\}-(-2)\times 4=0$

$a^2-2a-8=0$

$(a-4)(a+2)=0$

よって $\boldsymbol{a=-2,\ 4}$

考え方 2直線の傾きについて考える。

⬅y の係数が0であるときと0でないときに場合分けする。
y の係数が0であるとき，直線は傾きをもたない（y 軸に平行）。

⬅$a \neq 2$ を確認。

⬅$a \neq 2$ を確認。

⬅2直線 $a_1x+b_1y+c_1=0$
$a_2x+b_2y+c_2=0$
について
垂直条件：$a_1a_2+b_1b_2=0$
平行条件：$a_1b_2-a_2b_1=0$

22 点と直線の距離 (p.48)

127 (1) $\frac{|4\times 2+3\times 1+9|}{\sqrt{4^2+3^2}}=\frac{20}{5}=\boldsymbol{4}$

(2) $\frac{|2\times 2-1\times 1-8|}{\sqrt{2^2+(-1)^2}}=\frac{5}{\sqrt{5}}=\boldsymbol{\sqrt{5}}$

(3) $y=\frac{1}{2}x+2$ を変形すると $x-2y+4=0$

であるから

$\frac{|1\times 2-2\times 1+4|}{\sqrt{1^2+(-2)^2}}=\frac{4}{\sqrt{5}}=\boldsymbol{\frac{4\sqrt{5}}{5}}$

点と直線の距離
点 $(x_1,\ y_1)$ と
直線 $ax+by+c=0$ の
距離 d は
$d=\frac{|ax_1+by_1+c|}{\sqrt{a^2+b^2}}$

128 (1) $\frac{|1\times 4+3\times(-2)-3|}{\sqrt{1^2+3^2}}=\frac{5}{\sqrt{10}}=\boldsymbol{\frac{\sqrt{10}}{2}}$

(2) $\frac{|1\times\sqrt{10}+3\times 1-3|}{\sqrt{1^2+3^2}}=\frac{\sqrt{10}}{\sqrt{10}}=\boldsymbol{1}$

(3) $\frac{|-3|}{\sqrt{1^2+3^2}}=\frac{3}{\sqrt{10}}=\boldsymbol{\frac{3\sqrt{10}}{10}}$

原点と直線の距離
原点と
直線 $ax+by+c=0$ の
距離 d は
$d=\frac{|c|}{\sqrt{a^2+b^2}}$

129 (1) $\dfrac{|3\times1+4\times1-2|}{\sqrt{3^2+4^2}}=\dfrac{5}{5}=\mathbf{1}$

(2) $y=-2x+1$ を変形すると $2x+y-1=0$

であるから

$$\frac{|2\times(-1)+1\times(-2)-1|}{\sqrt{2^2+1^2}}=\frac{5}{\sqrt{5}}=\boldsymbol{\sqrt{5}}$$

(3) $y=-\dfrac{2}{3}x+\dfrac{1}{3}$ を変形すると $2x+3y-1=0$

であるから

$$\frac{|-1|}{\sqrt{2^2+3^2}}=\frac{1}{\sqrt{13}}=\boldsymbol{\frac{\sqrt{13}}{13}}$$

130 (1) $y-4=\dfrac{7-4}{5-2}(x-2)$

すなわち $\boldsymbol{x-y+2=0}$

(2) $d=\dfrac{|1\times5-1\times(-1)+2|}{\sqrt{1^2+(-1)^2}}$

$=\dfrac{8}{\sqrt{2}}=\boldsymbol{4\sqrt{2}}$

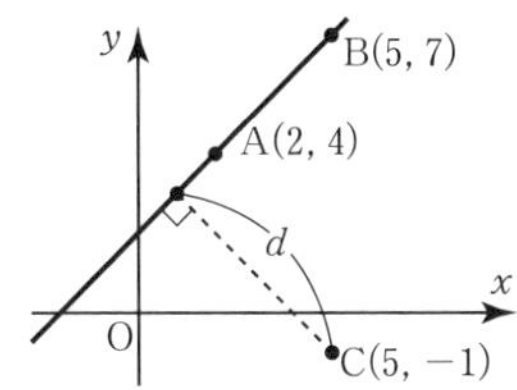

131 (1) $y=\dfrac{1}{3}x$ を変形すると $x-3y=0$

であるから

$$\frac{|1\times(-6)-3\times3|}{\sqrt{1^2+(-3)^2}}=\frac{15}{\sqrt{10}}=\boldsymbol{\frac{3\sqrt{10}}{2}}$$

(2) $y=\dfrac{\sqrt{3}}{2}x-3$ を変形すると $\sqrt{3}\,x-2y-6=0$

であるから

$$\frac{|\sqrt{3}\times1-2\times(-3)-6|}{\sqrt{(\sqrt{3})^2+(-2)^2}}=\frac{\sqrt{3}}{\sqrt{7}}=\boldsymbol{\frac{\sqrt{21}}{7}}$$

132 (1) $\mathrm{AB}=\sqrt{\{5-(-3)\}^2+\{1-(-1)\}^2}$

$=\sqrt{64+4}=\sqrt{68}=\boldsymbol{2\sqrt{17}}$

(2) 2 点 A$(-3,\ -1)$，B$(5,\ 1)$ を通る直線の方程式は

$$y-(-1)=\frac{1-(-1)}{5-(-3)}\{x-(-3)\}$$

すなわち $x-4y-1=0$ ……①

よって，点 C$(4,\ 3)$ と直線①の距離 d は

$$d=\frac{|1\times4-4\times3-1|}{\sqrt{1^2+(-4)^2}}=\frac{9}{\sqrt{17}}=\boldsymbol{\frac{9\sqrt{17}}{17}}$$

(3) (1)，(2)から，

△ABC の面積 S は

$S=\dfrac{1}{2}\times\mathrm{AB}\times d$

$=\dfrac{1}{2}\times2\sqrt{17}\times\dfrac{9}{\sqrt{17}}$

$=\mathbf{9}$

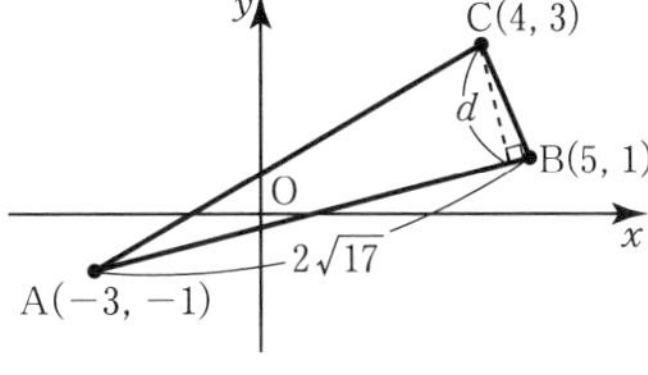

⬅AB を底辺としたときの高さが d である。

JUMP 22

$y=2x+k$ より $2x-y+k=0$

この直線と原点の距離が $2\sqrt{5}$ であるから

$$\frac{|k|}{\sqrt{2^2+(-1)^2}}=2\sqrt{5}$$

よって $|k|=10$ すなわち $\boldsymbol{k=\pm 10}$

考え方 直線と原点の距離を k を用いて表す。

⬅原点と直線 $ax+by+c=0$ の距離 d は $d=\frac{|c|}{\sqrt{a^2+b^2}}$

まとめの問題 図形と方程式①(p.50)

1 (1) $\frac{4\times(-6)+1\times 4}{1+4}=\frac{-20}{5}=-4$ より $\mathbf{C(-4)}$

また, $\mathbf{AC}=|(-4)-(-6)|=|2|=\mathbf{2}$

(2) $\frac{-3\times(-6)+2\times 4}{2-3}=\frac{26}{-1}=-26$ より $\mathbf{D(-26)}$

また, $\mathbf{BD}=|(-26)-4|=|-30|=\mathbf{30}$

⬅2点 $A(a)$, $B(b)$ 間の距離は $AB=|b-a|$

2 (1) $AB=\sqrt{\{2-(-2)\}^2+(7-3)^2}=\sqrt{16+16}=\sqrt{32}=\mathbf{4\sqrt{2}}$

(2) $\left(\frac{1\times(-2)+3\times 2}{3+1},\ \frac{1\times 3+3\times 7}{3+1}\right)$ より $\mathbf{C(1,\ 6)}$

$\left(\frac{-1\times(-2)+3\times 2}{3-1},\ \frac{-1\times 3+3\times 7}{3-1}\right)$ より $\mathbf{D(4,\ 9)}$

⬅2点 $A(x_1,\ y_1)$, $B(x_2,\ y_2)$ を結ぶ線分 AB を $m:n$ に内分する点 $\left(\frac{nx_1+mx_2}{m+n},\ \frac{ny_1+my_2}{m+n}\right)$

$m:n$ に外分する点 $\left(\frac{-nx_1+mx_2}{m-n},\ \frac{-ny_1+my_2}{m-n}\right)$

3 $\left(\frac{1+6+(-4)}{3},\ \frac{5+(-7)+(-2)}{3}\right)$ より $\mathbf{G\left(1,\ -\frac{4}{3}\right)}$

⬅3点 $A(x_1,\ y_1)$, $B(x_2,\ y_2)$, $C(x_3,\ y_3)$ を頂点とする三角形の重心の座標は $\left(\frac{x_1+x_2+x_3}{3},\ \frac{y_1+y_2+y_3}{3}\right)$

4 (1) $y-2=4\{x-(-1)\}$ より

$\boldsymbol{y=4x+6}$

(2) $y-2=\frac{12-2}{(-1)-4}(x-4)$ より

$\boldsymbol{y=-2x+10}$

(3) $\boldsymbol{x=-3}$

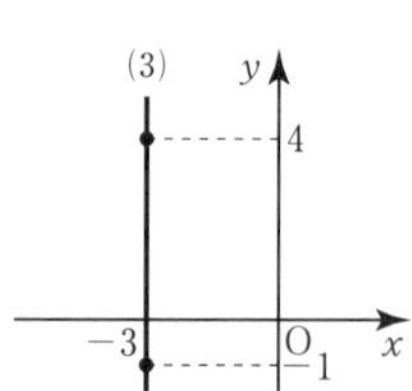

5 連立方程式 $\begin{cases}3x+y+7=0 \cdots\cdots ①\\ x+2y-1=0 \cdots\cdots ②\end{cases}$ において

①×2−② より $5x+15=0$

$x=-3$

①より $3\times(-3)+y+7=0$

$y=2$

よって, 2直線の交点の座標は $(-3,\ 2)$

ゆえに, 求める直線の方程式は

$$y-2=\frac{5-2}{(-2)-(-3)}\{x-(-3)\}$$

すなわち $\boldsymbol{3x-y+11=0}$

⬅2直線の交点の座標は, 連立方程式の解である。

⬅$y=3x+11$ でもよい。

6 (1) $2x+4y-3=0 \cdots\cdots ①$ を変形すると

$$y=-\frac{1}{2}x+\frac{3}{4}$$

であるから, 直線①の傾きは $-\frac{1}{2}$

よって, 求める直線の方程式は

$y-(-1)=-\frac{1}{2}(x-3)$ すなわち $\boldsymbol{x+2y-1=0}$

⬅$y=-\frac{1}{2}x+\frac{1}{2}$ でもよい。

(2)　$3x-5y+1=0$ ……②　を変形すると

$y=\frac{3}{5}x+\frac{1}{5}$

であるから，直線②の傾きは $\frac{3}{5}$

直線②に垂直な直線の傾きを m とすると

$\frac{3}{5}\times m=-1$　より　$m=-\frac{5}{3}$

よって，求める直線の方程式は

$y-(-1)=-\frac{5}{3}(x-3)$　　すなわち　$\mathbf{5x+3y-12=0}$

⬅$y=-\frac{5}{3}x+4$ でもよい。

7　$2x-4y+15=0$ ……①　を変形すると

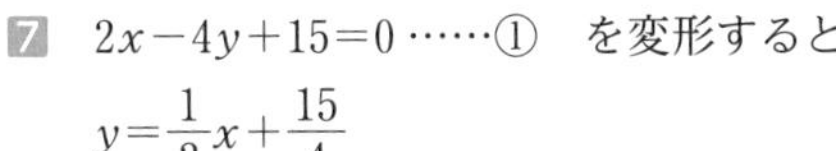

$y=\frac{1}{2}x+\frac{15}{4}$

であるから，①の傾きは $\frac{1}{2}$

一方，直線 OP の傾きは $\frac{b-0}{a-0}=\frac{b}{a}$

直線①と直線 OP は垂直であるから

$\frac{1}{2}\times\frac{b}{a}=-1$

すなわち　$b=-2a$ ……②

また，線分 OP の中点 $\left(\frac{a}{2},\ \frac{b}{2}\right)$ は，直線①上の点であるから

$2\times\frac{a}{2}-4\times\frac{b}{2}+15=0$

すなわち　$a-2b+15=0$ ……③

②，③の連立方程式を解くと　$a=-3$，$b=6$

よって，点 P の座標は　**(−3，6)**

⬅2 直線の垂直条件
(①の傾き)×(OP の傾き)
$=-1$

8　(1)　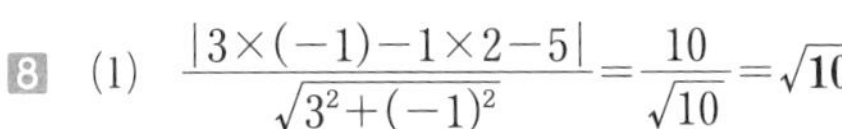

$\frac{|3\times(-1)-1\times2-5|}{\sqrt{3^2+(-1)^2}}=\frac{10}{\sqrt{10}}=\mathbf{\sqrt{10}}$

(2)　$y=-\frac{2}{3}x+2$ を変形すると　$2x+3y-6=0$

であるから

$\frac{\left|2\times\frac{3}{2}+3\times\left(-\frac{1}{2}\right)-6\right|}{\sqrt{2^2+3^2}}=\frac{\frac{9}{2}}{\sqrt{13}}=\frac{9}{2\sqrt{13}}=\mathbf{\frac{9\sqrt{13}}{26}}$

9　(1)　直線 BC の方程式は

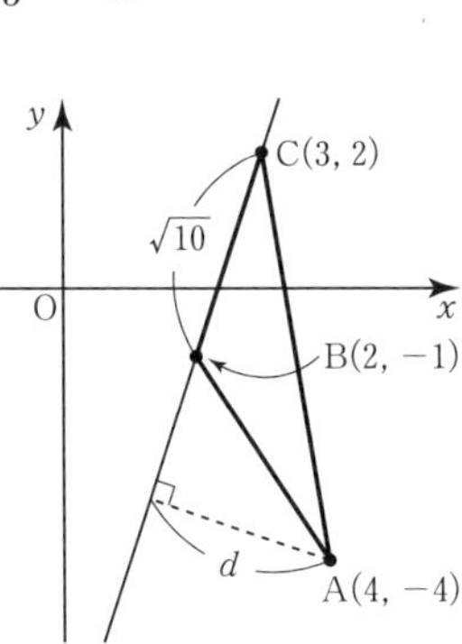

$y-(-1)=\frac{2-(-1)}{3-2}(x-2)$

すなわち　$3x-y-7=0$ ……①

よって，点 A と直線①の距離 d は

$d=\frac{|3\times4-1\times(-4)-7|}{\sqrt{3^2+(-1)^2}}$

$=\frac{9}{\sqrt{10}}=\mathbf{\frac{9\sqrt{10}}{10}}$

(2)　$BC=\sqrt{(3-2)^2+\{2-(-1)\}^2}=\sqrt{10}$

よって，△ABC の面積 S は

$S=\frac{1}{2}\times BC\times d=\frac{1}{2}\times\sqrt{10}\times\frac{9\sqrt{10}}{10}=\mathbf{\frac{9}{2}}$

⬅BC を底辺としたときの高さが d である。

23 円の方程式(1) (p.52)

133 (1)

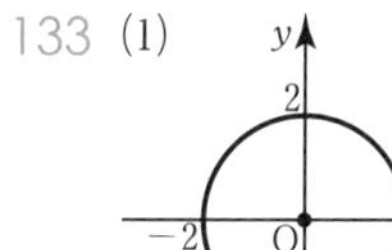

(2)

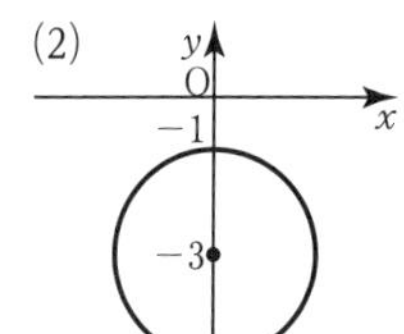

(3)

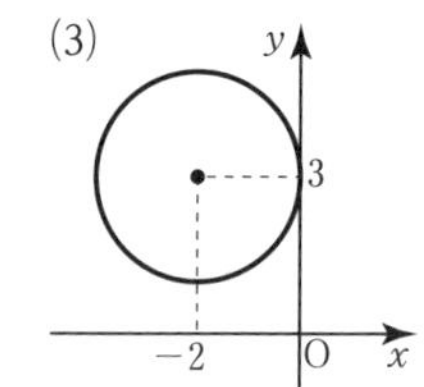

134 (1) $(x-2)^2+(y-5)^2=4^2$ より

$\boldsymbol{(x-2)^2+(y-5)^2=16}$

(2) 半径を r とすると

$r=\sqrt{\{(-1)-(-3)\}^2+\{0-(-2)\}^2}=\sqrt{8}$

よって，求める円の方程式は

$\{x-(-3)\}^2+\{y-(-2)\}^2=(\sqrt{8})^2$ より

$\boldsymbol{(x+3)^2+(y+2)^2=8}$

(3) 中心を $\mathrm{C}(a,\ b)$，半径を r とすると，中心Cは線分ABの中点であるから

$a=\dfrac{-2+2}{2}=0$，$b=\dfrac{1+3}{2}=2$

より，C(0, 2) である。

また，$r=\mathrm{CA}$ より

$r=\sqrt{\{(-2)-0\}^2+(1-2)^2}=\sqrt{5}$

よって，求める円の方程式は

$(x-0)^2+(y-2)^2=(\sqrt{5})^2$ より

$\boldsymbol{x^2+(y-2)^2=5}$

円の方程式

・中心が点 $(a,\ b)$，半径が r の円の方程式

$(x-a)^2+(y-b)^2=r^2$

・中心が原点，半径が r の円の方程式

$x^2+y^2=r^2$

⬅円の中心は直径の中点。

135 (1) $x^2+y^2=5^2$ より $\boldsymbol{x^2+y^2=25}$

(2) $(x-1)^2+(y-3)^2=(2\sqrt{2})^2$ より

$\boldsymbol{(x-1)^2+(y-3)^2=8}$

(3) 半径を r とすると

$r=\sqrt{(0-4)^2+\{0-(-1)\}^2}=\sqrt{17}$

よって，求める円の方程式は

$(x-4)^2+\{y-(-1)\}^2=(\sqrt{17})^2$ より

$\boldsymbol{(x-4)^2+(y+1)^2=17}$

(4) 半径を r とすると

$r=\sqrt{\{2-(-2)\}^2+(4-1)^2}=5$

よって，求める円の方程式は

$\{x-(-2)\}^2+(y-1)^2=5^2$ より

$\boldsymbol{(x+2)^2+(y-1)^2=25}$

(5) 中心を $\mathrm{C}(a,\ b)$，半径を r とすると，中心Cは線分ABの中点であるから

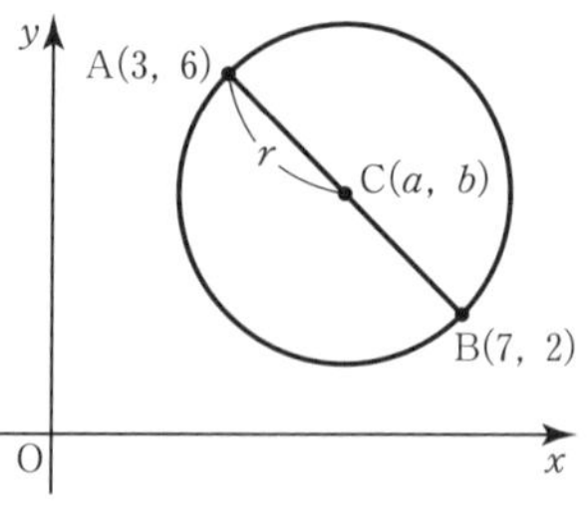

$a=\dfrac{3+7}{2}=5$，$b=\dfrac{6+2}{2}=4$

より，C(5, 4) である。

また，$r=\mathrm{CA}$ より

$r=\sqrt{(3-5)^2+(6-4)^2}=\sqrt{8}$

⬅円の中心は直径の中点。

よって，求める円の方程式は

$(x-5)^2+(y-4)^2=(\sqrt{8})^2$ より

$\boldsymbol{(x-5)^2+(y-4)^2=8}$

136 (1) x 軸に接する円の半径は，中心の y 座標の絶対値に等しいから，半径は

$|4|=4$

よって，求める円の方程式は

$\{x-(-2)\}^2+(y-4)^2=4^2$

より $\boldsymbol{(x+2)^2+(y-4)^2=16}$

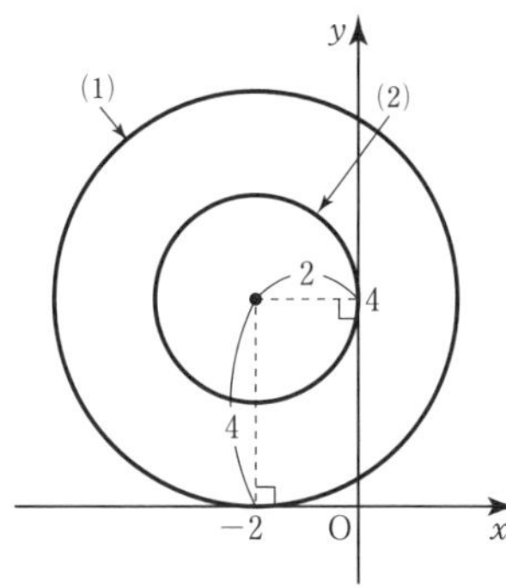

←座標軸に接する円は，中心の座標と半径の関係に着目する。

←半径は，中心から x 軸に下ろした垂線の長さ。

←半径は，中心から y 軸に下ろした垂線の長さ。

(2) y 軸に接する円の半径は，中心の x 座標の絶対値に等しいから，半径は

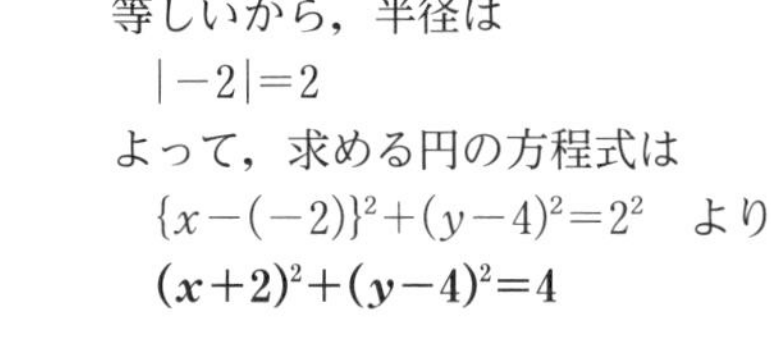

$|-2|=2$

よって，求める円の方程式は

$\{x-(-2)\}^2+(y-4)^2=2^2$ より

$\boldsymbol{(x+2)^2+(y-4)^2=4}$

137 (1) 半径を r とすると

$r=\sqrt{\{3-(-1)\}^2+\{(-1)-5\}^2}=\sqrt{52}$

よって，求める円の方程式は

$\{x-(-1)\}^2+(y-5)^2=(\sqrt{52})^2$ より

$\boldsymbol{(x+1)^2+(y-5)^2=52}$

(2) 中心を C$(a,\ b)$，半径を r とすると，中心 C は線分 AB の中点であるから

$a=\dfrac{(-2)+4}{2}=1,\ b=\dfrac{5+(-1)}{2}=2$

より，C$(1,\ 2)$ である。

また，$r=\mathrm{CA}$ より $r=\sqrt{\{(-2)-1\}^2+(5-2)^2}=\sqrt{18}$

よって，求める円の方程式は

$(x-1)^2+(y-2)^2=(\sqrt{18})^2$ より

$\boldsymbol{(x-1)^2+(y-2)^2=18}$

←円の中心は直径の中点。

138 中心は，2 点 $(3,\ 0)$，$(5,\ 0)$ を結ぶ線分の垂直 2 等分線上にあるから，中心の x 座標は

$\dfrac{3+5}{2}=4$

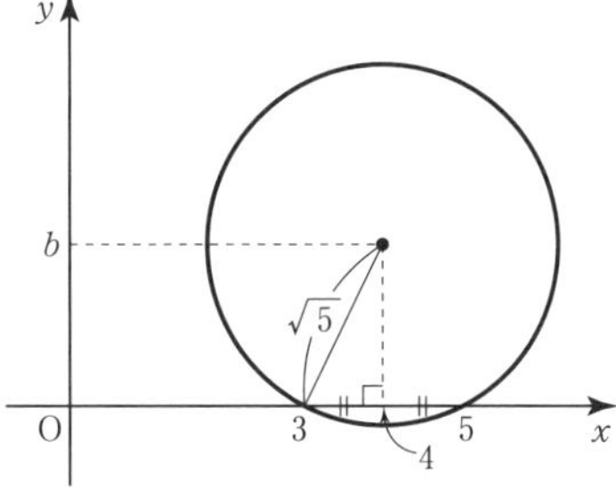

←円の中心は，円の弦の垂直 2 等分線上にある。

中心の座標を $(4,\ b)$ とすると，中心と点 $(3,\ 0)$ の間の距離が半径 $\sqrt{5}$ に等しいから

$\sqrt{(4-3)^2+(b-0)^2}=\sqrt{5}$

この両辺を 2 乗すると

$1+b^2=5$ より $b=\pm 2$

中心は第 1 象限にあるから $b=2$

よって，求める円の方程式は

$(x-4)^2+(y-2)^2=(\sqrt{5})^2$ より

$\boldsymbol{(x-4)^2+(y-2)^2=5}$

←第 1 象限にある点は，x 座標，y 座標ともに正の数である。

139 点 $(-1,\ 2)$ は第 2 象限にあり，
x 軸と y 軸の両方に接するから，
円の中心は第 2 象限にある。
半径を r とすると，中心の座標は
$(-r,\ r)$ と表されるから，求める
円の方程式は

$(x+r)^2+(y-r)^2=r^2$ ……①

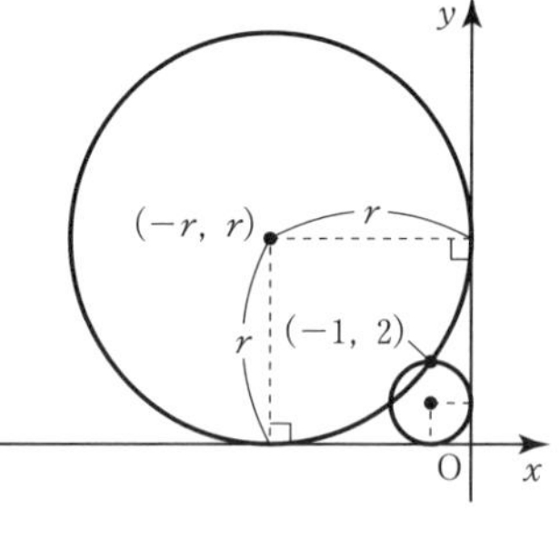

⇐円の通る点の座標により，中心がどの象限にあるかが決まる。

⇐第 2 象限の点の x 座標は負の数，y 座標は正の数である。

円①が点 $(-1,\ 2)$ を通るから

$(-1+r)^2+(2-r)^2=r^2$

$r^2-6r+5=0$ より $(r-1)(r-5)=0$

よって $r=1,\ 5$

①より $\boldsymbol{(x+1)^2+(y-1)^2=1,\ (x+5)^2+(y-5)^2=25}$

⇐図のように，求める円は 2 つある。

JUMP 23

中心は直線 $y=2x$ 上にあるから，
その座標は $(a,\ 2a)$ と表される。
よって，半径を r とすると，
求める円の方程式は

$(x-a)^2+(y-2a)^2=r^2$ ……①

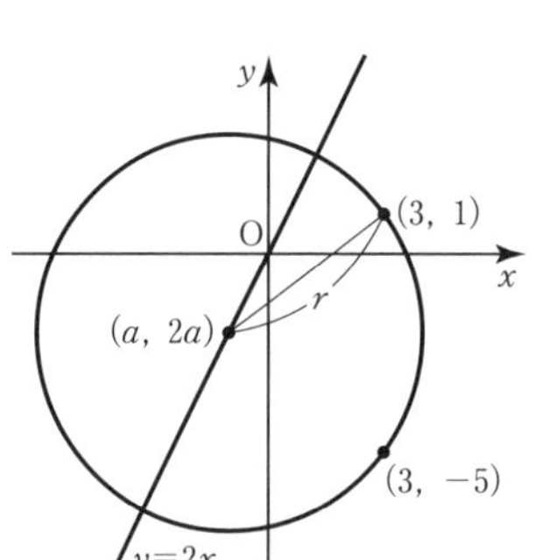

⇐考え方 円の中心の座標を $(a,\ 2a)$ とおき，円が 2 点を通るという条件から考える。

円①が点 $(3,\ 1)$ を通るから

$(3-a)^2+(1-2a)^2=r^2$

$5a^2-10a+10=r^2$ ……②

円①が点 $(3,\ -5)$ を通るから

$(3-a)^2+(-5-2a)^2=r^2$

$5a^2+14a+34=r^2$ ……③

②，③より $5a^2-10a+10=5a^2+14a+34$

$a=-1$

これを②に代入して $r^2=25$

⇐$r>0$ より $r=5$ とすることもできるが，①に代入するから，r^2 のままでよい。

①より $\boldsymbol{(x+1)^2+(y+2)^2=25}$

別解 中心は 2 点 $(3,\ 1)$，$(3,\ -5)$ を結ぶ線分の垂直 2 等分線上にある。
この線分は y 軸に平行で，
その中点の y 座標は

$\dfrac{1+(-5)}{2}=-2$

⇐2 点 $(3,\ 1)$，$(3,\ -5)$ は x 座標が等しい。

よって，中心の y 座標は -2
中心は直線 $y=2x$ 上にあるから，
$y=-2$ のとき $x=-1$
ゆえに，中心の座標は $(-1,\ -2)$
半径 r は $r=\sqrt{\{3-(-1)\}^2+\{1-(-2)\}^2}=5$
したがって，求める円の方程式は $\boldsymbol{(x+1)^2+(y+2)^2=25}$

24 円の方程式 (2) (p.54)

140 (1) $x^2+y^2-4x-2y+1=0$ より

$x^2-4x+y^2-2y+1=0$

$(x-2)^2-2^2+(y-1)^2-1^2+1=0$

よって $(x-2)^2+(y-1)^2=2^2$

これは，**中心が点 $(2,\ 1)$ で，半径 2 の円**を表す。

⇐2 次方程式 $x^2+y^2+lx+my+n=0$ は，$(x-a)^2+(y-b)^2=k$ の形に変形することで，円の中心と半径がわかる。

(2) $x^2+y^2-6x+2y-6=0$ より

$x^2-6x+y^2+2y-6=0$

$(x-3)^2-3^2+(y+1)^2-1^2-6=0$

よって　$(x-3)^2+(y+1)^2=4^2$

これは，**中心が点 (3，−1) で，半径 4 の円**を表す。

141 求める円の方程式を　$x^2+y^2+lx+my+n=0$　とおく。

この円が点 (0，2) を通るから　$4+2m+n=0$

点 (2，0) を通るから　$4+2l+n=0$

点 (0，0) を通るから　$n=0$

整理すると $\begin{cases} 2m+n=-4 & \cdots\cdots① \\ 2l+n=-4 & \cdots\cdots② \\ n=0 & \cdots\cdots③ \end{cases}$

③を①，②にそれぞれ代入して　$m=-2$，$l=-2$

よって，求める円の方程式は　$\boldsymbol{x^2+y^2-2x-2y=0}$

別解　求める円の中心を D とすると
D は 2 つの弦 AC，BC の
垂直 2 等分線の交点である。
すなわち，2 直線 $x=1$，$y=1$ の
交点であるから　D(1，1)
また　$CD=\sqrt{1^2+1^2}=\sqrt{2}$
よって，求める円の方程式は
$\boldsymbol{(x-1)^2+(y-1)^2=2}$

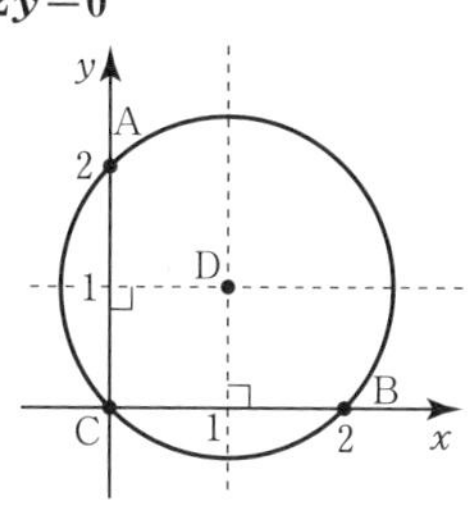

⇐円の中心は，円の弦の垂直 2 等分線上にある。

⇐CD＝(半径)

142 (1) $x^2+y^2+6x+10y-2=0$ より

$x^2+6x+y^2+10y-2=0$

$(x+3)^2-3^2+(y+5)^2-5^2-2=0$　⇐平方完成

よって　$(x+3)^2+(y+5)^2=6^2$

これは，**中心が点 (−3，−5) で，半径 6 の円**を表す。

(2) $x^2+y^2+4x-6y-36=0$ より

$x^2+4x+y^2-6y-36=0$

$(x+2)^2-2^2+(y-3)^2-3^2-36=0$　⇐平方完成

よって　$(x+2)^2+(y-3)^2=7^2$

これは，**中心が点 (−2，3) で，半径 7 の円**を表す。

143 求める円の方程式を　$x^2+y^2+lx+my+n=0$　とおく。

この円が点 (0，1) を通るから　$1+m+n=0$

点 (4，3) を通るから　$16+9+4l+3m+n=0$

点 (4，−3) を通るから　$16+9+4l-3m+n=0$

整理すると $\begin{cases} m+n=-1 & \cdots\cdots① \\ 4l+3m+n=-25 & \cdots\cdots② \\ 4l-3m+n=-25 & \cdots\cdots③ \end{cases}$

②−③ より　$6m=0$　すなわち　$m=0$

$m=0$ を①に代入して　$n=-1$

$m=0$，$n=-1$ を②に代入して　$l=-6$

ゆえに，求める円の方程式は　$\boldsymbol{x^2+y^2-6x-1=0}$

また，これを変形すると

$(x-3)^2-3^2+y^2-1=0$　⇐平方完成

$(x-3)^2+y^2=10$

したがって，この円の中心の座標は **(3，0)**，半径は $\boldsymbol{\sqrt{10}}$

144 (1) $x^2+y^2-8x+2y-3=0$ より

$x^2-8x+y^2+2y-3=0$

$(x-4)^2-4^2+(y+1)^2-1^2-3=0$ ⬅平方完成

よって $(x-4)^2+(y+1)^2=20$

これは，**中心が点 (4，−1) で，半径 $2\sqrt{5}$ の円**を表す。

(2) $x^2+y^2-3x-y+2=0$ より

$x^2-3x+y^2-y+2=0$

$\left(x-\frac{3}{2}\right)^2-\left(\frac{3}{2}\right)^2+\left(y-\frac{1}{2}\right)^2-\left(\frac{1}{2}\right)^2+2=0$ ⬅平方完成

よって $\left(x-\frac{3}{2}\right)^2+\left(y-\frac{1}{2}\right)^2=\frac{1}{2}$

これは，**中心が点 $\left(\frac{3}{2},\ \frac{1}{2}\right)$ で，半径 $\frac{\sqrt{2}}{2}$ の円**を表す。 ⬅半径は $\frac{1}{\sqrt{2}}$ でもよい。

145 求める円の方程式を $x^2+y^2+lx+my+n=0$ とおく。

この円が点 (−1，3) を通るから $1+9-l+3m+n=0$

点 (2，4) を通るから $4+16+2l+4m+n=0$

点 (6，2) を通るから $36+4+6l+2m+n=0$

整理すると $\begin{cases} l-3m-n=10 & \cdots\cdots① \\ 2l+4m+n=-20 & \cdots\cdots② \\ 6l+2m+n=-40 & \cdots\cdots③ \end{cases}$

①＋② より $3l+m=-10$ ……④

①＋③ より $7l-m=-30$ ……⑤

④，⑤より $l=-4,\ m=2$

$l=-4,\ m=2$ を①に代入して $n=-20$

よって，求める円の方程式は

$\boldsymbol{x^2+y^2-4x+2y-20=0}$

また，これを変形すると

$(x-2)^2-2^2+(y+1)^2-1^2-20=0$ ⬅平方完成

$(x-2)^2+(y+1)^2=25$

したがって，この円の中心の座標は **(2，−1)**，半径は **5**

JUMP 24

考え方 まず，三角形の 3 つの頂点の座標を求める。

3 直線 $\begin{cases} 4x+3y-18=0 & \cdots\cdots① \\ 7x-y+6=0 & \cdots\cdots② \\ x+7y+8=0 & \cdots\cdots③ \end{cases}$ において

直線①，②の交点を A とすると，A(0，6) ⬅直線の方程式を連立方程式として解く。

直線②，③の交点を B とすると，B(−1，−1)

直線③，①の交点を C とすると，C(6，−2)

△ABC の外接円の方程式を $x^2+y^2+lx+my+n=0$ とおくと，

この円が点 A(0，6) を通るから $36+6m+n=0$

点 B(−1，−1) を通るから $1+1-l-m+n=0$

点 C(6，−2) を通るから $36+4+6l-2m+n=0$

整理すると $\begin{cases} 6m+n=-36 \\ l+m-n=2 \\ 6l-2m+n=-40 \end{cases}$

この連立方程式を解くと

$l=-6,\ m=-4,\ n=-12$

よって，△ABC の外接円の方程式は

$x^2+y^2-6x-4y-12=0$

これを変形すると　$(x-3)^2+(y-2)^2=25$
ゆえに，求める円の中心の座標は **(3，2)**，半径は **5**

←平方完成

25 円と直線 (p.56)

146　連立方程式 $\begin{cases} x^2+y^2=9 \cdots\cdots ① \\ y=x-3 \quad \cdots\cdots ② \end{cases}$

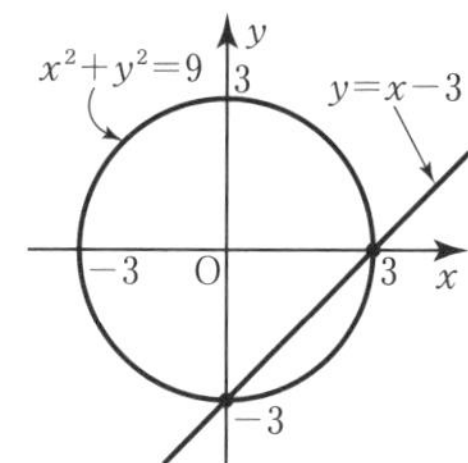

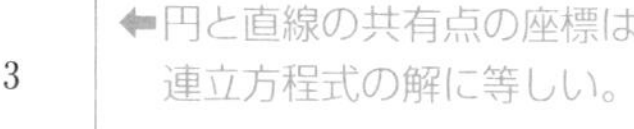
←円と直線の共有点の座標は，連立方程式の解に等しい。

において，②を①に代入して
$x^2+(x-3)^2=9$
整理すると　$2x^2-6x=0$　より
$x(x-3)=0$
よって　$x=0,\ 3$
②より
$x=0$ のとき $y=-3$，$x=3$ のとき $y=0$
したがって，共有点の座標は **(0，−3)，(3，0)**

147 (1)　連立方程式 $\begin{cases} x^2+y^2=20 \cdots\cdots ① \\ y=-x+6 \ \cdots\cdots ② \end{cases}$

←円と直線の共有点の座標は，連立方程式の解に等しい。

において，②を①に代入して
$x^2+(-x+6)^2=20$
整理すると　$x^2-6x+8=0$　より
$(x-2)(x-4)=0$
よって　$x=2,\ 4$
②より
$x=2$ のとき $y=4$，$x=4$ のとき $y=2$
したがって，共有点の座標は **(2，4)，(4，2)**

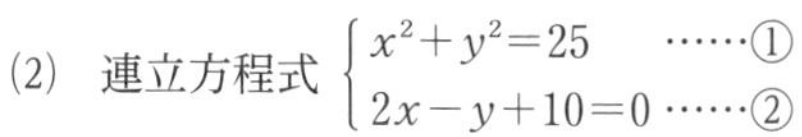
(2)　連立方程式 $\begin{cases} x^2+y^2=25 \qquad \cdots\cdots ① \\ 2x-y+10=0 \cdots\cdots ② \end{cases}$

←円と直線の共有点の座標は，連立方程式の解に等しい。

において
②より　$y=2x+10 \cdots\cdots ②'$
②′を①に代入して
$x^2+(2x+10)^2=25$
整理すると　$x^2+8x+15=0$　より

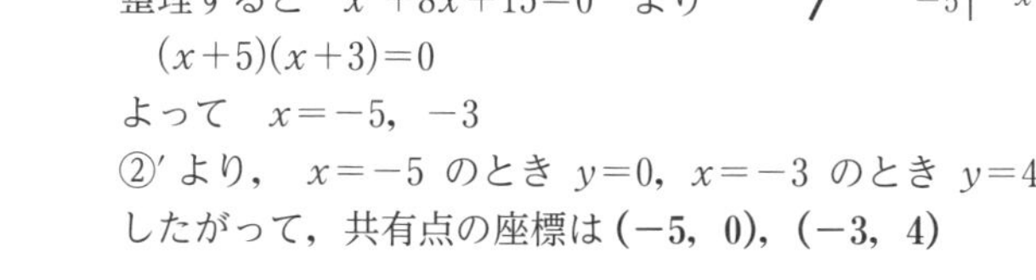
$(x+5)(x+3)=0$
よって　$x=-5,\ -3$
②′より，$x=-5$ のとき $y=0$，$x=-3$ のとき $y=4$
したがって，共有点の座標は **(−5，0)，(−3，4)**

148　$y=x+m$ を $x^2+y^2=18$ に代入して
$x^2+(x+m)^2=18$
$2x^2+2mx+m^2-18=0 \cdots\cdots ①$
①の判別式を D とすると
$D=(2m)^2-4\times2\times(m^2-18)$
$\quad=-4m^2+144$
円と直線が共有点をもつのは，
$D\geqq0$ のときであるから
$-4m^2+144\geqq0$　より
$(m+6)(m-6)\leqq0$
よって，求める m の値の範囲は　$\boldsymbol{-6\leqq m\leqq6}$

円と直線の位置関係
(ア)　円と直線の式を連立させて得られた2次方程式の判別式を D とするとき
$D>0 \Leftrightarrow$ 2点で交わる
$D=0 \Leftrightarrow$ 1点で接する
$D<0 \Leftrightarrow$ 共有点がない

←$\dfrac{D}{4}$ を用いてもよい。

別解　円 $x^2+y^2=18$ の中心は原点で，
直線 $y=x+m$ は変形すると $x-y+m=0$ であるから，
原点と直線の距離 d は

$$d=\frac{|m|}{\sqrt{1^2+(-1)^2}}=\frac{|m|}{\sqrt{2}}$$

一方，円 $x^2+y^2=18$ の半径 r は　$r=\sqrt{18}=3\sqrt{2}$
よって，円と直線が共有点をもつのは，
$d\leqq r$ のときであるから

$$\frac{|m|}{\sqrt{2}}\leqq 3\sqrt{2}\quad より\quad |m|\leqq 6$$

ゆえに，求める m の値の範囲は　$\boldsymbol{-6\leqq m\leqq 6}$

円と直線の位置関係
(イ) 円の中心と直線の距離 d，および円の半径 r を利用する。
$d<r \Leftrightarrow$ 2 点で交わる
$d=r \Leftrightarrow$ 1 点で接する
$d>r \Leftrightarrow$ 共有点がない

⬅不等式 $|x|\leqq a$ $(a>0)$ の解は　$-a\leqq x\leqq a$

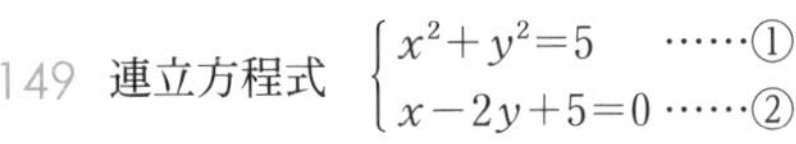
149 連立方程式 $\begin{cases} x^2+y^2=5 & \cdots\cdots① \\ x-2y+5=0 & \cdots\cdots② \end{cases}$
において
②より　$x=2y-5$ ……②′
②′ を①に代入して
$(2y-5)^2+y^2=5$
整理すると　$y^2-4y+4=0$　より
$(y-2)^2=0$
よって　$y=2$
②′ より　$x=-1$
ゆえに，共有点の座標は　$\boldsymbol{(-1,\ 2)}$

⬅円と直線の共有点の座標は，連立方程式の解に等しい。

⬅重解だから円①と直線②は接している。

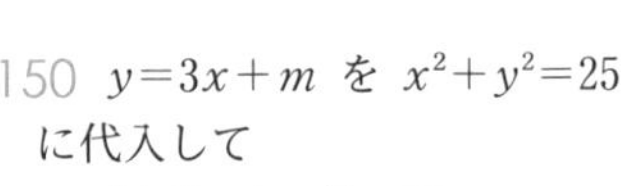
150 $y=3x+m$ を $x^2+y^2=25$
に代入して
$x^2+(3x+m)^2=25$
$10x^2+6mx+m^2-25=0$ ……①
①の判別式を D とすると
$D=(6m)^2-4\times10\times(m^2-25)$
$\quad=-4m^2+1000$
円と直線が共有点をもたないのは，
$D<0$ のときであるから
$-4m^2+1000<0$ より
$(m+5\sqrt{10})(m-5\sqrt{10})>0$
よって，求める m の値の範囲は
$\boldsymbol{m<-5\sqrt{10},\ 5\sqrt{10}<m}$

⬅$\frac{D}{4}$ を用いてもよい。

別解　円 $x^2+y^2=25$ の中心は原点で，
直線 $y=3x+m$ は変形すると $3x-y+m=0$　であるから，
原点と直線の距離 d は

$$d=\frac{|m|}{\sqrt{3^2+(-1)^2}}=\frac{|m|}{\sqrt{10}}$$

一方，円 $x^2+y^2=25$ の半径 r は　$r=5$
よって，円と直線が共有点をもたないのは，
$d>r$ のときであるから

$$\frac{|m|}{\sqrt{10}}>5\quad より\quad |m|>5\sqrt{10}$$

したがって，求める m の値の範囲は
$\boldsymbol{m<-5\sqrt{10},\ 5\sqrt{10}<m}$

⬅不等式 $|x|>a$ $(a>0)$ の解は　$x<-a,\ a<x$

151 $x+2y-10=0$ を変形して $x=-2y+10$

これを $x^2+y^2=r^2$ に代入して

$(-2y+10)^2+y^2=r^2$

$5y^2-40y-r^2+100=0$ ……①

①の判別式を D とすると

$D=(-40)^2-4\times5\times(-r^2+100)$

$=20r^2-400$

円と直線が接するのは，$D=0$ のときであるから

$20r^2-400=0$ より $r^2=20$

半径 $r>0$ であるから，求める r の値は $r=\mathbf{2\sqrt{5}}$

別解 円 $x^2+y^2=r^2$ の中心は原点であり，

原点と直線 $x+2y-10=0$ の距離 d は

$$d=\frac{|-10|}{\sqrt{1^2+2^2}}=\frac{10}{\sqrt{5}}=2\sqrt{5}$$

よって，円と直線が接するのは，

$d=r$ のときであるから

$r=\mathbf{2\sqrt{5}}$

←$\frac{D}{4}$ を用いてもよい。

JUMP 25

考え方 円の中心から共有点までの距離と，中心と弦の距離を考える。

円と直線の共有点を A，B とし，円の中心 O から直線 AB に垂線 OH を下ろす。

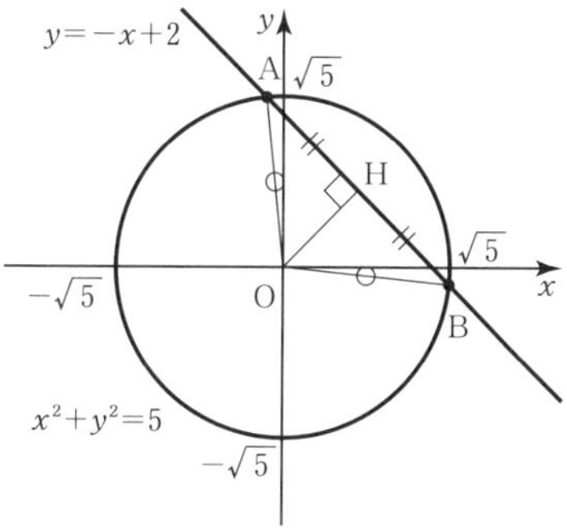

このとき，$\mathrm{OA}=\sqrt{5}$

←OA は円 $x^2+y^2=5$ の半径である。

また，OH の長さは原点と直線 $x+y-2=0$ の距離に等しいから

$$\mathrm{OH}=\frac{|-2|}{\sqrt{1^2+1^2}}=\frac{2}{\sqrt{2}}=\sqrt{2}$$

$\angle\mathrm{OHA}=90^\circ$ であるから

$\mathrm{AH}=\sqrt{\mathrm{OA}^2-\mathrm{OH}^2}$

$=\sqrt{5-2}=\sqrt{3}$

←三平方の定理

中心から弦に下ろした垂線は，その弦を 2 等分するから $\mathrm{AH}=\mathrm{BH}$

よって，求める弦の長さ AB は $\mathrm{AB}=2\mathrm{AH}=\mathbf{2\sqrt{3}}$

(注意) $x^2+y^2=5$，$y=-x+2$ を解くと

$$(x,\ y)=\left(\frac{2-\sqrt{6}}{2},\ \frac{2+\sqrt{6}}{2}\right),\ \left(\frac{2+\sqrt{6}}{2},\ \frac{2-\sqrt{6}}{2}\right)\ \cdots\cdots①$$

であるから，求める弦の長さは

$$\sqrt{\left(\frac{2+\sqrt{6}}{2}-\frac{2-\sqrt{6}}{2}\right)^2+\left(\frac{2-\sqrt{6}}{2}-\frac{2+\sqrt{6}}{2}\right)^2}$$

$=\sqrt{(\sqrt{6})^2+(-\sqrt{6})^2}=2\sqrt{3}$

と求めてもよいが，①の数値がややこしく，計算が複雑になる。

26 円の接線，2 つの円の位置関係 (p.58)

152 (1) 点 $(3,\ 2)$ における接線の方程式は

$\mathbf{3x+2y=13}$

(2) 点 $(0,\ 3)$ における接線の方程式は

$0\cdot x+3y=9$

すなわち $\mathbf{y=3}$

接線の方程式
円 $x^2+y^2=r^2$ 上の点 $(x_1,\ y_1)$ における接線の方程式は
$x_1x+y_1y=r^2$

153 (1)　点 $(-3,\ 1)$ における接線の方程式は

$\boldsymbol{-3x+y=10}$

(2)　点 $(0,\ -\sqrt{3})$ における接線の方程式は

$0\cdot x-\sqrt{3}\,y=3$

すなわち　$\boldsymbol{y=-\sqrt{3}}$

154 接点を $\mathrm{P}(x_1,\ y_1)$ とすると，

点Pにおける接線の方程式は

$x_1x+y_1y=20$ ……①

これが点 $\mathrm{A}(-6,\ 2)$ を通るから

$-6x_1+2y_1=20$

すなわち　$y_1=3x_1+10$ ……②

また，点Pは円 $x^2+y^2=20$

上の点であるから

$x_1{}^2+y_1{}^2=20$ ……③

②，③より　$x_1{}^2+(3x_1+10)^2=20$

$(x_1+2)(x_1+4)=0$

よって　$x_1=-2,\ -4$

②より，$x_1=-2$ のとき $y_1=4$，

$x_1=-4$ のとき $y_1=-2$

したがって，①より求める接線の方程式は

$-2x+4y=20,\ -4x-2y=20$

すなわち　$\boldsymbol{-x+2y=10,\ -2x-y=10}$

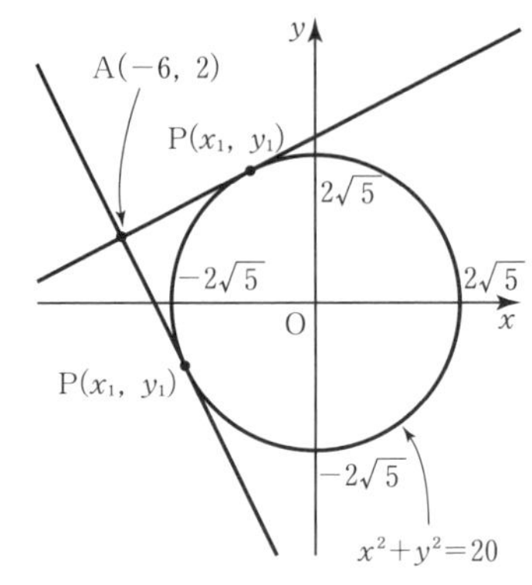

155 円①，②の中心の座標は

$(3,\ 4)$，$(0,\ 0)$ であるから，

中心間の距離 d は

$d=\sqrt{3^2+4^2}=5$

ここで，円②の半径は 4 であり，

円①，②が外接するのは

$d=r+4$　のときである。

よって　$r=d-4=5-4=\boldsymbol{1}$

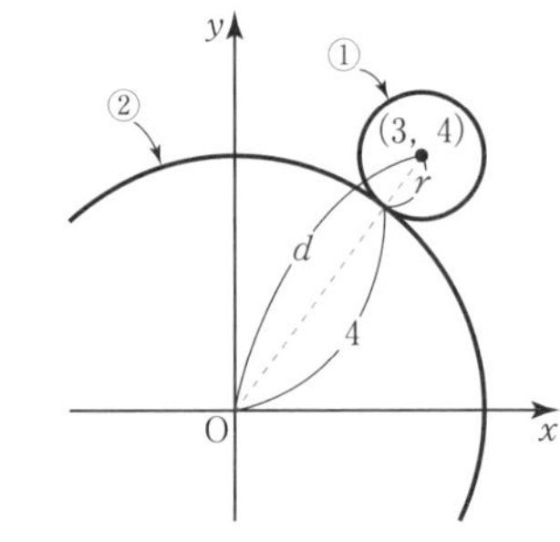
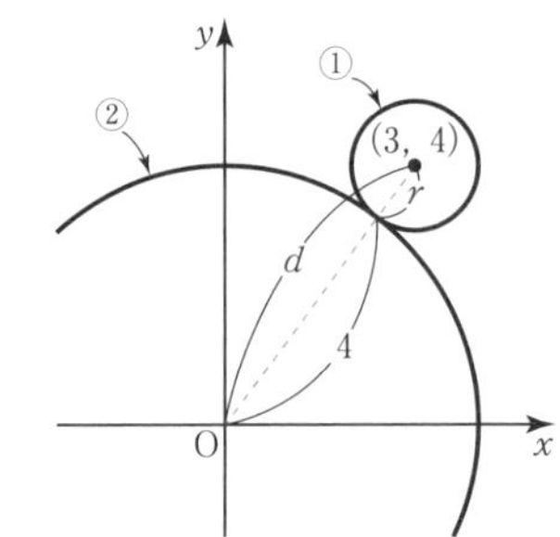

2円の位置関係

半径が r，r' $(r>r')$ の 2 円の中心間の距離を d とするとき，

・2円が外接する

$\iff d=r+r'$

・2円が内接する

$\iff d=r-r'$

156 接点を $\mathrm{P}(x_1,\ y_1)$ とすると，

点Pにおける接線の方程式は

$x_1x+y_1y=13$ ……①

これが点 $\mathrm{A}(1,\ -5)$ を通るから

$x_1-5y_1=13$

すなわち　$x_1=5y_1+13$ ……②

また，点Pが円 $x^2+y^2=13$

上の点であるから

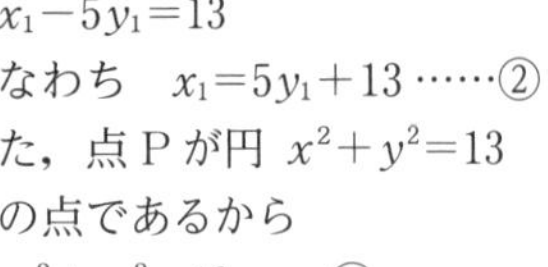

$x_1{}^2+y_1{}^2=13$ ……③

②，③より　$(5y_1+13)^2+y_1{}^2=13$

$(y_1+2)(y_1+3)=0$

よって　$y_1=-2,\ -3$

②より，$y_1=-2$ のとき $x_1=3$，

$y_1=-3$ のとき $x_1=-2$

したがって，①より求める接線の方程式は

$\boldsymbol{3x-2y=13,\ -2x-3y=13}$

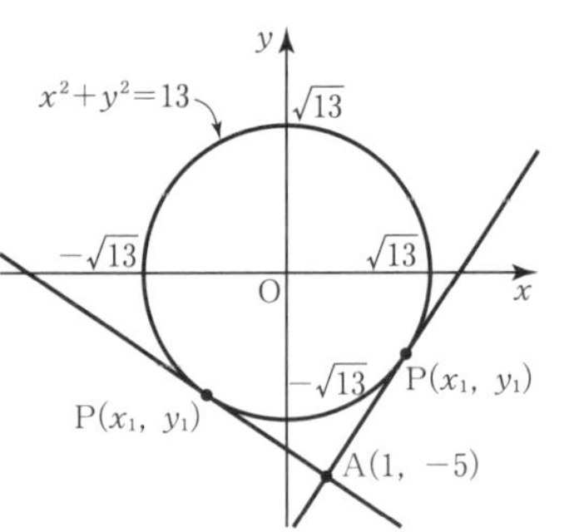

157 円①，②の中心の座標はそれぞれ $(1,\ 3)$，$(-1,\ -1)$ であるから，
中心間の距離 d は

$$d=\sqrt{\{1-(-1)\}^2+\{3-(-1)\}^2}=2\sqrt{5}$$

ここで，円②の半径は2であり，右の図より，円①に円②が内接するのは
$d=r-2$ のときである。

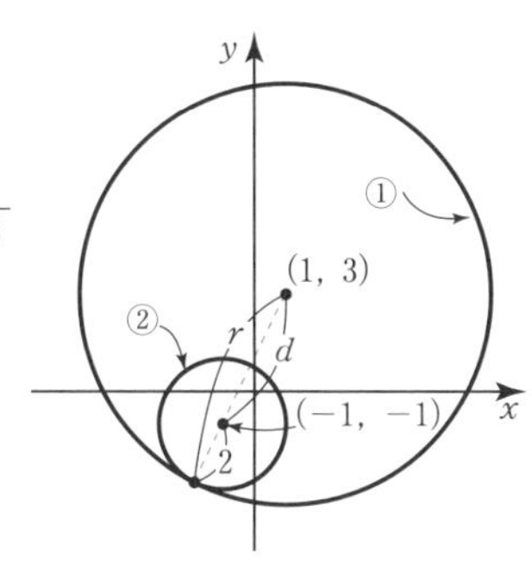

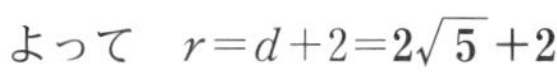
よって　$r=d+2=\mathbf{2\sqrt{5}+2}$

⬅円①に円②が内接するから $r>2$

JUMP 26

考え方　接線と円の方程式から y を消去し，判別式を考える。

傾きが2であるから，求める接線の方程式を

$y=2x+n$ ……①

とおく。①を $x^2+y^2=5$ に代入して

$x^2+(2x+n)^2=5$

$5x^2+4nx+n^2-5=0$ ……②

②の判別式を D とすると

$D=(4n)^2-4\times5\times(n^2-5)$

$\quad=-4n^2+100$

⬅$\frac{D}{4}=(2n)^2-5\times(n^2-5)$
$\quad=-n^2+25$
を用いてもよい。

①が円に接するのは，$D=0$ のときであるから

$-4n^2+100=0$　より　$n^2=25$

よって　$n=\pm5$

⬅直線①が円 $x^2+y^2=5$ に接する
$\Longleftrightarrow$ ②の判別式 $D=0$

したがって，①より求める接線の方程式は

$\boldsymbol{y=2x+5,\ y=2x-5}$

別解1　傾きが2であるから，求める接線の方程式を

$y=2x+n$　すなわち　$2x-y+n=0$ ……①

とおく。

円 $x^2+y^2=5$ の中心は原点であり，原点と直線①の距離 d は

$$d=\frac{|n|}{\sqrt{2^2+(-1)^2}}=\frac{|n|}{\sqrt{5}}$$

一方，円 $x^2+y^2=5$ の半径 r は $\sqrt{5}$

①が円に接するのは，$d=r$ のときであるから

$$\frac{|n|}{\sqrt{5}}=\sqrt{5}$$

⬅直線①が円 $x^2+y^2=5$ に接する
$\Longleftrightarrow$ 円と直線の距離 $d=r$

よって　$|n|=5$　すなわち　$n=\pm5$

ゆえに，求める接線の方程式は

$\boldsymbol{2x-y+5=0,\ 2x-y-5=0}$

別解2　接点の座標を $(x_1,\ y_1)$ とすると，接線の方程式は

$x_1x+y_1y=5$

傾きが2であるから　$y=-\frac{x_1}{y_1}x+\frac{5}{y_1}$　と変形できて

⬅傾きが2のとき $y_1\neq0$

$-\frac{x_1}{y_1}=2$　すなわち　$x_1=-2y_1$ ……①

$(x_1,\ y_1)$ は円周上の点であるから

$x_1{}^2+y_1{}^2=5$ ……②

①を②へ代入して　$(-2y_1)^2+y_1{}^2=5$

ゆえに　$y_1{}^2=1$　すなわち　$y_1=\pm1$

①より，$y_1=1$ のとき　$x_1=-2$

$\qquad y_1=-1$ のとき　$x_1=2$

よって，求める接線の方程式は

$\boldsymbol{-2x+y=5,\ 2x-y=5}$

27 軌跡と方程式（p.60）

158 (1) 点Pの座標を$(x,\ y)$とおくと，AP=BP より

$\sqrt{(x-1)^2+(y-3)^2}=\sqrt{(x-5)^2+(y-5)^2}$

この両辺を2乗して

$(x-1)^2+(y-3)^2=(x-5)^2+(y-5)^2$

整理すると　$2x+y-10=0$

よって，点Pの軌跡は，**直線 $\boldsymbol{2x+y-10=0}$**

←条件を満たす点の座標をP$(x,\ y)$とおき，条件をx，yの関係式で表す。

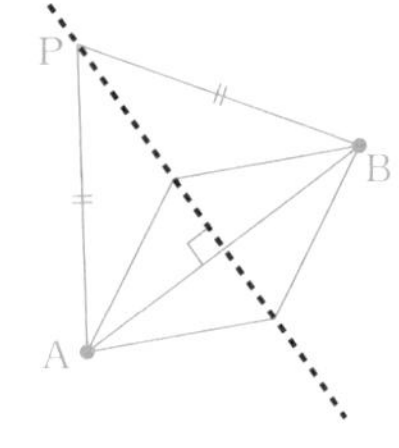

(2) 点Pの座標を$(x,\ y)$とおくと，

AP：BP=1：3　より　3AP=BP

$3\sqrt{(x+2)^2+y^2}=\sqrt{(x-6)^2+y^2}$

この両辺を2乗して

$9\{(x+2)^2+y^2\}=(x-6)^2+y^2$

整理すると　$x^2+y^2+6x=0$

変形して　$(x+3)^2+y^2=9$

よって，点Pの軌跡は，**点$(-3,\ 0)$を中心とする半径3の円**

←アポロニウスの円

159 点Pの座標を$(x,\ y)$とおくと，AP=BP より

$\sqrt{(x-2)^2+(y+2)^2}=\sqrt{(x-1)^2+y^2}$

この両辺を2乗して

$(x-2)^2+(y+2)^2=(x-1)^2+y^2$

整理すると　$2x-4y-7=0$

よって，点Pの軌跡は，**直線 $\boldsymbol{2x-4y-7=0}$**

160 点Pの座標を$(x,\ y)$とおくと，$\mathrm{AP}^2+\mathrm{BP}^2=40$ より

$(x+4)^2+y^2+(x-4)^2+y^2=40$

整理すると　$x^2+y^2=4$

よって，点Pの軌跡は，**点$(0,\ 0)$を中心とする半径2の円**

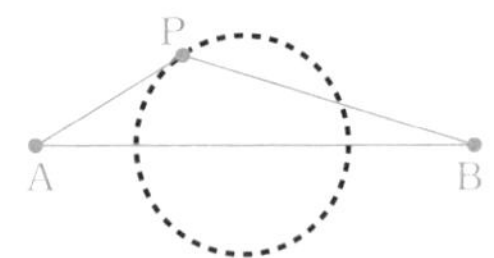

161 (1) Q$(s,\ t)$は円 $x^2+y^2=4$ 上にあるから

$\boldsymbol{s^2+t^2=4}$ ……①

(2) 線分AQの中点の座標は

$\left(\dfrac{6+s}{2},\ \dfrac{0+t}{2}\right)$ より $\left(\dfrac{6+s}{2},\ \dfrac{t}{2}\right)$

これが点P$(x,\ y)$であるから

$$\begin{cases}\boldsymbol{x=\dfrac{6+s}{2}} & \cdots\cdots② \\ \boldsymbol{y=\dfrac{t}{2}} & \cdots\cdots③\end{cases}$$

(3) ②より　$s=2x-6$ ……②′

③より　$t=2y$ ……③′

②′，③′を①に代入して

←文字s，tを消去。

$(2x-6)^2+(2y)^2=4$

$4(x-3)^2+4y^2=4$

$(x-3)^2+y^2=1$

←$(2x-6)^2=\{2(x-3)\}^2$
$=4(x-3)^2$

よって，点Pの軌跡は，**点$(3,\ 0)$を中心とする半径1の円**

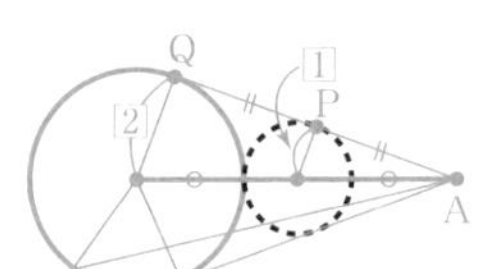

162 点Pの座標を $(x,\ y)$ とおくと,

$AP:BP=2:3$ より $3AP=2BP$

$3\sqrt{(x-1)^2+(y+1)^2}=2\sqrt{(x-6)^2+(y-4)^2}$

この両辺を2乗して

$9\{(x-1)^2+(y+1)^2\}=4\{(x-6)^2+(y-4)^2\}$

整理すると $x^2+y^2+6x+10y-38=0$

変形して $(x+3)^2+(y+5)^2=72$

よって,点Pの軌跡は,**点 $(-3,\ -5)$ を中心とする半径 $6\sqrt{2}$ の円**

⬅アポロニウスの円

163 2点P,Qの座標をそれぞれ $(x,\ y)$,$(s,\ t)$ とおく。

点Qは円 $x^2+(y+4)^2=9$ 上にあるから

$s^2+(t+4)^2=9$ ……①

線分AQを2:1に内分する点の座標は

$\left(\dfrac{1\times0+2\times s}{2+1},\ \dfrac{1\times2+2\times t}{2+1}\right)$ より $\left(\dfrac{2s}{3},\ \dfrac{2+2t}{3}\right)$

これが点 $P(x,\ y)$ であるから

$$\begin{cases} x=\dfrac{2s}{3} & \cdots\cdots② \\ y=\dfrac{2+2t}{3} & \cdots\cdots③ \end{cases}$$

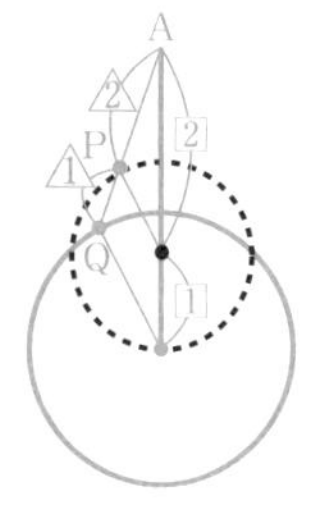

②より $s=\dfrac{3}{2}x$ ……②′

⬅文字 s,t を消去。

③より $t=\dfrac{3}{2}y-1$ ……③′

②′,③′ を①に代入して

$\left(\dfrac{3}{2}x\right)^2+\left(\dfrac{3}{2}y-1+4\right)^2=9$

$\left(\dfrac{3}{2}x\right)^2+\left\{\dfrac{3}{2}(y+2)\right\}^2=9$

⬅$\dfrac{3}{2}y+3=\dfrac{3}{2}y+\dfrac{3}{2}\times2$
$=\dfrac{3}{2}(y+2)$

$\dfrac{9}{4}x^2+\dfrac{9}{4}(y+2)^2=9$

$x^2+(y+2)^2=4$

⬅両辺に $\dfrac{4}{9}$ を掛ける。

よって,点Pの軌跡は,**点 $(0,\ -2)$ を中心とする半径2の円**

JUMP 27

考え方 まず,放物線の方程式を平方完成する。

$y=x^2-2tx+2t^2+2t-1$ より

$y=(x-t)^2-t^2+2t^2+2t-1$

$y=(x-t)^2+t^2+2t-1$

よって,頂点Pの座標は $(\boldsymbol{t,\ t^2+2t-1})$

また,Pの座標を $P(x,\ y)$ とすると

$$\begin{cases} x=t & \cdots\cdots① \\ y=t^2+2t-1 & \cdots\cdots② \end{cases}$$

①を②へ代入して $y=x^2+2x-1$

⬅文字 t を消去。

t がすべての実数値をとるとき,

①より,x はすべての実数値をとる。

よって,頂点Pの軌跡は,**放物線 $\boldsymbol{y=x^2+2x-1}$**

28 不等式の表す領域 (p.62)

164 (1) 直線 $y=3x+2$ の下側。
すなわち下図(1)の斜線部分である。
ただし，境界線を含まない。

(2) 円 $x^2+y^2=9$ の周および外部。
すなわち下図(2)の斜線部分である。
ただし，境界線を含む。

不等式の表す領域
$y>mx+n$
　直線 $y=mx+n$ の上側
$y<mx+n$
　直線 $y=mx+n$ の下側
$(x-a)^2+(y-b)^2<r^2$
　円 $(x-a)^2+(y-b)^2=r^2$ の内部
$(x-a)^2+(y-b)^2>r^2$
　円 $(x-a)^2+(y-b)^2=r^2$ の外部

(1)
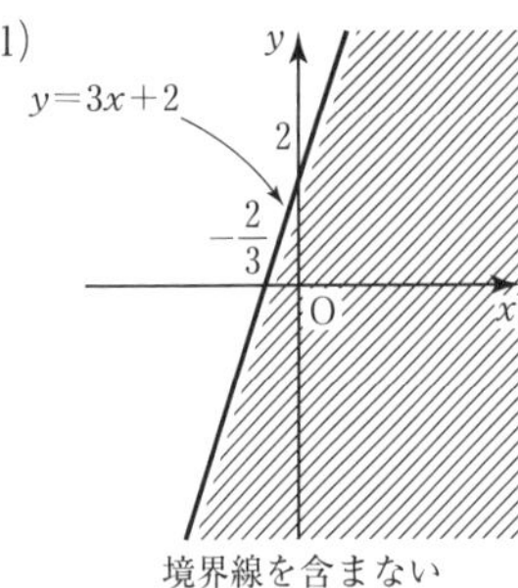

境界線を含まない

(2)
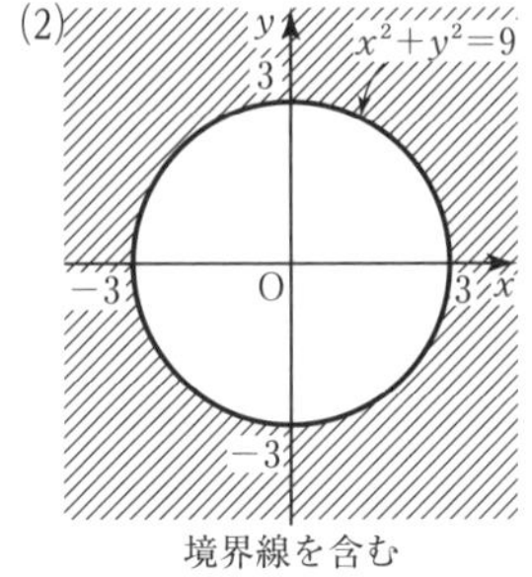

境界線を含む

165 (1) 境界線の方程式は

$$y-2=\frac{0-2}{1-0}(x-0) \quad \text{すなわち} \quad y=-2x+2$$

よって，斜線部分を表す不等式は　$\boldsymbol{y>-2x+2}$

(2) 境界線の方程式は　$x^2+(y-1)^2=1$
よって，斜線部分を表す不等式は　$\boldsymbol{x^2+(y-1)^2\leqq 1}$

⇐切片形 $x+\dfrac{y}{2}=1$ を用いてもよい。
⇐境界線を含まないので，等号はつかない。
⇐境界線を含むので，等号がつく。

166 (1) 直線 $y=\dfrac{1}{2}x-1$ の上側。
すなわち下図(1)の斜線部分である。
ただし，境界線を含まない。

(2) 直線 $y=2$ およびその下側。
すなわち下図(2)の斜線部分である。
ただし，境界線を含む。

(3) 円 $(x-1)^2+(y-2)^2=4$ の内部。
すなわち次図(3)の斜線部分である。
ただし，境界線を含まない。

(4) $x^2+y^2-6y\geqq 0$ を変形すると　$x^2+(y-3)^2-3^2\geqq 0$
$x^2+(y-3)^2\geqq 9$
よって，不等式の表す領域は，
円 $x^2+(y-3)^2=9$ の周および外部。
すなわち次図(4)の斜線部分である。
ただし，境界線を含む。

(1)
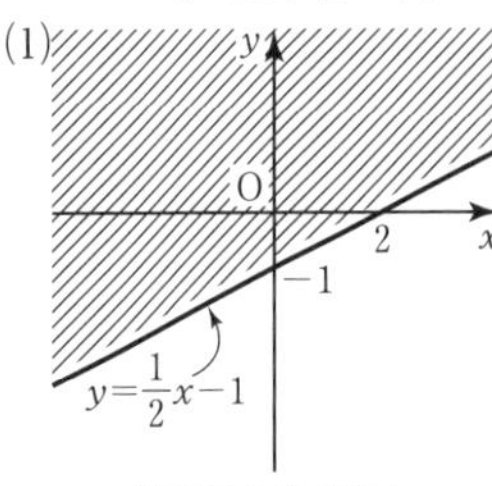

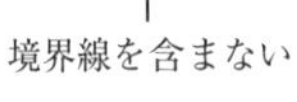
境界線を含まない

(2)
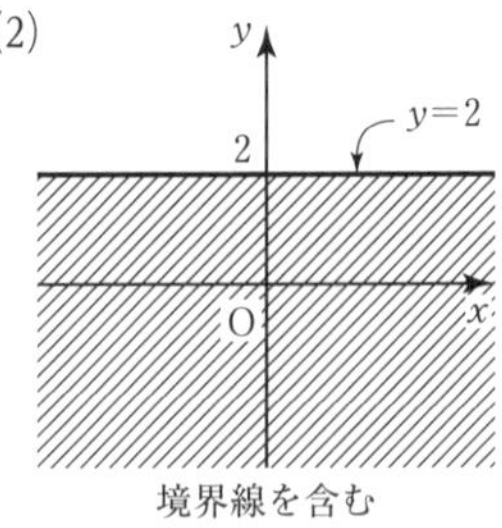

境界線を含む

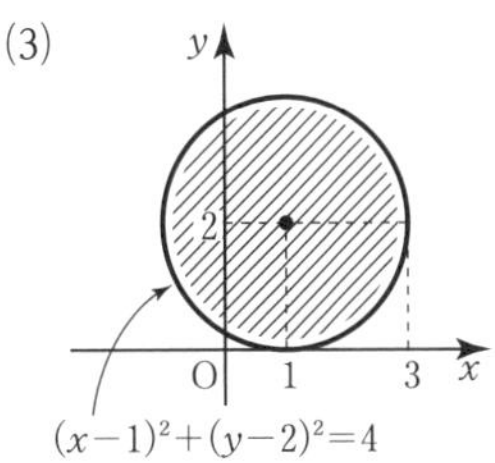

境界線を含まない

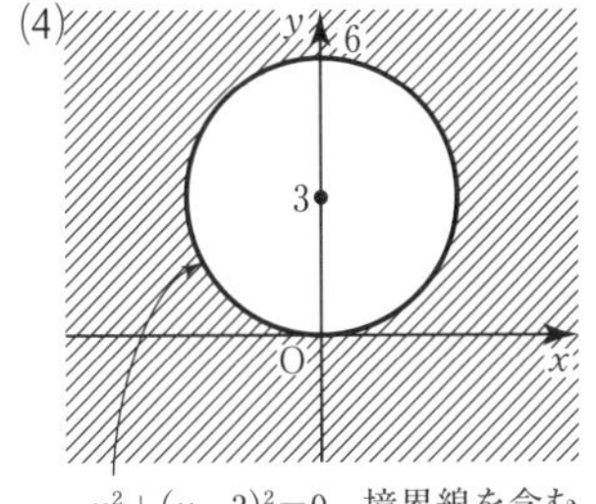

境界線を含む

167 (1) 境界線の方程式は

$$y-5=\frac{0-5}{10-0}(x-0) \quad すなわち \quad y=-\frac{1}{2}x+5$$

よって，斜線部分を表す不等式は　$\boldsymbol{y<-\frac{1}{2}x+5}$

(2) 境界線の方程式は　$(x-1)^2+(y+1)^2=4$
よって，斜線部分を表す不等式は　$\boldsymbol{(x-1)^2+(y+1)^2\leqq 4}$

⬅切片形 $\frac{x}{10}+\frac{y}{5}=1$ を用いてもよい。
⬅境界線を含まないので，等号はつかない。
⬅境界線を含むので，等号がつく。

168 (1) 直線 $x=-1$ およびその左側。
すなわち下図(1)の斜線部分である。
ただし，境界線を含む。

(2) $2x+y-4>0$　を変形すると　$y>-2x+4$
よって，不等式の表す領域は，直線 $y=-2x+4$ の上側。
すなわち下図(2)の斜線部分である。
ただし，境界線を含まない。

(3) $x^2+y^2-8x+10y-8\leqq 0$　を変形すると
$x^2-8x+16+y^2+10y+25\leqq 8+16+25$
$(x-4)^2+(y+5)^2\leqq 49$
よって，不等式の表す領域は，
円 $(x-4)^2+(y+5)^2=49$ の周および内部。
すなわち下図(3)の斜線部分である。
ただし，境界線を含む。

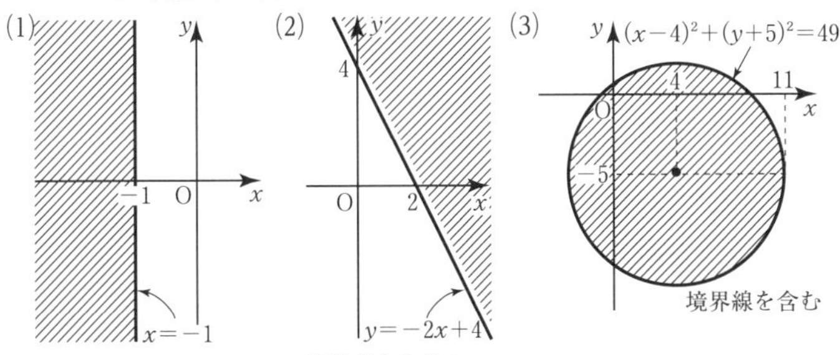

169 (1) 境界線の方程式は

$$y-5=\frac{0-5}{(-3)-0}(x-0) \quad すなわち \quad y=\frac{5}{3}x+5$$

よって，斜線部分を表す不等式は　$\boldsymbol{y\geqq\frac{5}{3}x+5}$

(2) 境界線の円は，点 (2, 6) を中心とし原点を通るから，
その半径は $\sqrt{2^2+6^2}=\sqrt{40}$
よって，境界線の方程式は　$(x-2)^2+(y-6)^2=40$　であるから，
斜線部分を表す不等式は　$\boldsymbol{(x-2)^2+(y-6)^2>40}$

⬅切片形 $\frac{x}{-3}+\frac{y}{5}=1$ を用いてもよい。
⬅境界線を含むので，等号がつく。
⬅境界線を含まないので，等号はつかない。

JUMP 28

(1)　放物線 $y=x^2-2x-3$ の上側。
すなわち下図(1)の斜線部分である。
ただし，境界線を含まない。

(2)　放物線 $y=x^2-2x-3$ およびその下側。
すなわち下図(2)の斜線部分である。
ただし，境界線を含む。

(3)　$y=|x^2-2x-3|$ のグラフの上側。
すなわち下図(3)の斜線部分である。
ただし，境界線を含まない。

考え方　直線以外でも，不等式の表す領域は次のように考えることができる。
$y>f(x)$ の表す領域は
　$y=f(x)$ の上側
$y<f(x)$ の表す領域は
　$y=f(x)$ の下側

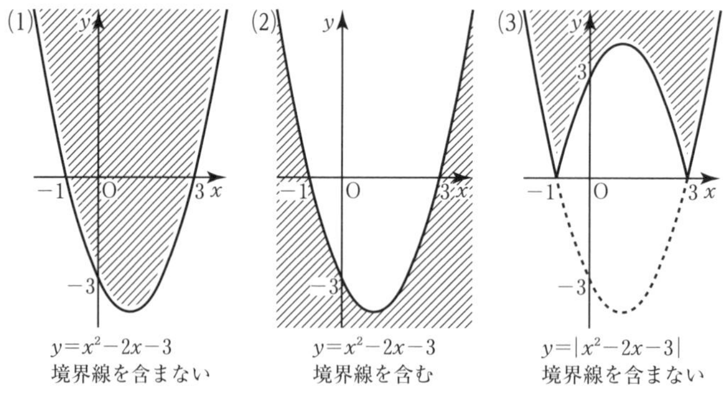

$y=x^2-2x-3$ 境界線を含まない　　$y=x^2-2x-3$ 境界線を含む　　$y=|x^2-2x-3|$ 境界線を含まない

⬅ $y=|x^2-2x-3|$ のグラフは，放物線 $y=x^2-2x-3$ の x 軸の下側にある部分を x 軸に関して対称に折り返した図形である。

29 連立不等式の表す領域(p.64)

170　①の表す領域は
直線 $y=x+3$ の上側。
②の表す領域は
直線 $y=-\frac{1}{3}x+5$ の下側。
よって，求める領域は，
右の図の斜線部分である。
ただし，境界線を含まない。

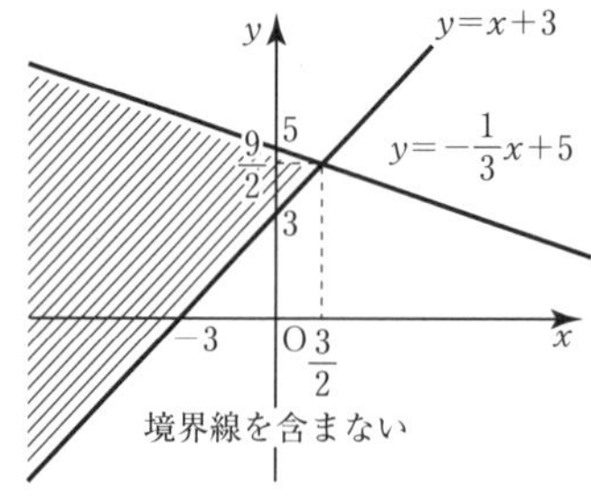

⬅連立不等式の表す領域は，それぞれの不等式の表す領域の共通部分である。

171　(1)　境界線のうち，2点 $(0,\ 1)$，$(-2,\ -1)$ を通る直線の方程式は

$$y-1=\frac{(-1)-1}{(-2)-0}(x-0)\quad すなわち\quad y=x+1$$

2点 $(0,\ -5)$，$(-2,\ -1)$ を通る直線の方程式は

$$y-(-5)=\frac{(-1)-(-5)}{(-2)-0}(x-0)\quad すなわち\quad y=-2x-5$$

よって，斜線部分を表す不等式は $\begin{cases} \boldsymbol{y>x+1} \\ \boldsymbol{y<-2x-5} \end{cases}$

⬅直線 $y=x+1$ の上側と，直線 $y=-2x-5$ の下側の共通部分。

(2)　境界線のうち，直線の方程式は

$$y-1=\frac{0-1}{1-0}(x-0)\quad すなわち\quad y=-x+1$$

円の方程式は
$(x-1)^2+y^2=1$

よって，斜線部分を表す不等式は $\begin{cases} \boldsymbol{y\geqq -x+1} \\ \boldsymbol{(x-1)^2+y^2\leqq 1} \end{cases}$

⬅直線およびその上側と，円の周および内部の共通部分。

172 (1) ①の表す領域は
直線 $y=-x+3$ の上側。
②の表す領域は
直線 $y=2x+1$ の下側。
よって，求める領域は，
右の図の斜線部分である。
ただし，境界線を含まない。

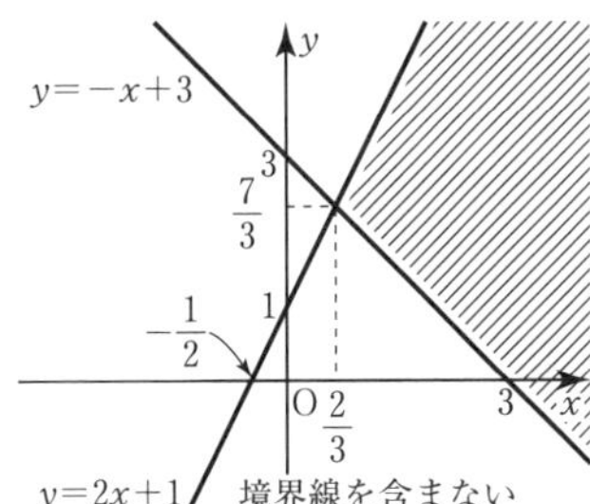

⬅①と②の領域の共通部分。

(2) ①の表す領域は
円 $(x-1)^2+(y-1)^2=4$
の周および内部。
②の表す領域は
直線 $y=x$ およびその上側。
よって，求める領域は，
右の図の斜線部分である。
ただし，境界線を含む。

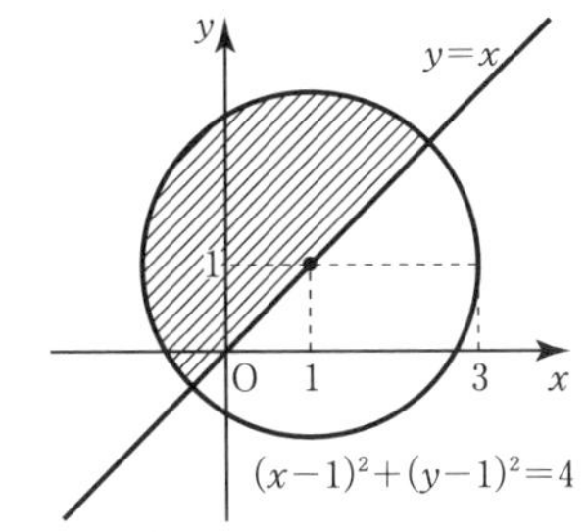

⬅円の周および内部と，直線およびその上側の共通部分である。

(3) ①の表す領域は
円 $x^2+y^2=4$ の内部。
②の表す領域は
円 $(x+2)^2+(y+2)^2=4$
の外部。
よって，求める領域は，
右の図の斜線部分である。
ただし，境界線を含まない。

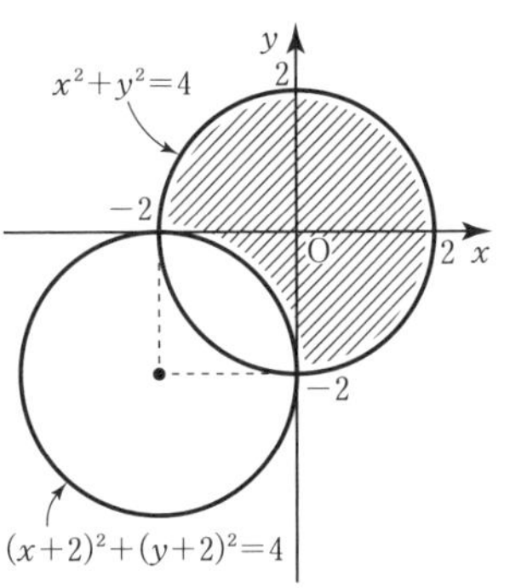

⬅円①の内部と，円②の外部の共通部分である。

173 与えられた不等式が成り立つことは

$$\begin{cases} x+y-3>0 \\ 2x-y-1>0 \end{cases} \text{ または } \begin{cases} x+y-3<0 \\ 2x-y-1<0 \end{cases}$$

⬅$AB>0 \iff \begin{cases} A>0 \\ B>0 \end{cases}$ または $\begin{cases} A<0 \\ B<0 \end{cases}$

すなわち

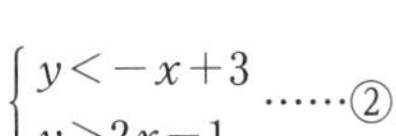

$$\begin{cases} y>-x+3 \\ y<2x-1 \end{cases} \cdots\cdots① \text{ または } \begin{cases} y<-x+3 \\ y>2x-1 \end{cases} \cdots\cdots②$$

が成り立つことと同じである。
よって，求める領域は，
①の表す領域 A と
②の表す領域 B
の和集合 $A\cup B$
で，右の図の斜線部分である。
ただし，境界線を含まない。

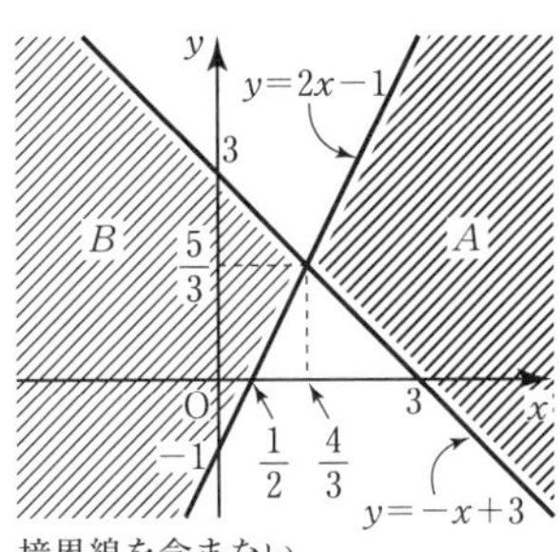

174 与えられた不等式が成り立つことは

$\begin{cases} y>0 \\ 3x-2y+6<0 \end{cases}$ または $\begin{cases} y<0 \\ 3x-2y+6>0 \end{cases}$

すなわち

$\begin{cases} y>0 \\ y>\frac{3}{2}x+3 \end{cases}$ ……① または $\begin{cases} y<0 \\ y<\frac{3}{2}x+3 \end{cases}$ ……②

が成り立つことと同じである。
よって，求める領域は，
①の表す領域 A と
②の表す領域 B
の和集合 $A\cup B$
で，右の図の斜線部分である。
ただし，境界線を含まない。

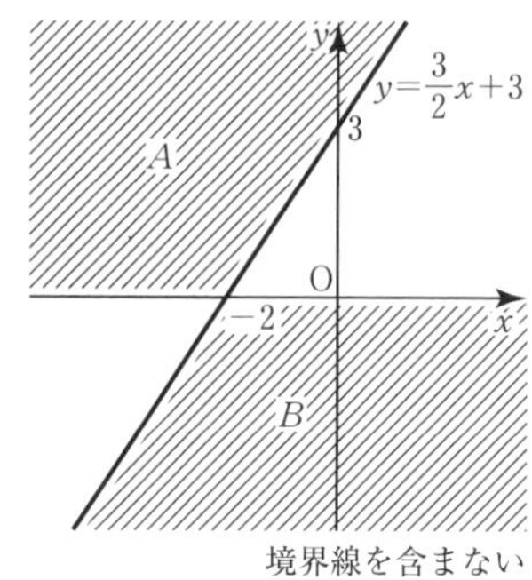

境界線を含まない

⬅ $AB<0$
$\Longleftrightarrow \begin{cases} A>0 \\ B<0 \end{cases}$ または $\begin{cases} A<0 \\ B>0 \end{cases}$

175 (1) 求める領域は，4点
O(0, 0)，A(3, 0)，B(2, 3)，C(0, 1) を頂点とする
四角形OABCの周および
内部である。
すなわち右の図の斜線部分。
ただし，境界線を含む。

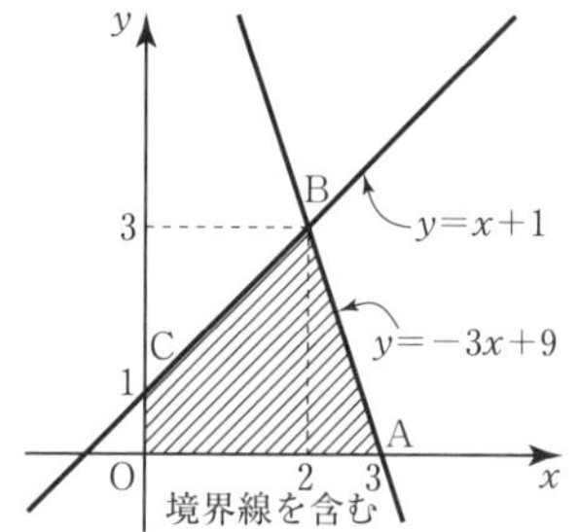

境界線を含む

⬅直線 $x=0$ およびその右側
直線 $y=0$ およびその上側
直線 $y=x+1$ および
その下側
直線 $y=-3x+9$ および
その下側
の共通部分である。

(2) $x+y=k$ ……①とおくと，①は
$y=-x+k$ と変形できるから，傾き -1，y 切片 k の直線を表す。
直線①が(1)で求めた領域内の点 $(x_1,\ y_1)$ を通るとき，
x_1+y_1 の値は y 切片 k に等しい。
よって，①が(1)の領域と共有点をもって動くときの
y 切片 k の最大値と最小値を調べればよい。
①が点 (2, 3) を通るとき，
k は最大となり $k=2+3=5$
①が点 (0, 0) を通るとき，
k は最小となり $k=0+0=0$
ゆえに，$x+y$ は
$x=2$，$y=3$ のとき**最大値 5**
$x=0$，$y=0$ のとき**最小値 0**
をとる。

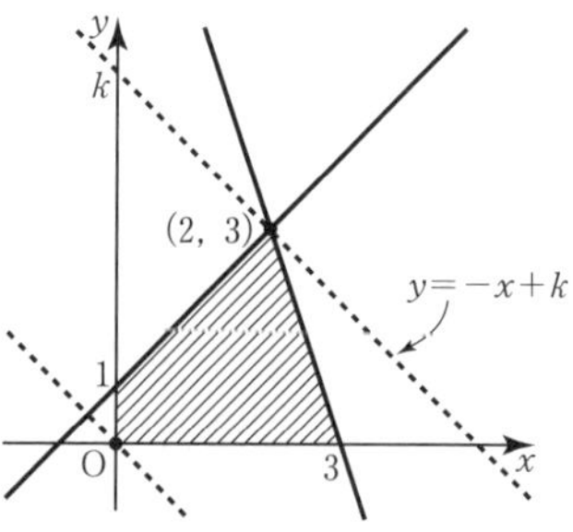

⬅点 (2, 3) は
2直線 $y=x+1$，
$y=-3x+9$
の交点である。
連立方程式を解いて求めた。

JUMP 29

与えられた不等式の表す領域 A は，
直線 $y=2x$ およびその上側と
円 $x^2+y^2=5$ の周および内部
の共通部分である。
$-x+y=k$ ……①
とおくと，①は
$y=x+k$ と変形できるから，
傾き 1，y 切片 k の直線を表す。

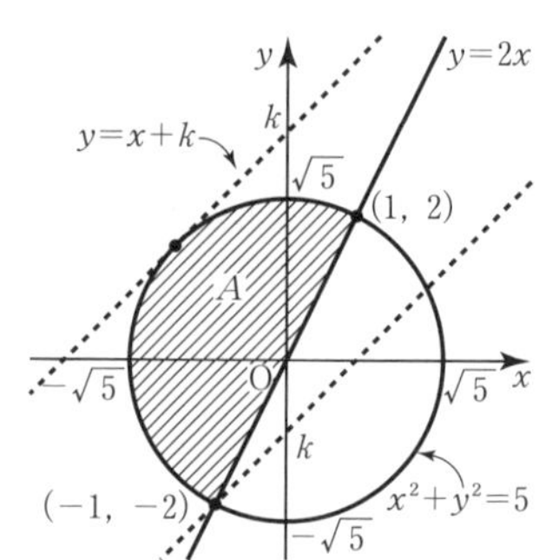

考え方 直線 $-x+y=k$
と，不等式の表す領域の
位置関係を考える。

よって，直線①が領域 A と共有点をもって動くときの
y 切片 k の最大値と最小値を調べればよい。
①が円 $x^2+y^2=5$ と円の左上で接するとき，k は最大となる。
$y=x+k$ を $x^2+y^2=5$ に代入すると
$x^2+(x+k)^2=5$ より $2x^2+2kx+k^2-5=0$ ……②
②の判別式を D とすると
$D=(2k)^2-4\cdot2\cdot(k^2-5)=-4k^2+40$
直線と円が接するのは $D=0$ のときである。
ゆえに $-4k^2+40=0$ より $k=\pm\sqrt{10}$
$k>0$ であるから $k=\sqrt{10}$
また，①が点 $(-1,\ -2)$ を通るとき，k は最小となり，
$k=-(-1)-2=-1$
したがって，$-x+y$ は**最大値** $\sqrt{10}$，**最小値** -1 をとる。

⬅ $\frac{D}{4}$ を用いてもよい。

⬅円の左上で接するとき，図より，直線①の y 切片は正である。

まとめの問題　図形と方程式②（p.66）

1 (1) $\{x-(-2)\}^2+(y-3)^2=2^2$ より
$(x+2)^2+(y-3)^2=4$

(2) 半径を r とすると
$r=\sqrt{(5-3)^2+(3-5)^2}=\sqrt{8}$
よって，求める円の方程式は
$(x-3)^2+(y-5)^2=(\sqrt{8})^2$ より
$(x-3)^2+(y-5)^2=8$

(3) 中心を $C(a,\ b)$，半径を r とすると，
中心 C は線分 AB の中点であるから
$a=\frac{2+(-4)}{2}=-1$，$b=\frac{(-3)+7}{2}=2$
より，$C(-1,\ 2)$ である。
また，$r=CA$ より $r=\sqrt{\{2-(-1)\}^2+\{(-3)-2\}^2}=\sqrt{34}$
よって求める円の方程式は
$\{x-(-1)\}^2+(y-2)^2=(\sqrt{34})^2$ より
$(x+1)^2+(y-2)^2=34$

⬅中心が点 $(a,\ b)$，半径が r の円の方程式 $(x-a)^2+(y-b)^2=r^2$

⬅円の中心は直径の中点。

⬅まず中心を求める。

2 求める円の方程式を $x^2+y^2+lx+my+n=0$ とおく。
この円が点 $(-1,\ 0)$ を通るから $1-l+n=0$
点 $(-3,\ 4)$ を通るから $9+16-3l+4m+n=0$
点 $(-2,\ 1)$ を通るから $4+1-2l+m+n=0$

整理すると $\begin{cases} l-n=1 & \cdots\cdots① \\ 3l-4m-n=25 & \cdots\cdots② \\ 2l-m-n=5 & \cdots\cdots③ \end{cases}$

③×4−② より $5l-3n=-5$ ……④
①，④より $l=-4$，$n=-5$
これらを③に代入して
$-8-m+5=5$ より $m=-8$
ゆえに，求める円の方程式は $x^2+y^2-4x-8y-5=0$
また，これを変形すると
$(x-2)^2-2^2+(y-4)^2-4^2-5=0$
$(x-2)^2+(y-4)^2=25$
したがって，この円の中心の座標は **(2，4)**，半径は **5**

⬅平方完成

3 連立方程式 $\begin{cases} x^2+y^2=2 \cdots\cdots ① \\ y=2x+1 \cdots\cdots ② \end{cases}$ において

←円と直線の共有点の座標は，連立方程式の解に等しい。

②を①に代入して　$x^2+(2x+1)^2=2$

整理すると　$5x^2+4x-1=0$　より　$(5x-1)(x+1)=0$

よって　$x=\frac{1}{5},\ -1$

②より　$x=\frac{1}{5}$ のとき $y=\frac{7}{5}$，$x=-1$ のとき $y=-1$

したがって，共有点の座標は　$\boldsymbol{\left(\frac{1}{5},\ \frac{7}{5}\right),\ (-1,\ -1)}$

4 $3x-y-10=0$ を変形して　$y=3x-10$

これを　$x^2+y^2=r^2$　に代入して

$x^2+(3x-10)^2=r^2$

$10x^2-60x-r^2+100=0 \cdots\cdots ①$

①の判別式を D とすると

$D=(-60)^2-4\times10\times(-r^2+100)$

$=40r^2-400$

←$\frac{D}{4}$ を用いてもよい。

円と直線が共有点をもつのは，$D\geqq0$ のときであるから

$40r^2-400\geqq0$　より　$(r+\sqrt{10})(r-\sqrt{10})\geqq0$

$r\leqq-\sqrt{10},\ \sqrt{10}\leqq r$

半径 $r>0$ であるから，求める r の値の範囲は　$\boldsymbol{r\geqq\sqrt{10}}$

別解　円 $x^2+y^2=r^2$ の中心は原点であり，

原点と直線 $3x-y-10=0$ の距離 d は

$d=\frac{|-10|}{\sqrt{3^2+(-1)^2}}=\frac{10}{\sqrt{10}}=\sqrt{10}$

よって，円と直線が共有点をもつのは，$d\leqq r$ のときであるから

$\boldsymbol{r\geqq\sqrt{10}}$

5 (1) 点 $(1,\ -3)$ における接線の方程式は　$\boldsymbol{x-3y=10}$

(2) 接点を $\mathrm{P}(x_1,\ y_1)$ とすると，点 P における接線の方程式は

←円 $x^2+y^2=r^2$ 上の点 $(x_1,\ y_1)$ における接線の方程式は $x_1x+y_1y=r^2$

$x_1x+y_1y=10 \cdots\cdots ①$

これが点 $\mathrm{A}(-4,\ 2)$ を通るから　$-4x_1+2y_1=10$

すなわち　$y_1=2x_1+5 \cdots\cdots ②$

また，点 P が円上の点であるから　${x_1}^2+{y_1}^2=10 \cdots\cdots ③$

②，③より　${x_1}^2+(2x_1+5)^2=10$

$(x_1+3)(x_1+1)=0$

よって　$x_1=-3,\ -1$

②より，$x_1=-3$ のとき $y_1=-1$，$x_1=-1$ のとき $y_1=3$

したがって，①より求める接線の方程式は

$\boldsymbol{-3x-y=10,\ -x+3y=10}$

6 点 P の座標を $(x,\ y)$ とすると，

$\mathrm{AP}:\mathrm{BP}=1:2$　より　$2\mathrm{AP}=\mathrm{BP}$

$2\sqrt{(x-1)^2+(y+1)^2}=\sqrt{(x-4)^2+(y-2)^2}$

この両辺を 2 乗して

$4\{(x-1)^2+(y+1)^2\}=(x-4)^2+(y-2)^2$

整理すると　$x^2+y^2+4y-4=0$

変形して　$x^2+(y+2)^2=8$

よって，点 P の軌跡は，**点 $(0,\ -2)$ を中心とする半径 $2\sqrt{2}$ の円**

←アポロニウスの円

7 2点P，Qの座標をそれぞれ$(x,\ y)$，$(s,\ t)$とおく。

点Qは円 $(x+4)^2+y^2=9$ 上にあるから

$(s+4)^2+t^2=9$ ……①

線分AQの中点がPであるから

$$\begin{cases} x=\dfrac{s+2}{2} & \cdots\cdots② \\ y=\dfrac{t+0}{2}=\dfrac{t}{2} & \cdots\cdots③ \end{cases}$$

②より $s=2x-2$，③より $t=2y$

これらを①に代入して $(2x-2+4)^2+(2y)^2=9$

$\{2(x+1)\}^2+(2y)^2=9$

$4(x+1)^2+4y^2=9$

$(x+1)^2+y^2=\dfrac{9}{4}$

したがって，点Pの軌跡は，**点$(-1,\ 0)$を中心とする半径$\dfrac{3}{2}$の円**

8 (1) ①の表す領域は

円 $(x-2)^2+(y-3)^2=4$

の周および内部。

②を変形すると $y\leqq-\dfrac{3}{2}x+3$

より，この不等式の表す領域は

直線 $y=-\dfrac{3}{2}x+3$ およびその下側。

よって，求める領域は，右の図の斜線部分である。ただし，境界線を含む。

境界線を含む

(2) ①の表す領域は

円 $x^2+y^2=9$ の内部。

②の表す領域は

円 $(x-3)^2+(y-3)^2=9$ の外部。

よって，求める領域は，

右の図の斜線部分である。

ただし，境界線を含まない。

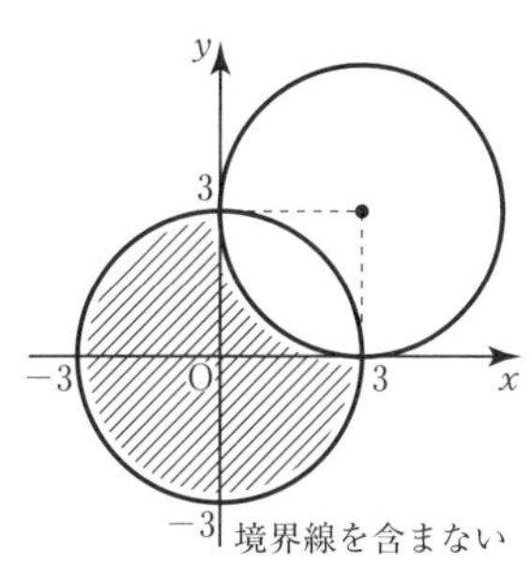

境界線を含まない

9 与えられた不等式が成り立つことは

$$\begin{cases} x+y+1\geqq0 \\ x-2y+4\geqq0 \end{cases} \text{ または } \begin{cases} x+y+1\leqq0 \\ x-2y+4\leqq0 \end{cases}$$

$AB\geqq0 \iff \begin{cases} A\geqq0 \\ B\geqq0 \end{cases}$ または $\begin{cases} A\leqq0 \\ B\leqq0 \end{cases}$

すなわち

$$\begin{cases} y\geqq-x-1 \\ y\leqq\dfrac{1}{2}x+2 \end{cases} \cdots\cdots① \quad \text{または} \quad \begin{cases} y\leqq-x-1 \\ y\geqq\dfrac{1}{2}x+2 \end{cases} \cdots\cdots②$$

が成り立つことと同じである。

よって，求める領域は，

①の表す領域Aと

②の表す領域B

の和集合 $A\cup B$

で，右の図の斜線部分である。

ただし，境界線を含む。

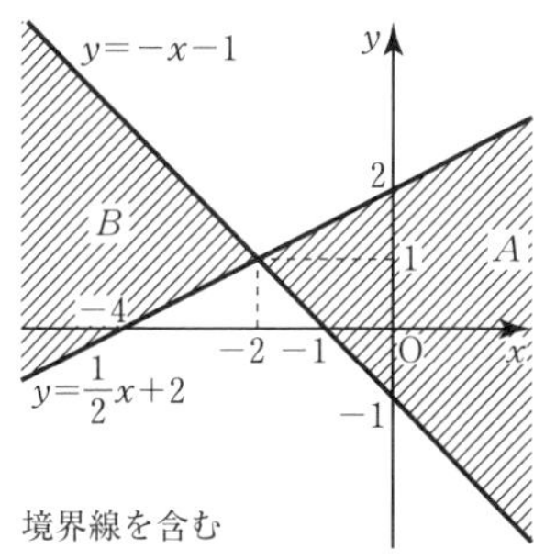

境界線を含む

30 三角比の復習 (p.68)

176

A	30°	45°	60°
$\sin A$	$\frac{1}{2}$	$\frac{1}{\sqrt{2}}\left(\frac{\sqrt{2}}{2}\right)$	$\frac{\sqrt{3}}{2}$
$\cos A$	$\frac{\sqrt{3}}{2}$	$\frac{1}{\sqrt{2}}\left(\frac{\sqrt{2}}{2}\right)$	$\frac{1}{2}$
$\tan A$	$\frac{1}{\sqrt{3}}\left(\frac{\sqrt{3}}{3}\right)$	1	$\sqrt{3}$

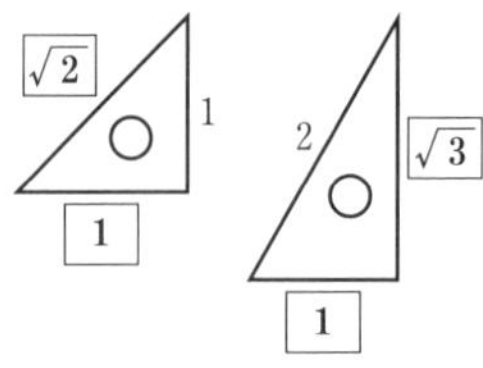

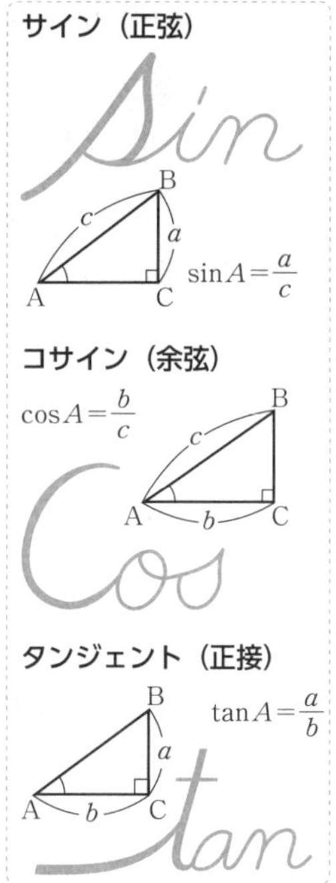

177 (1) $\sin A=\frac{1}{\sqrt{5}}\ \left(\frac{\sqrt{5}}{5}\right)$, $\cos A=\frac{2}{\sqrt{5}}\ \left(\frac{2\sqrt{5}}{5}\right)$, $\tan A=\frac{\mathbf{1}}{\mathbf{2}}$

(2) $\sin A=\frac{\mathbf{5}}{\mathbf{13}}$, $\cos A=\frac{\mathbf{12}}{\mathbf{13}}$, $\tan A=\frac{\mathbf{5}}{\mathbf{12}}$

178 (1) $\cos 28°=\frac{x}{10}$, $\sin 28°=\frac{y}{10}$ より

$x=10\times\cos 28°$, $y=10\times\sin 28°$

$x=10\times 0.8829=8.829\fallingdotseq\mathbf{8.8}$

$y=10\times 0.4695=4.695\fallingdotseq\mathbf{4.7}$

(2) $\tan 28°=\frac{x}{10}$　より　$x=10\times\tan 28°$

よって　$x=10\times 0.5317=5.317\fallingdotseq\mathbf{5.3}$

179 $\sin 135°=\frac{1}{\sqrt{2}}\ \left(\frac{\sqrt{2}}{2}\right)$

$\cos 135°=-\frac{1}{\sqrt{2}}\ \left(-\frac{\sqrt{2}}{2}\right)$

$\tan 135°=\mathbf{-1}$

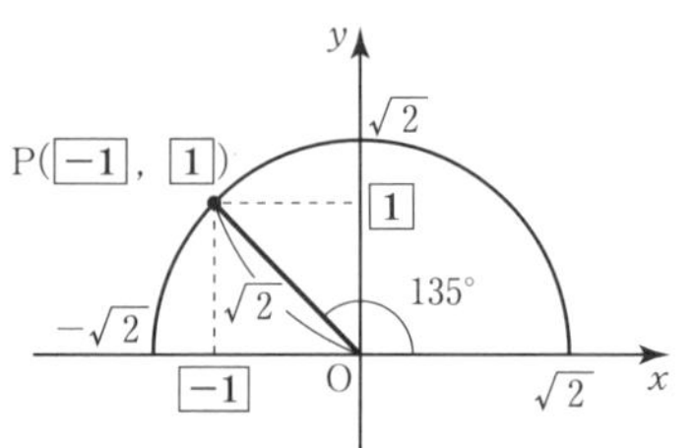

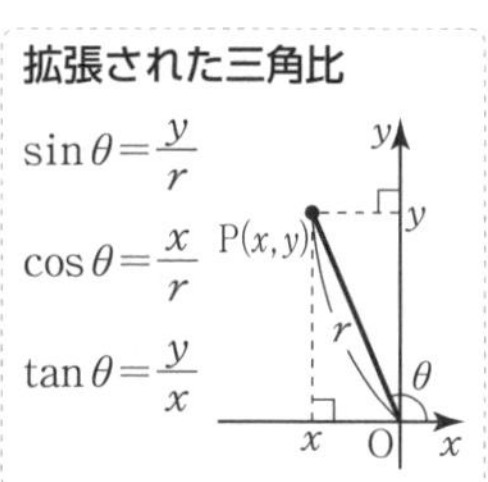

180

θ	90°	120°	135°	150°	180°
$\sin\theta$	1	$\frac{\sqrt{3}}{2}$	$\frac{1}{\sqrt{2}}\left(\frac{\sqrt{2}}{2}\right)$	$\frac{1}{2}$	0
$\cos\theta$	0	$-\frac{1}{2}$	$-\frac{1}{\sqrt{2}}\left(-\frac{\sqrt{2}}{2}\right)$	$-\frac{\sqrt{3}}{2}$	-1
$\tan\theta$	╳	$-\sqrt{3}$	-1	$-\frac{1}{\sqrt{3}}\left(-\frac{\sqrt{3}}{3}\right)$	0

⬅$\theta=90°$ に対しては，$\tan\theta$ は定義されない。

181 $\sin^2\theta+\cos^2\theta=1$　より　$\cos^2\theta=1-\sin^2\theta$

$\cos^2\theta=1-\left(\frac{4}{5}\right)^2=\frac{9}{25}$　より　$\cos\theta=\pm\frac{3}{5}$

θ は鈍角であるから　$\cos\theta<0$

よって　$\cos\theta=-\frac{\mathbf{3}}{\mathbf{5}}$

また　$\tan\theta=\frac{\sin\theta}{\cos\theta}=\left(\frac{4}{5}\right)\div\left(-\frac{3}{5}\right)=-\frac{\mathbf{4}}{\mathbf{3}}$

三角比の相互関係

$\sin^2\theta+\cos^2\theta=1$

$\tan\theta=\frac{\sin\theta}{\cos\theta}$

$1+\tan^2\theta=\frac{1}{\cos^2\theta}$

31 一般角と弧度法(p.70)

182 (1)

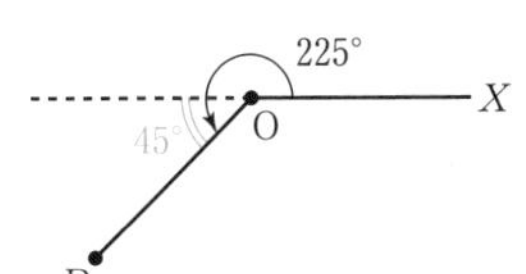

(2)

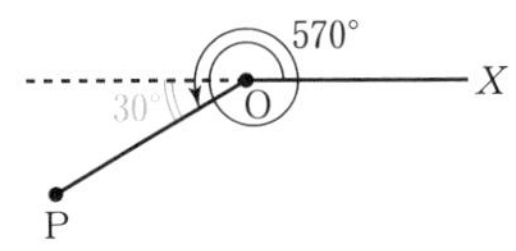

(3) O X 15° −165° P

183 (1) $l=r\theta$ より $l=6\times\frac{\pi}{4}=\boldsymbol{\frac{3}{2}\pi}$

(2) $S=\frac{1}{2}lr$ より $S=\frac{1}{2}\times\frac{3}{2}\pi\times6=\boldsymbol{\frac{9}{2}\pi}$

扇形の弧の長さと面積
半径 r，中心角 θ の扇形の弧の長さを l，面積を S とすると
$l=r\theta$
$S=\frac{1}{2}r^2\theta=\frac{1}{2}lr$

184 (1)

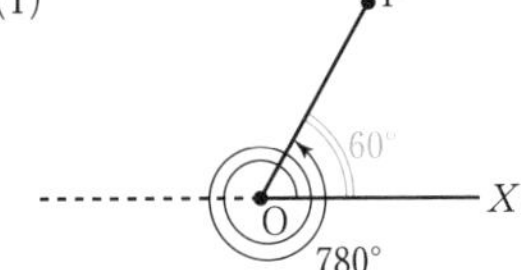

(2)

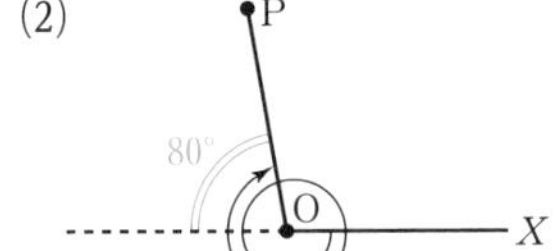

185

度	0°	30°	45°	60°	**90°**	**120°**	135°	**150°**
ラジアン	**0**	$\boldsymbol{\frac{\pi}{6}}$	$\boldsymbol{\frac{\pi}{4}}$	$\boldsymbol{\frac{\pi}{3}}$	$\frac{\pi}{2}$	$\frac{2}{3}\pi$	$\boldsymbol{\frac{3}{4}\pi}$	$\frac{5}{6}\pi$

度	−30°	**−60°**	**−135°**	**180°**	**225°**	270°	720°
ラジアン	$\boldsymbol{-\frac{\pi}{6}}$	$-\frac{\pi}{3}$	$-\frac{3}{4}\pi$	π	$\frac{5}{4}\pi$	$\boldsymbol{\frac{3}{2}\pi}$	$\boldsymbol{4\pi}$

⬅ $1°=\frac{\pi}{180}$ ラジアン
1 ラジアン$=\frac{180°}{\pi}$
$\fallingdotseq57.3°$

186 ① $405°=45°+360°\times1$
② $-315°=45°+360°\times(-1)$
③ $-845°=235°+360°\times(-3)$
④ $595°=235°+360°\times1$
よって，**①と②**

⬅ $\theta+360°\times n$（n は整数）の動径は，θ の動径と同じ位置。

187 (1)

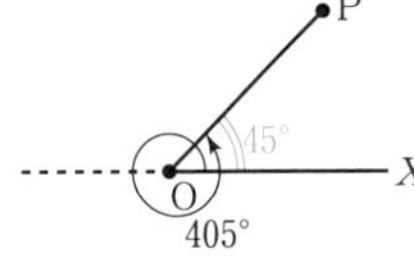

(2)

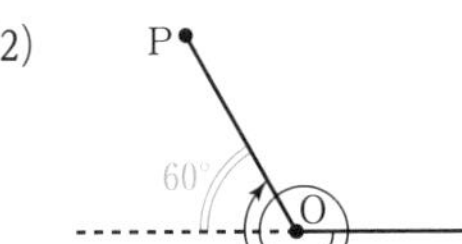

188 (1) $l=r\theta=15\times\frac{5}{6}\pi=\boldsymbol{\frac{25}{2}\pi}$

$S=\frac{1}{2}lr=\frac{1}{2}\times\frac{25}{2}\pi\times15=\boldsymbol{\frac{375}{4}\pi}$

(2) $120°=\frac{2}{3}\pi$ より $l=r\theta=6\times\frac{2}{3}\pi=\boldsymbol{4\pi}$

$S=\frac{1}{2}lr=\frac{1}{2}\times4\pi\times6=\boldsymbol{12\pi}$

JUMP 31

$7\theta=\theta+360^\circ\times n$（$n$ は整数）とかけるから

$6\theta=360^\circ\times n$

よって　$\theta=60^\circ\times n$

θ は鋭角だから　$0^\circ<\theta<90^\circ$

$n=1$ として　$\theta=\mathbf{60^\circ}$

考え方　$\theta+360^\circ\times n$ と 7θ との関係を式で表す。

32 三角関数（p.72）

189 (1) $\dfrac{\sqrt{3}}{2}$

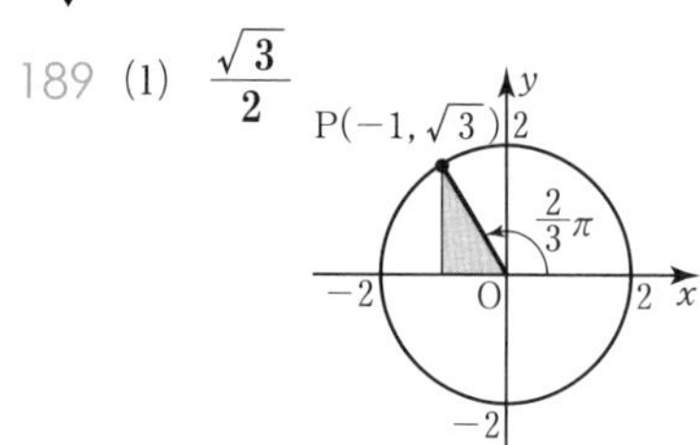

(2) $\mathbf{0}$

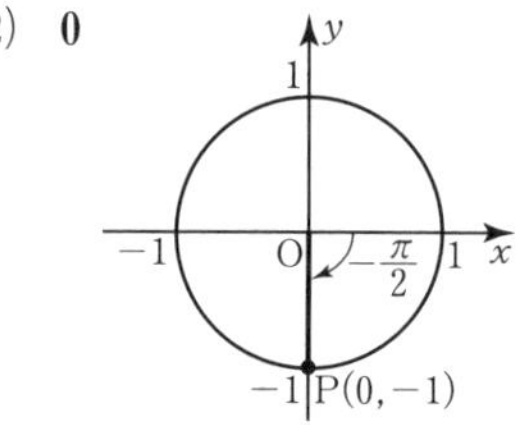

半径 r の円と角 θ の動径の交点を $\mathrm{P}(x,\ y)$ とするとき

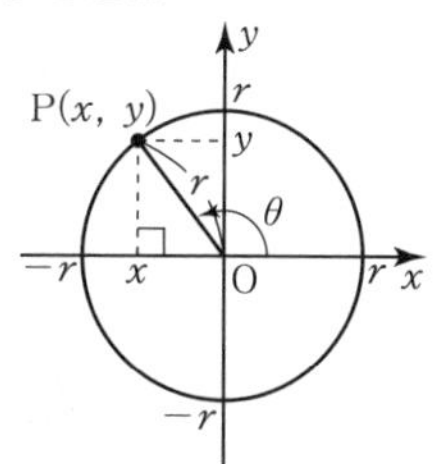

$\sin\theta=\dfrac{y}{r}$，$\cos\theta=\dfrac{x}{r}$

$\tan\theta=\dfrac{y}{x}$

$\tan\theta$ は $x=0$ となるような θ に対しては定義しない。

190 (1) $-\dfrac{1}{\sqrt{2}}$ $\left(-\dfrac{\sqrt{2}}{2}\right)$

(2) $-\sqrt{3}$

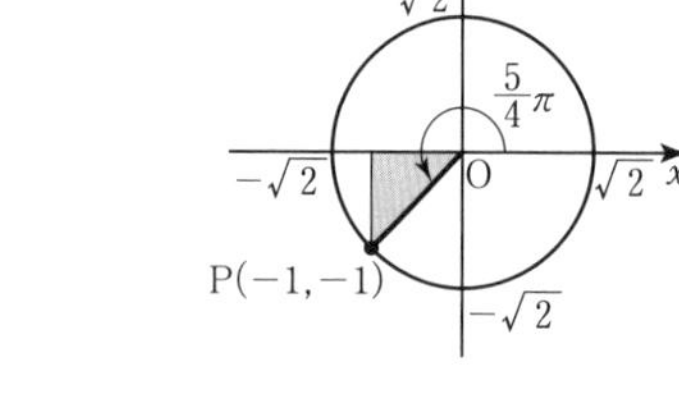

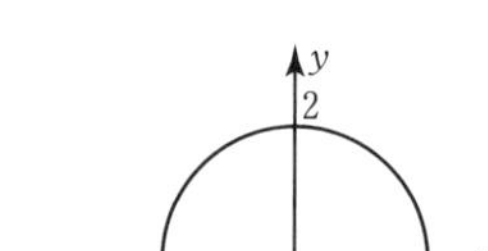

191 (1) $\sin\left(-\dfrac{\pi}{4}\right)=-\dfrac{1}{\sqrt{2}}$ $\left(-\dfrac{\sqrt{2}}{2}\right)$

$\cos\left(-\dfrac{\pi}{4}\right)=\dfrac{1}{\sqrt{2}}$ $\left(\dfrac{\sqrt{2}}{2}\right)$

$\tan\left(-\dfrac{\pi}{4}\right)=\mathbf{-1}$

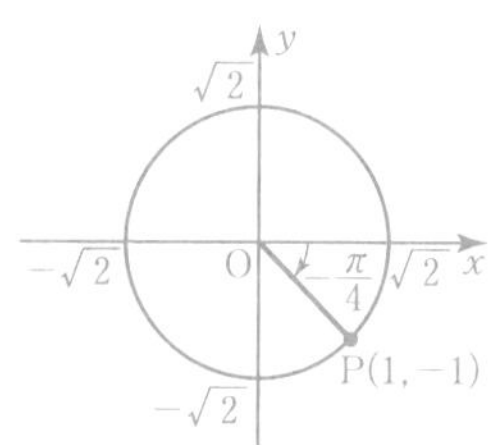

(2) $\dfrac{25}{4}\pi=\dfrac{\pi}{4}+3\times2\pi$　より

$\sin\dfrac{25}{4}\pi=\sin\dfrac{\pi}{4}=\dfrac{1}{\sqrt{2}}$ $\left(\dfrac{\sqrt{2}}{2}\right)$

$\cos\dfrac{25}{4}\pi=\cos\dfrac{\pi}{4}=\dfrac{1}{\sqrt{2}}$ $\left(\dfrac{\sqrt{2}}{2}\right)$

$\tan\dfrac{25}{4}\pi=\tan\dfrac{\pi}{4}=\mathbf{1}$

(3) $\sin\left(-\dfrac{5}{6}\pi\right)=-\dfrac{1}{2}$

$\cos\left(-\dfrac{5}{6}\pi\right)=-\dfrac{\sqrt{3}}{2}$

$\tan\left(-\dfrac{5}{6}\pi\right)=\dfrac{1}{\sqrt{3}}$ $\left(\dfrac{\sqrt{3}}{3}\right)$

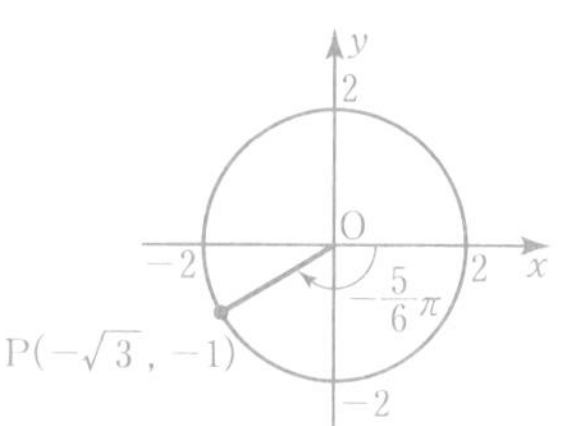

(4) $8\pi=0+4\times2\pi$　より

$\sin8\pi=\mathbf{0}$

$\cos8\pi=\mathbf{1}$

$\tan8\pi=\mathbf{0}$

192

θ	第1象限	第2象限	第3象限	第4象限
$\sin\theta$	$+$	$+$	$-$	$-$
$\cos\theta$	$+$	$-$	$-$	$+$
$\tan\theta$	$+$	$-$	$+$	$-$

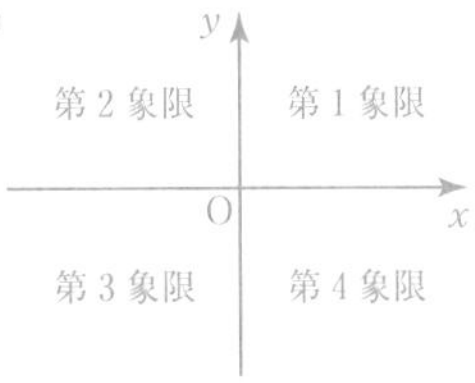

193

θ	$\frac{\pi}{2}$	$\frac{3}{4}\pi$	$\frac{11}{6}\pi$	$-\frac{3}{2}\pi$	$-\frac{11}{4}\pi$	-3π
$\sin\theta$	**1**	$\frac{1}{\sqrt{2}}\left(\frac{\sqrt{2}}{2}\right)$	$-\frac{1}{2}$	**1**	$-\frac{1}{\sqrt{2}}\left(-\frac{\sqrt{2}}{2}\right)$	**0**
$\cos\theta$	**0**	$-\frac{1}{\sqrt{2}}\left(-\frac{\sqrt{2}}{2}\right)$	$\frac{\sqrt{3}}{2}$	**0**	$-\frac{1}{\sqrt{2}}\left(-\frac{\sqrt{2}}{2}\right)$	**−1**
$\tan\theta$	╳	**−1**	$-\frac{1}{\sqrt{3}}\left(-\frac{\sqrt{3}}{3}\right)$	╳	**1**	**0**

194 (1) $P\left(-\frac{1}{\sqrt{2}},\ -\frac{1}{\sqrt{2}}\right)$

$\sin\frac{5}{4}\pi=-\frac{1}{\sqrt{2}}\ \left(-\frac{\sqrt{2}}{2}\right)$

$\cos\frac{5}{4}\pi=-\frac{1}{\sqrt{2}}\ \left(-\frac{\sqrt{2}}{2}\right)$

$\tan\frac{5}{4}\pi=1$

(2) $P\left(-\frac{\sqrt{3}}{2},\ \frac{1}{2}\right)$

$\sin\left(-\frac{7}{6}\pi\right)=\frac{1}{2}$

$\cos\left(-\frac{7}{6}\pi\right)=-\frac{\sqrt{3}}{2}$

$\tan\left(-\frac{7}{6}\pi\right)=-\frac{1}{\sqrt{3}}\ \left(-\frac{\sqrt{3}}{3}\right)$

JUMP 32

$\sin\theta\cos\theta>0$ が成り立つことは

$\begin{cases}\sin\theta>0\\ \cos\theta>0\end{cases}$ ……① または $\begin{cases}\sin\theta<0\\ \cos\theta<0\end{cases}$ ……②

が成り立つことと同じである。

①が成り立つとき，θ は第1象限の角

②が成り立つとき，θ は第3象限の角

よって，θ は**第1象限または第3象限の角**

33 三角関数の相互関係 (p.74)

195 $\cos^2\theta=1-\sin^2\theta=1-\left(-\frac{3}{4}\right)^2=\frac{7}{16}$

θ は第3象限の角であるから　$\cos\theta<0$

ゆえに　$\cos\theta=-\frac{\sqrt{7}}{4}$

$\tan\theta=\frac{\sin\theta}{\cos\theta}=\left(-\frac{3}{4}\right)\div\left(-\frac{\sqrt{7}}{4}\right)=\frac{3}{\sqrt{7}}=\frac{3\sqrt{7}}{7}$

⬅ （図）y 軸・x 軸・O　第2象限　第1象限　第3象限　第4象限

⬅ $\theta=\frac{\pi}{2}+n\pi$ （n は整数）に対しては，$\tan\theta$ は定義されない。

⬅ $P\left(-\frac{\sqrt{2}}{2},\ -\frac{\sqrt{2}}{2}\right)$ でもよい。

考え方　$AB>0$ のとき
$\begin{cases}A>0\\ B>0\end{cases}$ または $\begin{cases}A<0\\ B<0\end{cases}$

三角関数の相互関係

$\sin^2\theta+\cos^2\theta=1$

$\tan\theta=\frac{\sin\theta}{\cos\theta}$

$1+\tan^2\theta=\frac{1}{\cos^2\theta}$

196 (1)　$\sin\theta+\cos\theta=\frac{1}{\sqrt{3}}$ の両辺を 2 乗すると

$\sin^2\theta+2\sin\theta\cos\theta+\cos^2\theta=\frac{1}{3}$

ここで，$\sin^2\theta+\cos^2\theta=1$ であるから

$2\sin\theta\cos\theta=\frac{1}{3}-1=-\frac{2}{3}$　　よって　$\sin\theta\cos\theta=\mathbf{-\frac{1}{3}}$

(2)　$\sin^3\theta+\cos^3\theta=(\sin\theta+\cos\theta)(\sin^2\theta-\sin\theta\cos\theta+\cos^2\theta)$

$=(\sin\theta+\cos\theta)(1-\sin\theta\cos\theta)$

$=\frac{1}{\sqrt{3}}\times\left\{1-\left(-\frac{1}{3}\right)\right\}=\mathbf{\frac{4\sqrt{3}}{9}}$

⬅$x^3+y^3=(x+y)(x^2-xy+y^2)$

197　$\sin^2\theta=1-\cos^2\theta=1-\left(\frac{5}{13}\right)^2=\frac{144}{169}$

θ は第 4 象限の角であるから　$\sin\theta<0$

ゆえに　$\sin\theta=\mathbf{-\frac{12}{13}}$

$\tan\theta=\frac{\sin\theta}{\cos\theta}=\left(-\frac{12}{13}\right)\div\frac{5}{13}=\mathbf{-\frac{12}{5}}$

⬅$\sin^2\theta+\cos^2\theta=1$ より $\sin^2\theta=1-\cos^2\theta$

198 (1)　$\sin\theta+\cos\theta=\frac{1}{\sqrt{2}}$ の両辺を 2 乗すると

$\sin^2\theta+2\sin\theta\cos\theta+\cos^2\theta=\frac{1}{2}$

ゆえに　$1+2\sin\theta\cos\theta=\frac{1}{2}$

よって　$\sin\theta\cos\theta=\mathbf{-\frac{1}{4}}$

⬅$\sin^2\theta+\cos^2\theta=1$

(2)　$\sin^3\theta+\cos^3\theta=(\sin\theta+\cos\theta)(\sin^2\theta-\sin\theta\cos\theta+\cos^2\theta)$

$=(\sin\theta+\cos\theta)(1-\sin\theta\cos\theta)$

$=\frac{1}{\sqrt{2}}\times\left\{1-\left(-\frac{1}{4}\right)\right\}=\frac{5}{4\sqrt{2}}=\mathbf{\frac{5\sqrt{2}}{8}}$

⬅$x^3+y^3=(x+y)(x^2-xy+y^2)$

199　$\frac{1}{\cos^2\theta}=1+\tan^2\theta=1+\left(\frac{4}{3}\right)^2=\frac{25}{9}$　より　$\cos^2\theta=\frac{9}{25}$

θ は第 3 象限の角であるから　$\cos\theta<0$

ゆえに　$\cos\theta=\mathbf{-\frac{3}{5}}$

$\tan\theta=\frac{\sin\theta}{\cos\theta}$　より　$\sin\theta=\tan\theta\cos\theta$

よって　$\sin\theta=\frac{4}{3}\times\left(-\frac{3}{5}\right)=\mathbf{-\frac{4}{5}}$

⬅$1+\tan^2\theta=\frac{1}{\cos^2\theta}$

200 (1)　$\sin\theta-\cos\theta=-\frac{1}{2}$　の両辺を 2 乗すると

$\sin^2\theta-2\sin\theta\cos\theta+\cos^2\theta=\frac{1}{4}$

ゆえに　$1-2\sin\theta\cos\theta=\frac{1}{4}$　　よって　$\sin\theta\cos\theta=\mathbf{\frac{3}{8}}$

(2)　与式$=(\sin\theta-\cos\theta)(\sin^2\theta+\sin\theta\cos\theta+\cos^2\theta)$

$=(\sin\theta-\cos\theta)(1+\sin\theta\cos\theta)$

$=\left(-\frac{1}{2}\right)\times\left(1+\frac{3}{8}\right)=-\frac{1}{2}\times\frac{11}{8}=\mathbf{-\frac{11}{16}}$

⬅$x^3-y^3=(x-y)(x^2+xy+y^2)$

JUMP 33

（証明）

$$(\text{左辺})=\frac{\dfrac{\sin^2\theta}{\cos^2\theta}}{1+\dfrac{\sin^2\theta}{\cos^2\theta}}=\frac{\sin^2\theta}{\cos^2\theta+\sin^2\theta}=\sin^2\theta=(\text{右辺})\quad(\text{終})$$

考え方　左辺を変形する。

← $\tan\theta=\dfrac{\sin\theta}{\cos\theta}$ より $\tan^2\theta=\dfrac{\sin^2\theta}{\cos^2\theta}$

34 三角関数の性質（p.76）

201 (1) $\sin\dfrac{9}{4}\pi=\sin\left(\dfrac{\pi}{4}+2\pi\right)=\sin\dfrac{\pi}{4}=\mathbf{\dfrac{1}{\sqrt{2}}}\ \left(\dfrac{\sqrt{2}}{2}\right)$

(2) $\cos\left(-\dfrac{\pi}{4}\right)=\cos\dfrac{\pi}{4}=\mathbf{\dfrac{1}{\sqrt{2}}}\ \left(\dfrac{\sqrt{2}}{2}\right)$

(3) $\tan\left(-\dfrac{\pi}{4}\right)=-\tan\dfrac{\pi}{4}=\mathbf{-1}$

$\sin(\theta+2n\pi)=\sin\theta$
$\cos(\theta+2n\pi)=\cos\theta$
$\sin(-\theta)=-\sin\theta$
$\cos(-\theta)=\cos\theta$
$\tan(-\theta)=-\tan\theta$

202 $\sin\left(\dfrac{\pi}{2}-\theta\right)\cos(\pi-\theta)-\cos\left(\dfrac{\pi}{2}-\theta\right)\sin(\pi-\theta)$

$=\cos\theta(-\cos\theta)-\sin\theta\sin\theta$

$=-\cos^2\theta-\sin^2\theta$

$=-(\cos^2\theta+\sin^2\theta)=\mathbf{-1}$

$\sin\left(\dfrac{\pi}{2}-\theta\right)=\cos\theta$
$\cos\left(\dfrac{\pi}{2}-\theta\right)=\sin\theta$
$\sin(\pi-\theta)=\sin\theta$
$\cos(\pi-\theta)=-\cos\theta$

203 (1) $\sin\left(-\dfrac{4}{3}\pi\right)=-\sin\dfrac{4}{3}\pi=-\sin\left(\dfrac{\pi}{3}+\pi\right)=\sin\dfrac{\pi}{3}=\mathbf{\dfrac{\sqrt{3}}{2}}$

(2) $\cos\left(-\dfrac{4}{3}\pi\right)=\cos\dfrac{4}{3}\pi=\cos\left(\dfrac{\pi}{3}+\pi\right)=-\cos\dfrac{\pi}{3}=\mathbf{-\dfrac{1}{2}}$

(3) $\tan\left(-\dfrac{4}{3}\pi\right)=-\tan\dfrac{4}{3}\pi=-\tan\left(\dfrac{\pi}{3}+\pi\right)=-\tan\dfrac{\pi}{3}=\mathbf{-\sqrt{3}}$

$\sin(\theta+\pi)=-\sin\theta$
$\cos(\theta+\pi)=-\cos\theta$
$\tan(\theta+\pi)=\tan\theta$

204 (1) $\sin\left(\theta+\dfrac{\pi}{2}\right)=\cos\theta$，$\cos(\theta+\pi)=-\cos\theta$　であるから

$(\text{与式})=\sin\theta\cos\theta+\sin\theta(-\cos\theta)=\mathbf{0}$

(2) $\sin(-\theta)=-\sin\theta$，$\cos(-\theta)=\cos\theta$

$\sin(\pi-\theta)=\sin\theta$，$\cos(\pi-\theta)=-\cos\theta$　であるから

$(\text{与式})=-(-\sin\theta)\sin\theta-\cos\theta(-\cos\theta)=\sin^2\theta+\cos^2\theta=\mathbf{1}$

$\sin\left(\theta+\dfrac{\pi}{2}\right)=\cos\theta$
$\cos\left(\theta+\dfrac{\pi}{2}\right)=-\sin\theta$
$\tan\left(\theta+\dfrac{\pi}{2}\right)=-\dfrac{1}{\tan\theta}$

205 (1) $\sin\dfrac{5}{4}\pi=\sin\left(\dfrac{\pi}{4}+\pi\right)=-\sin\dfrac{\pi}{4}=\mathbf{-\dfrac{1}{\sqrt{2}}}\ \left(-\dfrac{\sqrt{2}}{2}\right)$

(2) $\cos\left(-\dfrac{9}{4}\pi\right)=\cos\dfrac{9}{4}\pi=\cos\left(\dfrac{\pi}{4}+2\pi\right)=\cos\dfrac{\pi}{4}=\mathbf{\dfrac{1}{\sqrt{2}}}\ \left(\dfrac{\sqrt{2}}{2}\right)$

(3) $\tan\dfrac{17}{6}\pi=\tan\left(\dfrac{5}{6}\pi+2\pi\right)=\tan\dfrac{5}{6}\pi=\mathbf{-\dfrac{1}{\sqrt{3}}}\ \left(-\dfrac{\sqrt{3}}{3}\right)$

← $\tan(\theta+n\pi)=\tan\theta$
よって　$\tan(\theta+2\pi)=\tan\theta$

206 (1) $\sin\dfrac{11}{10}\pi=\sin\left(\dfrac{\pi}{10}+\pi\right)=-\sin\dfrac{\pi}{10}$

$\sin\dfrac{21}{10}\pi=\sin\left(\dfrac{\pi}{10}+2\pi\right)=\sin\dfrac{\pi}{10}$

$\sin\dfrac{19}{10}\pi=\sin\left(-\dfrac{\pi}{10}+2\pi\right)=\sin\left(-\dfrac{\pi}{10}\right)=-\sin\dfrac{\pi}{10}$

よって

$(\text{与式})=\sin\dfrac{\pi}{10}+\left(-\sin\dfrac{\pi}{10}\right)+\sin\dfrac{\pi}{10}+\left(-\sin\dfrac{\pi}{10}\right)=\mathbf{0}$

(2) $\cos(-\theta)+\cos\left(\theta-\dfrac{\pi}{2}\right)+\cos(\theta-\pi)+\cos\left(\theta+\dfrac{\pi}{2}\right)$

$=\cos\theta+\cos\left(\dfrac{\pi}{2}-\theta\right)+\cos(\pi-\theta)+(-\sin\theta)$

$=\cos\theta+\sin\theta-\cos\theta-\sin\theta=\mathbf{0}$

⬅$\cos(-\theta)=\cos\theta$ より
$\cos\left(\theta-\dfrac{\pi}{2}\right)=\cos\left(\dfrac{\pi}{2}-\theta\right)$
$\cos(\theta-\pi)=\cos(\pi-\theta)$

JUMP 34

考え方 三角関数の性質が使えるように変形する。

(1) $\sin\dfrac{7}{12}\pi=\sin\left(\dfrac{\pi}{12}+\dfrac{\pi}{2}\right)=\cos\dfrac{\pi}{12}=\boldsymbol{b}$

⬉$\sin\left(\theta+\dfrac{\pi}{2}\right)=\cos\theta$

(2) $\cos\dfrac{49}{12}\pi=\cos\left(\dfrac{\pi}{12}+2\pi\times2\right)=\cos\dfrac{\pi}{12}=\boldsymbol{b}$

⬉$\cos(\theta+2n\pi)=\cos\theta$

(3) $\tan\dfrac{5}{12}\pi=\dfrac{\sin\dfrac{5}{12}\pi}{\cos\dfrac{5}{12}\pi}=\dfrac{\sin\left(\dfrac{\pi}{2}-\dfrac{\pi}{12}\right)}{\cos\left(\dfrac{\pi}{2}-\dfrac{\pi}{12}\right)}=\dfrac{\cos\dfrac{\pi}{12}}{\sin\dfrac{\pi}{12}}=\dfrac{\boldsymbol{b}}{\boldsymbol{a}}$

⬅$\sin\left(\dfrac{\pi}{2}-\theta\right)=\cos\theta$
$\cos\left(\dfrac{\pi}{2}-\theta\right)=\sin\theta$

35 三角関数のグラフ(1) (p.78)

207 (1)

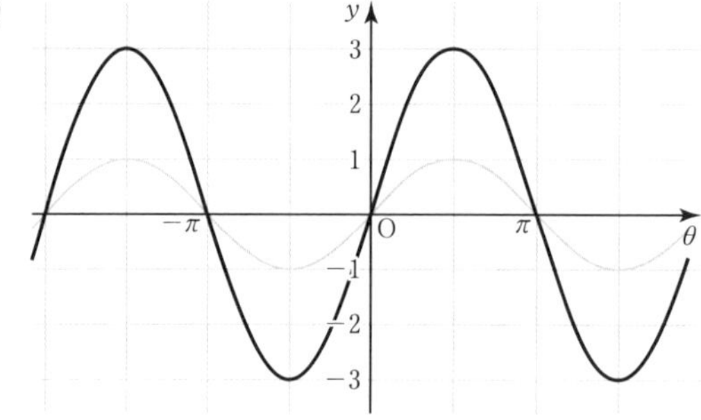

周期は $\mathbf{2\pi}$

⬅$y=3\sin\theta$ のグラフは，$y=\sin\theta$ のグラフを，θ 軸をもとにして y 軸方向に 3 倍に拡大したグラフとなる。
周期は 2π

(2)

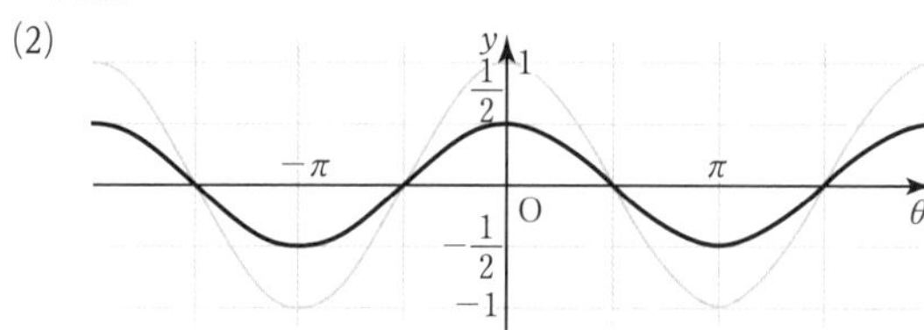

周期は $\mathbf{2\pi}$

208 (1)

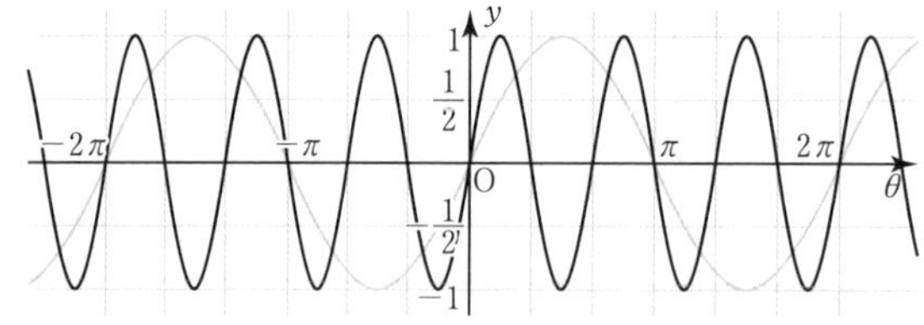

周期は $\mathbf{\dfrac{2}{3}\pi}$

⬅$y=\sin3\theta$ のグラフは，$y=\sin\theta$ のグラフを，y 軸をもとにして θ 軸方向に $\dfrac{1}{3}$ 倍に縮小したグラフとなる。
周期は $y=\sin\theta$ の周期 2π の $\dfrac{1}{3}$ 倍。すなわち $\dfrac{2}{3}\pi$ となる。

(2)

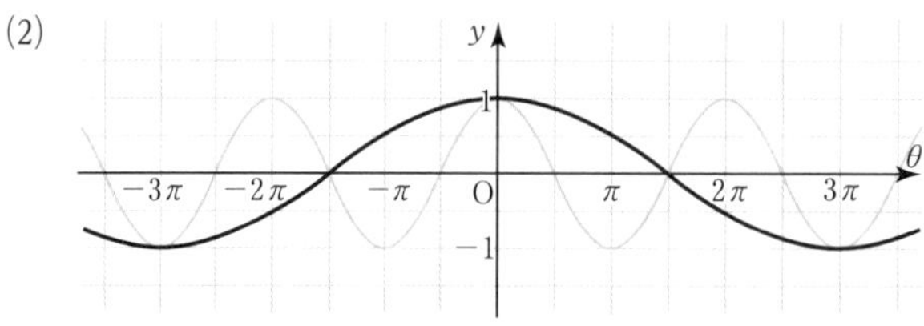

周期は $\mathbf{6\pi}$

(3)

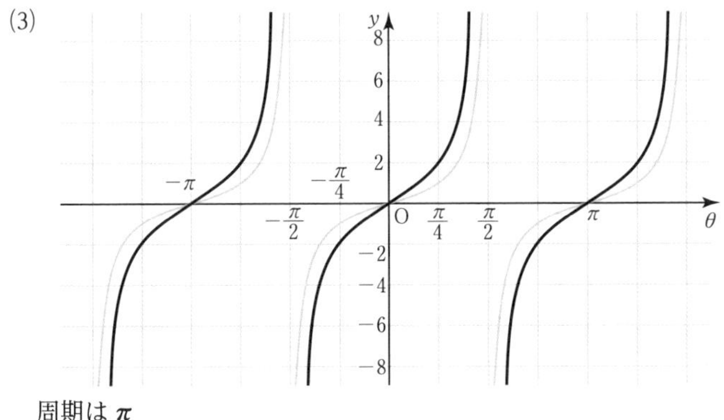

周期は π

JUMP 35

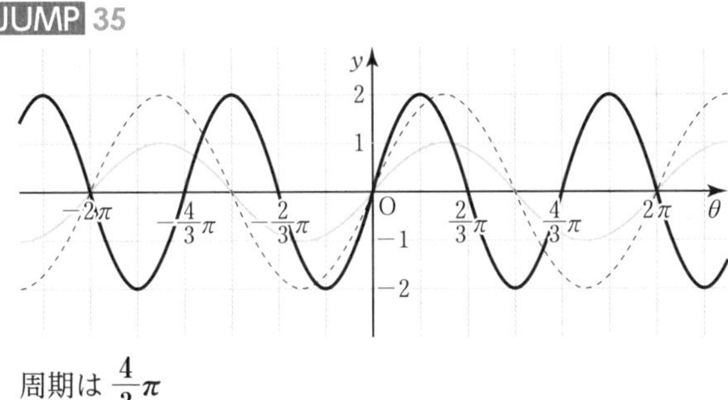

周期は $\frac{4}{3}\pi$

考え方 $y=\sin\theta$ をどのように変形したグラフか考える。

⬅$y=2\sin\frac{3}{2}\theta$ のグラフは，$y=\sin\theta$ のグラフを，y 軸方向に 2 倍に拡大し，θ 軸方向に $\frac{2}{3}$ 倍に縮小したグラフである。

36 三角関数のグラフ(2) (p.80)

209 (1)

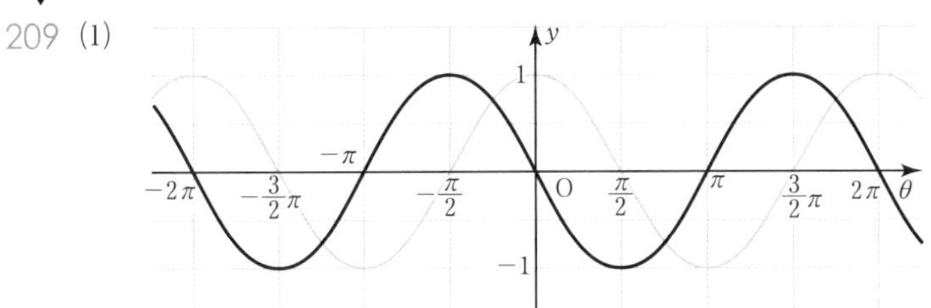

周期は 2π

⬅$y=\cos(\theta-\alpha)$ のグラフは，$y=\cos\theta$ のグラフを，θ 軸方向に α だけ平行移動したグラフである。

(2)

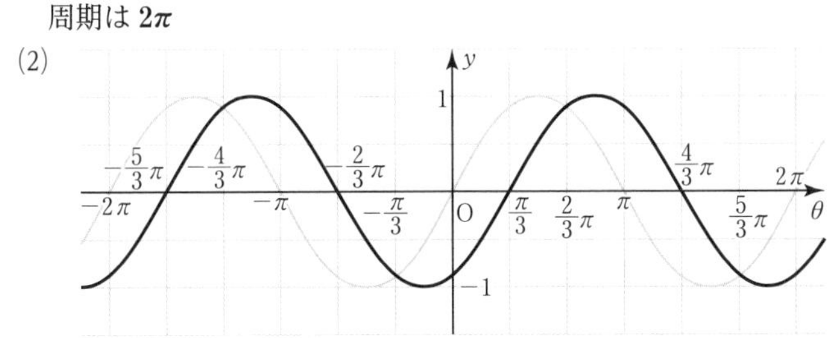

周期は 2π

⬅$y=\sin(\theta-\alpha)$ のグラフは，$y=\sin\theta$ のグラフを，θ 軸方向に α だけ平行移動したグラフである。

210 (1)

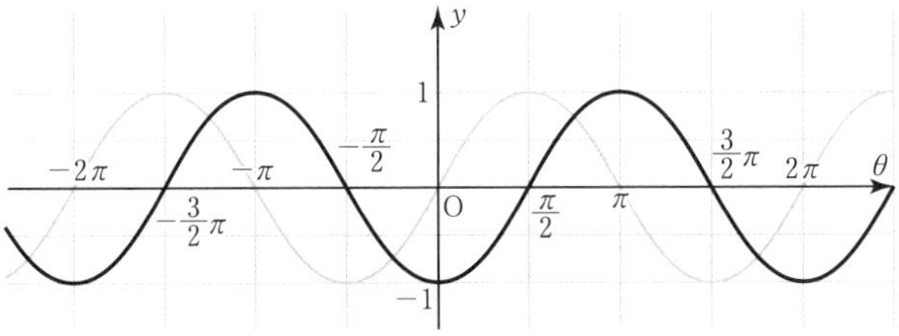

y
1
−2π
−π
−π/2
3/2π
2π
θ
−3/2π
O
π/2
π
−1

周期は 2π

(2)

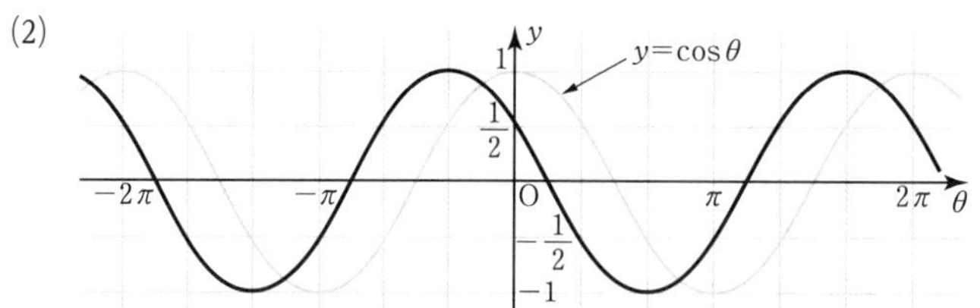

周期は $\boldsymbol{2\pi}$

(3)

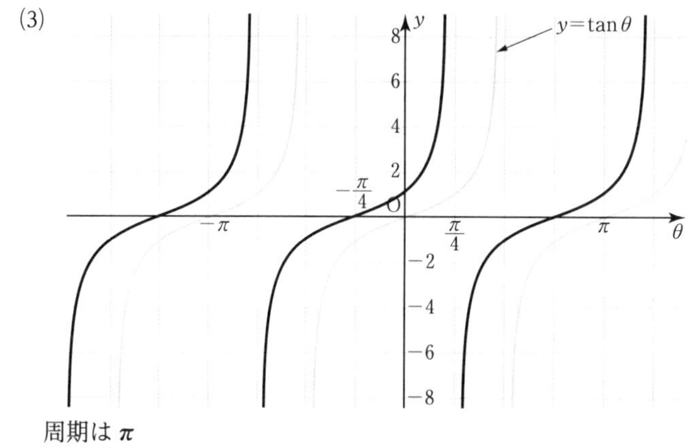

周期は $\boldsymbol{\pi}$

⬅$y=\tan(\theta-\alpha)$ のグラフは，$y=\tan\theta$ のグラフを，θ 軸方向に α だけ平行移動したグラフである。

JUMP 36

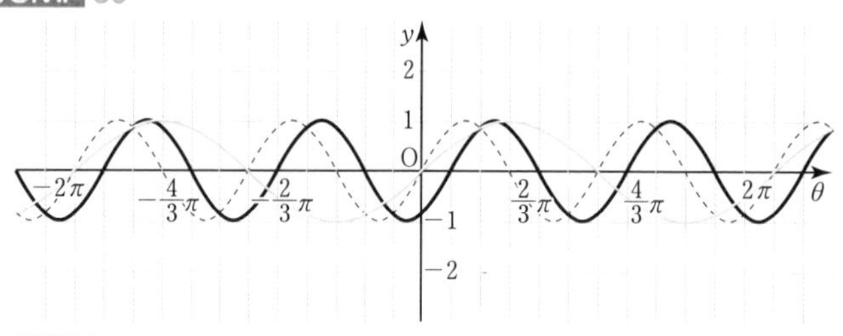

周期は $\boldsymbol{\pi}$

考え方 $y=\sin\theta$ をどのように平行移動したグラフか考える。

⬅$y=\sin\left(2\theta-\frac{\pi}{3}\right)$

$=\sin 2\left(\theta-\frac{\pi}{6}\right)$

のグラフは，$y=\sin\theta$ のグラフを，θ 軸方向に $\frac{1}{2}$ 倍に縮小し，θ 軸方向に $\frac{\pi}{6}$ だけ平行移動したグラフである。

37 三角関数と方程式・不等式(p.82)

211 (1) 右の図のように，

単位円と直線 $x=\frac{\sqrt{3}}{2}$ との交点をP，Qとすると，動径OP，OQの表す角が求める角 θ である。

よって，$0\leqq\theta<2\pi$ の範囲において，求める角 θ の値は

$$\boldsymbol{\theta=\frac{\pi}{6},\ \frac{11}{6}\pi}$$

⬅単位円で考える。
$x=\cos\theta$

(2) 求める角 θ の値の範囲は，

単位円と角 θ の動径との交点の y 座標が $-\frac{\sqrt{3}}{2}$ 以上であるような θ の範囲である。

ここで，単位円と直線 $y=-\frac{\sqrt{3}}{2}$ との交点をP，Qとすると，

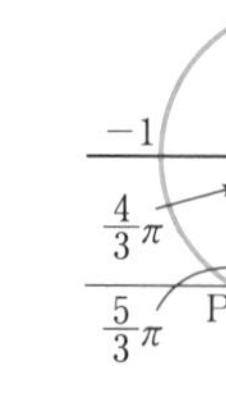

⬅単位円で考える。
$y=\sin\theta$

動径 OP，OQ の表す角は $0 \leqq \theta < 2\pi$ の範囲において，

$\theta = \frac{4}{3}\pi,\ \frac{5}{3}\pi$

よって，求める角 θ の値の範囲は

$\boldsymbol{0 \leqq \theta \leqq \frac{4}{3}\pi,\ \frac{5}{3}\pi \leqq \theta < 2\pi}$

212 (1) 右の図のように，

単位円と直線 $y = \frac{\sqrt{3}}{2}$ との交点を P，Q とすると，動径 OP，OQ の表す角が求める角 θ である。

よって，$0 \leqq \theta < 2\pi$ の範囲において，求める角 θ の値は

$\boldsymbol{\theta = \frac{\pi}{3},\ \frac{2}{3}\pi}$

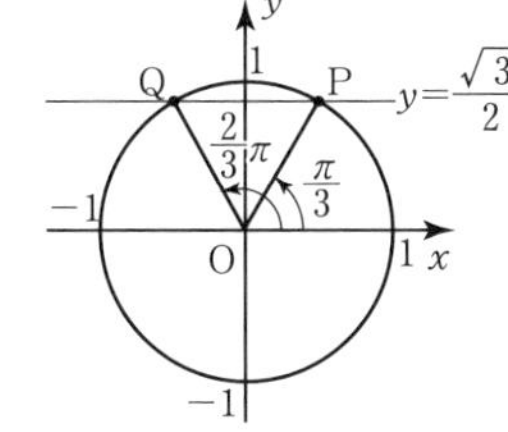

←単位円で考える。
$y = \sin\theta$

(2) $\cos\theta = -\frac{1}{\sqrt{2}}$

←まずは式変形。

右の図のように，

単位円と直線 $x = -\frac{1}{\sqrt{2}}$ との交点を P，Q とすると，動径 OP，OQ の表す角が求める角 θ である。

よって，$0 \leqq \theta < 2\pi$ の範囲において，求める角 θ の値は

$\boldsymbol{\theta = \frac{3}{4}\pi,\ \frac{5}{4}\pi}$

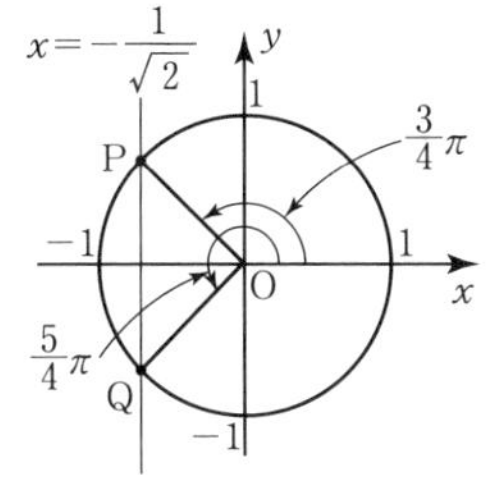

←単位円で考える。
$x = \cos\theta$

(3) 右の図のように，点 T(1，−1) をとり，単位円と直線 OT との交点を P，Q とすると，動径 OP，OQ の表す角が求める角 θ である。

よって，$0 \leqq \theta < 2\pi$ の範囲において，求める角 θ の値は

$\boldsymbol{\theta = \frac{3}{4}\pi,\ \frac{7}{4}\pi}$

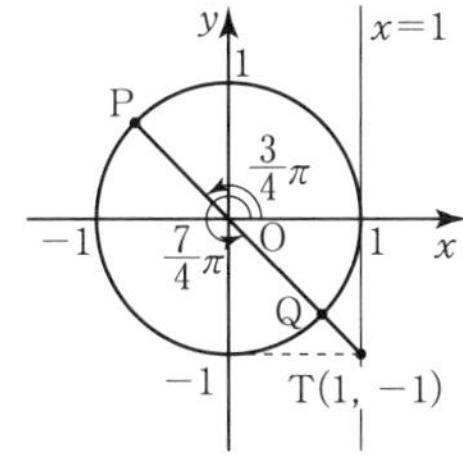

←単位円で考える。
$\frac{y}{x} = \tan\theta$

213 (1) 求める角 θ の値の範囲は，単位円と角 θ の動径との交点の y 座標が $\frac{1}{2}$ より大きくなるような θ の範囲である。

ここで，単位円と直線 $y = \frac{1}{2}$ との交点を P，Q とすると，

y
$\frac{5}{6}\pi$
1
Q
P
$y=\frac{1}{2}$
−1
O
1
x
$\frac{\pi}{6}$
−1

←単位円で考える。
$y = \sin\theta$

動径 OP，OQ の表す角は $0 \leqq \theta < 2\pi$ の範囲において，

$\theta = \frac{\pi}{6},\ \frac{5}{6}\pi$

よって，求める角 θ の値の範囲は

$\boldsymbol{\frac{\pi}{6} < \theta < \frac{5}{6}\pi}$

別解　$y=\sin\theta$ のグラフが直線 $y=\frac{1}{2}$ の上側にある部分のθの値の範囲が不等式の解だから，求める角θの値の範囲は

$\boldsymbol{\frac{\pi}{6}<\theta<\frac{5}{6}\pi}$

←グラフで考える。

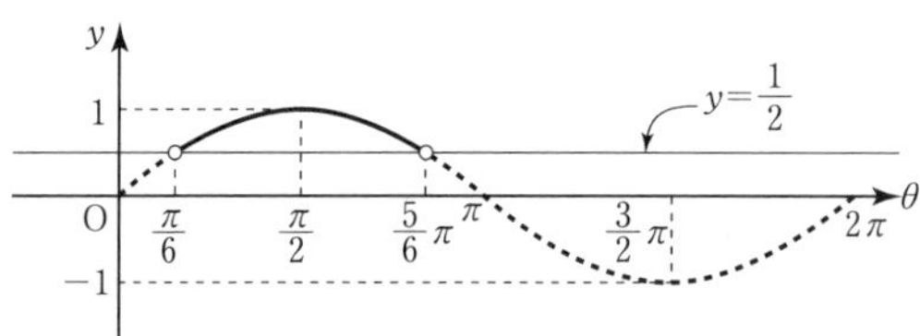

(2)　求める角θの値の範囲は，単位円と角θの動径との交点のx座標が $-\frac{1}{\sqrt{2}}$ 以下であるようなθの範囲である。

ここで，単位円と直線 $x=-\frac{1}{\sqrt{2}}$ との交点をP，Qとすると，動径OP，OQの表す角は $0\leqq\theta<2\pi$ において，

$\theta=\frac{3}{4}\pi,\ \frac{5}{4}\pi$

よって，求める角θの値の範囲は

$\boldsymbol{\frac{3}{4}\pi\leqq\theta\leqq\frac{5}{4}\pi}$

←単位円で考える。
$x=\cos\theta$

別解　$y=\cos\theta$ のグラフが直線 $y=-\frac{1}{\sqrt{2}}$ の下側にある部分のθの値の範囲が不等式の解だから，求める角θの値の範囲は

$\boldsymbol{\frac{3}{4}\pi\leqq\theta\leqq\frac{5}{4}\pi}$

←グラフで考える。

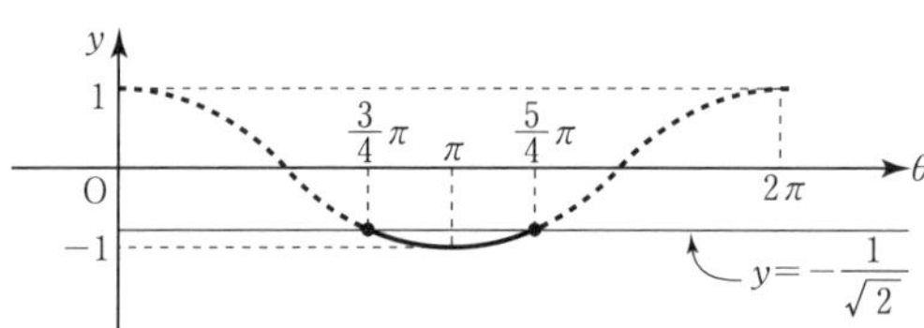

214　$\sin^2\theta=1-\cos^2\theta$ より

与えられた方程式を変形すると

$2(1-\cos^2\theta)-3\cos\theta=0$

$-2\cos^2\theta-3\cos\theta+2=0$

$2\cos^2\theta+3\cos\theta-2=0$

$(2\cos\theta-1)(\cos\theta+2)=0$

←$\cos\theta$の2次方程式。

ここで，$0\leqq\theta<2\pi$ のとき，$-1\leqq\cos\theta\leqq1$ より $\cos\theta+2\neq0$

よって　$2\cos\theta-1=0$

すなわち　$\cos\theta=\frac{1}{2}$

したがって，$0\leqq\theta<2\pi$ の範囲において，求める角θの値は

$\boldsymbol{\theta=\frac{\pi}{3},\ \frac{5}{3}\pi}$

←

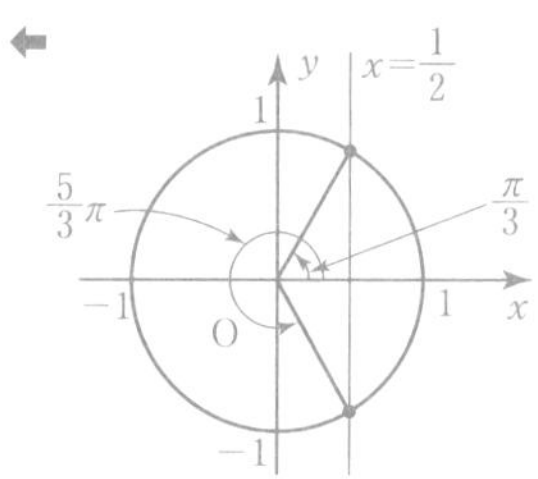

JUMP 37

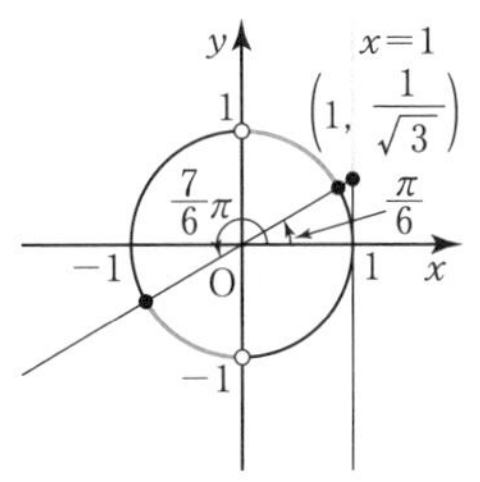

求める角 θ の値の範囲は，単位円における角 θ の動径の延長と直線 $x=1$ との交点 T の y 座標が $\dfrac{1}{\sqrt{3}}$ 以上となる θ の範囲である。
よって，求める角 θ の値の範囲は

$$\boldsymbol{\frac{\pi}{6} \leqq \theta < \frac{\pi}{2},\quad \frac{7}{6}\pi \leqq \theta < \frac{3}{2}\pi}$$

考え方　単位円で考える。
$\dfrac{y}{x}=\tan\theta$

まとめの問題　三角関数①(p.84)

1

θ	$-\frac{5}{3}\pi$	$-\frac{5}{4}\pi$	$-\frac{5}{6}\pi$	$\frac{3}{2}\pi$	$\frac{41}{6}\pi$
$\sin\theta$	$\boldsymbol{\frac{\sqrt{3}}{2}}$	$\boldsymbol{\frac{1}{\sqrt{2}}\left(\frac{\sqrt{2}}{2}\right)}$	$\boldsymbol{-\frac{1}{2}}$	$\boldsymbol{-1}$	$\boldsymbol{\frac{1}{2}}$
$\cos\theta$	$\boldsymbol{\frac{1}{2}}$	$\boldsymbol{-\frac{1}{\sqrt{2}}\left(-\frac{\sqrt{2}}{2}\right)}$	$\boldsymbol{-\frac{\sqrt{3}}{2}}$	$\boldsymbol{0}$	$\boldsymbol{-\frac{\sqrt{3}}{2}}$
$\tan\theta$	$\boldsymbol{\sqrt{3}}$	$\boldsymbol{-1}$	$\boldsymbol{\frac{1}{\sqrt{3}}\left(\frac{\sqrt{3}}{3}\right)}$	╳	$\boldsymbol{-\frac{1}{\sqrt{3}}\left(-\frac{\sqrt{3}}{3}\right)}$

⬅ $\dfrac{41}{6}\pi=\dfrac{5}{6}\pi+2\pi\times3$

⬅ $\theta=\dfrac{\pi}{2}+n\pi$（$n$ は整数）に対しては，$\tan\theta$ は定義されない。

2 $\cos^2\theta=1-\left(\dfrac{1}{3}\right)^2=\dfrac{8}{9}$

θ は第 2 象限の角であるから　$\cos\theta<0$

ゆえに　$\cos\theta=\boldsymbol{-\dfrac{2\sqrt{2}}{3}}$

$\tan\theta=\dfrac{\sin\theta}{\cos\theta}=\dfrac{1}{3}\div\left(-\dfrac{2\sqrt{2}}{3}\right)=-\dfrac{1}{2\sqrt{2}}=\boldsymbol{-\dfrac{\sqrt{2}}{4}}$

3 $\dfrac{1}{\cos^2\theta}=1+(-3)^2=10$　より　$\cos^2\theta=\dfrac{1}{10}$

θ は第 4 象限の角であるから　$\cos\theta>0$

ゆえに　$\cos\theta=\boldsymbol{\dfrac{\sqrt{10}}{10}}$

$\sin\theta=\cos\theta\tan\theta=\dfrac{\sqrt{10}}{10}\times(-3)=\boldsymbol{-\dfrac{3\sqrt{10}}{10}}$

⬅ $\dfrac{1}{\cos^2\theta}=1+\tan^2\theta$

⬅ $\tan\theta=\dfrac{\sin\theta}{\cos\theta}$

4 (1) $\sin\theta+\cos\theta=-\dfrac{1}{2}$　の両辺を 2 乗すると

$\sin^2\theta+2\sin\theta\cos\theta+\cos^2\theta=\dfrac{1}{4}$

$1+2\sin\theta\cos\theta=\dfrac{1}{4}$　ゆえに　$\sin\theta\cos\theta=\boldsymbol{-\dfrac{3}{8}}$

(2) $(与式)=\dfrac{\sin\theta}{\cos\theta}+\dfrac{\cos\theta}{\sin\theta}=\dfrac{\sin^2\theta+\cos^2\theta}{\sin\theta\cos\theta}$

$=1\div\left(-\dfrac{3}{8}\right)=\boldsymbol{-\dfrac{8}{3}}$

(3) $(与式)=(\sin\theta+\cos\theta)(\sin^2\theta-\sin\theta\cos\theta+\cos^2\theta)$

$=(\sin\theta+\cos\theta)(1-\sin\theta\cos\theta)$

$=\left(-\dfrac{1}{2}\right)\left\{1-\left(-\dfrac{3}{8}\right)\right\}=-\dfrac{1}{2}\times\dfrac{11}{8}=\boldsymbol{-\dfrac{11}{16}}$

⬅ $\tan\theta=\dfrac{\sin\theta}{\cos\theta}$
$\dfrac{1}{\tan\theta}=\dfrac{\cos\theta}{\sin\theta}$

3 章　三角関数

5 $\sin\left(\dfrac{\pi}{2}+\theta\right)+\cos\left(\dfrac{\pi}{2}+\theta\right)+\sin(\pi+\theta)+\cos(\pi+\theta)$

$=\cos\theta+(-\sin\theta)+(-\sin\theta)+(-\cos\theta)$

$=\boldsymbol{-2\sin\theta}$

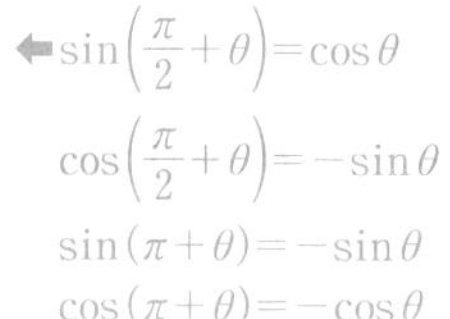

6 (1)

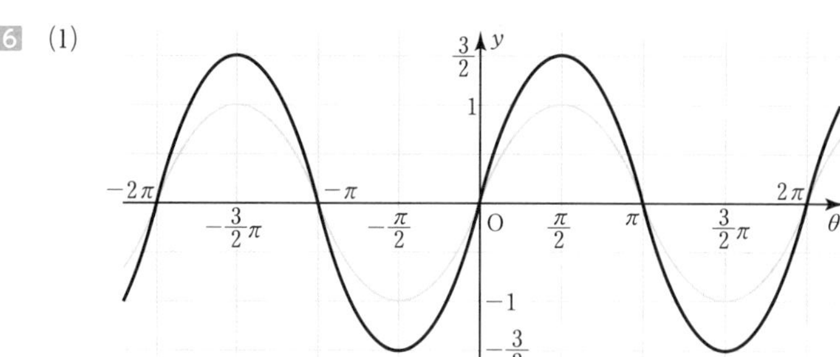

周期は $\boldsymbol{2\pi}$

⬅ $y=\sin\theta$ のグラフを y 軸方向に $\dfrac{3}{2}$ 倍に拡大したグラフである。

(2)

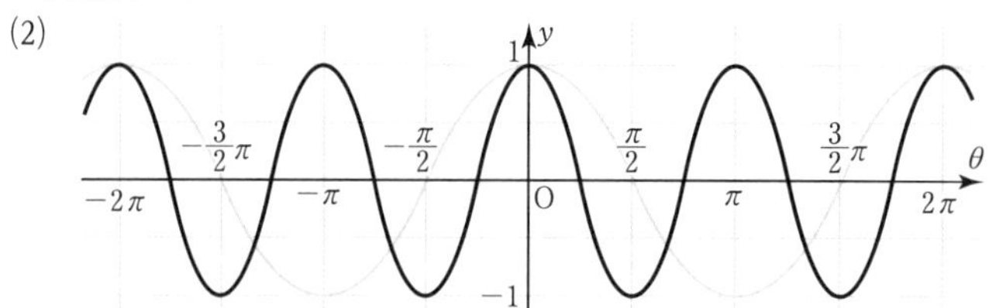

周期は $\boldsymbol{\pi}$

⬅ $y=\cos\theta$ のグラフを θ 軸方向に $\dfrac{1}{2}$ 倍に縮小したグラフである。

(3)

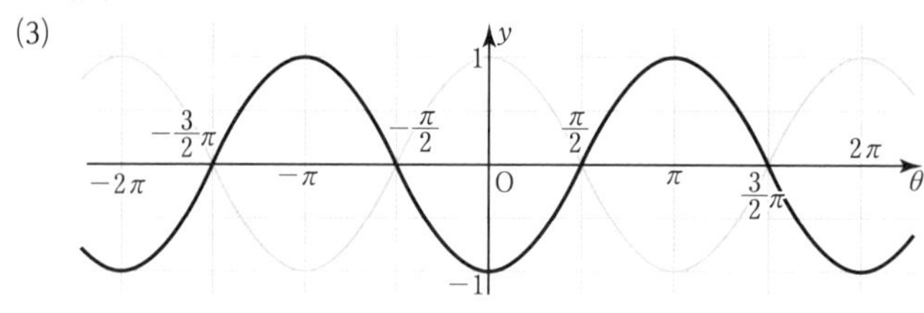

周期は $\boldsymbol{2\pi}$

⬅ $y=\cos\theta$ のグラフを θ 軸方向に $-\pi$ だけ平行移動したグラフである。

7 (1) $\sin\theta=-\dfrac{1}{\sqrt{2}}$

⬅ まずは式変形。

右の図のように，

単位円と直線 $y=-\dfrac{1}{\sqrt{2}}$ との交点を P，Q とすると，動径 OP，OQ の表す角が求める角 θ である。

⬅ 単位円で考える。 $y=\sin\theta$

よって，$0\leqq\theta<2\pi$ の範囲において，求める角 θ の値は

$\boldsymbol{\theta=\dfrac{5}{4}\pi,\ \dfrac{7}{4}\pi}$

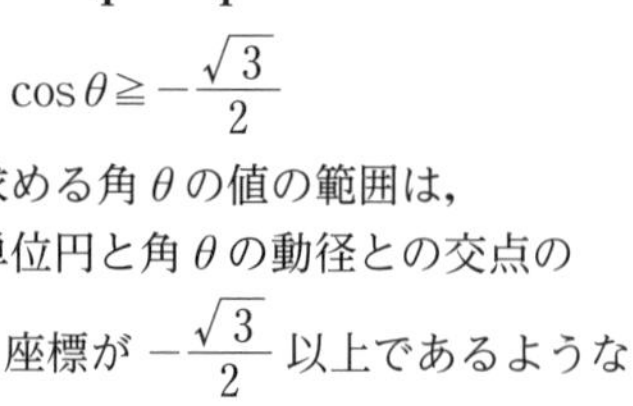

(2) $\cos\theta\geqq-\dfrac{\sqrt{3}}{2}$

⬅ まずは式変形。

求める角 θ の値の範囲は，単位円と角 θ の動径との交点の x 座標が $-\dfrac{\sqrt{3}}{2}$ 以上であるような θ の範囲である。

⬅ 単位円で考える。 $x=\cos\theta$

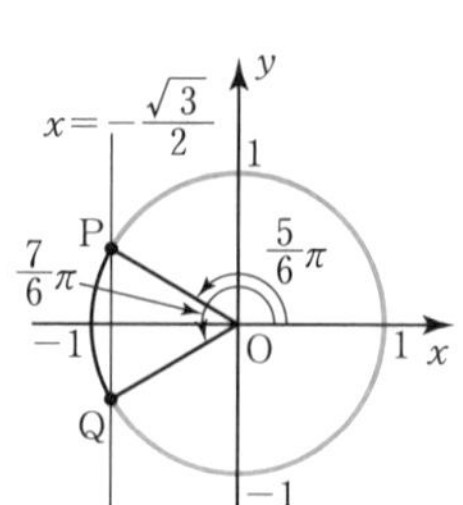

ここで，単位円と直線 $x=-\frac{\sqrt{3}}{2}$

との交点を P，Q とすると，

動径 OP，OQ の表す角は $0\leqq\theta<2\pi$ の範囲において，

$\theta=\frac{5}{6}\pi,\ \frac{7}{6}\pi$

よって，求める角 θ の値の範囲は

$\boldsymbol{0\leqq\theta\leqq\frac{5}{6}\pi,\ \frac{7}{6}\pi\leqq\theta<2\pi}$

8 $\sin^2\theta=1-\cos^2\theta$ より

与えられた方程式を変形すると

$2(1-\cos^2\theta)-7\cos\theta-5=0$

$2\cos^2\theta+7\cos\theta+3=0$

$(2\cos\theta+1)(\cos\theta+3)=0$

$0\leqq\theta<2\pi$ のとき $-1\leqq\cos\theta\leqq1$ より $\cos\theta+3\neq0$

よって　$2\cos\theta+1=0$

すなわち　$\cos\theta=-\frac{1}{2}$

したがって $0\leqq\theta<2\pi$ の範囲において，求める角 θ の値は

$\boldsymbol{\theta=\frac{2}{3}\pi,\ \frac{4}{3}\pi}$

⬅cos θ の 2 次方程式。

⬅

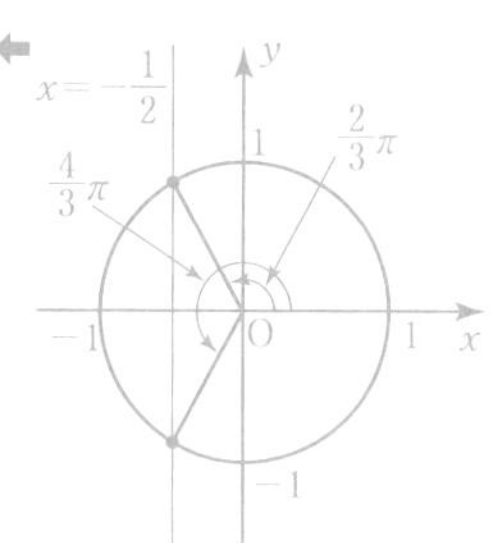

38 加法定理 (p.86)

215 $\cos105^\circ=\cos(60^\circ+45^\circ)$

$=\cos60^\circ\cos45^\circ-\sin60^\circ\sin45^\circ$

$=\frac{1}{2}\times\frac{1}{\sqrt{2}}-\frac{\sqrt{3}}{2}\times\frac{1}{\sqrt{2}}$

$=\frac{1-\sqrt{3}}{2\sqrt{2}}=\boldsymbol{\frac{\sqrt{2}-\sqrt{6}}{4}}$

216 (1) $\sin^2\alpha+\cos^2\alpha=1$ より

$\cos^2\alpha=1-\sin^2\alpha=1-\left(\frac{5}{13}\right)^2=\frac{144}{169}$

α は第 1 象限の角であるから $\cos\alpha>0$

よって　$\cos\alpha=\sqrt{\frac{144}{169}}=\boldsymbol{\frac{12}{13}}$

(2) $\sin^2\beta+\cos^2\beta=1$ より

$\cos^2\beta=1-\sin^2\beta=1-\left(\frac{12}{13}\right)^2=\frac{25}{169}$

β は第 2 象限の角であるから $\cos\beta<0$

よって　$\cos\beta=-\sqrt{\frac{25}{169}}=\boldsymbol{-\frac{5}{13}}$

(3) $\sin(\alpha+\beta)=\sin\alpha\cos\beta+\cos\alpha\sin\beta$

$=\frac{5}{13}\times\left(-\frac{5}{13}\right)+\frac{12}{13}\times\frac{12}{13}$

$=-\frac{25}{169}+\frac{144}{169}=\boldsymbol{\frac{119}{169}}$

sin，cos の加法定理

$\sin(\alpha+\beta)$
$=\sin\alpha\cos\beta+\cos\alpha\sin\beta$

$\sin(\alpha-\beta)$
$=\sin\alpha\cos\beta-\cos\alpha\sin\beta$

$\cos(\alpha+\beta)$
$=\cos\alpha\cos\beta-\sin\alpha\sin\beta$

$\cos(\alpha-\beta)$
$=\cos\alpha\cos\beta+\sin\alpha\sin\beta$

217 (1) $\sin 165^\circ=\sin(120^\circ+45^\circ)$

$=\sin 120^\circ\cos 45^\circ+\cos 120^\circ\sin 45^\circ$

$=\dfrac{\sqrt{3}}{2}\times\dfrac{1}{\sqrt{2}}+\left(-\dfrac{1}{2}\right)\times\dfrac{1}{\sqrt{2}}$

$=\dfrac{\sqrt{3}-1}{2\sqrt{2}}=\boldsymbol{\dfrac{\sqrt{6}-\sqrt{2}}{4}}$

⬅$\sin(135^\circ+30^\circ)$ としてもよい。

(2) $\cos(-15^\circ)=\cos(30^\circ-45^\circ)$

$=\cos 30^\circ\cos 45^\circ+\sin 30^\circ\sin 45^\circ$

$=\dfrac{\sqrt{3}}{2}\times\dfrac{1}{\sqrt{2}}+\dfrac{1}{2}\times\dfrac{1}{\sqrt{2}}$

$=\dfrac{\sqrt{3}+1}{2\sqrt{2}}=\boldsymbol{\dfrac{\sqrt{6}+\sqrt{2}}{4}}$

⬅$\cos(45^\circ-60^\circ)$ としてもよい。

(3) $\tan 195^\circ=\tan(150^\circ+45^\circ)$

$=\dfrac{\tan 150^\circ+\tan 45^\circ}{1-\tan 150^\circ\tan 45^\circ}$

$=\dfrac{-\dfrac{1}{\sqrt{3}}+1}{1-\left(-\dfrac{1}{\sqrt{3}}\right)\cdot 1}=\dfrac{-1+\sqrt{3}}{\sqrt{3}+1}$

$=\dfrac{(\sqrt{3}-1)^2}{(\sqrt{3}+1)(\sqrt{3}-1)}=\boldsymbol{2-\sqrt{3}}$

⬅$\tan(135^\circ+60^\circ)$ としてもよい。

tan の加法定理

$\tan(\alpha+\beta)$

$=\dfrac{\tan\alpha+\tan\beta}{1-\tan\alpha\tan\beta}$

$\tan(\alpha-\beta)$

$=\dfrac{\tan\alpha-\tan\beta}{1+\tan\alpha\tan\beta}$

⬉分母・分子に $\sqrt{3}-1$ を掛ける。

218 2直線 $y=3x$，$y=\dfrac{1}{2}x$ と x 軸の正の向きとのなす角をそれぞれ α，β とすると，下の図より，2直線のなす角 θ は

$\theta=\alpha-\beta$ であり，

$\tan\alpha=3$，$\tan\beta=\dfrac{1}{2}$ である。

よって $\tan\theta=\tan(\alpha-\beta)$

$=\dfrac{\tan\alpha-\tan\beta}{1+\tan\alpha\tan\beta}$

$=\dfrac{3-\dfrac{1}{2}}{1+3\times\dfrac{1}{2}}=1$

$0<\theta<\dfrac{\pi}{2}$ であるから $\theta=\dfrac{\pi}{4}$

すなわち，2直線 $y=3x$，$y=\dfrac{1}{2}x$ のなす角は $\boldsymbol{\dfrac{\pi}{4}}$

⬅直線 $y=mx$ と x 軸の正の向きとのなす角を α とすると

$m=\tan\alpha$

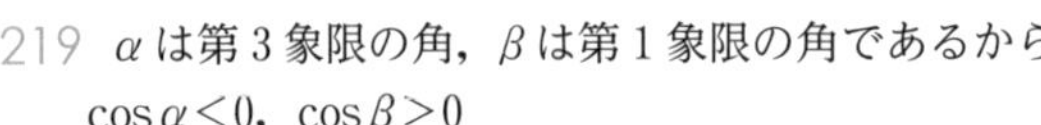

219 α は第3象限の角，β は第1象限の角であるから

$\cos\alpha<0$，$\cos\beta>0$

よって $\cos\alpha=-\sqrt{1-\left(-\dfrac{4}{5}\right)^2}=-\dfrac{3}{5}$

$\tan\alpha=\left(-\dfrac{4}{5}\right)\div\left(-\dfrac{3}{5}\right)=\dfrac{4}{3}$

$\cos\beta=\sqrt{1-\left(\dfrac{3}{5}\right)^2}=\dfrac{4}{5}$

$\tan\beta=\dfrac{3}{5}\div\dfrac{4}{5}=\dfrac{3}{4}$

⬅α，β の範囲から $\cos\alpha$，$\cos\beta$ の正負を決める。

⬉$\sin^2\alpha+\cos^2\alpha=1$ より $\cos^2\alpha=1-\sin^2\alpha$

⬅$\sin^2\beta+\cos^2\beta=1$ より $\cos^2\beta=1-\sin^2\beta$

(1) $\sin(\alpha+\beta)=\sin\alpha\cos\beta+\cos\alpha\sin\beta$

$=\left(-\dfrac{4}{5}\right)\times\dfrac{4}{5}+\left(-\dfrac{3}{5}\right)\times\dfrac{3}{5}=\boldsymbol{-1}$

(2) $\cos(\alpha-\beta)=\cos\alpha\cos\beta+\sin\alpha\sin\beta$

$$=\left(-\frac{3}{5}\right)\times\frac{4}{5}+\left(-\frac{4}{5}\right)\times\frac{3}{5}=-\mathbf{\frac{24}{25}}$$

(3) $\tan(\alpha-\beta)=\dfrac{\tan\alpha-\tan\beta}{1+\tan\alpha\tan\beta}$

$$=\left(\frac{4}{3}-\frac{3}{4}\right)\div\left(1+\frac{4}{3}\times\frac{3}{4}\right)=\frac{7}{12}\div2=\mathbf{\frac{7}{24}}$$

JUMP 38

考え方 まず，$\tan(\alpha+\beta)$ の値を求める。

$$\tan(\alpha+\beta)=\frac{\tan\alpha+\tan\beta}{1-\tan\alpha\tan\beta}$$

$$=\left(\frac{1}{2}+\frac{1}{3}\right)\div\left(1-\frac{1}{2}\times\frac{1}{3}\right)=\frac{5}{6}\div\frac{5}{6}=1$$

$0<\alpha<\dfrac{\pi}{2}$，$0<\beta<\dfrac{\pi}{2}$ より $0<\alpha+\beta<\pi$

ゆえに $\alpha+\beta=\mathbf{\dfrac{\pi}{4}}$

39 2倍角の公式，半角の公式 (p.88)

220 α が第1象限の角のとき，$\cos\alpha>0$ であるから

$$\cos\alpha=\sqrt{1-\left(\frac{2}{3}\right)^2}=\frac{\sqrt{5}}{3}$$

$$\sin2\alpha=2\sin\alpha\cos\alpha=2\times\frac{2}{3}\times\frac{\sqrt{5}}{3}=\mathbf{\frac{4\sqrt{5}}{9}}$$

$$\cos2\alpha=2\cos^2\alpha-1=2\times\left(\frac{\sqrt{5}}{3}\right)^2-1=\mathbf{\frac{1}{9}}$$

$$\tan2\alpha=\frac{\sin2\alpha}{\cos2\alpha}=\frac{4\sqrt{5}}{9}\div\frac{1}{9}=\mathbf{4\sqrt{5}}$$

⬅$\sin^2\alpha+\cos^2\alpha=1$ より
$\cos^2\alpha=1-\sin^2\alpha$

2倍角の公式
$\sin2\alpha=2\sin\alpha\cos\alpha$
$\cos2\alpha=\cos^2\alpha-\sin^2\alpha$
$=2\cos^2\alpha-1$
$=1-2\sin^2\alpha$
$\tan2\alpha=\dfrac{2\tan\alpha}{1-\tan^2\alpha}$

221 $\sin2\theta=2\sin\theta\cos\theta$ より

$\cos\theta+2\sin\theta\cos\theta=0$

ゆえに $\cos\theta(1+2\sin\theta)=0$

よって $\cos\theta=0$ または $\sin\theta=-\dfrac{1}{2}$

$0\leqq\theta<2\pi$ の範囲において

$\cos\theta=0$ のとき $\theta=\dfrac{\pi}{2}$，$\dfrac{3}{2}\pi$

$\sin\theta=-\dfrac{1}{2}$ のとき $\theta=\dfrac{7}{6}\pi$，$\dfrac{11}{6}\pi$

したがって，求める角 θ の値は $\boldsymbol{\theta=\dfrac{\pi}{2}}$，$\mathbf{\dfrac{7}{6}\pi}$，$\mathbf{\dfrac{3}{2}\pi}$，$\mathbf{\dfrac{11}{6}\pi}$

222 α が第2象限の角のとき，$\sin\alpha>0$ であるから

$$\sin\alpha=\sqrt{1-\left(-\frac{1}{3}\right)^2}=\frac{2\sqrt{2}}{3}$$

$$\sin2\alpha=2\sin\alpha\cos\alpha=2\times\frac{2\sqrt{2}}{3}\times\left(-\frac{1}{3}\right)=-\mathbf{\frac{4\sqrt{2}}{9}}$$

$$\cos2\alpha=2\cos^2\alpha-1=2\times\left(-\frac{1}{3}\right)^2-1=-\mathbf{\frac{7}{9}}$$

$$\tan2\alpha=\frac{\sin2\alpha}{\cos2\alpha}=\left(-\frac{4\sqrt{2}}{9}\right)\div\left(-\frac{7}{9}\right)=\mathbf{\frac{4\sqrt{2}}{7}}$$

⬅$\sin^2\alpha+\cos^2\alpha=1$ より
$\sin^2\alpha=1-\cos^2\alpha$

223 (1) $\sin 2\theta=2\sin\theta\cos\theta$ より　$2\sin\theta\cos\theta=0$

よって　$\sin\theta=0$ または $\cos\theta=0$

$0\leqq\theta<2\pi$ の範囲において

$\sin\theta=0$ のとき　$\theta=0,\ \pi$

$\cos\theta=0$ のとき　$\theta=\frac{\pi}{2},\ \frac{3}{2}\pi$

したがって，求める角 θ の値は　$\boldsymbol{\theta=0,\ \frac{\pi}{2},\ \pi,\ \frac{3}{2}\pi}$

(2) $\cos 2\theta=1-2\sin^2\theta$　より

$(1-2\sin^2\theta)-\sin\theta=1$

$-2\sin^2\theta-\sin\theta=0$

$2\sin^2\theta+\sin\theta=0$

$\sin\theta(2\sin\theta+1)=0$

⬅$\sin\theta$ の 2 次方程式。

よって　$\sin\theta=0,\ -\frac{1}{2}$

$0\leqq\theta<2\pi$ の範囲において

$\sin\theta=0$ のとき　$\theta=0,\ \pi$

$\sin\theta=-\frac{1}{2}$ のとき　$\theta=\frac{7}{6}\pi,\ \frac{11}{6}\pi$

したがって，求める角 θ の値は　$\boldsymbol{\theta=0,\ \pi,\ \frac{7}{6}\pi,\ \frac{11}{6}\pi}$

224 (1) 半角の公式より

$$\sin^2 15^\circ=\sin^2\frac{30^\circ}{2}=\frac{1-\cos 30^\circ}{2}=\frac{1-\frac{\sqrt{3}}{2}}{2}=\frac{2-\sqrt{3}}{4}$$

ここで $\sin 15^\circ>0$ より　$\sin 15^\circ=\boldsymbol{\frac{\sqrt{2-\sqrt{3}}}{2}\left(=\frac{\sqrt{6}-\sqrt{2}}{4}\right)}$

半角の公式

$\sin^2\frac{\alpha}{2}=\frac{1-\cos\alpha}{2}$

$\cos^2\frac{\alpha}{2}=\frac{1+\cos\alpha}{2}$

⬅(参考)

二重根号 $\sqrt{2-\sqrt{3}}$ は，次のようにして簡単にできる。

$\sqrt{2-\sqrt{3}}=\sqrt{\frac{4-2\sqrt{3}}{2}}$

$=\frac{\sqrt{4-2\sqrt{3}}}{\sqrt{2}}=\frac{\sqrt{3}-1}{\sqrt{2}}$

$=\frac{\sqrt{6}-\sqrt{2}}{2}$

(2) 半角の公式より

$$\cos^2 67.5^\circ=\cos^2\frac{135^\circ}{2}=\frac{1+\cos 135^\circ}{2}=\frac{1-\frac{1}{\sqrt{2}}}{2}=\frac{2-\sqrt{2}}{4}$$

ここで $\cos 67.5^\circ>0$ より　$\cos 67.5^\circ=\boldsymbol{\frac{\sqrt{2-\sqrt{2}}}{2}}$

225 (1) $\sin 2\theta=2\sin\theta\cos\theta$ より

$2\sin\theta\cos\theta+\sin\theta=0$

$\sin\theta(2\cos\theta+1)=0$

よって　$\sin\theta=0$ または $\cos\theta=-\frac{1}{2}$

$0\leqq\theta<2\pi$ の範囲において

$\sin\theta=0$ のとき　$\theta=0,\ \pi$

$\cos\theta=-\frac{1}{2}$ のとき　$\theta=\frac{2}{3}\pi,\ \frac{4}{3}\pi$

したがって，求める角 θ の値は　$\boldsymbol{\theta=0,\ \frac{2}{3}\pi,\ \pi,\ \frac{4}{3}\pi}$

(2) $\cos 2\theta=2\cos^2\theta-1$ より

$2\cos^2\theta-1+5\cos\theta=2$

$2\cos^2\theta+5\cos\theta-3=0$

$(2\cos\theta-1)(\cos\theta+3)=0$

⬅$\cos\theta$ の 2 次方程式。

$0\leqq\theta<2\pi$ のとき　$-1\leqq\cos\theta\leqq 1$　より　$\cos\theta+3\neq 0$

⬅$2\leqq\cos\theta+3\leqq 4$

よって　$\cos\theta=\frac{1}{2}$

したがって，$0 \leqq \theta < 2\pi$ の範囲において，求める角 θ の値は

$\boldsymbol{\theta = \frac{\pi}{3},\ \frac{5}{3}\pi}$

JUMP 39

考え方　y を $\sin\theta$ の2次関数とみて，グラフをかく。

$\cos 2\theta = 1 - 2\sin^2\theta$ より

$y = 2\sin\theta - (1 - 2\sin^2\theta)$

$= 2\sin^2\theta + 2\sin\theta - 1$

ここで $\sin\theta = t$ とおくと，$0 \leqq \theta < 2\pi$ より

$-1 \leqq \sin\theta \leqq 1$　すなわち　$-1 \leqq t \leqq 1$　← $-1 \leqq \sin\theta \leqq 1$

$y = 2t^2 + 2t - 1$

$= 2(t^2 + t) - 1$

$= 2\left\{\left(t + \frac{1}{2}\right)^2 - \frac{1}{4}\right\} - 1$

$= 2\left(t + \frac{1}{2}\right)^2 - \frac{3}{2}$

← $-1 \leqq t \leqq 1$ の範囲で，$y = 2t^2 + 2t - 1$ のグラフをかく。

よって，右のグラフより

$t = 1$ のとき最大値 3

$t = -\frac{1}{2}$ のとき最小値 $-\frac{3}{2}$

$t = 1$ すなわち $\sin\theta = 1$ のとき

$0 \leqq \theta < 2\pi$ より　$\theta = \frac{\pi}{2}$

$t = -\frac{1}{2}$ すなわち $\sin\theta = -\frac{1}{2}$ のとき

$0 \leqq \theta < 2\pi$ より　$\theta = \frac{7}{6}\pi,\ \frac{11}{6}\pi$

ゆえに，$\boldsymbol{\theta = \frac{\pi}{2}}$ **のとき最大値 3**

$\boldsymbol{\theta = \frac{7}{6}\pi,\ \frac{11}{6}\pi}$ **のとき最小値** $\boldsymbol{-\frac{3}{2}}$

40 三角関数の合成 (p.90)

三角関数の合成

$a\sin\theta + b\cos\theta$

$= \sqrt{a^2 + b^2}\sin(\theta + \alpha)$

ただし，

$\cos\alpha = \frac{a}{\sqrt{a^2 + b^2}}$

$\sin\alpha = \frac{b}{\sqrt{a^2 + b^2}}$

226 (1)　右の図のように

点 $\mathrm{P}(-1,\ 1)$ をとると

$\mathrm{OP} = \sqrt{(-1)^2 + 1^2} = \sqrt{2}$

また，$\cos\alpha = \frac{-1}{\sqrt{2}}$，$\sin\alpha = \frac{1}{\sqrt{2}}$

であるから　$\alpha = \frac{3}{4}\pi$

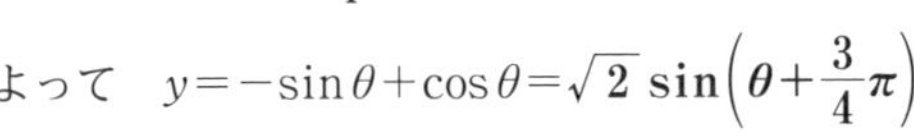

よって　$y = -\sin\theta + \cos\theta = \boldsymbol{\sqrt{2}\sin\left(\theta + \frac{3}{4}\pi\right)}$

(2)　右の図のように

点 $\mathrm{P}(\sqrt{3},\ -1)$ をとると

$\mathrm{OP} = \sqrt{(\sqrt{3})^2 + (-1)^2} = 2$

また，$\cos\alpha = \frac{\sqrt{3}}{2}$，$\sin\alpha = -\frac{1}{2}$

であるから　$\alpha = -\frac{\pi}{6}$

よって　$y = \sqrt{3}\sin\theta - \cos\theta = \boldsymbol{2\sin\left(\theta - \frac{\pi}{6}\right)}$

227 右の図より

$y=\sqrt{3}\sin\theta+\cos\theta$

$=\sqrt{(\sqrt{3})^2+1^2}\sin(\theta+\alpha)$

$=2\sin(\theta+\alpha)$

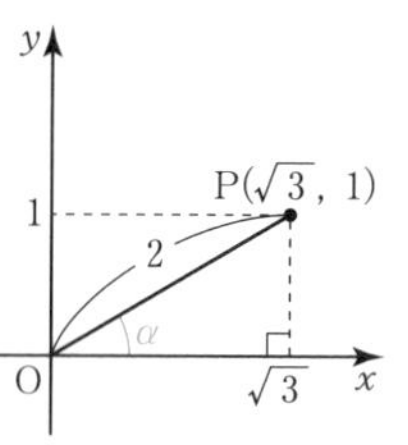

また，$\cos\alpha=\frac{\sqrt{3}}{2}$，$\sin\alpha=\frac{1}{2}$

であるから　$\alpha=\frac{\pi}{6}$

ここで，$-1\leqq\sin\left(\theta+\frac{\pi}{6}\right)\leqq1$　であるから

$-2\leqq y\leqq2$

⬅ $y=2\sin\left(\theta+\frac{\pi}{6}\right)$

よって，この関数 y の**最大値は 2，最小値は -2**

228 (1)　右の図のように

点 P($-\sqrt{3}$, 1) をとると

$\text{OP}=\sqrt{(-\sqrt{3})^2+1^2}=2$

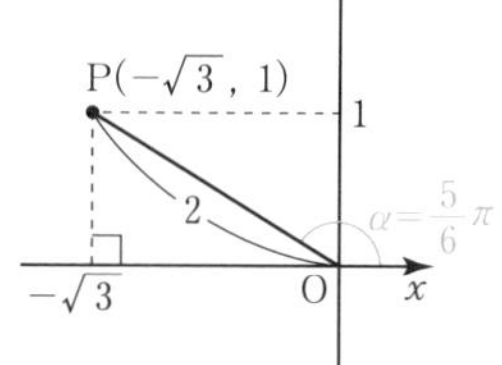

また，$\cos\alpha=\frac{-\sqrt{3}}{2}$，$\sin\alpha=\frac{1}{2}$

であるから　$\alpha=\frac{5}{6}\pi$

よって　$y=-\sqrt{3}\sin\theta+\cos\theta=\boldsymbol{2\sin\left(\theta+\frac{5}{6}\pi\right)}$

(2)　右の図のように点 P(3, 1) をとると

$\text{OP}=\sqrt{3^2+1^2}=\sqrt{10}$

よって　$y=3\sin\theta+\cos\theta$

$=\boldsymbol{\sqrt{10}\sin(\theta+\alpha)}$

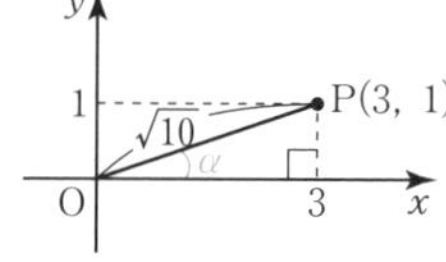

ただし，α は $\cos\alpha=\frac{3}{\sqrt{10}}$，$\sin\alpha=\frac{1}{\sqrt{10}}$ を満たす角である。

229 (1)　右の図より

$y=12\sin\theta+5\cos\theta$

$=\sqrt{12^2+5^2}\sin(\theta+\alpha)$

$=13\sin(\theta+\alpha)$

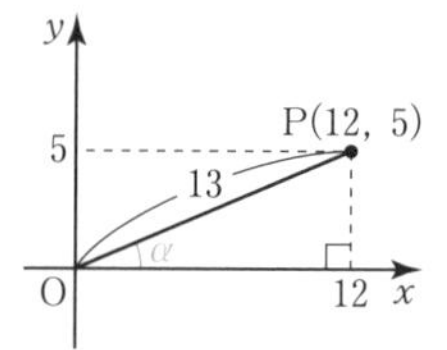

ただし，α は $\cos\alpha=\frac{12}{13}$，$\sin\alpha=\frac{5}{13}$

を満たす角である。

ここで，$-1\leqq\sin(\theta+\alpha)\leqq1$ であるから

$-13\leqq y\leqq13$

⬅ $y=13\sin(\theta+\alpha)$

よって，この関数 y の**最大値は 13，最小値は -13**

(2)　右の図より

$y=-2\sin\theta+\sqrt{2}\cos\theta$

$=\sqrt{(-2)^2+(\sqrt{2})^2}\sin(\theta+\alpha)$

$=\sqrt{6}\sin(\theta+\alpha)$

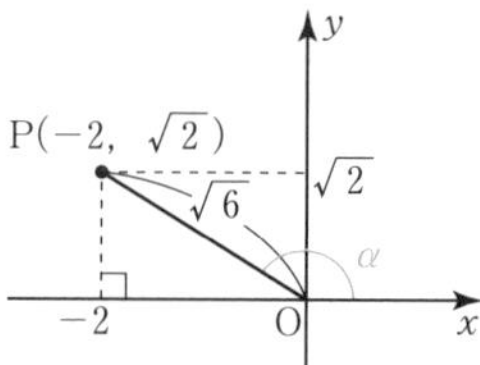

ただし，α は

$\cos\alpha=-\frac{2}{\sqrt{6}}$，$\sin\alpha=\frac{\sqrt{2}}{\sqrt{6}}$

を満たす角である。

ここで，$-1\leqq\sin(\theta+\alpha)\leqq1$ であるから

$-\sqrt{6}\leqq y\leqq\sqrt{6}$

⬅ $y=\sqrt{6}\sin(\theta+\alpha)$

よって，この関数 y の**最大値は $\sqrt{6}$，最小値は $-\sqrt{6}$**

230 (1) 左辺を変形すると

$\sin\theta+\cos\theta$

$=\sqrt{1^2+1^2}\sin\left(\theta+\dfrac{\pi}{4}\right)$

$=\sqrt{2}\sin\left(\theta+\dfrac{\pi}{4}\right)$

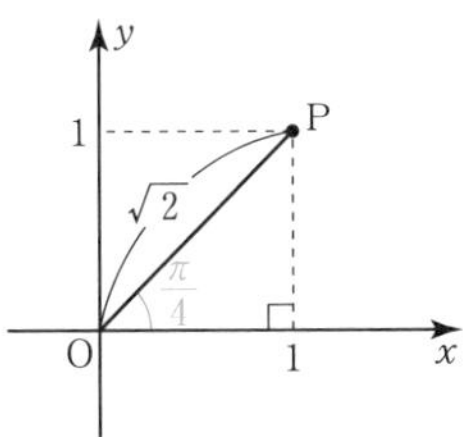

ゆえに　$\sqrt{2}\sin\left(\theta+\dfrac{\pi}{4}\right)=-1$　より

$\sin\left(\theta+\dfrac{\pi}{4}\right)=-\dfrac{1}{\sqrt{2}}$ ……①

$0\leqq\theta<2\pi$ のとき　$\dfrac{\pi}{4}\leqq\theta+\dfrac{\pi}{4}<\dfrac{9}{4}\pi$

であるから，この範囲で①を解くと

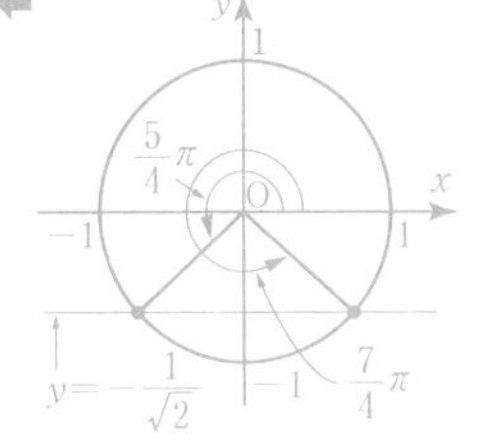

$\theta+\dfrac{\pi}{4}=\dfrac{5}{4}\pi$　または　$\theta+\dfrac{\pi}{4}=\dfrac{7}{4}\pi$

したがって　$\boldsymbol{\theta=\pi,\ \dfrac{3}{2}\pi}$

(2) 左辺を変形すると

$\sqrt{3}\sin\theta-3\cos\theta$

$=\sqrt{(\sqrt{3})^2+(-3)^2}\sin\left(\theta-\dfrac{\pi}{3}\right)$

$=2\sqrt{3}\sin\left(\theta-\dfrac{\pi}{3}\right)$

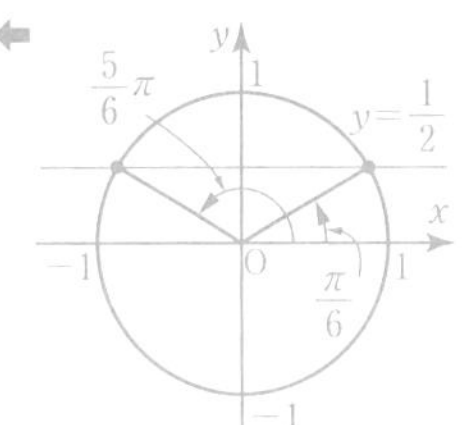

ゆえに　$2\sqrt{3}\sin\left(\theta-\dfrac{\pi}{3}\right)=\sqrt{3}$　より

$\sin\left(\theta-\dfrac{\pi}{3}\right)=\dfrac{1}{2}$ ……①

$0\leqq\theta<2\pi$ のとき　$-\dfrac{\pi}{3}\leqq\theta-\dfrac{\pi}{3}<\dfrac{5}{3}\pi$

であるから，この範囲で①を解くと

$\theta-\dfrac{\pi}{3}=\dfrac{\pi}{6}$　または　$\theta-\dfrac{\pi}{3}=\dfrac{5}{6}\pi$

したがって　$\boldsymbol{\theta=\dfrac{\pi}{2},\ \dfrac{7}{6}\pi}$

(3) 左辺を変形すると

$\cos\theta-\sqrt{3}\sin\theta$

$=-\sqrt{3}\sin\theta+\cos\theta$

$=\sqrt{(-\sqrt{3})^2+1}\sin\left(\theta+\dfrac{5}{6}\pi\right)$

$=2\sin\left(\theta+\dfrac{5}{6}\pi\right)$

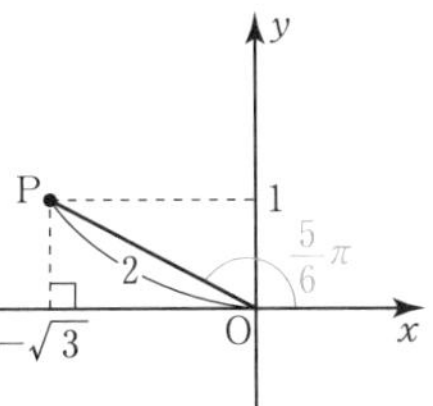

ゆえに　$2\sin\left(\theta+\dfrac{5}{6}\pi\right)=-\sqrt{2}$　より

$\sin\left(\theta+\dfrac{5}{6}\pi\right)=-\dfrac{1}{\sqrt{2}}$ ……①

$0\leqq\theta<2\pi$ のとき　$\dfrac{5}{6}\pi\leqq\theta+\dfrac{5}{6}\pi<\dfrac{17}{6}\pi$

であるから，この範囲で①を解くと

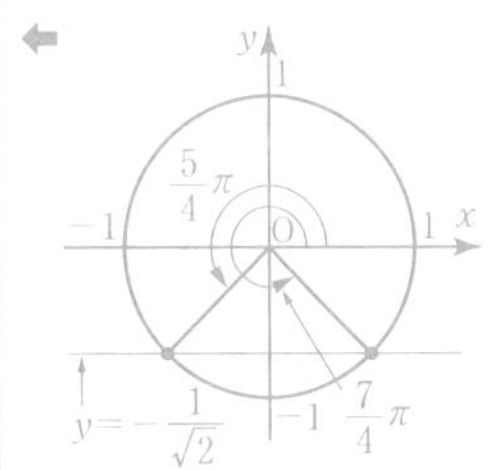

$\theta+\dfrac{5}{6}\pi=\dfrac{5}{4}\pi$　または　$\theta+\dfrac{5}{6}\pi=\dfrac{7}{4}\pi$

したがって　$\boldsymbol{\theta=\dfrac{5}{12}\pi,\ \dfrac{11}{12}\pi}$

3章 三角関数

JUMP 40

(1) $r=\sqrt{1^2+3^2}=\sqrt{\mathbf{10}}$

(2) α は $\cos\alpha=\dfrac{1}{\sqrt{10}}$，$\sin\alpha=\dfrac{3}{\sqrt{10}}$ を満たすから

$\tan\alpha=\dfrac{\sin\alpha}{\cos\alpha}=\dfrac{3}{\sqrt{10}}\div\dfrac{1}{\sqrt{10}}=3$

2倍角の公式より

$\tan 2\alpha=\dfrac{2\tan\alpha}{1-\tan^2\alpha}=\dfrac{2\times3}{1-3^2}=-\mathbf{\dfrac{3}{4}}$

考え方　(2)では，まず $\tan\alpha$ を求め，2倍角の公式を用いる。

まとめの問題　三角関数②(p.92)

1 (1) $\cos195^\circ=\cos(135^\circ+60^\circ)=\cos135^\circ\cos60^\circ-\sin135^\circ\sin60^\circ$

$=-\dfrac{1}{\sqrt{2}}\times\dfrac{1}{2}-\dfrac{1}{\sqrt{2}}\times\dfrac{\sqrt{3}}{2}=\dfrac{-1-\sqrt{3}}{2\sqrt{2}}=-\mathbf{\dfrac{\sqrt{6}+\sqrt{2}}{4}}$

⬅$\cos(150^\circ+45^\circ)$ としてもよい。

(2) $\tan165^\circ=\tan(120^\circ+45^\circ)=\dfrac{\tan120^\circ+\tan45^\circ}{1-\tan120^\circ\tan45^\circ}$

$=\dfrac{-\sqrt{3}+1}{1-(-\sqrt{3})\times1}=\dfrac{1-\sqrt{3}}{1+\sqrt{3}}=\dfrac{(1-\sqrt{3})^2}{(1+\sqrt{3})(1-\sqrt{3})}$

$=\mathbf{-2+\sqrt{3}}$

⬅$\tan(135^\circ+30^\circ)$ としてもよい。

2 (1) α が第1象限の角のとき $\cos\alpha>0$ であるから

$\cos\alpha=\sqrt{1-\sin^2\alpha}=\sqrt{1-\left(\dfrac{5}{13}\right)^2}=\mathbf{\dfrac{12}{13}}$

⬅$\sin^2\alpha+\cos^2\alpha=1$ より $\cos^2\alpha=1-\sin^2\alpha$

(2) β が第2象限の角のとき $\sin\beta>0$ であるから

$\sin\beta=\sqrt{1-\cos^2\beta}=\sqrt{1-\left(-\dfrac{3}{5}\right)^2}=\mathbf{\dfrac{4}{5}}$

⬅$\sin^2\beta+\cos^2\beta=1$ より $\sin^2\beta=1-\cos^2\beta$

(3) $\sin(\alpha+\beta)=\sin\alpha\cos\beta+\cos\alpha\sin\beta$

$=\dfrac{5}{13}\times\left(-\dfrac{3}{5}\right)+\dfrac{12}{13}\times\dfrac{4}{5}=\mathbf{\dfrac{33}{65}}$

(4) $\cos(\alpha-\beta)=\cos\alpha\cos\beta+\sin\alpha\sin\beta$

$=\dfrac{12}{13}\times\left(-\dfrac{3}{5}\right)+\dfrac{5}{13}\times\dfrac{4}{5}=-\mathbf{\dfrac{16}{65}}$

(5) $\cos(\alpha+\beta)=\cos\alpha\cos\beta-\sin\alpha\sin\beta$

$=\dfrac{12}{13}\times\left(-\dfrac{3}{5}\right)-\dfrac{5}{13}\times\dfrac{4}{5}=-\dfrac{56}{65}$

よって　$\tan(\alpha+\beta)=\dfrac{\sin(\alpha+\beta)}{\cos(\alpha+\beta)}=\dfrac{33}{65}\div\left(-\dfrac{56}{65}\right)=-\mathbf{\dfrac{33}{56}}$

(6) $\sin(\alpha-\beta)=\sin\alpha\cos\beta-\cos\alpha\sin\beta$

$=\dfrac{5}{13}\times\left(-\dfrac{3}{5}\right)-\dfrac{12}{13}\times\dfrac{4}{5}=-\dfrac{63}{65}$

よって　$\tan(\alpha-\beta)=\dfrac{\sin(\alpha-\beta)}{\cos(\alpha-\beta)}=-\dfrac{63}{65}\div\left(-\dfrac{16}{65}\right)=\mathbf{\dfrac{63}{16}}$

3 (1) α が第1象限の角のとき　$\sin\alpha>0$ であるから

$\sin\alpha=\sqrt{1-\left(\dfrac{4}{5}\right)^2}=\dfrac{3}{5}$

⬅$\sin^2\alpha+\cos^2\alpha=1$ より $\sin^2\alpha=1-\cos^2\alpha$

よって　$\sin2\alpha=2\sin\alpha\cos\alpha=2\times\dfrac{3}{5}\times\dfrac{4}{5}=\mathbf{\dfrac{24}{25}}$

(2) $\cos2\alpha=2\cos^2\alpha-1=2\times\left(\dfrac{4}{5}\right)^2-1=\mathbf{\dfrac{7}{25}}$

(3) $\tan2\alpha=\dfrac{\sin2\alpha}{\cos2\alpha}=\dfrac{24}{25}\div\dfrac{7}{25}=\mathbf{\dfrac{24}{7}}$

4 $\cos 2\theta = 1 - 2\sin^2\theta$ より

$-\sin\theta + 1 - 2\sin^2\theta = 0$

$2\sin^2\theta + \sin\theta - 1 = 0$

$(2\sin\theta - 1)(\sin\theta + 1) = 0$

⬅$\sin\theta$ の 2 次方程式。

よって　$\sin\theta = \frac{1}{2},\ -1$

$0 \leqq \theta < 2\pi$ の範囲において，$\sin\theta = \frac{1}{2}$ のとき　$\theta = \frac{\pi}{6},\ \frac{5}{6}\pi$

$\sin\theta = -1$ のとき　$\theta = \frac{3}{2}\pi$

したがって，求める角 θ の値は　$\boldsymbol{\theta = \frac{\pi}{6},\ \frac{5}{6}\pi,\ \frac{3}{2}\pi}$

5 (1) 右の図より

$y = \sin\theta + \sqrt{2}\cos\theta$

$= \sqrt{1^2 + (\sqrt{2})^2}\sin(\theta + \alpha)$

$= \sqrt{3}\sin(\theta + \alpha)$

ただし，α は　$\cos\alpha = \frac{1}{\sqrt{3}},\ \sin\alpha = \frac{\sqrt{2}}{\sqrt{3}}$

を満たす角である。

⬅$\sin\alpha = \frac{\sqrt{6}}{3}$ と計算できるが，この後の計算で必要にはならない。

ここで，$\sin(\theta + \alpha)$ は　$-1 \leqq \sin(\theta + \alpha) \leqq 1$　であるから

$-\sqrt{3} \leqq y \leqq \sqrt{3}$

⬅$y = \sqrt{3}\sin(\theta + \alpha)$

よって，この関数 y の**最大値は $\sqrt{3}$，最小値は $-\sqrt{3}$**

(2) 右の図より

$y = -\sin\theta - \sqrt{3}\cos\theta$

$= \sqrt{(-1)^2 + (-\sqrt{3})^2}\sin\left(\theta + \frac{4}{3}\pi\right)$

$= 2\sin\left(\theta + \frac{4}{3}\pi\right)$

ここで，$\sin\left(\theta + \frac{4}{3}\pi\right)$ は

$-1 \leqq \sin\left(\theta + \frac{4}{3}\pi\right) \leqq 1$　であるから　$-2 \leqq y \leqq 2$

よって，この関数 y の**最大値は 2，最小値は -2**

6 左辺を変形すると

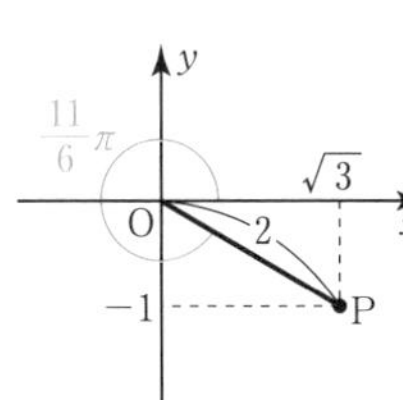

$\sqrt{3}\sin\theta - \cos\theta$

$= \sqrt{(\sqrt{3})^2 + (-1)^2}\sin\left(\theta + \frac{11}{6}\pi\right)$

$= 2\sin\left(\theta + \frac{11}{6}\pi\right)$

ゆえに　$2\sin\left(\theta + \frac{11}{6}\pi\right) = 1$　より

$\sin\left(\theta + \frac{11}{6}\pi\right) = \frac{1}{2}$ ……①

$0 \leqq \theta < 2\pi$ のとき　$\frac{11}{6}\pi \leqq \theta + \frac{11}{6}\pi < \frac{23}{6}\pi$

であるから，この範囲で①を解くと

$\theta + \frac{11}{6}\pi = \frac{13}{6}\pi$　または　$\theta + \frac{11}{6}\pi = \frac{17}{6}\pi$

したがって　$\boldsymbol{\theta = \frac{\pi}{3},\ \pi}$

⬅

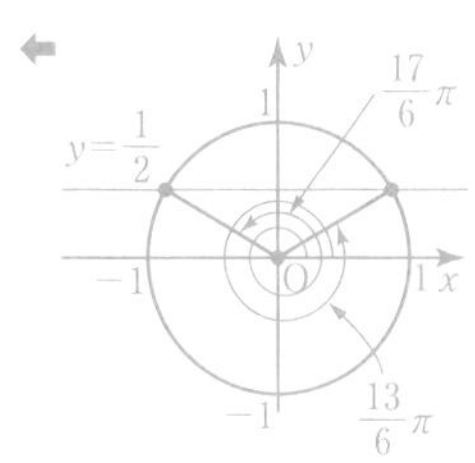

3章 三角関数

41 指数の拡張(1) (p.94)

0と負の整数の指数
$a \neq 0$ で，n は正の整数
$a^0=1$
$a^{-n}=\dfrac{1}{a^n}$

231 (1) $6^0=\mathbf{1}$

(2) $2^{-3}=\dfrac{1}{2^3}=\mathbf{\dfrac{1}{8}}$

232 (1) $a^{-2}\times a^3=a^{-2+3}=a^1=\boldsymbol{a}$　⬅ $a^1=a$

(2) $a^2\div a^{-5}=a^{2-(-5)}=\boldsymbol{a^7}$

(3) $(ab^{-2})^{-4}=a^{-4}\times(b^{-2})^{-4}=a^{-4}b^{-2\times(-4)}=a^{-4}b^8=\boldsymbol{\dfrac{b^8}{a^4}}$

(4) $a^5\times a^{-4}\div a^{-3}=a^{5+(-4)-(-3)}=\boldsymbol{a^4}$

指数法則
$a\neq0$，$b\neq0$ で，
m，n は整数
$a^m\times a^n=a^{m+n}$
$a^m\div a^n=a^{m-n}$
$(a^m)^n=a^{mn}$
$(ab)^n=a^nb^n$

233 (1) $4^2\times4^{-4}=4^{2+(-4)}=4^{-2}=\dfrac{1}{4^2}=\mathbf{\dfrac{1}{16}}$

(2) $2^3\div2^{-2}=2^{3-(-2)}=2^5=\mathbf{32}$

(3) $(3^{-3})^{-1}=3^{-3\times(-1)}=3^3=\mathbf{27}$

234 (1) $4^{-2}=\dfrac{1}{4^2}=\mathbf{\dfrac{1}{16}}$

(2) $\left(\dfrac{2}{3}\right)^0=\mathbf{1}$　⬅ $a^0=1$ において $a=\dfrac{2}{3}$ の場合を考える。

(3) $0.1^{-2}=\left(\dfrac{1}{10}\right)^{-2}=(10^{-1})^{-2}=10^{-1\times(-2)}=10^2=\mathbf{100}$　⬉ $0.1=\dfrac{1}{10}=10^{-1}$（小数は，まず分数にする）

235 (1) $a^6\times a^{-3}=a^{6+(-3)}=\boldsymbol{a^3}$

(2) $a\div a^{-2}=a^{1-(-2)}=\boldsymbol{a^3}$

(3) $(a^{-3}b^4)^{-1}=(a^{-3})^{-1}\times(b^4)^{-1}=a^{-3\times(-1)}\times b^{4\times(-1)}=a^3b^{-4}=\boldsymbol{\dfrac{a^3}{b^4}}$

(4) $(a^{-2})^{-3}\times a^4=a^{-2\times(-3)}\times a^4=a^{6+4}=\boldsymbol{a^{10}}$

236 (1) $5^2\times5^{-3}=5^{2+(-3)}=5^{-1}=\mathbf{\dfrac{1}{5}}$

(2) $(2^{-2})^{-3}\div2^4=2^{-2\times(-3)}\div2^4=2^{6-4}=2^2=\mathbf{4}$

237 (1) $a^3\times a^{-4}\div a^{-2}=a^{3+(-4)-(-2)}=a^1=\boldsymbol{a}$

(2) $(a^3b^2)^2\times a^{-2}b^{-3}=(a^3)^2\times(b^2)^2\times a^{-2}b^{-3}$
$=a^{3\times2}\times b^{2\times2}\times a^{-2}b^{-3}$
$=a^{6+(-2)}b^{4+(-3)}=a^4b^1=\boldsymbol{a^4b}$

(3) $(2a^{-2})^3\times a^{10}=2^3\times(a^{-2})^3\times a^{10}$
$=8\times a^{-2\times3}\times a^{10}=8a^{-6+10}=\boldsymbol{8a^4}$

(4) $(6a^{-2})^3\div(-4a^3)^2=6^3\times(a^{-2})^3\div\{(-4)^2\times(a^3)^2\}$　⬅ $(-4)^2=(-4)\times(-4)=16$
$=216\times a^{-2\times3}\div(16\times a^{3\times2})$
$=\dfrac{216}{16}a^{-6-6}=\dfrac{27}{2}a^{-12}=\boldsymbol{\dfrac{27}{2a^{12}}}$　⬅ $a^{-12}=\dfrac{1}{a^{12}}$

別解　$(6a^{-2})^3\div(-4a^3)^2=\dfrac{(6a^{-2})^3}{(-4a^3)^2}=\dfrac{6^3\times(a^{-2})^3}{(-4)^2\times(a^3)^2}$
$=\dfrac{216\times a^{-2\times3}}{16\times a^{3\times2}}=\dfrac{216a^{-6}}{16a^6}$
$=\dfrac{216}{16a^6}\times\dfrac{1}{a^6}=\boldsymbol{\dfrac{27}{2a^{12}}}$　⬅ $a^{-6}=\dfrac{1}{a^6}$

(5) $3^2\times3^{-3}\div\frac{1}{9}=3^2\times3^{-3}\div\frac{1}{3^2}=3^2\times3^{-3}\div3^{-2}$
$=3^{2+(-3)-(-2)}=3^1=\mathbf{3}$

別解 $3^2\times3^{-3}\div\frac{1}{9}=9\times\frac{1}{3^3}\div\frac{1}{9}=9\times\frac{1}{27}\times9=\mathbf{3}$

JUMP 41

考え方 (1) 分数を負の整数の指数で表す。
(2) $10^3=(2\times5)^3$ と考える。

(1) $\left(\frac{a}{b^2}\right)^3\times a^{-4}\div\left(\frac{b}{a^2}\right)^{-2}=(ab^{-2})^3\times a^{-4}\div(a^{-2}b)^{-2}$
$=a^3(b^{-2})^3\times a^{-4}\div\{(a^{-2})^{-2}b^{-2}\}$
$=a^3b^{-2\times3}\times a^{-4}\div\{a^{-2\times(-2)}b^{-2}\}$
$=a^{3+(-4)-4}b^{-6-(-2)}=a^{-5}b^{-4}=\boldsymbol{\frac{1}{a^5b^4}}$

(2) $10^3\times2^{-4}\div5^2=(2\times5)^3\times2^{-4}\div5^2=2^3\times5^3\times2^{-4}\div5^2$
$=2^{3+(-4)}\times5^{3-2}=2^{-1}\times5^1=\mathbf{\frac{5}{2}}$

⬅$10=2\times5$ と変形する。

42 指数の拡張(2) (p.96)

累乗根の性質(1)
$a>0,\ b>0$ で，
n は正の整数
$\sqrt[n]{a}\sqrt[n]{b}=\sqrt[n]{ab}$
$\frac{\sqrt[n]{a}}{\sqrt[n]{b}}=\sqrt[n]{\frac{a}{b}}$

累乗根の性質(2)
$a>0$ で，$m,\ n$ は正の整数
$(\sqrt[n]{a})^m=\sqrt[n]{a^m}$
$\sqrt[m]{\sqrt[n]{a}}=\sqrt[mn]{a}$

238 (1) $(-3)^3=-27$ であるから，-27 の 3 乗根は $\mathbf{-3}$

(2) $5^4=625$ であるから，$\sqrt[4]{625}=\mathbf{5}$

(3) $\sqrt[3]{36}\times\sqrt[3]{6}=\sqrt[3]{36\times6}=\sqrt[3]{6^3}=\mathbf{6}$

別解 $\sqrt[3]{36}\times\sqrt[3]{6}=(6^2)^{\frac{1}{3}}\times6^{\frac{1}{3}}=6^{\frac{2}{3}+\frac{1}{3}}=6^1=\mathbf{6}$

(4) $\sqrt[3]{\sqrt{3^{12}}}=\sqrt[3\times2]{3^{12}}=\sqrt[6]{3^{12}}=(3^{12})^{\frac{1}{6}}=3^{12\times\frac{1}{6}}=3^2=\mathbf{9}$

239 (1) $\sqrt[3]{3^6}=(3^6)^{\frac{1}{3}}=3^{6\times\frac{1}{3}}=3^2=\mathbf{9}$

(2) $(\sqrt[6]{9})^3=(\sqrt[6]{3^2})^3=(3^{\frac{2}{6}})^3=3^{\frac{2}{6}\times3}=3^1=\mathbf{3}$

別解 $(\sqrt[6]{9})^3=\sqrt[6]{9^3}=\sqrt[6]{(3^2)^3}=\sqrt[6]{3^{2\times3}}=\sqrt[6]{3^6}=\mathbf{3}$

(3) $\sqrt[6]{a}\div\sqrt[4]{a^2}\times\sqrt[3]{a^4}=a^{\frac{1}{6}}\div a^{\frac{2}{4}}\times a^{\frac{4}{3}}=a^{\frac{1}{6}-\frac{2}{4}+\frac{4}{3}}$
$=a^{\frac{2-6+16}{12}}=a^{\frac{12}{12}}=a^1=\boldsymbol{a}$

有理数の指数
$a>0$ で，m は整数，
n は正の整数
$a^{\frac{m}{n}}=\sqrt[n]{a^m}=(\sqrt[n]{a})^m$
$a^{\frac{1}{n}}=\sqrt[n]{a}$

240 (1) $\left(\frac{1}{2}\right)^4=\frac{1}{16},\ \left(-\frac{1}{2}\right)^4=\frac{1}{16}$ であるから，

$\frac{1}{16}$ の 4 乗根は $\boldsymbol{\pm\frac{1}{2}}$

⬅n が偶数，$a>0$ のとき
a の n 乗根は，
正と負の 2 つある。

(2) $\frac{\sqrt[3]{81}}{\sqrt[3]{3}}=\sqrt[3]{\frac{81}{3}}=\sqrt[3]{27}=\sqrt[3]{3^3}=\mathbf{3}$

(3) $(\sqrt[6]{16})^3=\sqrt[6]{16^3}=\sqrt[6]{(2^4)^3}=\sqrt[6]{2^{12}}=(2^{12})^{\frac{1}{6}}=2^{12\times\frac{1}{6}}=2^2=\mathbf{4}$

別解 $(\sqrt[6]{16})^3=(\sqrt[6]{2^4})^3=(2^{\frac{4}{6}})^3=2^{\frac{4}{6}\times3}=2^2=\mathbf{4}$

(4) $8^{-\frac{1}{3}}=(2^3)^{-\frac{1}{3}}=2^{3\times\left(-\frac{1}{3}\right)}=2^{-1}=\mathbf{\frac{1}{2}}$

241 (1) $(9^{\frac{1}{3}})^6=9^{\frac{1}{3}\times6}=9^2=\mathbf{81}$

(2) $8^{\frac{1}{6}}\div8^{\frac{1}{3}}\times8^{\frac{1}{2}}=8^{\frac{1}{6}-\frac{1}{3}+\frac{1}{2}}=8^{\frac{1-2+3}{6}}=8^{\frac{2}{6}}=8^{\frac{1}{3}}$
$=(2^3)^{\frac{1}{3}}=2^{3\times\frac{1}{3}}=2^1=\mathbf{2}$

242 (1) $\sqrt[4]{8}\times\sqrt[4]{2}=\sqrt[4]{8\times2}=\sqrt[4]{16}=\sqrt[4]{2^4}=\mathbf{2}$

別解 $\sqrt[4]{8}\times\sqrt[4]{2}=(2^3)^{\frac{1}{4}}\times2^{\frac{1}{4}}=2^{\frac{3}{4}+\frac{1}{4}}=2^1=\mathbf{2}$

(2) $\sqrt[3]{\sqrt{8^4}}=\sqrt[3\times2]{8^4}=\sqrt[6]{(2^3)^4}=\sqrt[6]{2^{12}}=(2^{12})^{\frac{1}{6}}=2^{12\times\frac{1}{6}}=2^2=\mathbf{4}$

(3) $\left(\dfrac{4}{9}\right)^{-\frac{1}{2}}=\left\{\left(\dfrac{2}{3}\right)^2\right\}^{-\frac{1}{2}}=\left(\dfrac{2}{3}\right)^{2\times\left(-\frac{1}{2}\right)}=\left(\dfrac{2}{3}\right)^{-1}=\dfrac{\mathbf{3}}{\mathbf{2}}$

⬅$\left(\dfrac{a}{b}\right)^{-1}=\dfrac{b}{a}$

243 (1) $\sqrt[3]{a}\times\sqrt[6]{a}\div\sqrt{a}=a^{\frac{1}{3}}\times a^{\frac{1}{6}}\div a^{\frac{1}{2}}$

$=a^{\frac{2+1-3}{6}}=a^0=\mathbf{1}$

⬅$a^0=1$

(2) $\sqrt{ab}\div\sqrt[6]{a^5b}\div\sqrt[3]{a^2b}=(ab)^{\frac{1}{2}}\div(a^5b)^{\frac{1}{6}}\div(a^2b)^{\frac{1}{3}}$

$=a^{\frac{1}{2}}b^{\frac{1}{2}}\div(a^{\frac{5}{6}}b^{\frac{1}{6}})\div(a^{\frac{2}{3}}b^{\frac{1}{3}})$

$=a^{\frac{1}{2}-\frac{5}{6}-\frac{2}{3}}b^{\frac{1}{2}-\frac{1}{6}-\frac{1}{3}}$

$=a^{\frac{3-5-4}{6}}b^{\frac{3-1-2}{6}}=a^{\frac{-6}{6}}b^0=a^{-1}=\dfrac{\mathbf{1}}{\boldsymbol{a}}$

⬅$a^{-1}=\dfrac{1}{a}$

JUMP 42

(1) $\sqrt[4]{8}\times2^{0.5}\div4^{\frac{1}{8}}=(2^3)^{\frac{1}{4}}\times2^{\frac{1}{2}}\div(2^2)^{\frac{1}{8}}$

$=2^{\frac{3}{4}}\times2^{\frac{1}{2}}\div2^{\frac{2}{8}}=2^{\frac{3+2-1}{4}}=2^{\frac{4}{4}}=2^1=\mathbf{2}$

(2) $\sqrt[4]{a\times\sqrt[3]{a}}=(a\times a^{\frac{1}{3}})^{\frac{1}{4}}$

$=(a^{1+\frac{1}{3}})^{\frac{1}{4}}=(a^{\frac{4}{3}})^{\frac{1}{4}}=a^{\frac{4}{3}\times\frac{1}{4}}=a^{\frac{1}{3}}=\sqrt[3]{\boldsymbol{a}}$

考え方 (1) $8=2^3$，$4=2^2$ に注目する。
(2) 累乗根を分数の指数で表す。

⬅答えは問題の形（累乗根）にする。

43 指数関数とそのグラフ（p.98）

244 (1)

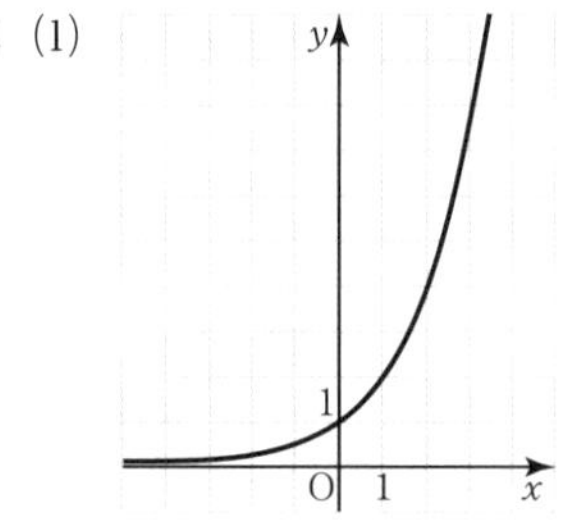

(2) (1)のグラフより

最大値は　$x=3$ のとき $y=8$

最小値は　$x=-2$ のとき $y=\dfrac{1}{4}$

(3) $\sqrt{2}=2^{\frac{1}{2}}$，$\sqrt[5]{2^2}=2^{\frac{2}{5}}$，$\sqrt[8]{2^5}=2^{\frac{5}{8}}$

ここで，指数の大小を比較すると

$\dfrac{2}{5}<\dfrac{1}{2}<\dfrac{5}{8}$

底の 2 は 1 より大きいから

$2^{\frac{2}{5}}<2^{\frac{1}{2}}<2^{\frac{5}{8}}$

よって　$\sqrt[5]{2^2}<\sqrt{2}<\sqrt[8]{2^5}$

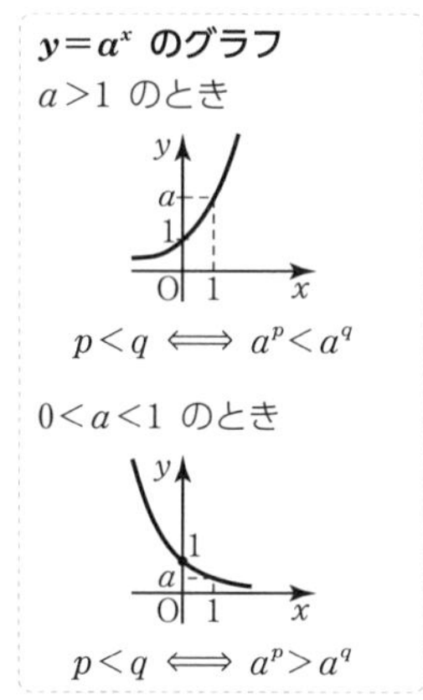

245 (1)

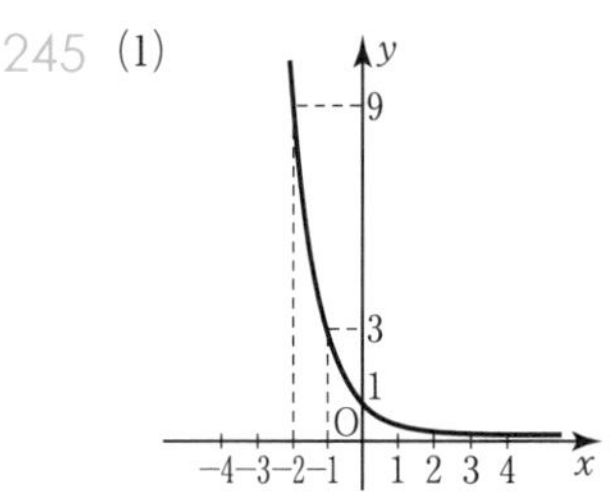

(2) (1)のグラフより　$\left(\frac{1}{3}\right)^4 \leqq y \leqq \left(\frac{1}{3}\right)^{-2}$

よって　$\mathbf{\frac{1}{81} \leqq y \leqq 9}$

⬅底の $\frac{1}{3}$ は1より小さいから，不等号の向きに注意する。
$-2 \leqq x \leqq 4 \iff \left(\frac{1}{3}\right)^4 \leqq \left(\frac{1}{3}\right)^x \leqq \left(\frac{1}{3}\right)^{-2}$
すなわち，$\left(\frac{1}{3}\right)^4 \leqq y \leqq \left(\frac{1}{3}\right)^{-2}$

(3) (1)のグラフより

① x 座標は **0**

② x 座標は **−1**

246 (1) $\sqrt[3]{2}=2^{\frac{1}{3}}$，$\sqrt[5]{4}=\sqrt[5]{2^2}=2^{\frac{2}{5}}$，

$\sqrt[8]{8}=\sqrt[8]{2^3}=2^{\frac{3}{8}}$

ここで，指数の大小を比較すると

$\frac{1}{3}<\frac{3}{8}<\frac{2}{5}$

⬅分母を3，8，5の最小公倍数の120にそろえると
$\frac{1}{3}=\frac{40}{120}$，$\frac{3}{8}=\frac{45}{120}$，$\frac{2}{5}=\frac{48}{120}$

底の2は1より大きいから

$2^{\frac{1}{3}}<2^{\frac{3}{8}}<2^{\frac{2}{5}}$

よって　$\mathbf{\sqrt[3]{2}<\sqrt[8]{8}<\sqrt[5]{4}}$

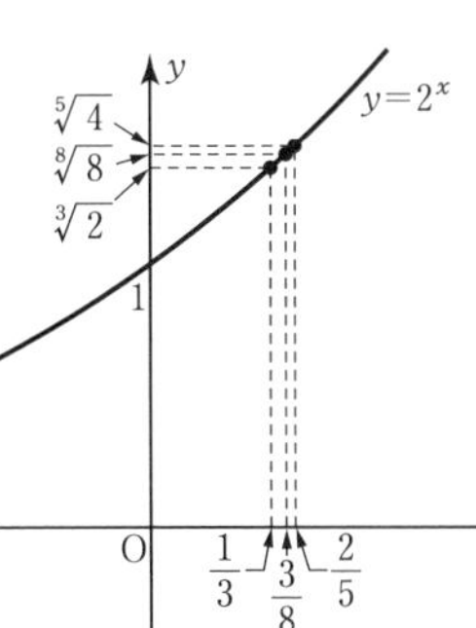

(2) $0.6=0.6^1$，0.6^{-1}，0.6^{-2}，

0.6^2，$1=0.6^0$

⬅$0.6=0.6^1$，$1=0.6^0$ であることを用いる。

ここで，指数の大小を比較すると

$-2<-1<0<1<2$

⬅$0<0.6<1$ であるから
$p<q \iff 0.6^p>0.6^q$
注意
$(0.6^q<0.6^p)$

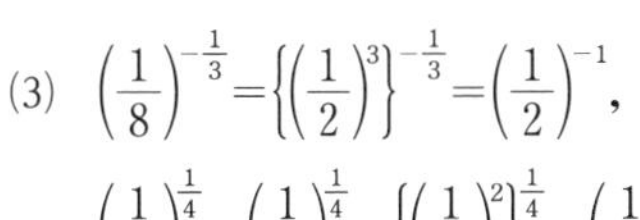

底の0.6は1より小さいから

$0.6^2<0.6^1<0.6^0<0.6^{-1}<0.6^{-2}$

よって　$\mathbf{0.6^2<0.6<1<0.6^{-1}<0.6^{-2}}$

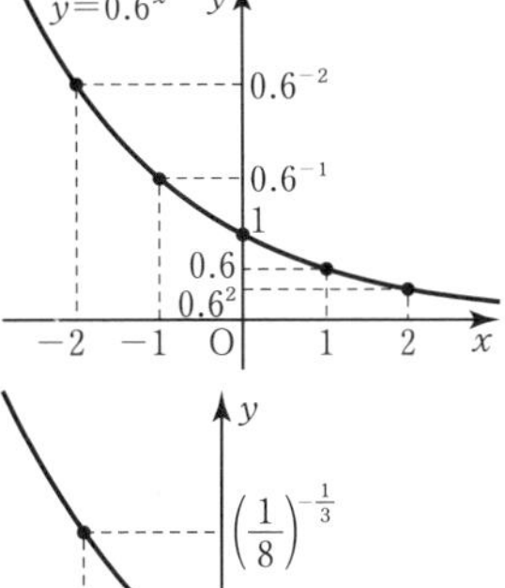

(3) $\left(\frac{1}{8}\right)^{-\frac{1}{3}}=\left\{\left(\frac{1}{2}\right)^3\right\}^{-\frac{1}{3}}=\left(\frac{1}{2}\right)^{-1}$，

$\left(\frac{1}{2}\right)^{\frac{1}{4}}$，$\left(\frac{1}{4}\right)^{\frac{1}{4}}=\left\{\left(\frac{1}{2}\right)^2\right\}^{\frac{1}{4}}=\left(\frac{1}{2}\right)^{\frac{1}{2}}$

⬅底を $\frac{1}{2}$ にそろえる。

ここで，指数の大小を比較すると

$-1<\frac{1}{4}<\frac{1}{2}$

⬅$0<\frac{1}{2}<1$ であるから
$p<q \iff \left(\frac{1}{2}\right)^p>\left(\frac{1}{2}\right)^q$
注意
$\left(\left(\frac{1}{2}\right)^q<\left(\frac{1}{2}\right)^p\right)$

底の $\frac{1}{2}$ は1より小さいから

$\left(\frac{1}{2}\right)^{\frac{1}{2}}<\left(\frac{1}{2}\right)^{\frac{1}{4}}<\left(\frac{1}{2}\right)^{-1}$

よって　$\mathbf{\left(\frac{1}{4}\right)^{\frac{1}{4}}<\left(\frac{1}{2}\right)^{\frac{1}{4}}<\left(\frac{1}{8}\right)^{-\frac{1}{3}}}$

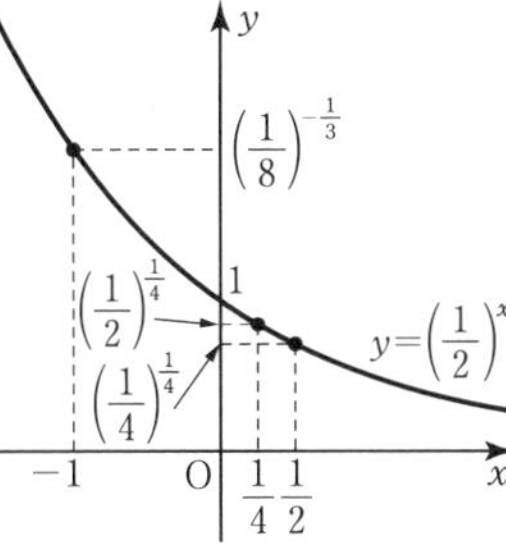

別解　$\left(\frac{1}{8}\right)^{-\frac{1}{3}}=(2^{-3})^{-\frac{1}{3}}=2^1$，

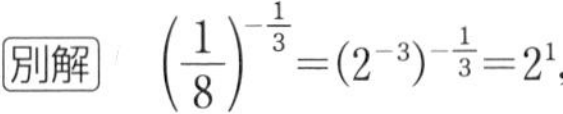

$\left(\frac{1}{2}\right)^{\frac{1}{4}}=(2^{-1})^{\frac{1}{4}}=2^{-\frac{1}{4}}$，

⬅底を2にそろえる。

$\left(\frac{1}{4}\right)^{\frac{1}{4}}=(2^{-2})^{\frac{1}{4}}=2^{-\frac{1}{2}}$

ここで，指数の大小を比較すると

$-\frac{1}{2}<-\frac{1}{4}<1$

底の2は1より大きいから

$2^{-\frac{1}{2}}<2^{-\frac{1}{4}}<2^1$

よって　$\mathbf{\left(\frac{1}{4}\right)^{\frac{1}{4}}<\left(\frac{1}{2}\right)^{\frac{1}{4}}<\left(\frac{1}{8}\right)^{-\frac{1}{3}}}$

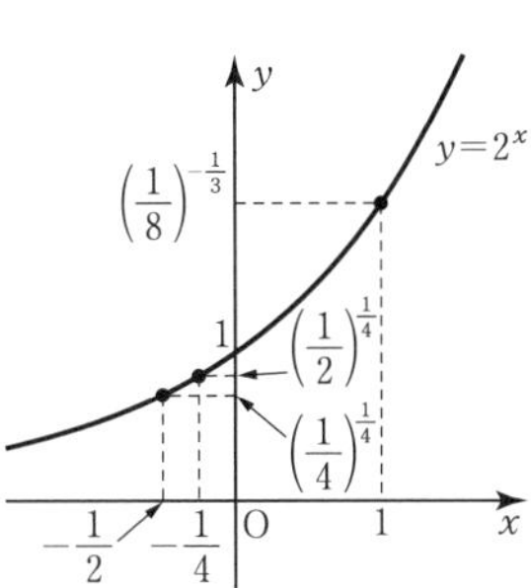

JUMP 43

グラフが点$\left(\frac{3}{2},\ 8\right)$を通っているので　$8=a^{\frac{3}{2}}$

よって　$a=8^{\frac{2}{3}}=4$

ゆえに，関数は　$y=4^x$

$x=0$ のとき　$y=4^0=1$　　よって　$b=1$

$x=-1$ のとき　$y=4^{-1}=\frac{1}{4}$　　よって　$c=\frac{1}{4}$

以上より　$\boldsymbol{a=4,\ b=1,\ c=\frac{1}{4}}$

考え方　まず，グラフが通る点の座標から，a を求める。

⬅$8=a^{\frac{3}{2}}$　より　$a^{\frac{3}{2}}=8$
両辺を $\frac{2}{3}$ 乗すると
$(a^{\frac{3}{2}})^{\frac{2}{3}}=8^{\frac{2}{3}}$
$a^{\frac{3}{2}\times\frac{2}{3}}=(2^3)^{\frac{2}{3}}$
$a^1=2^{3\times\frac{2}{3}}$
よって　$a=2^2=4$

44 指数関数を含む方程式・不等式(p.100)

247 (1)　$9^x=(3^2)^x=3^{2x}$，$27=3^3$　であるから

$3^{2x}=3^3$

よって　$2x=3$

ゆえに　$\boldsymbol{x=\frac{3}{2}}$

⬅底を 3 にそろえる。

⬅$3^{2x}=3^3 \Longleftrightarrow 2x=3$

(2)　$\left(\frac{1}{5}\right)^{3x+1}=(5^{-1})^{3x+1}=5^{-(3x+1)}$，$25=5^2$　であるから

$5^{-(3x+1)}=5^2$

よって　$-(3x+1)=2$

ゆえに　$\boldsymbol{x=-1}$

⬅底を 5 にそろえる。

⬅$5^{-(3x+1)}=5^2 \Longleftrightarrow -(3x+1)=2$

248 (1)　$9^x=3^{2x}$，$27=3^3$　であるから

$3^{2x}>3^3$

底の 3 は 1 より大きいから

$2x>3$

よって　$\boldsymbol{x>\frac{3}{2}}$

指数関数と不等式
$a>1$ のとき
$a^p<a^q \Longleftrightarrow p<q$
$0<a<1$ のとき
$a^p<a^q \Longleftrightarrow p>q$

(2)　$\left(\frac{1}{5}\right)^{3x+1}=5^{-(3x+1)}$，$25=5^2$　であるから

$5^{-(3x+1)}\leqq 5^2$

底の 5 は 1 より大きいから

$-(3x+1)\leqq 2$　より　$3x+1\geqq -2$

よって　$\boldsymbol{x\geqq -1}$

(3)　$\sqrt[3]{81}=\sqrt[3]{3^4}=3^{\frac{4}{3}}$　であるから

$3^x<3^{\frac{4}{3}}$

底の 3 は 1 より大きいから

$\boldsymbol{x<\frac{4}{3}}$

⬅底を 3 にそろえる。
累乗根を分数の指数で表す。

249 (1)　$4^x=(2^2)^x=2^{2x}$，$32=2^5$　であるから

$2^{2x}=2^5$

よって　$2x=5$

ゆえに　$\boldsymbol{x=\frac{5}{2}}$

⬅底を 2 にそろえる。

⬅$2^{2x}=2^5 \Longleftrightarrow 2x=5$

(2) $\left(\frac{1}{3}\right)^{2x+1}=(3^{-1})^{2x+1}=3^{-(2x+1)}$，$3=3^1$　であるから

$3^{-(2x+1)}=3^1$

よって　$-(2x+1)=1$

ゆえに　$\boldsymbol{x=-1}$

⬅底を 3 にそろえる。

⬅$3^{-(2x+1)}=3^1 \iff -(2x+1)=1$

250 (1) $\frac{1}{3}=3^{-1}$　であるから

$3^{-1}<3^x$

底の 3 は 1 より大きいから

$-1<x$　より　$\boldsymbol{x>-1}$

⬅底は　$3>1$　だから　$3^{-1}<3^x \iff -1<x$

(2) $1=\left(\frac{2}{3}\right)^0$　であるから

$\left(\frac{2}{3}\right)^x \geqq \left(\frac{2}{3}\right)^0$

底の $\frac{2}{3}$ は 1 より小さいから

$\boldsymbol{x \leqq 0}$

⬅底を $\frac{2}{3}$ にそろえる。

$1=\left(\frac{2}{3}\right)^0$

⬅底は　$0<\frac{2}{3}<1$　だから

$\left(\frac{2}{3}\right)^x \geqq \left(\frac{2}{3}\right)^0 \iff x \leqq 0$（注意）

251 (1) $\left(\frac{1}{9}\right)^{x+1}=(3^{-2})^{x+1}=3^{-2(x+1)}$，$\sqrt{3}=3^{\frac{1}{2}}$　であるから

$3^{-2(x+1)}=3^{\frac{1}{2}}$

よって　$-2(x+1)=\frac{1}{2}$

ゆえに　$\boldsymbol{x=-\frac{5}{4}}$

⬅底を 3 にそろえる。

⬅$3^{-2(x+1)}=3^{\frac{1}{2}} \iff -2(x+1)=\frac{1}{2}$

(2) $4^{x-1}=(2^2)^{x-1}=2^{2(x-1)}$　であるから

$2^{7-x}=2^{2(x-1)}$

よって　$7-x=2(x-1)$　より　$7-x=2x-2$

ゆえに　$\boldsymbol{x=3}$

⬅底を 2 にそろえる。

⬅$2^{7-x}=2^{2(x-1)} \iff 7-x=2(x-1)$

252 (1) $\frac{1}{8}=\left(\frac{1}{2}\right)^3=(2^{-1})^3=2^{-3}$　であるから

$2^{2x-1}>2^{-3}$

底の 2 は 1 より大きいから

$2x-1>-3$

よって　$\boldsymbol{x>-1}$

⬅底を 2 にそろえる。

⬅底は　$2>1$　だから　$2^{2x-1}>2^{-3} \iff 2x-1>-3$

(2) $\left(\frac{1}{2}\right)^x=(2^{-1})^x=2^{-x}$，$8=2^3$　であるから

$2^{-x} \leqq 2^3$

底の 2 は 1 より大きいから

$-x \leqq 3$

よって　$\boldsymbol{x \geqq -3}$

⬅底を 2 にそろえる。

⬅底は　$2>1$　だから　$2^{-x} \leqq 2^3 \iff -x \leqq 3$

JUMP 44

(1) $2^x>0$　より　$\boldsymbol{t>0}$

(2) $2^{2x}=(2^x)^2=t^2$　より　$t^2-t-2=0$

よって　$(t-2)(t+1)=0$

(1)より，$t>0$ であるから　$\boldsymbol{t=2}$

(3) $2^x=2$　より　$\boldsymbol{x=1}$

考え方　①は t の 2 次方程式になる。

⬉$y=2^x$ のグラフは，x 軸より上にあるので　$2^x>0$

⬉$2^{2x}=2^{2\times x}=2^{x\times 2}=(2^x)^2$

⬅$2^x=2^1 \iff x=1$

4 章 指数関数・対数関数

まとめの問題　指数関数(p.102)

1 (1) $a^6\times a^{-5}\div a^{-3}=a^6\times a^{-5}\times a^3=a^{6-5+3}=\boldsymbol{a^4}$

(2) $(2a^{-3})^3\div(-2a^{-1})^3=2^3\times a^{-3\times3}\div(-2)^3\div a^{-1\times3}$

$=2^3\times a^{-9}\times(-2)^{-3}\times a^3$

$=-2^{3-3}\times a^{-9+3}=\boldsymbol{-a^{-6}}$

(3) $\sqrt{a}\times\sqrt[3]{a^2}\div\sqrt[6]{a}=a^{\frac{1}{2}}\times a^{\frac{2}{3}}\div a^{\frac{1}{6}}$

$=a^{\frac{1}{2}+\frac{2}{3}-\frac{1}{6}}=\boldsymbol{a}$

(4) $\sqrt[4]{27}\times\sqrt[4]{9}\div\sqrt[4]{3}=\sqrt[4]{3^3}\times\sqrt[4]{3^2}\div\sqrt[4]{3}$

$=3^{\frac{3}{4}}\times3^{\frac{2}{4}}\div3^{\frac{1}{4}}$

$=3^{\frac{3}{4}+\frac{2}{4}-\frac{1}{4}}=\boldsymbol{3}$

(5) $5^{\frac{5}{6}}\div5^{\frac{4}{3}}\times5^{-\frac{1}{2}}=5^{\frac{5}{6}}\times5^{-\frac{4}{3}}\times5^{-\frac{1}{2}}$

$=5^{\frac{5}{6}-\frac{4}{3}-\frac{1}{2}}=5^{-1}=\boldsymbol{\frac{1}{5}}$

> **0と負の整数の指数**
> $a^0=1$
> $a^{-n}=\dfrac{1}{a^n}$

> **指数法則**
> $a\neq0$, $b\neq0$ で，m, n は整数
> $a^m\times a^n=a^{m+n}$
> $a^m\div a^n=a^{m-n}$
> $(a^m)^n=a^{mn}$
> $(ab)^n=a^nb^n$

> **有理数の指数**
> $a>0$ で，m は整数，n は正の整数
> $a^{\frac{m}{n}}=\sqrt[n]{a^m}=(\sqrt[n]{a})^m$
> $a^{\frac{1}{n}}=\sqrt[n]{a}$

2 (1)

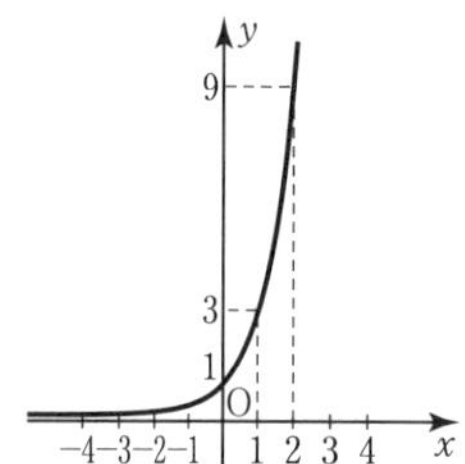

(2) (1)のグラフより　$3^{-2}\leqq y<3^{\frac{1}{2}}$

よって　$\boldsymbol{\frac{1}{9}\leqq y<\sqrt{3}}$

⬅底の3は1より大きいので
$-2\leqq x<\dfrac{1}{2}\iff 3^{-2}\leqq3^x<3^{\frac{1}{2}}$

(3) (1)のグラフより

① x 座標は **0**

② x 座標は $\boldsymbol{-\frac{3}{2}}$

⬅$\sqrt{\dfrac{1}{27}}=(3^{-3})^{\frac{1}{2}}=3^{-\frac{3}{2}}$

3 (1) $\sqrt{27}=\sqrt{3^3}=3^{\frac{3}{2}}$，$\sqrt[3]{81}=\sqrt[3]{3^4}=3^{\frac{4}{3}}$，$\sqrt[4]{243}=\sqrt[4]{3^5}=3^{\frac{5}{4}}$

ここで，指数の大小を比較すると

$\frac{5}{4}<\frac{4}{3}<\frac{3}{2}$

底の3は1より大きいから

$3^{\frac{5}{4}}<3^{\frac{4}{3}}<3^{\frac{3}{2}}$

よって　$\boldsymbol{\sqrt[4]{243}<\sqrt[3]{81}<\sqrt{27}}$

⬅$3>1$ であるから
$p<q\iff3^p<3^q$

(2) 0.7^{-1}，0.7^2，$\frac{7}{10}=0.7=0.7^1$，0.7^{-2}，$1=0.7^0$

ここで，指数の大小を比較すると

$-2<-1<0<1<2$

底の0.7は1より小さいから

$0.7^2<0.7^1<0.7^0<0.7^{-1}<0.7^{-2}$

よって　$\boldsymbol{0.7^2<\frac{7}{10}<1<0.7^{-1}<0.7^{-2}}$

⬅$\dfrac{7}{10}=0.7=0.7^1$，
$1=0.7^0$ を用いる。

⬅$0<0.7<1$ であるから
$p<q\iff0.7^p>0.7^q$

(3) $\sqrt[3]{\frac{1}{32}}=\sqrt[3]{\left(\frac{1}{2}\right)^5}=\left(\frac{1}{2}\right)^{\frac{5}{3}}$，$1=\left(\frac{1}{2}\right)^0$，$\sqrt[5]{\frac{1}{64}}=\sqrt[5]{\left(\frac{1}{2}\right)^6}=\left(\frac{1}{2}\right)^{\frac{6}{5}}$

⬅$1=\left(\dfrac{1}{2}\right)^0$ を用いる。

ここで，指数の大小を比較すると

$0<\frac{6}{5}<\frac{5}{3}$

底の $\frac{1}{2}$ は1より小さいから

$\left(\frac{1}{2}\right)^{\frac{5}{3}}<\left(\frac{1}{2}\right)^{\frac{6}{5}}<\left(\frac{1}{2}\right)^{0}$

よって　$\boldsymbol{\sqrt[3]{\frac{1}{32}}<\sqrt[5]{\frac{1}{64}}<1}$

⬅$0<\frac{1}{2}<1$ であるから
$p<q \iff \left(\frac{1}{2}\right)^{p}>\left(\frac{1}{2}\right)^{q}$

4 (1) $\left(\frac{1}{2}\right)^{x}=(2^{-1})^{x}=2^{-x}$，$16=2^4$ であるから

$2^{-x}=2^4$

よって　$-x=4$

ゆえに　$\boldsymbol{x=-4}$

(2) $\left(\frac{1}{2}\right)^{x}=(2^{-1})^{x}=2^{-x}$，$16=2^4$ であるから

$2^{-x}>2^4$

底の2は1より大きいから

$-x>4$

よって　$\boldsymbol{x<-4}$

5 (1) $9=3^2$ であるから

$3^{5x-3}=3^2$

よって　$5x-3=2$

ゆえに　$\boldsymbol{x=1}$

(2) $8^x=(2^3)^x=2^{3x}$ であるから

$2^{3x}=2^{5-2x}$

よって　$3x=5-2x$

ゆえに　$\boldsymbol{x=1}$

(3) $\left(\frac{1}{2}\right)^{3x+1}=(2^{-1})^{3x+1}=2^{-(3x+1)}$，$32=2^5$ であるから

$2^{-(3x+1)}\geqq 2^5$

底の2は1より大きいから

$-(3x+1)\geqq 5$　より　$3x+1\leqq -5$

よって　$\boldsymbol{x\leqq -2}$

(4) $\left(\frac{1}{27}\right)^{2x}=\left\{\left(\frac{1}{3}\right)^{3}\right\}^{2x}=\left(\frac{1}{3}\right)^{6x}$ であるから

$\left(\frac{1}{3}\right)^{6x}<\left(\frac{1}{3}\right)^{2x-5}$

底の $\frac{1}{3}$ は1より小さいから

$6x>2x-5$

よって　$\boldsymbol{x>-\frac{5}{4}}$

45 対数(1) (p.104)

対数
$a>0$，$a\neq 1$，$M>0$
のとき
$M=a^p \iff \log_a M=p$

253 (1) $\boldsymbol{\log_3 27=3}$

⬅3を底とする対数を用いる。

(2) $\boldsymbol{\log_2 \frac{1}{16}=-4}$

⬅2を底とする対数を用いる。

(3) $\boldsymbol{100=10^2}$

⬅10を底とする指数を用いる。

4章 指数関数・対数関数

254 (1) $36=6^2$ より $\log_6 36=\mathbf{2}$

別解 $\log_6 36=x$ とおくと $6^x=36=6^2$

よって $x=2$ より $\log_6 36=\mathbf{2}$

⬅対数の定義

⬅$a^p=a^q \Longleftrightarrow p=q$

(2) $\log_2\sqrt{8}=x$ とおくと $2^x=\sqrt{8}$

⬅対数の定義

$\sqrt{8}=\sqrt{2^3}=(2^3)^{\frac{1}{2}}=2^{\frac{3}{2}}$ であるから $2^x=2^{\frac{3}{2}}$

よって $x=\frac{3}{2}$ より $\log_2\sqrt{8}=\mathbf{\frac{3}{2}}$

⬅$a^p=a^q \Longleftrightarrow p=q$

(3) $\log_{25}\frac{1}{5}=x$ とおくと $25^x=\frac{1}{5}$

⬅対数の定義

$25^x=(5^2)^x=5^{2x}$, $\frac{1}{5}=5^{-1}$ であるから $5^{2x}=5^{-1}$

⬅底を5にそろえる。

よって $2x=-1$ すなわち $x=-\frac{1}{2}$

⬅$a^p=a^q \Longleftrightarrow p=q$

ゆえに $\log_{25}\frac{1}{5}=\mathbf{-\frac{1}{2}}$

255 (1) $\mathbf{\log_6 36=2}$

⬅6を底とする対数を用いる。

(2) $\mathbf{\log_2\frac{1}{8}=-3}$

(3) $\mathbf{\log_2\sqrt{2}=\frac{1}{2}}$

(4) $\mathbf{49=7^2}$

256 (1) $16=4^2$ より $\log_4 16=\mathbf{2}$

別解 $\log_4 16=x$ とおくと $4^x=16=4^2$

よって $x=2$ より $\log_4 16=\mathbf{2}$

⬅対数の定義

⬅$a^p=a^q \Longleftrightarrow p=q$

(2) $\log_3\frac{1}{9}=x$ とおくと $3^x=\frac{1}{9}=3^{-2}$

よって $x=-2$ より $\log_3\frac{1}{9}=\mathbf{-2}$

⬅$a^p=a^q \Longleftrightarrow p=q$

(3) $\log_{\frac{1}{5}}25=x$ とおくと $\left(\frac{1}{5}\right)^x=25$

⬅対数の定義

$\left(\frac{1}{5}\right)^x=(5^{-1})^x=5^{-x}$, $25=5^2$ であるから $5^{-x}=5^2$

⬅底を5にそろえる。

よって $-x=2$ すなわち $x=-2$

⬅$a^p=a^q \Longleftrightarrow p=q$

ゆえに $\log_{\frac{1}{5}}25=\mathbf{-2}$

257 (1) $\mathbf{\log_{\frac{1}{2}}4=-2}$

⬅$\frac{1}{2}$を底とする対数を用いる。

(2) $\mathbf{\log_3 1=0}$

(3) $\mathbf{\log_8 4=\frac{2}{3}}$

(4) $\mathbf{10=10^1}$

258 (1) $\log_9\sqrt{27}=x$ とおくと $9^x=\sqrt{27}$

⬅対数の定義

$9^x=(3^2)^x=3^{2x}$, $\sqrt{27}=\sqrt{3^3}=(3^3)^{\frac{1}{2}}=3^{\frac{3}{2}}$ であるから $3^{2x}=3^{\frac{3}{2}}$

⬅$a^p=a^q \Longleftrightarrow p=q$

よって $2x=\frac{3}{2}$ $x=\frac{3}{4}$ より $\log_9\sqrt{27}=\mathbf{\frac{3}{4}}$

(2) $\log_{\sqrt{2}}8=x$ とおくと $(\sqrt{2})^x=8$

⬅対数の定義

$(\sqrt{2})^x=(2^{\frac{1}{2}})^x=2^{\frac{1}{2}x}$, $8=2^3$ であるから $2^{\frac{1}{2}x}=2^3$

⬅$a^p=a^q \Longleftrightarrow p=q$

よって $\frac{1}{2}x=3$ $x=6$ より $\log_{\sqrt{2}}8=\mathbf{6}$

JUMP 45

考え方
$\log_a M=p \iff M=a^p$
を利用する。

(1) $27^a=\sqrt{\dfrac{1}{3}}$ と変形する。

$27^a=(3^3)^a=3^{3a}$, $\sqrt{\dfrac{1}{3}}=(3^{-1})^{\frac{1}{2}}=3^{-\frac{1}{2}}$ であるから $3^{3a}=3^{-\frac{1}{2}}$ ⬅底を3にそろえる。

よって $3a=-\dfrac{1}{2}$ より $\boldsymbol{a=-\dfrac{1}{6}}$ ⬅$a^p=a^q \iff p=q$

(2) $b=4^{\frac{3}{2}}$ と変形する。

$4^{\frac{3}{2}}=(2^2)^{\frac{3}{2}}=2^{2\times\frac{3}{2}}=2^3=8$ ⬅$4=2^2$

よって $\boldsymbol{b=8}$

(3) $c^{-\frac{1}{2}}=3$ と変形する。 ⬅c を底とする指数を用いる。

$\left(\dfrac{1}{c}\right)^{\frac{1}{2}}=3$ より $\sqrt{\dfrac{1}{c}}=3$ ゆえに $\dfrac{1}{c}=9$ ⬅$c^{-\frac{1}{2}}=(c^{-1})^{\frac{1}{2}}=\left(\dfrac{1}{c}\right)^{\frac{1}{2}}=\sqrt{\dfrac{1}{c}}$

よって $\boldsymbol{c=\dfrac{1}{9}}$

別解 $c^{-\frac{1}{2}}=3$ より $(c^{-\frac{1}{2}})^{-2}=3^{-2}$ ⬅両辺を -2 乗する。

ゆえに $c=3^{-2}=\dfrac{1}{3^2}=\boldsymbol{\dfrac{1}{9}}$

46 対数(2) (p.106)

対数の性質
$a>0$, $a\neq1$, $M>0$, $N>0$, r が実数のとき
$\log_a MN=\log_a M+\log_a N$
$\log_a \dfrac{M}{N}=\log_a M-\log_a N$
$\log_a M^r=r\log_a M$

259 (1) $\log_{10}5+\log_{10}20=\log_{10}(5\times20)=\log_{10}100$
$=\log_{10}10^2=2\log_{10}10=\boldsymbol{2}$ ⬅$\log_{10}10=1$

(2) $3\log_2 6-\log_2 108=\log_2 6^3-\log_2 108$
$=\log_2 216-\log_2 108$
$=\log_2\dfrac{216}{108}$
$=\log_2 2=\boldsymbol{1}$

底の変換公式
$a>0$, $b>0$, $c>0$ で $a\neq1$, $c\neq1$ のとき
$\log_a b=\dfrac{\log_c b}{\log_c a}$

260 (1) $\log_8 32=\dfrac{\log_2 32}{\log_2 8}=\dfrac{\log_2 2^5}{\log_2 2^3}=\dfrac{5\log_2 2}{3\log_2 2}=\boldsymbol{\dfrac{5}{3}}$

(2) $\log_{\sqrt{3}}9=\dfrac{\log_3 9}{\log_3\sqrt{3}}=\dfrac{\log_3 3^2}{\log_3 3^{\frac{1}{2}}}=\dfrac{2\log_3 3}{\frac{1}{2}\log_3 3}=\boldsymbol{4}$

(3) $\log_5 2\cdot\log_4 25=\log_5 2\times\dfrac{\log_5 25}{\log_5 4}$ ⬅底を5にそろえる。
$=\log_5 2\times\dfrac{\log_5 5^2}{\log_5 2^2}$
$=\log_5 2\times\dfrac{2}{2\log_5 2}=\log_5 2\times\dfrac{1}{\log_5 2}=\boldsymbol{1}$ ⬅$\log_5 5=1$

別解 $\log_5 2\cdot\log_4 25=\dfrac{\log_2 2}{\log_2 5}\times\dfrac{\log_2 25}{\log_2 4}$ ⬅底を2にそろえる。
$=\dfrac{1}{\log_2 5}\times\dfrac{\log_2 5^2}{\log_2 2^2}=\dfrac{1}{\log_2 5}\times\dfrac{2\log_2 5}{2\log_2 2}=\dfrac{2\log_2 5}{2\log_2 5}=\boldsymbol{1}$ ⬅$\log_2 2=1$

261 (1) $\log_6 4+\log_6 9=\log_6(4\times9)=\log_6 36$
$=\log_6 6^2=2\log_6 6=\boldsymbol{2}$ ⬅$\log_6 6=1$

(2) $\log_3 54-\log_3 2=\log_3\dfrac{54}{2}=\log_3 27=\log_3 3^3=3\log_3 3=\boldsymbol{3}$ ⬅$\log_3 3=1$

(3) $2\log_2\sqrt{8}=\log_2(\sqrt{8})^2=\log_2 8=\log_2 2^3=3\log_2 2=\boldsymbol{3}$ ⬅$\log_2 2=1$

262 (1) $\log_4\sqrt{2}=\dfrac{\log_2\sqrt{2}}{\log_2 4}=\dfrac{\log_2 2^{\frac{1}{2}}}{\log_2 2^2}$

$=\dfrac{\frac{1}{2}\log_2 2}{2\log_2 2}=\dfrac{\frac{1}{2}}{2}=\mathbf{\dfrac{1}{4}}$

⬅底を 2 にそろえる。

(2) $\log_{\sqrt{5}}\dfrac{1}{25}=\dfrac{\log_5\frac{1}{25}}{\log_5\sqrt{5}}=\dfrac{\log_5 5^{-2}}{\log_5 5^{\frac{1}{2}}}$

$=\dfrac{-2\log_5 5}{\frac{1}{2}\log_5 5}=\dfrac{-2}{\frac{1}{2}}=\mathbf{-4}$

⬅底を 5 にそろえる。

263 (1) $\log_7 5-\log_7 35=\log_7\dfrac{5}{35}=\log_7\dfrac{1}{7}$

$=\log_7 7^{-1}=-1\cdot\log_7 7=\mathbf{-1}$ ⬅$\log_7 7=1$

(2) $\log_5\sqrt{45}+\log_5\dfrac{1}{3}$

$=\log_5\left(\sqrt{45}\times\dfrac{1}{3}\right)=\log_5\left(3\sqrt{5}\times\dfrac{1}{3}\right)$

$=\log_5\sqrt{5}=\log_5 5^{\frac{1}{2}}=\dfrac{1}{2}\log_5 5=\mathbf{\dfrac{1}{2}}$ ⬅$\log_5 5=1$

(3) $2\log_2\sqrt{6}-\dfrac{1}{2}\log_2 9=\log_2(\sqrt{6})^2-\log_2 9^{\frac{1}{2}}$ ⬅$9^{\frac{1}{2}}=(3^2)^{\frac{1}{2}}=3^{2\times\frac{1}{2}}=3^1=3$

$=\log_2 6-\log_2 3=\log_2\dfrac{6}{3}=\log_2 2=\mathbf{1}$ ⬅$\log_2 2=1$

(4) $\log_3 6+\log_3 12-3\log_3 2=\log_3 6+\log_3 12-\log_3 2^3$

$=\log_3\dfrac{6\times12}{8}=\log_3 9=\log_3 3^2=2\log_3 3=\mathbf{2}$ ⬅$\log_3 3=1$

(5) $\log_4 5\cdot\log_{25}8=\dfrac{\log_2 5}{\log_2 4}\times\dfrac{\log_2 8}{\log_2 25}$

$=\dfrac{\log_2 5}{\log_2 2^2}\times\dfrac{\log_2 2^3}{\log_2 5^2}$

$=\dfrac{\log_2 5}{2\log_2 2}\times\dfrac{3\log_2 2}{2\log_2 5}=\mathbf{\dfrac{3}{4}}$

(6) $\log_2 24-\log_4 9=\log_2 24-\dfrac{\log_2 9}{\log_2 4}$

$=\log_2 24-\dfrac{\log_2 3^2}{\log_2 2^2}$

$=\log_2 24-\dfrac{2\log_2 3}{2\log_2 2}$ ⬅$\log_2 2=1$

$=\log_2 24-\log_2 3$

$=\log_2\dfrac{24}{3}=\log_2 8=\log_2 2^3=3\log_2 2=\mathbf{3}$

JUMP 46

考え方 有理数の性質 $\sqrt[n]{a^m}=a^{\frac{m}{n}}$ を用いて，丁寧に式変形する。

$\log_3\dfrac{\sqrt{2}}{3}+6\log_3\sqrt[3]{3}-\dfrac{1}{2}\log_3 2$

$=\log_3\dfrac{\sqrt{2}}{3}+\log_3(\sqrt[3]{3})^6-\log_3 2^{\frac{1}{2}}$ ⬅$(\sqrt[3]{3})^6=(3^{\frac{1}{3}})^6=3^{\frac{1}{3}\times6}=3^2=9$

$=\log_3\dfrac{\sqrt{2}}{3}+\log_3 3^2-\log_3\sqrt{2}$

$=\log_3\dfrac{\frac{\sqrt{2}}{3}\times9}{\sqrt{2}}=\log_3 3=\mathbf{1}$ ⬅$\dfrac{\frac{\sqrt{2}}{3}\times9}{\sqrt{2}}=\dfrac{3\sqrt{2}}{\sqrt{2}}=3$

47 対数関数とそのグラフ (p.108)

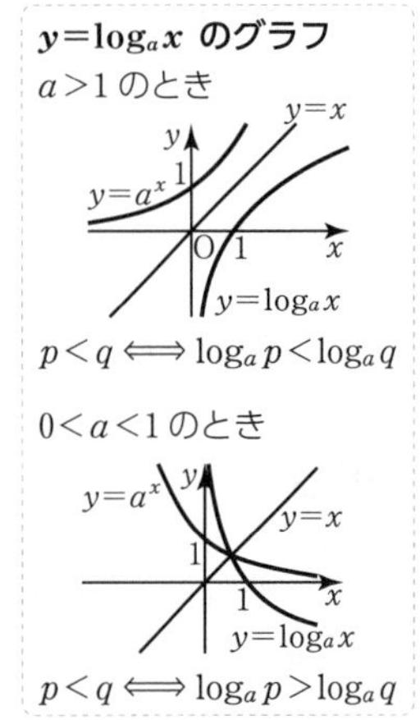

264 (1)

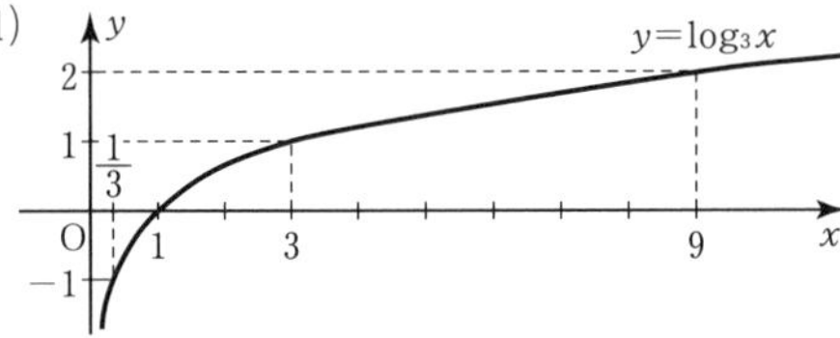

(2) (1)のグラフより

最大値は，$x=9$ のとき

$y=\log_3 9=\log_3 3^2=2\log_3 3=\mathbf{2}$

最小値は，$x=\frac{1}{3}$ のとき

$y=\log_3 \frac{1}{3}=\log_3 3^{-1}=-1\cdot\log_3 3=\mathbf{-1}$

(3) 真数の大小を比較すると　$1<3<5$

底の 3 は 1 より大きいから　$\mathbf{\log_3 1<\log_3 3<\log_3 5}$

⬅グラフから考えてもよい。

265 (1)

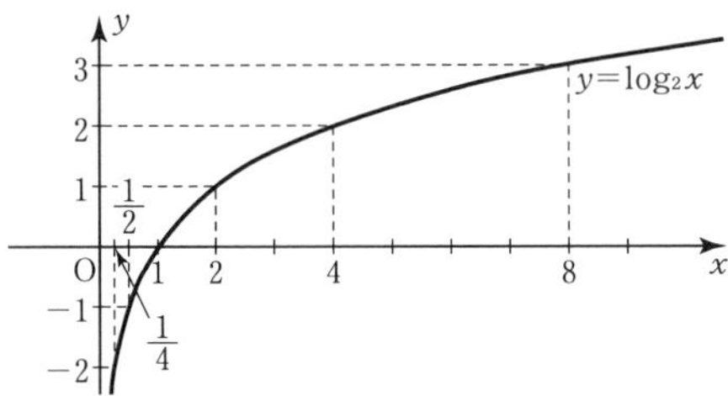

⬅$y=\log_2 x$ のグラフは
底：$2>1$ より増加

(2) (1)のグラフより

最大値は，$x=8$ のとき

$y=\log_2 8=\log_2 2^3=3\log_2 2=\mathbf{3}$

最小値は，$x=\frac{1}{4}$ のとき

$y=\log_2 \frac{1}{4}=\log_2 2^{-2}=-2\log_2 2=\mathbf{-2}$

(3) 真数の大小を比較すると　$\frac{1}{5}<0.5<5$

底の 2 は 1 より大きいから　$\mathbf{\log_2 \frac{1}{5}<\log_2 0.5<\log_2 5}$

⬅グラフから考えてもよい。

266 (1)

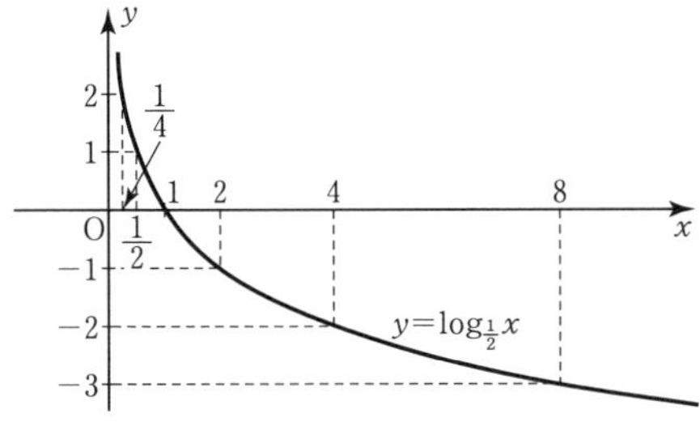

⬅$y=\log_{\frac{1}{2}} x$ のグラフは
底：$0<\frac{1}{2}<1$ より減少

(2) (1)のグラフより

最大値は，$x=\frac{1}{4}$ のとき

$\boldsymbol{y}=\log_{\frac{1}{2}} \frac{1}{4}=\log_{\frac{1}{2}}\left(\frac{1}{2}\right)^2=2\log_{\frac{1}{2}} \frac{1}{2}=\mathbf{2}$

最小値は，$x=8$ のとき

$$\boldsymbol{y}=\log_{\frac{1}{2}}8=\frac{\log_2 8}{\log_2\frac{1}{2}}=\frac{\log_2 2^3}{\log_2 2^{-1}}=\frac{3\log_2 2}{-1\cdot\log_2 2}=\frac{3}{-1}=\boldsymbol{-3}$$

(3)　真数の大小を比較すると　$\frac{1}{5}<0.5<5$　　⬅グラフから考えてもよい。

底の $\frac{1}{2}$ は1より小さいから　$\boldsymbol{\log_{\frac{1}{2}}5<\log_{\frac{1}{2}}0.5<\log_{\frac{1}{2}}\frac{1}{5}}$

JUMP 47　　考え方　底をそろえる。

(1)　底を4にそろえると

$1=\log_4 4$，$0=\log_4 1$

よって，真数の大小は

$\frac{1}{2}<1<3<4<10$

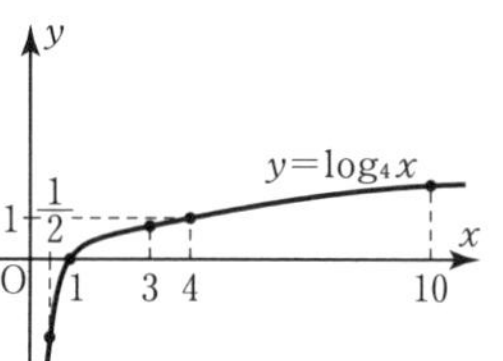
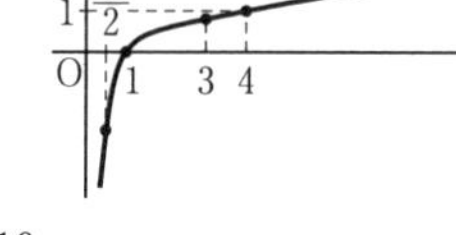

⬅$y=\log_4 x$ のグラフは底：$4>1$ より増加

底の4は1より大きいから

$\log_4\frac{1}{2}<\log_4 1<\log_4 3<\log_4 4<\log_4 10$

すなわち　$\boldsymbol{\log_4\frac{1}{2}<0<\log_4 3<1<\log_4 10}$

(2)　底を2にそろえると　　⬅底の変換公式を用いる。

$$\log_{\frac{1}{2}}3=\frac{\log_2 3}{\log_2\frac{1}{2}}=\frac{\log_2 3}{\log_2 2^{-1}}=\frac{\log_2 3}{-1\cdot\log_2 2}$$

$$=-1\cdot\log_2 3=\log_2 3^{-1}=\log_2\frac{1}{3}$$

$$\log_4 3=\frac{\log_2 3}{\log_2 4}=\frac{\log_2 3}{\log_2 2^2}=\frac{\log_2 3}{2\log_2 2}=\frac{1}{2}\log_2 3=\log_2 3^{\frac{1}{2}}=\log_2\sqrt{3}$$

$$\log_{\frac{1}{4}}3=\frac{\log_2 3}{\log_2\frac{1}{4}}=\frac{\log_2 3}{\log_2 2^{-2}}=\frac{\log_2 3}{-2\log_2 2}=-\frac{1}{2}\log_2 3$$

$$=\log_2 3^{-\frac{1}{2}}=\log_2\frac{\sqrt{3}}{3}$$

⬅$3^{-\frac{1}{2}}=\frac{1}{3^{\frac{1}{2}}}=\frac{1}{\sqrt{3}}=\frac{\sqrt{3}}{3}$

⬅$y=\log_2 x$ のグラフは底：$2>1$ より増加

よって，真数の大小は

$\frac{1}{3}<\frac{\sqrt{3}}{3}<\sqrt{3}<3$

底の2は1より大きいから

$\log_2\frac{1}{3}<\log_2\frac{\sqrt{3}}{3}<\log_2\sqrt{3}<\log_2 3$

すなわち　$\boldsymbol{\log_{\frac{1}{2}}3<\log_{\frac{1}{4}}3<\log_4 3<\log_2 3}$

48 対数関数を含む方程式・不等式(p.110)

> **対数関数と方程式**
> $\log_a p=\log_a q \Longleftrightarrow p=q$

267 (1)　真数は正であるから

$x+3>0$　　ゆえに　$x>-3$ ……①　　⬅真数の条件

$\log_5(x+3)=\log_5 4$　より　$x+3=4$

よって　$\boldsymbol{x=1}$　(これは①を満たす)　　⬅確認する。

(2)　真数は正であるから

$3x-1>0$　　ゆえに　$x>\frac{1}{3}$ ……①　　⬅真数の条件

$1=\log_2 2$　であるから　$\log_2(3x-1)=\log_2 2$　　⬅$1=\log_2 2^1=\log_2 2$

よって　$3x-1=2$　より　$\boldsymbol{x=1}$　(これは①を満たす)　　⬅確認する。

(3)　真数 x^2+1 はつねに正である。

$1=\log_5 5$　であるから　$\log_5(x^2+1)=\log_5 5$

よって　$x^2+1=5$　より　$x^2=4$

ゆえに　$\boldsymbol{x=\pm 2}$

別解　対数の定義より　$\log_5(x^2+1)=1 \iff x^2+1=5^1$

よって　$\boldsymbol{x=\pm 2}$

←真数の条件

←底を 5 にそろえる。

←x^2+1 がつねに正なので $a>0$，$a \neq 1$，$M>0$ を満たすから $M=a^p \iff \log_a M=p$

268 (1)　真数は正であるから

$x-2>0$　よって　$x>2$ ……①

底の 2 は 1 より大きいから　←底と 1 との大小をチェック

$x-2<5$　ゆえに　$x<7$ ……②

①，②より　$\boldsymbol{2<x<7}$

(2)　真数は正であるから

$2x+1>0$　よって　$x>-\dfrac{1}{2}$ ……①

$2=\log_5 5^2=\log_5 25$　であるから

$\log_5(2x+1)>\log_5 25$

底の 5 は 1 より大きいから

$2x+1>25$　ゆえに　$x>12$ ……②

①，②より　$\boldsymbol{x>12}$

対数関数と不等式

$a>1$ のとき

$\log_a p<\log_a q \iff p<q$

$0<a<1$ のとき

$\log_a p<\log_a q \iff p>q$

（注意）

←底を 5 にそろえる。

←底と 1 との大小をチェック

269 (1)　真数は正であるから

$3x+2>0$　よって　$x>-\dfrac{2}{3}$ ……①

$\log_2(3x+2)=\log_2 5$　より　$3x+2=5$

ゆえに　$\boldsymbol{x=1}$　（これは①を満たす）

(2)　真数は正であるから

$x-1>0$　よって　$x>1$ ……①

$2\log_4(x-1)=3$　より　$\log_4(x-1)=\dfrac{3}{2}$

ここで，$\dfrac{3}{2}=\log_4 4^{\frac{3}{2}}=\log_4(2^2)^{\frac{3}{2}}=\log_4 2^3=\log_4 8$

であるから　$\log_4(x-1)=\log_4 8$

ゆえに　$x-1=8$　より　$\boldsymbol{x=9}$　（これは①を満たす）

←真数の条件

←確認する。

←真数の条件

←底を 4 にそろえる。

←確認する。

(注：真数の条件確認が必要な理由)

$2\log_4(x-1)=\log_4(x-1)^2$ ……Ⓐ

また　$3=\log_4 4^3=\log_4 64$

ゆえに　$\log_4(x-1)^2=\log_4 64$ ……Ⓑ

よって　$(x-1)^2=64$　より　$x-1=\pm 8$

すなわち　$x=9$ または $x=-7$

とした場合，$x=-7$ では，与えられた式

$2\log_4(x-1)=3$ ……Ⓒ

の真数が正にならない（$x=-7$ はⒸの解でない）。

しかし，$x=-7$ は，Ⓑでは真数が正となるので，Ⓑの解になっている。このようにⒷとⒸでは解が異なる。これは，Ⓐの変形で，左辺と右辺の真数を正にする x の値の範囲が異なるからである。

Ⓐのように式変形を行うときは，変形前の式で真数が正になるような x の値の範囲を考えておかなくてはならない。

←この解法の場合，①の条件を確認してから得られる解 $x=9$ が正しい解である。

270 (1) 真数は正であるから

$6x+4>0$　よって　$x>-\dfrac{2}{3}$ ……①

$2=\log_{10}10^2=\log_{10}100$　であるから

$\log_{10}(6x+4)\geqq\log_{10}100$

底の 10 は 1 より大きいから

$6x+4\geqq100$　ゆえに　$x\geqq16$ ……②

①，②より　$\boldsymbol{x\geqq16}$

⬅底を 10 にそろえる。

⬅底と 1 との大小をチェック

(2) 真数は正であるから

$3x-1>0$　よって　$x>\dfrac{1}{3}$ ……①

$-1=\log_{\frac{1}{2}}\left(\dfrac{1}{2}\right)^{-1}=\log_{\frac{1}{2}}2$　であるから

$\log_{\frac{1}{2}}(3x-1)>\log_{\frac{1}{2}}2$

底の $\dfrac{1}{2}$ は 1 より小さいから

$3x-1<2$　ゆえに　$x<1$ ……②

①，②より　$\boldsymbol{\dfrac{1}{3}<x<1}$

⬅底を $\dfrac{1}{2}$ にそろえる。

⬅底と 1 との大小をチェック

⬅$0<$底<1 のとき
$3x-1<2$ に注意！
↑
不等号の向きが変わる

(3) 真数は正であるから

$2x>0$　よって　$x>0$ ……①

$-2=\log_{\sqrt{2}}(\sqrt{2})^{-2}=\log_{\sqrt{2}}\dfrac{1}{2}$　であるから

$\log_{\sqrt{2}}2x\leqq\log_{\sqrt{2}}\dfrac{1}{2}$

底の $\sqrt{2}$ は 1 より大きいから

$2x\leqq\dfrac{1}{2}$　ゆえに　$x\leqq\dfrac{1}{4}$ ……②

①，②より　$\boldsymbol{0<x\leqq\dfrac{1}{4}}$

⬅底を $\sqrt{2}$ にそろえる。

⬅底と 1 との大小をチェック

271 (1) 真数は正であるから

$5x-3>0$　よって　$x>\dfrac{3}{5}$ ……①

$-1=\log_{\frac{1}{2}}\left(\dfrac{1}{2}\right)^{-1}=\log_{\frac{1}{2}}2$　より　$\log_{\frac{1}{2}}(5x-3)=\log_{\frac{1}{2}}2$

ゆえに　$5x-3=2$　より　$\boldsymbol{x=1}$　(これは①を満たす)

⬅真数の条件

⬅底を $\dfrac{1}{2}$ にそろえる。

⬅確認する。

(2) 真数は正であるから

$x-1>0$ かつ $x>0$

よって　$x>1$ ……①

与えられた方程式を変形すると

$\log_2 x(x-1)=\log_2 2^1$

ゆえに　$x(x-1)=2$　より　$x^2-x-2=0$

$(x-2)(x+1)=0$　より　$x=2,\ -1$

①より　$\boldsymbol{x=2}$

(注) (2)は方程式であるが，与えられた式を変形するので，変形前の式で真数が正になるような x の値の範囲を調べておく必要がある。

⬅$x-1>0 \iff x>1$
$x>1$ かつ $x>0$ より
$x>1$

⬅$\log_2(x-1)+\log_2 x$
$=\log_2 x(x-1)$
$1=\log_2 2^1=\log_2 2$

⬅問題 269 の（注）を参照。

272 (1) 真数は正であるから

$2x-3>0$ かつ $x-2>0$

よって $x>2$ ……①

底の2は1より大きいから

$2x-3>x-2$ ゆえに $x>1$ ……②

①，②より $\boldsymbol{x>2}$

(2) 真数は正であるから

$4x-2>0$ かつ $2x-8>0$

よって $x>4$ ……①

底の $\frac{1}{3}$ は1より小さいから

$4x-2>2x-8$ ゆえに $x>-3$ ……②

①，②より $\boldsymbol{x>4}$

◀$2x-3>0 \iff x>\frac{3}{2}$

$x-2>0 \iff x>2$

$x>\frac{3}{2}$ かつ $x>2$

より $x>2$

◀底と1との大小をチェック

◀底と1との大小をチェック

4章 指数関数・対数関数

JUMP 48

考え方 (1) 底をそろえる。

(2) $\log_2 x=t$ とおくと，t の2次方程式になる。

(1) 真数は正であるから

$x-3>0$ かつ $x-1>0$

よって $x>3$ ……①

また $\log_9(x-1)=\frac{\log_3(x-1)}{\log_3 9}=\frac{1}{2}\log_3(x-1)$

ゆえに $\log_3(x-3)=\frac{1}{2}\log_3(x-1)$

$2\log_3(x-3)=\log_3(x-1)$

$\log_3(x-3)^2=\log_3(x-1)$

したがって $(x-3)^2=x-1$

$x^2-6x+9=x-1$

$x^2-7x+10=0$

$(x-2)(x-5)=0$

より $x=2,\ 5$ ……②

①，②より $\boldsymbol{x=5}$

(2) 対数の真数は正であるから $x>0$ ……①

$\log_2 x=t$ とおくと $t^2-t-2=0$

$(t-2)(t+1)=0$

より $t=2,\ -1$

よって $\log_2 x=2$ または $\log_2 x=-1$

$\log_2 x=2$ のとき

$x=2^2=4$

$\log_2 x=-1$ のとき

$x=2^{-1}=\frac{1}{2}$

ゆえに，求める解は $\boldsymbol{x=4,\ \frac{1}{2}}$ (これらは①を満たす)

◀$2=\log_2 2^2=\log_2 4$

より $\log_2 x=\log_2 4$

よって $x=4$，

$-1=\log_2 2^{-1}=\log_2\frac{1}{2}$

より $\log_2 x=\log_2\frac{1}{2}$

よって $x=\frac{1}{2}$ としてもよい。

49 常用対数 (p.112)

常用対数
底を10とする対数

273 (1) $\log_{10}200=\log_{10}(2\times100)$

$=\log_{10}2+\log_{10}100=0.3010+2=\boldsymbol{2.3010}$

(2) $\log_{10}0.03=\log_{10}\frac{3}{100}=\log_{10}3-\log_{10}100$

$=0.4771-2=\boldsymbol{-1.5229}$

◀$\log_{10}2=0.3010$

◀$\log_{10}3=0.4771$

(3) $\log_{10}12=\log_{10}(2^2\times3)=2\log_{10}2+\log_{10}3$
$=2\times0.3010+0.4771=\mathbf{1.0791}$

⇐ $12=2^2\times3$ を用いて，$\log_{10}12$ を $\log_{10}2$ と $\log_{10}3$ で表す。

274 2^{100} の常用対数をとると
$\log_{10}2^{100}=100\log_{10}2=100\times0.3010=30.10$
よって　$30<\log_{10}2^{100}<31$
ゆえに　$10^{30}<2^{100}<10^{31}$
したがって，2^{100} は **31 桁**の数

⇐ $30\log_{10}10<\log_{10}2^{100}<31\log_{10}10$ より $\log_{10}10^{30}<\log_{10}2^{100}<\log_{10}10^{31}$

***N* が *n* 桁の整数**
$\Longleftrightarrow$ $10^{n-1}\leqq N<10^n$
$\Longleftrightarrow$ $n-1\leqq\log_{10}N<n$

275 (1) $\log_{10}6=\log_{10}(2\times3)=\log_{10}2+\log_{10}3=\boldsymbol{a+b}$

(2) $\log_{10}\dfrac{2}{3}=\log_{10}2-\log_{10}3=\boldsymbol{a-b}$

(3) $\log_{10}50=\log_{10}\dfrac{100}{2}=\log_{10}100-\log_{10}2$
$=\log_{10}10^2-\log_{10}2=\boldsymbol{2-a}$

⇐ $\log_{10}100=\log_{10}10^2=2\log_{10}10=2$

(4) $\log_{10}\sqrt[3]{12}=\log_{10}12^{\frac{1}{3}}=\dfrac{1}{3}\log_{10}(2^2\times3)=\dfrac{1}{3}(\log_{10}2^2+\log_{10}3)$
$=\dfrac{1}{3}(2\log_{10}2+\log_{10}3)=\boldsymbol{\dfrac{2a+b}{3}}$

(5) $\log_2 9=\dfrac{\log_{10}9}{\log_{10}2}=\dfrac{2\log_{10}3}{\log_{10}2}=\boldsymbol{\dfrac{2b}{a}}$

⇐ $\log_{10}9=\log_{10}3^2=2\log_{10}3$

276 3^{100} の常用対数をとると
$\log_{10}3^{100}=100\log_{10}3=100\times0.4771=47.71$
よって　$47<\log_{10}3^{100}<48$
ゆえに　$10^{47}<3^{100}<10^{48}$
したがって，3^{100} は **48 桁**の数

⇐ $n-1\leqq\log_{10}N<n$
⇐ $47\log_{10}10<\log_{10}3^{100}<48\log_{10}10$ より $\log_{10}10^{47}<\log_{10}3^{100}<\log_{10}10^{48}$

277 $\log_{10}\left(\dfrac{1}{2}\right)^{50}=\log_{10}2^{-50}=-50\log_{10}2$
$=-50\times0.3010=-15.05$
よって　$-16<\log_{10}\left(\dfrac{1}{2}\right)^{50}<-15$
ゆえに　$10^{-16}<\left(\dfrac{1}{2}\right)^{50}<10^{-15}$
したがって，**小数第 16 位**にはじめて 0 でない数が現れる。

⇐ $\left(\dfrac{1}{2}\right)^{50}=(2^{-1})^{50}=2^{-50}$
⇐ $\log_{10}2=0.3010$

***M* が小数第 *n* 位**
$\Longleftrightarrow$ $10^{-n}\leqq M<10^{-(n-1)}$
$\Longleftrightarrow$ $-n\leqq\log_{10}M<-(n-1)$

JUMP 49
1 枚で 80 %の微粒子を除去できるから，n 枚で微粒子は 0.2^n にできる。これが 0.01 %以下になればよいから
$0.2^n\leqq0.0001$
両辺の常用対数をとると
$\log_{10}0.2^n\leqq\log_{10}0.0001$
$n\log_{10}0.2\leqq\log_{10}0.0001$
$n\log_{10}(2\times10^{-1})\leqq\log_{10}10^{-4}$
$n(\log_{10}2+\log_{10}10^{-1})\leqq\log_{10}10^{-4}$
$n(\log_{10}2-1)\leqq-4$
$n(0.3010-1)\leqq-4$
$-0.6990n\leqq-4$
よって　$n\geqq5.7\cdots$
ゆえに，**少なくとも 6 枚必要**。

考え方　n 枚のフィルターで残る微粒子を考える。
⇐ $\log_{10}2=0.3010$
⇐ フィルターの枚数は整数。

まとめの問題　対数関数(p.114)

1 (1) $\log_2 32=\log_2 2^5=5\log_2 2=\mathbf{5}$

(2) $\log_{10}\sqrt{1000}=\log_{10}\sqrt{10^3}=\log_{10}10^{\frac{3}{2}}=\frac{3}{2}\log_{10}10=\mathbf{\frac{3}{2}}$

(3) $\log_3\frac{9}{2}+\log_3 18=\log_3\left(\frac{9}{2}\times 18\right)=\log_3 81=\log_3 3^4=\mathbf{4}$

(4) $\log_{\frac{1}{2}}96-\log_{\frac{1}{2}}3=\log_{\frac{1}{2}}\frac{96}{3}=\log_{\frac{1}{2}}32$

$=\log_{\frac{1}{2}}2^5=\log_{\frac{1}{2}}\left(\frac{1}{2}\right)^{-5}=\mathbf{-5}$

(5) $\log_3 25\cdot\log_5\frac{1}{3}=\log_3 25\times\frac{\log_3\frac{1}{3}}{\log_3 5}=\log_3 5^2\times\frac{\log_3 3^{-1}}{\log_3 5}$　⬅底を3にそろえる。

$=2\log_3 5\times\frac{-\log_3 3}{\log_3 5}=\mathbf{-2}$

別解　$\log_3 25\cdot\log_5\frac{1}{3}=\frac{\log_5 25}{\log_5 3}\times\log_5\frac{1}{3}=\frac{\log_5 5^2}{\log_5 3}\times\log_5 3^{-1}$　⬅底を5にそろえる。

$=\frac{2\log_5 5}{\log_5 3}\times(-\log_5 3)=\mathbf{-2}$

2 (1)

(2) (1)のグラフより

最大値は，$x=\frac{1}{9}$ のとき

$y=\log_{\frac{1}{3}}\frac{1}{9}=\log_{\frac{1}{3}}\left(\frac{1}{3}\right)^2=\mathbf{2}$

最小値は，$x=3$ のとき

$y=\log_{\frac{1}{3}}3=\log_{\frac{1}{3}}\left(\frac{1}{3}\right)^{-1}=\mathbf{-1}$

(3) 真数の大小を比較すると $\frac{1}{5}<0.5<5$　⬅グラフから考えてもよい。

底の $\frac{1}{3}$ は1より小さいから　$\mathbf{\log_{\frac{1}{3}}5<\log_{\frac{1}{3}}0.5<\log_{\frac{1}{3}}\frac{1}{5}}$

3 (1) 真数は正であるから

$x^2>0$　よって　$x\neq 0$ ……①

$2=\log_2 2^2=\log_2 4$　であるから　$\log_2 x^2=\log_2 4$

よって　$x^2=4$　より　$\mathbf{x=\pm 2}$　(これは①を満たす)

(2) 真数は正であるから

$x>0$ かつ $x-8>0$

よって　$x>8$ ……①

$2=\log_3 3^2=\log_3 9$　であるから

$\log_3 x+\log_3(x-8)=\log_3 9$

$\log_3 x(x-8)=\log_3 9$

ゆえに　$x(x-8)=9$　より　$x^2-8x-9=0$

$(x+1)(x-9)=0$　より　$x=-1,\ 9$ ……②

①，②より　$\mathbf{x=9}$

(3) 真数は正であるから

$x>0$ かつ $3x-2>0$

よって　$x>\frac{2}{3}$ ……①

$\log_3 x^2>\log_3(3x-2)$

底の 3 は 1 より大きいから

$x^2>3x-2$

$x^2-3x+2>0$

$(x-1)(x-2)>0$

よって　$x<1,\ 2<x$ ……②

①，②より　$\boldsymbol{\frac{2}{3}<x<1,\ 2<x}$

⬅底と 1 との大小をチェック

(4) 真数は正であるから

$x>0$ かつ $2x+3>0$ かつ $2x+1>0$

よって　$x>0$ ……①

$\log_{\frac{1}{3}} x(2x+3)>\log_{\frac{1}{3}}(2x+1)$

底の $\frac{1}{3}$ は 1 より小さいから

$x(2x+3)<2x+1$

$2x^2+3x<2x+1$

$2x^2+x-1<0$

$(2x-1)(x+1)<0$

よって　$-1<x<\frac{1}{2}$ ……②

①，②より　$\boldsymbol{0<x<\frac{1}{2}}$

⬅底と 1 との大小をチェック

4 (1) 2^{40} の常用対数をとると

$\log_{10} 2^{40}=40\log_{10} 2=40\times 0.3010=12.04$

よって　$12<\log_{10} 2^{40}<13$

ゆえに　$10^{12}<2^{40}<10^{13}$

したがって，2^{40} は **13 桁**の数

N が n 桁の整数
$\Longleftrightarrow\ 10^{n-1}\leqq N<10^n$
$\Longleftrightarrow\ n-1\leqq\log_{10} N<n$

(2) $\left(\frac{1}{6}\right)^{30}$ の常用対数をとると

$$\log_{10}\left(\frac{1}{6}\right)^{30}=\log_{10} 6^{-30}=-30\log_{10} 6=-30\log_{10}(2\times 3)$$
$$=-30\times(\log_{10} 2+\log_{10} 3)=-30\times(0.3010+0.4771)$$
$$=-30\times 0.7781=-23.343$$

よって　$-24<\log_{10}\left(\frac{1}{6}\right)^{30}<-23$

ゆえに　$10^{-24}<\left(\frac{1}{6}\right)^{30}<10^{-23}$

したがって，**小数第 24 位**にはじめて 0 でない数字が現れる。

M が小数第 n 位
$\Longleftrightarrow\ 10^{-n}\leqq M<10^{-(n-1)}$
$\Longleftrightarrow\ -n\leqq\log_{10} M<-(n-1)$

50 平均変化率と微分係数(p.116)

278 (1)　$f(2)=3\times2^2-2=10$，$f(3)=3\times3^2-3=24$　より

$$\frac{f(3)-f(2)}{3-2}=\frac{24-10}{1}=\mathbf{14}$$

(2)　$f(0)=3\times0^2-0=0$，$f(h)=3h^2-h$　より

$$\frac{f(h)-f(0)}{h-0}=\frac{3h^2-h}{h}=\frac{h(3h-1)}{h}=\mathbf{3h-1}$$

$f(x)$ の a から b までの平均変化率 $\dfrac{f(b)-f(a)}{b-a}$

279 $f'(2)=\lim_{h\to0}\dfrac{f(2+h)-f(2)}{h}$

$=\lim_{h\to0}\dfrac{\{(2+h)^2+(2+h)\}-(2^2+2)}{h}$

$=\lim_{h\to0}\dfrac{(4+4h+h^2+2+h)-(4+2)}{h}$

$=\lim_{h\to0}\dfrac{h^2+5h}{h}=\lim_{h\to0}\dfrac{h(h+5)}{h}$　←h でくくり，約分する。

$=\lim_{h\to0}(h+5)=\mathbf{5}$

微分係数
$f'(a)=\lim_{h\to0}\dfrac{f(a+h)-f(a)}{h}$

280 (1)　$f(0)=3\times0^2+2=2$，$f(2)=3\times2^2+2=14$　より

$$\frac{f(2)-f(0)}{2-0}=\frac{14-2}{2}=\mathbf{6}$$

(2)　$f(-2)=3\times(-2)^2+2=14$，$f(1)=3\times1^2+2=5$　より

$$\frac{f(1)-f(-2)}{1-(-2)}=\frac{5-14}{3}=\mathbf{-3}$$

281 (1)　$f'(3)=\lim_{h\to0}\dfrac{f(3+h)-f(3)}{h}$

$=\lim_{h\to0}\dfrac{\{2(3+h)-3\}-(2\times3-3)}{h}$

$=\lim_{h\to0}\dfrac{2h}{h}$

$=\lim_{h\to0}2=\mathbf{2}$　←h を約分する。

(2)　$f'(-1)=\lim_{h\to0}\dfrac{f(-1+h)-f(-1)}{h}$

$=\lim_{h\to0}\dfrac{\{(-1+h)^2+1\}-\{(-1)^2+1\}}{h}$

$=\lim_{h\to0}\dfrac{(1-2h+h^2+1)-(1+1)}{h}$　←展開する。

$=\lim_{h\to0}\dfrac{-2h+h^2}{h}=\lim_{h\to0}\dfrac{h(-2+h)}{h}$　←h でくくり，約分する。

$=\lim_{h\to0}(-2+h)=\mathbf{-2}$

282 (1)　$f(a)=a^2+a$，$f(b)=b^2+b$　より

$\dfrac{f(b)-f(a)}{b-a}=\dfrac{(b^2+b)-(a^2+a)}{b-a}=\dfrac{b^2-a^2+b-a}{b-a}$

$=\dfrac{(b-a)(b+a)+(b-a)}{b-a}$

$=\dfrac{(b-a)(b+a+1)}{b-a}$　←$b-a$ でくくり，約分する。

$=\mathbf{a+b+1}$

(2) $f(a)=a^2+a$, $f(a+h)=(a+h)^2+(a+h)$ より

$$\frac{f(a+h)-f(a)}{(a+h)-a}=\frac{(a^2+2ah+h^2+a+h)-(a^2+a)}{h}$$
$$=\frac{2ah+h^2+h}{h}=\frac{h(2a+h+1)}{h}$$
$$=\mathbf{2a+h+1}$$

⬅h でくくり，約分する。

283 (1) $$f'(0)=\lim_{h\to0}\frac{f(0+h)-f(0)}{h}$$
$$=\lim_{h\to0}\frac{(2h^2+3h-1)-(-1)}{h}$$
$$=\lim_{h\to0}\frac{2h^2+3h}{h}=\lim_{h\to0}\frac{h(2h+3)}{h}$$
$$=\lim_{h\to0}(2h+3)=\mathbf{3}$$

⬅h でくくり，約分する。

(2) $$f'(1)=\lim_{h\to0}\frac{f(1+h)-f(1)}{h}$$
$$=\lim_{h\to0}\frac{\{2(1+h)^2+3(1+h)-1\}-\{2\times1^2+3\times1-1\}}{h}$$
$$=\lim_{h\to0}\frac{\{2(1+2h+h^2)+3(1+h)-1\}-(2+3-1)}{h}$$
$$=\lim_{h\to0}\frac{7h+2h^2}{h}=\lim_{h\to0}\frac{h(7+2h)}{h}$$
$$=\lim_{h\to0}(7+2h)=\mathbf{7}$$

⬅展開する。

⬅h でくくり，約分する。

JUMP 50

$$f'(a)=\lim_{h\to0}\frac{f(a+h)-f(a)}{h}$$
$$=\lim_{h\to0}\frac{\{(a+h)^3+4(a+h)\}-(a^3+4a)}{h}$$
$$=\lim_{h\to0}\frac{(a^3+3a^2h+3ah^2+h^3+4a+4h)-(a^3+4a)}{h}$$
$$=\lim_{h\to0}\frac{3a^2h+3ah^2+h^3+4h}{h}=\lim_{h\to0}\frac{h(3a^2+3a+h^2+4)}{h}$$
$$=\lim_{h\to0}(3a^2+3ah+h^2+4)=\mathbf{3a^2+4}$$

考え方 微分係数は $f'(a)=\lim_{h\to0}\frac{f(a+h)-f(a)}{h}$

⬅$(a+h)^3=a^3+3a^2h+3ah^2+h^3$

⬅h でくくり，約分する。

51 導関数の計算(1) (p.118)

284 $$f'(x)=\lim_{h\to0}\frac{f(x+h)-f(x)}{h}$$
$$=\lim_{h\to0}\frac{\{(x+h)^2+3\}-(x^2+3)}{h}$$
$$=\lim_{h\to0}\frac{(x^2+2xh+h^2+3)-(x^2+3)}{h}$$
$$=\lim_{h\to0}\frac{2xh+h^2}{h}=\lim_{h\to0}\frac{h(2x+h)}{h}$$
$$=\lim_{h\to0}(2x+h)=\mathbf{2x}$$

導関数
$f'(x)=$
$\lim_{h\to0}\frac{f(x+h)-f(x)}{h}$

285 (1) $y'=(2x^3)'=2(x^3)'=2\times3x^2=\mathbf{6x^2}$

(2) $y'=(-7x)'=-7(x)'=-7\times1=\mathbf{-7}$

(3) $y'=(x^2-3x)'=(x^2)'-3(x)'$
$=2x-3\times1=\mathbf{2x-3}$

(4) $y'=(-5)'=\mathbf{0}$

$(x^3)'=3x^2$
$(x^2)'=2x$
$(x)'=1$
$(c)'=0$ (c は定数)

$\{kf(x)\}'=kf'(x)$
$\{f(x)\pm g(x)\}'$
$=f'(x)\pm g'(x)$
(複号同順)

286 (1) $y'=(3x)'=3(x)'=3\times1=\mathbf{3}$

(2) $y'=(-4x^2)'=-4(x^2)'=-4\times2x=\mathbf{-8x}$

(3) $y'=(-2x+7)'=-2(x)'+(7)'=-2\times1+0=\mathbf{-2}$

(4) $y'=(3x^3-3)'=3(x^3)'-(3)'=3\times3x^2-0=\mathbf{9x^2}$

(5) $y'=(5x^3+6x)'=5(x^3)'+6(x)'=5\times3x^2+6\times1=\mathbf{15x^2+6}$

287 (1) $y=x^2(3x+2)=3x^3+2x^2$　より

$y'=(3x^3+2x^2)'$

$=3(x^3)'+2(x^2)'=\mathbf{9x^2+4x}$

⬅展開してから微分する。

(2) $y=(x+1)(x+3)=x^2+4x+3$　より

$y'=(x^2+4x+3)'$

$=(x^2)'+4(x)'+(3)'=\mathbf{2x+4}$

(3) $y=(3x+1)^2=9x^2+6x+1$　より

$y'=(9x^2+6x+1)'$

$=9(x^2)'+6(x)'+(1)'=\mathbf{18x+6}$

288 (1) $y'=(x^2+x+1)'$

$=(x^2)'+(x)'+(1)'=2x+1+0=\mathbf{2x+1}$

(2) $y'=(-x^3+6x^2-1)'$

$=-(x^3)'+6(x^2)'-(1)'$

$=-3x^2+6\times2x-0=\mathbf{-3x^2+12x}$

(3) $y'=\left(\frac{1}{3}x^3+\frac{1}{2}x^2+x+1\right)'$

$=\frac{1}{3}(x^3)'+\frac{1}{2}(x^2)'+(x)'+(1)'$

$=\frac{1}{3}\times3x^2+\frac{1}{2}\times2x+1+0=\mathbf{x^2+x+1}$

289 (1) $y=(2x+1)(2x-1)=4x^2-1$　より

⬅$(a+b)(a-b)=a^2-b^2$

$y'=(4x^2-1)'$

$=4(x^2)'-(1)'=\mathbf{8x}$

(2) $y=(x-3)(x^2+3x+9)=x^3-27$　より

⬅$(a-b)(a^2+ab+b^2)=a^3-b^3$

$y'=(x^3-27)'$

$=(x^3)'-(27)'=\mathbf{3x^2}$

(3) $y=(2x+1)^3=8x^3+12x^2+6x+1$　より

⬅$(a+b)^3=a^3+3a^2b+3ab^2+b^3$

$y'=(8x^3+12x^2+6x+1)'$

$=8(x^3)'+12(x^2)'+6(x)'+(1)'=\mathbf{24x^2+24x+6}$

JUMP 51

考え方　次数が上がっても $f'(x)=\lim_{h\to0}\frac{f(x+h)-f(x)}{h}$

$$f'(x)=\lim_{h\to0}\frac{f(x+h)-f(x)}{h}$$

$$=\lim_{h\to0}\frac{\{(x+h)^3-2(x+h)^2\}-(x^3-2x^2)}{h}$$

$$=\lim_{h\to0}\frac{\{(x^3+3x^2h+3xh^2+h^3)-2(x^2+2xh+h^2)\}-(x^3-2x^2)}{h}$$

⬅展開する。

$$=\lim_{h\to0}\frac{3x^2h+3xh^2+h^3-4xh-2h^2}{h}$$

$$=\lim_{h\to0}\frac{h(3x^2+3xh+h^2-4x-2h)}{h}$$

$$=\lim_{h\to0}(3x^2+3xh+h^2-4x-2h)=\mathbf{3x^2-4x}$$

⬅h を約分して $h\to0$ とする。

52 導関数の計算(2) (p.120)

290 (1) $f'(x)=(2x^2-4x+4)'$

$=2(x^2)'-4(x)'+(4)'$

$=2\times 2x-4\times 1+0=4x-4$

よって　$f'(1)=4\times 1-4=\mathbf{0}$

(2) (1)より　$f'(x)=4x-4$

よって　$f'(a)=\boldsymbol{4a-4}$

(3) (2)より　$f'(a)=4a-4=8$

よって　$a=\mathbf{3}$

⬅$f'(x)$ を求めてから数値を代入する。

291 $\dfrac{dy}{dt}=\dfrac{1}{2}g\times 2t=\boldsymbol{gt}$

⬅y を t の2次関数とみる。
$\dfrac{dy}{dt}$：y を t で微分するという記号

292 $f'(x)=3x^2+4x$　より

(1) $f'(1)=3\times 1^2+4\times 1=\mathbf{7}$

(2) $f'(-2)=3\times(-2)^2+4\times(-2)=\mathbf{4}$

⬅$f'(x)$ を求めてから数値を代入する。

293 (1) $f'(x)=6x-5$　であるから

$f'(a)=\boldsymbol{6a-5}$

(2) (1)より　$f'(a)=6a-5=1$

よって　$\boldsymbol{a=1}$

⬅$f'(x)$ を求めてから $x=a$ を代入する。

294 (1) $\dfrac{dK}{dv}=\dfrac{1}{2}m\times 2v=\boldsymbol{mv}$

(2) $\dfrac{dx}{dt}=\dfrac{1}{2}a\times 2t+v\times 1=\boldsymbol{at+v}$

⬅K を v の2次関数とみる。(m は定数扱い)

⬅x を t の2次関数とみる。(a, v は定数扱い)

295 $f(x)=(x-2)^3=x^3-6x^2+12x-8$　より

$f'(x)=3x^2-12x+12$　であるから

(1) $f'(2)=3\times 2^2-12\times 2+12=\mathbf{0}$

(2) $f'(-1)=3\times(-1)^2-12\times(-1)+12=\mathbf{27}$

⬅$(a-b)^3=a^3-3a^2b+3ab^2-b^3$

296 $f'(x)=3x^2-6$　であるから

$f'(a)=3a^2-6$

(1) $f'(a)=3a^2-6=6$　より

$a^2=4$　よって　$a=\mathbf{\pm 2}$

(2) $f'(a)=3a^2-6=-6$　より

$a^2=0$　よって　$a=\mathbf{0}$

⬅$f'(x)$ を求めてから $x=a$ を代入する。

297 (1) $\dfrac{dV}{dr}=\pi h\times 2r=\boldsymbol{2\pi rh}$

(2) $\dfrac{dV}{dh}=\pi r^2\times 1=\boldsymbol{\pi r^2}$

⬅V を r の2次関数とみる。(h は定数扱い)

⬅V を h の1次関数とみる。(r は定数扱い)

JUMP 52

$f'(x)=4x+a$ であるから

$f'(2)=8+a=5$　より　$\boldsymbol{a=-3}$

このとき，$f(x)=2x^2-3x+b$ となるから

$f(-1)=2+3+b=4$　より　$\boldsymbol{b=-1}$

考え方　まず，$f'(x)$ を考えて a を求める。

53 接線の方程式(p.122)

> **接線の方程式**
> $y=f(x)$上の点$(a, f(a))$
> における接線の方程式
> $y-f(a)=f'(a)(x-a)$

298 $f(x)=x^2+4x$ とおくと

$f'(x)=2x+4$

よって　$f'(1)=2\times1+4=6$

したがって，求める接線の方程式は

$y-5=6(x-1)$

すなわち　$\boldsymbol{y=6x-1}$

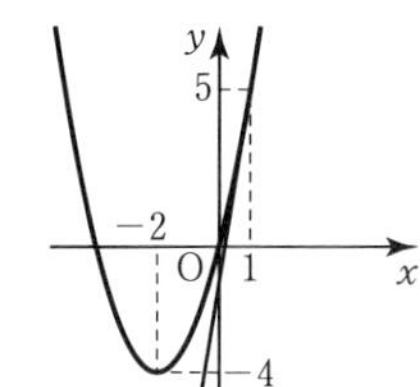

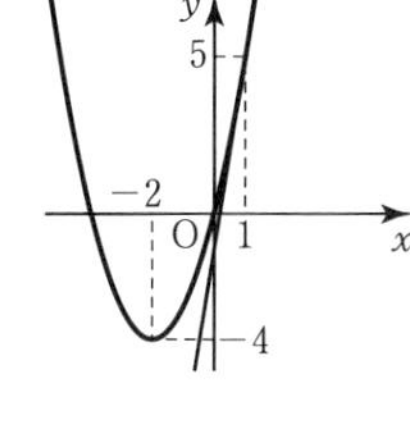

299 $f(x)=2x^2-3x$ とおくと

$f'(x)=4x-3$

よって　$f'(a)=4a-3$

したがって，求める接線の方程式は

$y-(2a^2-3a)=(4a-3)(x-a)$

$y=(4a-3)x-(4a-3)a+2a^2-3a$

すなわち　$\boldsymbol{y=(4a-3)x-2a^2}$

⬅xの係数は$4a-3$
定数項はまとめる。

300 (1) $f(x)=-x^2+1$ とおくと

$f'(x)=-2x$

よって　$f'(2)=-2\times2=-4$

したがって，求める接線の方程式は

$y+3=-4(x-2)$

すなわち　$\boldsymbol{y=-4x+5}$

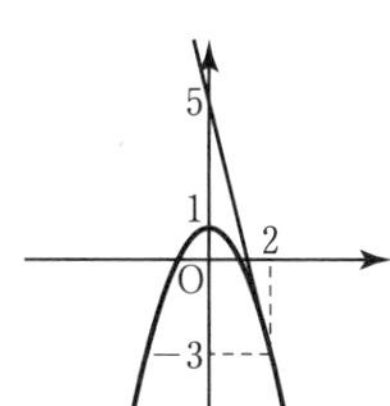

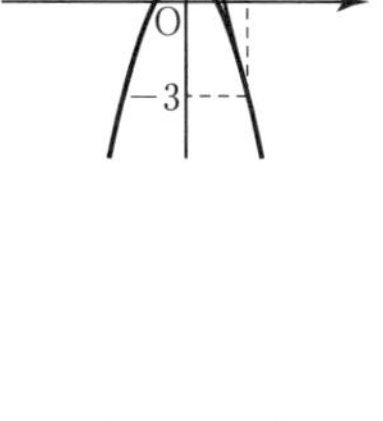

(2) x軸との交点では，y座標が0であるから

$-x^2+1=0$　より　$x^2=1$

すなわち　$x=\pm1$

よって，交点は　(1，0)，(−1，0)

また，(1)より　$f'(x)=-2x$ であるから，

点(1，0)における接線の方程式は

$f'(1)=-2$ より　$y-0=-2(x-1)$

すなわち　$\boldsymbol{y=-2x+2}$

点(−1，0)における接線の方程式は

$f'(-1)=2$ より　$y-0=2(x+1)$

すなわち　$\boldsymbol{y=2x+2}$

⬅x軸…$y=0$

(3) (1)より　$f'(x)=-2x$ であるから，

接点を$(a,\ -a^2+1)$とおくと，

接線の傾きについて

$f'(a)=-2a=4$　より　$a=-2$

接点のy座標は

$-a^2+1=-(-2)^2+1=-3$

よって，接点は(−2，−3)

ゆえに，求める接線の方程式は

$y+3=4(x+2)$　すなわち　$\boldsymbol{y=4x+5}$

⬅接点のx座標をaとおく。

⬅点(−2，−3)における接線の方程式

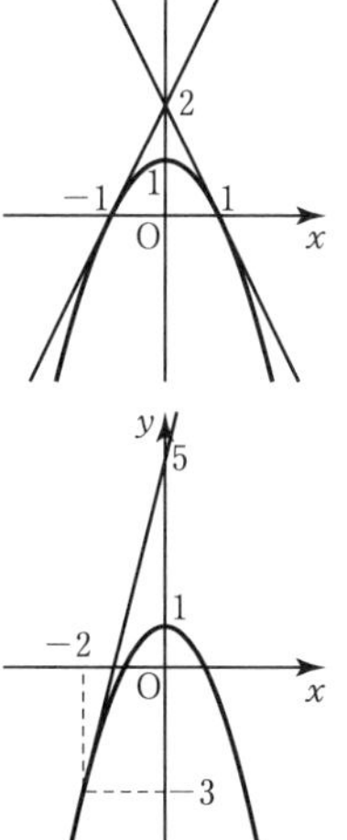

301 (1) $f(x)=x^2+4x+4$ とおくと

$f'(x)=2x+4$

よって　$f'(0)=2\times0+4=4$

したがって，求める接線の方程式は

$y-4=4(x-0)$

すなわち　$\boldsymbol{y=4x+4}$

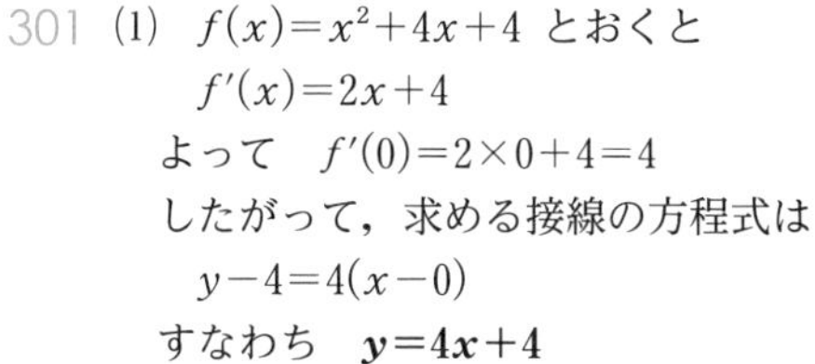

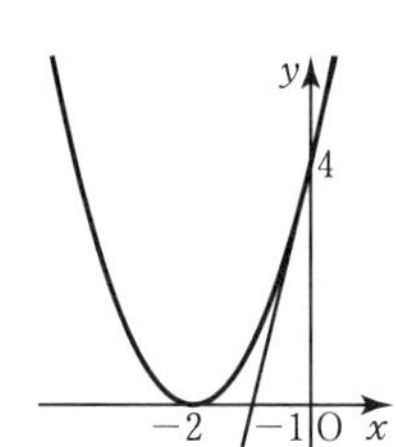

5章 微分法と積分法

(2) (1)より $f'(x)=2x+4$ であるから，
接点を $(a,\ a^2+4a+4)$ とおくと，
接線の傾きについて
$f'(a)=2a+4=6$ より $a=1$
接点の y 座標は
$a^2+4a+4=1^2+4\times1+4=9$
よって 接点は $(1,\ 9)$
ゆえに，求める接線の方程式は
$y-9=6(x-1)$
すなわち $\boldsymbol{y=6x+3}$

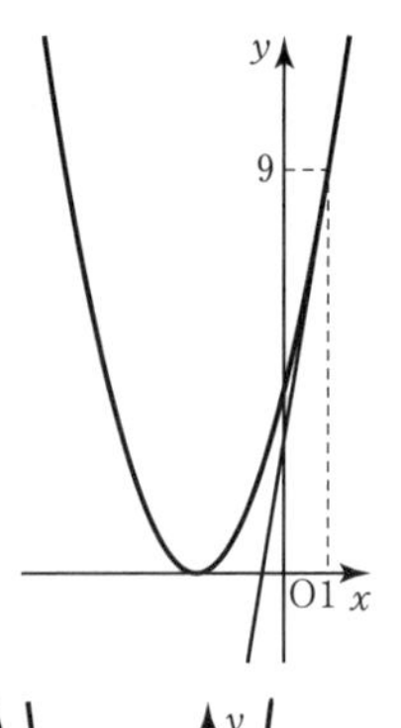

⬅接点の x 座標を a とおく。

(3) (1)より $f'(x)=2x+4$ であるから，
接点を $(a,\ a^2+4a+4)$ とおくと，
接線の傾きは
$f'(a)=2a+4$
ゆえに，接線の方程式は
$y-(a^2+4a+4)=(2a+4)(x-a)$
すなわち
$y=(2a+4)x-a^2+4$ ……①
これが点 $(-1,\ -8)$ を通るから
$-8=(2a+4)\times(-1)-a^2+4$
$a^2+2a-8=0$
$(a-2)(a+4)=0$ より $a=2,\ -4$
これらを①に代入して，求める接線の方程式は
$a=2$ のとき $\boldsymbol{y=8x}$
$a=-4$ のとき $\boldsymbol{y=-4x-12}$

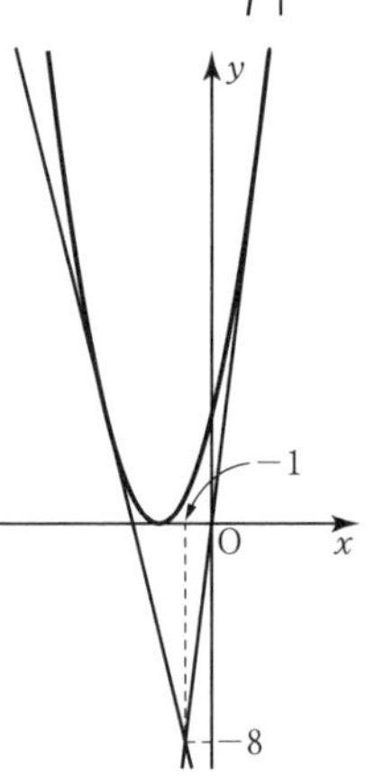

⬅接点の x 座標を a とおく。

⬅点 $(-1,\ -8)$ を代入して，a を求める。

JUMP 53

考え方 垂直な2直線の傾きの積が -1 であることを利用する。

$f(x)=-x^2$ とおくと $f'(x)=-2x$
$\mathrm{A}(a,\ -a^2)$ とすると，点Aにおける接線の傾きは
$f'(a)=-2a$
また，直線ABの傾きは
$$\frac{1-(-a^2)}{-5-a}=-\frac{a^2+1}{a+5}$$
直線ABと点Aにおける接線は直交するから
$$-\frac{a^2+1}{a+5}\times(-2a)=-1$$
$2a^3+3a+5=0$
$(a+1)(2a^2-2a+5)=0$
a は実数だから $a=-1$
よって $\mathbf{A(-1,\ -1)}$
このとき，直線ABの傾きは
$$-\frac{(-1)^2+1}{-1+5}=-\frac{2}{4}=-\frac{1}{2}$$
直線ABは点B$(-5,\ 1)$ を通るので
$y-1=-\frac{1}{2}(x+5)$ すなわち $\boldsymbol{y=-\frac{1}{2}x-\frac{3}{2}}$

⬅2点 $(x_1,\ y_1)$，$(x_2,\ y_2)$ を通る直線の傾きは $\frac{y_2-y_1}{x_2-x_1}$

⬅$2a^2-2a+5=0$ の判別式を D とすると
$\frac{D}{4}=(-1)^2-2\times5=-9<0$
よって，実数解なし。

54 関数の増減と極大・極小 (p.124)

302 (1) $y'=3x^2+6x=3x(x+2)$
$y'=0$ を解くと $x=0,\ -2$

よって，増減表は次のようになる。

x	$\cdots$	-2	$\cdots$	0	$\cdots$
y'	$+$	0	$-$	0	$+$
y	↗	2	↘	-2	↗

したがって，y は

区間 $x \leqq -2$，$0 \leqq x$ で増加し，

区間 $-2 \leqq x \leqq 0$ で減少する。

(2) (1)の増減表より，y は

$x=-2$ で**極大値 2**

$x=0$ で**極小値 -2** をとる。

また，グラフは右の図のようになる。

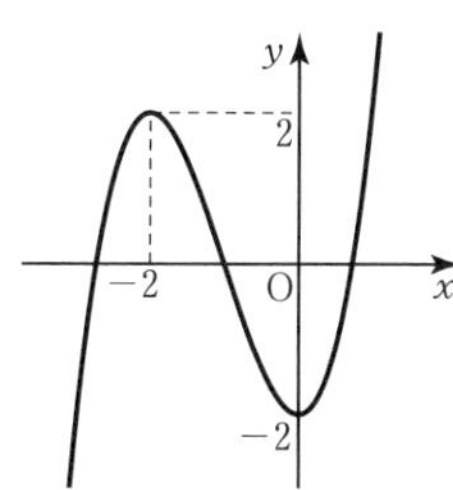

⬅y' のグラフは

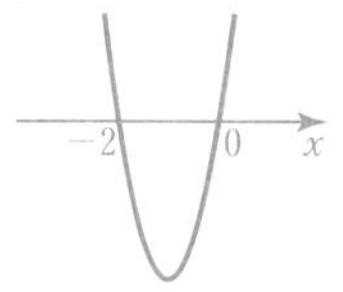

のようになるから

$x<-2$，$0<x$ のとき $y'>0$

$x=-2$，0 のとき $y'=0$

$-2<x<0$ のとき $y'<0$

$\begin{cases} y'>0 \Rightarrow y \text{ は増加} \\ y'<0 \Rightarrow y \text{ は減少} \end{cases}$

303 (1) $y'=-3x^2+6x=-3x(x-2)$

$y'=0$ を解くと $x=0$，2

よって，増減表は次のようになる。

x	$\cdots$	0	$\cdots$	2	$\cdots$
y'	$-$	0	$+$	0	$-$
y	↘	-2	↗	2	↘

⬅y' の符号に注意。

したがって，y は

$x=0$ で**極小値 -2**

$x=2$ で**極大値 2** をとる。

また，グラフは右の図のようになる。

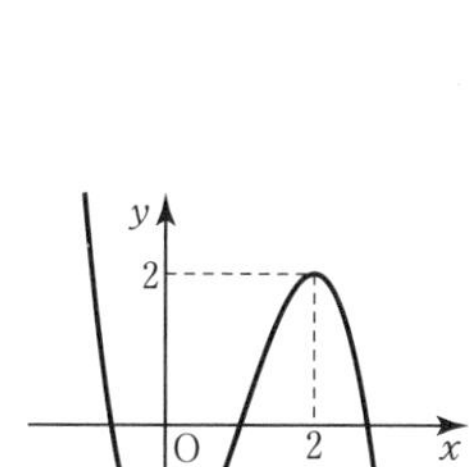

(2) $y'=3x^2-3=3(x+1)(x-1)$

$y'=0$ を解くと $x=1$，-1

よって，増減表は次のようになる。

x	$\cdots$	-1	$\cdots$	1	$\cdots$
y'	$+$	0	$-$	0	$+$
y	↗	0	↘	-4	↗

したがって，y は

$x=-1$ で**極大値 0**

$x=1$ で**極小値 -4** をとる。

また，グラフは右の図のようになる。

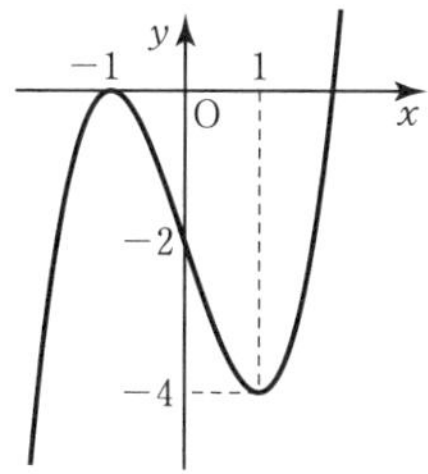

304 (1) $y'=-3x^2-3x=-3x(x+1)$

$y'=0$ を解くと $x=0$，-1

よって，増減表は次のようになる。

x	$\cdots$	-1	$\cdots$	0	$\cdots$
y'	$-$	0	$+$	0	$-$
y	↘	$\frac{1}{2}$	↗	1	↘

したがって，y は

$x=-1$ で**極小値 $\frac{1}{2}$**

$x=0$ で**極大値 1**

をとる。

また，グラフは右の図のようになる。

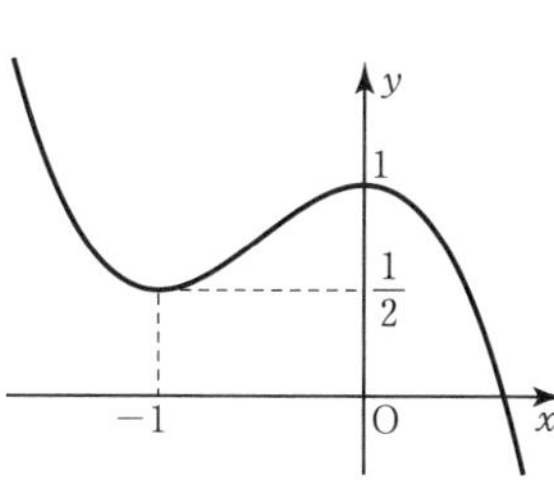

5章 微分法と積分法

(2)　$y'=3x^2-12x+12=3(x-2)^2$

$y'=0$ を解くと　$x=2$（重解）

よって，増減表は次のようになる。

x	$\cdots$	2	$\cdots$
y'	$+$	0	$+$
y	↗	3	↗

したがって，y は**極値をもたない。**

また，グラフは右の図のようになる。

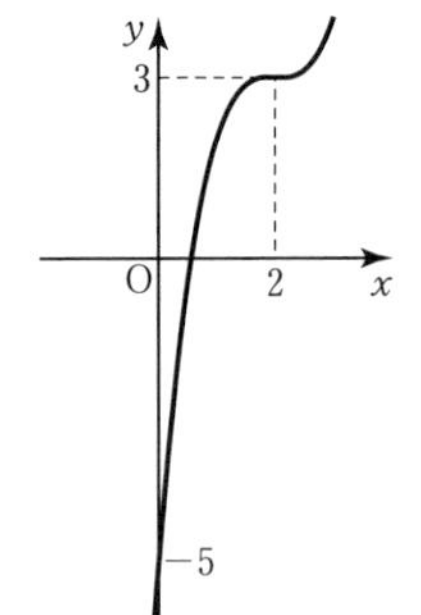

JUMP 54

$f'(x)=3x^2+a$

$f(x)$ が $x=-2$ で極大値をとるから

$f'(-2)=12+a=0$　より　$\boldsymbol{a=-12}$

このとき　$f(x)=x^3-12x+b$

また　$f(-2)=-8+24+b=22$　より　$\boldsymbol{b=6}$

よって　$f(x)=x^3-12x+6$

$f'(x)=3x^2-12=3(x+2)(x-2)$

$f'(x)=0$ を解くと　$x=2,\ -2$

よって，増減表は次のようになる。

x	$\cdots$	-2	$\cdots$	2	$\cdots$
$f'(x)$	$+$	0	$-$	0	$+$
$f(x)$	↗	22	↘	-10	↗

したがって，y は　$x=2$ で**極小値 −10** をとる。

考え方　$f(x)$ が $x=\alpha$ で極値 β をもつならば，$f'(\alpha)=0$，$f(\alpha)=\beta$ であることを利用する。

55 関数の最大・最小 (p.126)

最大値と最小値
極値と区間の両端の y の値を比べて求める。

305　$y'=6x^2-6x=6x(x-1)$

$y'=0$ を解くと　$x=0,\ 1$

よって，区間 $-1\leqq x\leqq 2$ における

y の増減表は次のようになる。

x	-1	$\cdots$	0	$\cdots$	1	$\cdots$	2
y'	／	$+$	0	$-$	0	$+$	／
y	-5	↗	0	↘	-1	↗	4

したがって，y は

$x=2$ のとき，**最大値 4**

$x=-1$ のとき，**最小値 −5**　をとる。

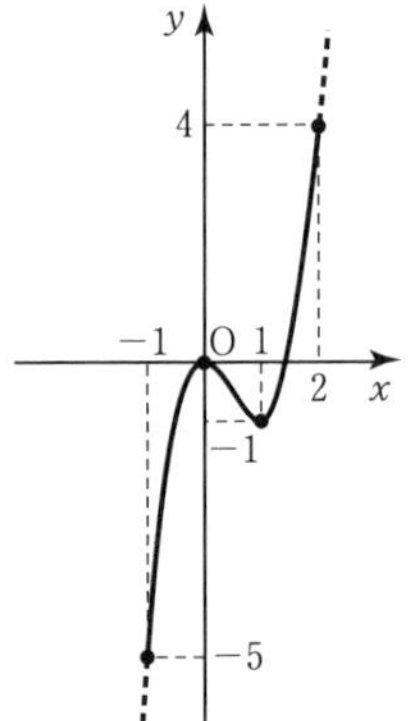

← $x=-1$ のとき（区間の左端）
$x=0$ のとき（極大値）
$x=1$ のとき（極小値）
$x=2$ のとき（区間の右端）
それぞれの y の値を求め，増減表をかく。

306　$y'=3x^2-3=3(x+1)(x-1)$

$y'=0$ を解くと　$x=1,\ -1$

よって，区間 $-3\leqq x\leqq 2$ における

y の増減表は次のようになる。

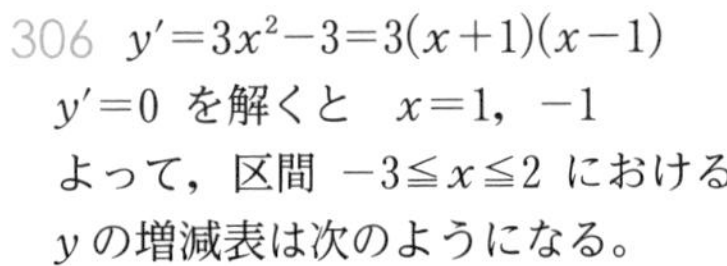

x	-3	$\cdots$	-1	$\cdots$	1	$\cdots$	2
y'	／	$+$	0	$-$	0	$+$	／
y	-14	↗	6	↘	2	↗	6

したがって，y は

$x=-1,\ 2$ のとき，**最大値 6**

$x=-3$ のとき，**最小値 −14**　をとる。

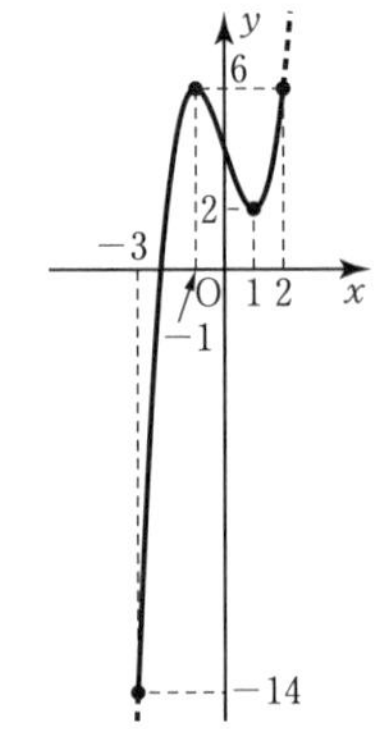

← $x=-3$ のとき（区間の左端）
$x=-1$ のとき（極大値）
$x=1$ のとき（極小値）
$x=2$ のとき（区間の右端）
それぞれの y の値を求め，増減表をかく。

307　$y'=-3x^2+3=-3(x+1)(x-1)$

$y'=0$ を解くと　$x=1,\ -1$

よって，区間 $-2 \leqq x \leqq 2$ における y の増減表は次のようになる。

x	-2	$\cdots$	-1	$\cdots$	1	$\cdots$	2
y'		$-$	0	$+$	0	$-$	
y	1	↘	-3	↗	1	↘	-3

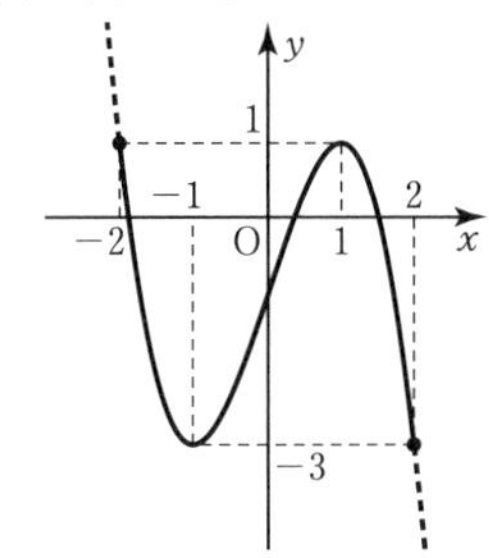

⬅y' の符号に注意。

したがって，y は

$x=-2,\ 1$ のとき，**最大値 1**

$x=-1,\ 2$ のとき，**最小値 −3**

をとる。

308　$y'=3x^2-2x=x(3x-2)$

$y'=0$ を解くと　$x=0,\ \dfrac{2}{3}$

よって，区間 $-1 \leqq x \leqq 1$ における y の増減表は次のようになる。

x	-1	$\cdots$	0	$\cdots$	$\dfrac{2}{3}$	$\cdots$	1
y'		$+$	0	$-$	0	$+$	
y	-1	↗	1	↘	$\dfrac{23}{27}$	↗	1

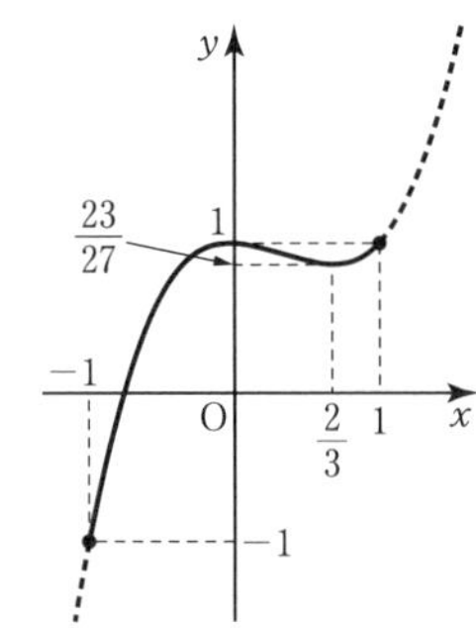

したがって，y は

$x=0,\ 1$ のとき，**最大値 1**

$x=-1$ のとき，**最小値 −1**

をとる。

309　切り取る正方形の 1 辺の長さを x cm とすると，

箱の底面の 1 辺は $(6-2x)$ cm となる。

ここで，箱ができるためには

$x>0,\ 6-2x>0$

すなわち　$0<x<3$ である。

箱の容積を $y\ \mathrm{cm}^3$ とすると

$y=x(6-2x)^2=4x^3-24x^2+36x$

ゆえに

$y'=12x^2-48x+36$

$=12(x^2-4x+3)$

$=12(x-3)(x-1)$

$y'=0$ を解くと，$x=1,\ 3$

よって，区間 $0<x<3$ における

y の増減表は次のようになる。

x	0	$\cdots$	1	$\cdots$	3
y'		$+$	0	$-$	
y		↗	16	↘	

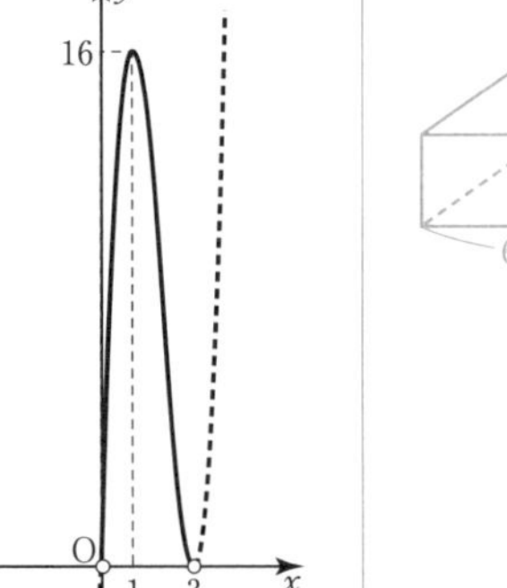

したがって，$x=1$ のとき，y は最大値 16 をとる。

すなわち，切り取る正方形の 1 辺の長さが 1 cm のとき

箱の容積は最大となり，最大値は **16 cm³** である。

JUMP 55

$f'(x)=3ax^2-6ax=3ax(x-2)$

$f'(x)=0$ を解くと　$x=0,\ 2$

$a>0$ であるから，区間 $0\leqq x\leqq 3$ における

$f(x)$ の増減表は次のようになる。

x	0	…	2	…	3
$f'(x)$	／	−	0	+	／
$f(x)$	／	↘	極小	↗	／

ここで，最小値が 2 であるから　$f(2)=2$

よって　$f(2)=8a-12a+6=2$

ゆえに　$-4a+6=2$

したがって，求める正の定数 a は　$\boldsymbol{a=1}$

考え方　$a>0$ に注意して $f'(x)$ の符号を求める。

⬅増減表から，最小値をとるのは，極小となる $x=2$ のとき。

⬅$a>0$ を満たしている。

56 方程式・不等式への応用 (p.128)

310　$y=x^3-12x+4$ とおくと

$y'=3x^2-12=3(x+2)(x-2)$

$y'=0$ を解くと　$x=2,\ -2$

よって，y の増減表は次のようになる。

x	…	−2	…	2	…
y'	+	0	−	0	+
y	↗	20	↘	−12	↗

ゆえに，$y=x^3-12x+4$ のグラフは右のようになり，x 軸との共有点は 3 個。

よって，与えられた方程式の異なる実数解の個数は **3 個**。

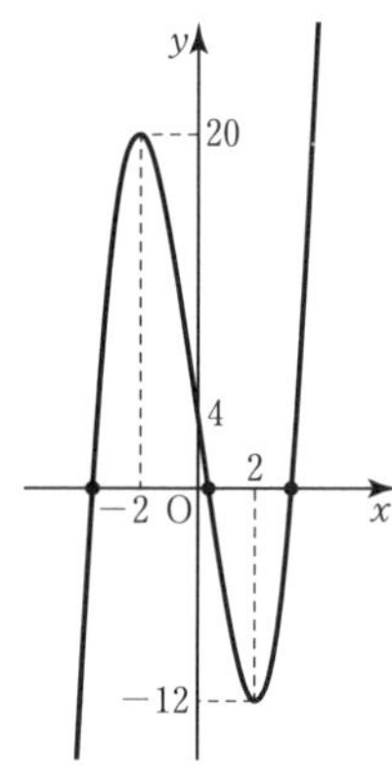

x 軸との共有点の個数が方程式の実数解の個数

311　$y=x^3+3x^2-3$ とおくと

$y'=3x^2+6x=3x(x+2)$

$y'=0$ を解くと　$x=0,\ -2$

よって，y の増減表は次のようになる。

x	…	−2	…	0	…
y'	+	0	−	0	+
y	↗	1	↘	−3	↗

ゆえに，$y=x^3+3x^2-3$ のグラフは右のようになり，x 軸との共有点は 3 個。

よって，与えられた方程式の異なる実数解の個数は **3 個**。

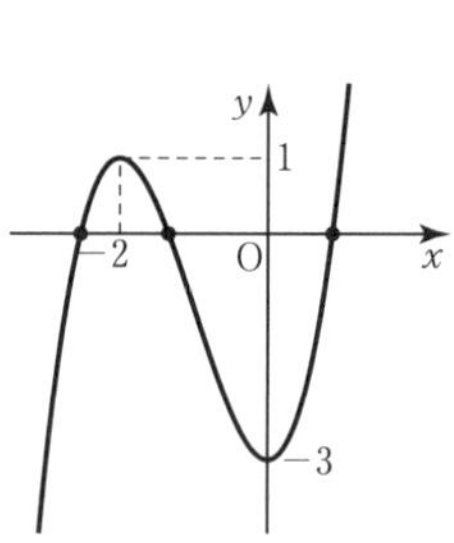

⬅グラフと x 軸との共有点の個数が方程式の実数解の個数

312　(証明)

$f(x)=(x^3+1)-(x^2+x)=x^3-x^2-x+1$ とおくと

$f'(x)=3x^2-2x-1=(3x+1)(x-1)$

$f'(x)=0$ を解くと　$x=-\dfrac{1}{3},\ 1$

よって，区間 $x\geqq 0$ における $f(x)$ の増減表は次のようになる。

⬅(左辺)−(右辺) を $f(x)$ とおく。

⬅$x\geqq 0$ における $f(x)$ の最小値を調べる。

x	0	$\cdots$	1	$\cdots$
$f'(x)$	／	$-$	0	$+$
$f(x)$	1	↘	0	↗

ゆえに，$x \geqq 0$ で $f(x) \geqq 0$ となる。
すなわち，$x \geqq 0$ のとき $x^3+1 \geqq x^2+x$
等号が成り立つのは，$x=1$ のときである。（終）

⬅(左辺)−(右辺)≧0 より，(左辺)≧(右辺)

313　$y=2x^3+9x^2+12x+4$ とおくと
　$y'=6x^2+18x+12=6(x+2)(x+1)$
$y'=0$ を解くと　$x=-2,\ -1$
よって，y の増減表は次のようになる。

x	$\cdots$	-2	$\cdots$	-1	$\cdots$
y'	$+$	0	$-$	0	$+$
y	↗	0	↘	-1	↗

ゆえに，$y=2x^3+9x^2+12x+4$ のグラフは右のようになり，x 軸との共有点は 2 個。
よって，与えられた方程式の異なる実数解の個数は **2 個**。

⬅$x=-2$ が重解になる。（与えられた方程式の左辺は $(x+2)^2(2x+1)$ と因数分解できる。）

314（証明）$f(x)=x^3-3x+2$ とおくと
　$f'(x)=3x^2-3=3(x+1)(x-1)$
$f'(x)=0$ を解くと　$x=-1,\ 1$
よって，区間 $x>-1$ における $f(x)$ の増減表は次のようになる。

⬅$x>-1$ における $f(x)$ の最小値を調べる。

x	-1	$\cdots$	1	$\cdots$
$f'(x)$	／	$-$	0	$+$
$f(x)$	／	↘	0	↗

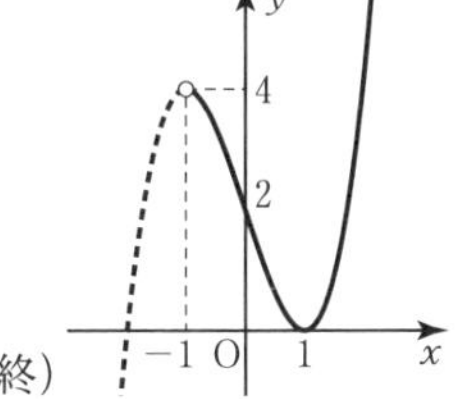

ゆえに，区間 $x>-1$ で $f(x) \geqq 0$ となる。
すなわち，$x>-1$ のとき $x^3-3x+2 \geqq 0$
等号が成り立つのは，$x=1$ のときである。（終）

JUMP 56

考え方　$y=f(x)$ のグラフと直線 $y=a$ との共有点の個数を考える。

与えられた方程式を
　$x^3+3x^2-9x=a$ ……①
と変形し，$f(x)=x^3+3x^2-9x$　とおくと
　$f'(x)=3x^2+6x-9=3(x+3)(x-1)$
$f'(x)=0$ を解くと　$x=-3,\ 1$
よって，$f(x)$ の増減表は次のようになる。

⬅a を右辺に移項して左辺を $f(x)$ とおく。

⬅$y=f(x)$ のグラフと直線 $y=a$ との共有点の個数が a の値によってどのように変わるかを調べる。

x	$\cdots$	-3	$\cdots$	1	$\cdots$
$f'(x)$	$+$	0	$-$	0	$+$
$f(x)$	↗	27	↘	-5	↗

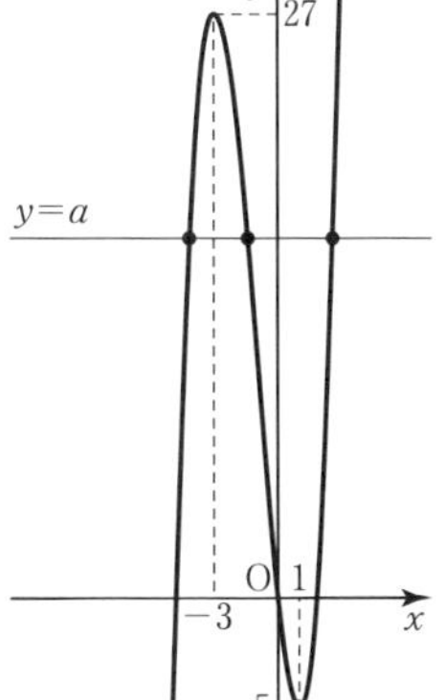

ゆえに，$y=f(x)$ のグラフは右の図のようになる。
方程式①の異なる実数解の個数は，このグラフと直線 $y=a$ との共有点の個数に一致する。
したがって，方程式①の異なる実数解の個数は，次のようになる。
　$a<-5,\ 27<a$ のとき　1 個
　$a=-5,\ 27$ のとき　2 個
　$-5<a<27$ のとき　3 個

5 章 微分法と積分法

まとめの問題　微分法とその応用(p.130)

1 (1) $f(-1)=(-1)^2+2\times(-1)=1-2=-1$

$f(2)=2^2+2\times2=4+4=8$　より

$\dfrac{f(2)-f(-1)}{2-(-1)}=\dfrac{8-(-1)}{3}=\dfrac{9}{3}=\mathbf{3}$

(2) $f'(x)=\lim_{h\to0}\dfrac{f(x+h)-f(x)}{h}$

$=\lim_{h\to0}\dfrac{\{(x+h)^2+2(x+h)\}-(x^2+2x)}{h}$

$=\lim_{h\to0}\dfrac{2xh+h^2+2h}{h}$

$=\lim_{h\to0}\dfrac{h(2x+h+2)}{h}$

$=\lim_{h\to0}(2x+h+2)=\mathbf{2x+2}$

(3) $f'(-1)=2\times(-1)+2=\mathbf{0}$

$f(x)$ の a から b までの平均変化率 $\dfrac{f(b)-f(a)}{b-a}$

⬅ $f'(x)=\lim_{h\to0}\dfrac{f(x+h)-f(x)}{h}$

⬅ h を約分する。

⬅ $x=a$ における微分係数は $f'(a)$

2 (1) $y'=(2x^3-5x^2+x-3)'$

$=2(x^3)'-5(x^2)'+(x)'-(3)'$

$\mathbf{=6x^2-10x+1}$

(2) $y=(x+3)(2x-1)=2x^2+5x-3$　より

$y'=(2x^2+5x-3)'$

$=2(x^2)'+5(x)'-(3)'$

$\mathbf{=4x+5}$

(3) $y=(x-1)(2x+1)^2=4x^3-3x-1$　より

$y'=(4x^3-3x-1)'$

$=4(x^3)'-3(x)'-(1)'$

$\mathbf{=12x^2-3}$

(4) $y=(x+a)^3=x^3+3ax^2+3a^2x+a^3$　より

$y'=(x^3+3ax^2+3a^2x+a^3)'$

$=(x^3)'+3a(x^2)'+3a^2(x)'+(a^3)'$

$\mathbf{=3x^2+6ax+3a^2}$

$(x^3)'=3x^2$
$(x^2)'=2x$
$(x)'=1$
$(c)'=0$　(c は定数)
$\{kf(x)\}'=kf'(x)$
$\{f(x)\pm g(x)\}'=f'(x)\pm g'(x)$
(複号同順)

3 (1) $f(x)=-2x^2+4x+1$　とおくと

$f'(x)=-4x+4$

よって　$f'(0)=4$

したがって，接線の方程式は

$y-1=4(x-0)$

すなわち　$\mathbf{y=4x+1}$

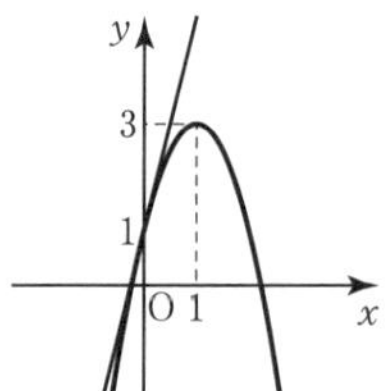

⬅ $y=f(x)$ 上の点 $(a,\ f(a))$ における接線の方程式は $y-f(a)=f'(a)(x-a)$

(2) 接点を $\mathrm{P}(a,\ -2a^2+4a+1)$ とすると，

接線の傾きについて

$f'(a)=-4a+4=8$　より　$a=-1$

接点の y 座標は

$-2a^2+4a+1=-2\times(-1)^2+4\times(-1)+1$

$=-5$

であるから接点は $\mathrm{P}(-1,\ -5)$

よって，求める接線の方程式は

$y-(-5)=8\times\{x-(-1)\}$

すなわち　$\mathbf{y=8x+3}$

⬅ 接点の x 座標を a とおく。

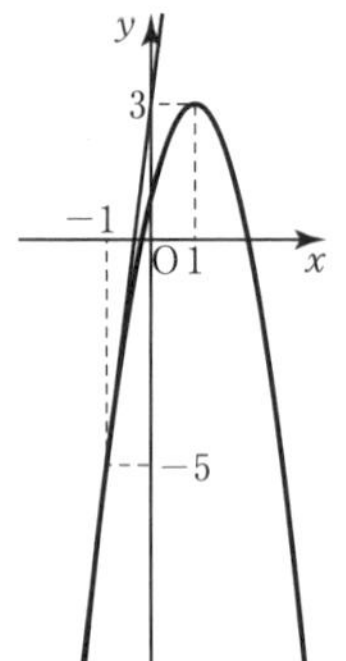

⬅ $y=f(x)$ 上の点 $(a,\ f(a))$ における接線の方程式は $y-f(a)=f'(a)(x-a)$

(3) (1)より　$f'(x)=-4x+4$　であるから，
接点を $\mathrm{P}(a,\ -2a^2+4a+1)$ とおくと，
接線の傾きは
$f'(a)=-4a+4$
ゆえに，接線の方程式は
$y-(-2a^2+4a+1)=(-4a+4)(x-a)$
すなわち
$y=(-4a+4)x+2a^2+1$ ……①
これが点 $(3,\ -3)$ を通るから
$-3=(-4a+4)\times3+2a^2+1$
$2a^2-12a+16=0$
$a^2-6a+8=0$
$(a-2)(a-4)=0$
よって　$a=2,\ 4$
これを①に代入して，求める接線の方程式は
$a=2$ のとき　$\boldsymbol{y=-4x+9}$
$a=-4$ のとき　$\boldsymbol{y=-12x+33}$

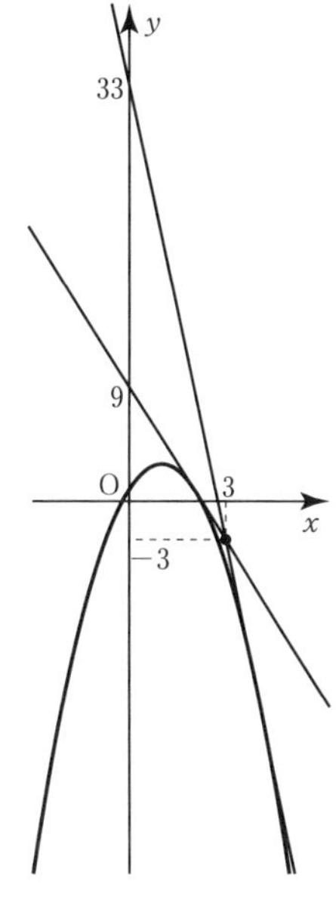

⬅接点の x 座標を a とおく。

⬅$y=f(x)$ 上の点 $(a,\ f(a))$ における接線の方程式は
$y-f(a)=f'(a)(x-a)$

⬅点 $(3,\ -3)$ を代入して a を求める。

4 (1) $f(x)=x^3-3x^2-9x+6$
$f'(x)=3x^2-6x-9=3(x-3)(x+1)$
$f'(x)=0$ を解くと $x=3,\ -1$
よって，増減表は次のようになる。

x	…	-1	…	3	…
$f'(x)$	+	0	−	0	+
$f(x)$	↗	11	↘	−21	↗

したがって，$f(x)$ は
$x=-1$ で**極大値 11**
$x=3$ で**極小値 −21**
をとる。
また，グラフは右の図のようになる。

(2) $f(-2)=(-2)^3-3\times(-2)^2-9\times(-2)+6=4$
$f(2)=2^3-3\times2^2-9\times2+6=-16$
これらと(1)の増減表より，
$x=-1$ のとき**最大値 11**
$x=2$ のとき**最小値 −16**

⬅$x=-2$ のとき（区間の左端）
$x=-1$ のとき（極大）
$x=2$ のとき（区間の右端）
それぞれの y の値を考える。

(3) (1)より，$y=f(x)$ のグラフと x 軸との共有点は 3 個。
よって，与えられた方程式の異なる実数解の個数は **3 個**。

⬅グラフと x 軸との共有点の個数が方程式の実数解の個数

57 不定積分 (p.132)

(注)　不定積分では，C は積分定数を表すものとする。

315 (1) $\displaystyle\int12x^2dx=12\int x^2dx=12\times\frac{1}{3}x^3+C=\boldsymbol{4x^3+C}$

(2) $\displaystyle\int6x\,dx=6\int x\,dx=6\times\frac{1}{2}x^2+C=\boldsymbol{3x^2+C}$

(3) $\displaystyle\int2\,dx=2\int dx=\boldsymbol{2x+C}$

不定積分（C：積分定数）
$\displaystyle\int x^2dx=\frac{1}{3}x^3+C$
$\displaystyle\int x\,dx=\frac{1}{2}x^2+C$
$\displaystyle\int dx=\int1\,dx=x+C$

316 (1) $\int(x+3)\,dx=\int x\,dx+3\int dx=\boldsymbol{\frac{1}{2}x^2+3x+C}$

(2) $\int x(x+2)\,dx=\int(x^2+2x)\,dx=\int x^2\,dx+2\int x\,dx$

$=\frac{1}{3}x^3+2\times\frac{1}{2}x^2+C=\boldsymbol{\frac{1}{3}x^3+x^2+C}$

⬅まず，展開する。

$\int kf(x)\,dx$
$=k\int f(x)\,dx$

$\int\{f(x)+g(x)\}\,dx$
$=\int f(x)\,dx+\int g(x)\,dx$

$\int\{f(x)-g(x)\}\,dx$
$=\int f(x)\,dx-\int g(x)\,dx$

317 (1) $\int(4x-2)\,dx=4\int x\,dx-2\int dx=\boldsymbol{2x^2-2x+C}$

(2) $\int(3x^2+2x)\,dx=3\int x^2\,dx+2\int x\,dx=\boldsymbol{x^3+x^2+C}$

(3) $\int(x^2+x+1)\,dx=\int x^2\,dx+\int x\,dx+\int dx$

$=\boldsymbol{\frac{1}{3}x^3+\frac{1}{2}x^2+x+C}$

(4) $\int(2x^2-3x+4)\,dx=2\int x^2\,dx-3\int x\,dx+4\int dx$

$=\boldsymbol{\frac{2}{3}x^3-\frac{3}{2}x^2+4x+C}$

(5) $\int(3t^2+6t-2)\,dt=3\int t^2\,dt+6\int t\,dt-2\int dt$

$=\boldsymbol{t^3+3t^2-2t+C}$

⬅t について積分する。

318 $F(x)=\int(-3x^2+4x+1)\,dx=-x^3+2x^2+x+C$

よって　$F(0)=C$

ここで，$F(0)=2$ であるから　$C=2$

したがって，求める関数は　$\boldsymbol{F(x)=-x^3+2x^2+x+2}$

⬅$-3x^2+4x+1$ の不定積分

⬅$F(0)$ の値から積分定数の値が定まる。

319 (1) $\int(x+2)(x-2)\,dx=\int(x^2-4)\,dx$

$=\int x^2\,dx-4\int dx=\boldsymbol{\frac{1}{3}x^3-4x+C}$

⬅まず，展開する。

(2) $\int 2x(x+3)\,dx=\int(2x^2+6x)\,dx$

$=2\int x^2\,dx+6\int x\,dx=\boldsymbol{\frac{2}{3}x^3+3x^2+C}$

(3) $\int(3x-1)^2\,dx=\int(9x^2-6x+1)\,dx$

$=9\int x^2\,dx-6\int x\,dx+\int dx=\boldsymbol{3x^3-3x^2+x+C}$

(4) $\int(2u+1)(u-3)\,du=\int(2u^2-5u-3)\,du$

$=2\int u^2\,du-5\int u\,du-3\int du$

$=\boldsymbol{\frac{2}{3}u^3-\frac{5}{2}u^2-3u+C}$

⬅u について積分する。

320 $F(x)=\int 3(x+1)^2\,dx=\int(3x^2+6x+3)\,dx$

$=x^3+3x^2+3x+C$

よって　$F(-1)=(-1)^3+3\times(-1)^2+3\times(-1)+C=-1+C$

ここで，$F(-1)=0$ であるから

$-1+C=0$ より　$C=1$

したがって，求める関数は　$\boldsymbol{F(x)=x^3+3x^2+3x+1}$

⬅$3(x+1)^2$ の不定積分
まず，展開する。

⬅$F(-1)$ の値から積分定数の値が定まる。

JUMP 57

点$(x,\ y)$における接線の傾きが $6x^2-2x$ であるから

$f'(x)=6x^2-2x$

よって　$f(x)=\int(6x^2-2x)\,dx=6\int x^2-2\int x\,dx$

$=2x^3-x^2+C$

曲線 $y=f(x)$ が点$(1,\ -1)$を通るから

$f(1)=2\times1^3-1^2+C=1+C=-1$

ゆえに　$C=-2$

したがって，求める関数$f(x)$は　$\boldsymbol{f(x)=2x^3-x^2-2}$

考え方　$y=f(x)$ 上の点$(x,\ y)$における接線の傾きは$f'(x)$

←グラフが点$(1,\ -1)$を通ることから，積分定数Cの値を求める。

58 定積分の計算(1) (p.134)

321 (1) $\int_1^2 6x^2\,dx=\Big[2x^3\Big]_1^2=2\times2^3-2\times1^3=16-2=\mathbf{14}$

(2) $\int_{-1}^1 4x\,dx=\Big[2x^2\Big]_{-1}^1=2\times1^2-2\times(-1)^2=2-2=\mathbf{0}$

(3) $\int_0^3 6\,dx=\Big[6x\Big]_0^3=6\times3-6\times0=18-0=\mathbf{18}$

(4) $\int_1^3(3x^2-4x)\,dx=\Big[x^3-2x^2\Big]_1^3=(3^3-2\times3^2)-(1^3-2\times1^2)$

$=(27-18)-(1-2)=\mathbf{10}$

別解　$\int_1^3(3x^2-4x)\,dx=3\int_1^3x^2\,dx-4\int_1^3x\,dx=3\Big[\frac{1}{3}x^3\Big]_1^3-4\Big[\frac{1}{2}x^2\Big]_1^3$

$=3\left(\frac{1}{3}\times3^3-\frac{1}{3}\times1^3\right)-4\left(\frac{1}{2}\times3^2-\frac{1}{2}\times1^2\right)$

$=26-16=\mathbf{10}$

(5) $\int_{-2}^1(4x-3)\,dx=\Big[2x^2-3x\Big]_{-2}^1$

$=(2\times1^2-3\times1)-\{2\times(-2)^2-3\times(-2)\}$

$=(2-3)-(8+6)=\mathbf{-15}$

別解　$\int_{-2}^1(4x-3)\,dx=4\int_{-2}^1x\,dx-3\int_{-2}^1dx=4\Big[\frac{1}{2}x^2\Big]_{-2}^1-3\Big[x\Big]_{-2}^1$

$=4\left\{\frac{1}{2}\times1^2-\frac{1}{2}\times(-2)^2\right\}-3\{1-(-2)\}$

$=-6-9=\mathbf{-15}$

←定積分ではCは不要。

定積分

$\int_a^b f(x)\,dx=\Big[F(x)\Big]_a^b$

$=F(b)-F(a)$

$\int_a^b kf(x)\,dx$

$=k\int_a^b f(x)\,dx$

$\int_a^b\{f(x)+g(x)\}\,dx$

$=\int_a^b f(x)\,dx+\int_a^b g(x)\,dx$

$\int_a^b\{f(x)-g(x)\}\,dx$

$=\int_a^b f(x)\,dx-\int_a^b g(x)\,dx$

322 (1) $\int_{-2}^3(6x-4)\,dx=\Big[3x^2-4x\Big]_{-2}^3$

$=(3\times3^2-4\times3)-\{3\times(-2)^2-4\times(-2)\}$

$=(27-12)-(12+8)=\mathbf{-5}$

(2) $\int_0^2x(3x-4)\,dx=\int_0^2(3x^2-4x)\,dx$

$=\Big[x^3-2x^2\Big]_0^2=(2^3-2\times2^2)-(0^3-2\times0^2)$

$=(8-8)-(0-0)=\mathbf{0}$

←展開してから積分する。

(3) $\int_{-2}^1(x+2)^2\,dx=\int_{-2}^1(x^2+4x+4)\,dx$

$=\Big[\frac{1}{3}x^3+2x^2+4x\Big]_{-2}^1$

$=\left(\frac{1}{3}\times1^3+2\times1^2+4\times1\right)-\left\{\frac{1}{3}\times(-2)^3+2\times(-2)^2+4\times(-2)\right\}$

$=\left(\frac{1}{3}+2+4\right)-\left(-\frac{8}{3}+8-8\right)=\mathbf{9}$

←展開してから積分する。

(4) $\int_{-2}^{0}(x-1)(x+3)\,dx=\int_{-2}^{0}(x^2+2x-3)\,dx$

$=\left[\frac{1}{3}x^3+x^2-3x\right]_{-2}^{0}$

$=\left(\frac{1}{3}\times 0^3+0^2-3\times 0\right)-\left\{\frac{1}{3}\times(-2)^3+(-2)^2-3\times(-2)\right\}$

$=0-\left(-\frac{8}{3}+4+6\right)=\boldsymbol{-\frac{22}{3}}$

⬅展開してから積分する。

(5) $\int_{-1}^{1}(t-2)(t+2)\,dt=\int_{-1}^{1}(t^2-4)\,dt$

$=\left[\frac{1}{3}t^3-4t\right]_{-1}^{1}$

$=\left(\frac{1}{3}\times 1^3-4\times 1\right)-\left\{\frac{1}{3}\times(-1)^3-4\times(-1)\right\}$

$=\left(\frac{1}{3}-4\right)-\left(-\frac{1}{3}+4\right)=\boldsymbol{-\frac{22}{3}}$

⬅展開してから積分する。
t について積分する。

323 (1) $\int_{1}^{3}(6x^2-2x+3)\,dx$

$=\left[2x^3-x^2+3x\right]_{1}^{3}$

$=(2\times 3^3-3^2+3\times 3)-(2\times 1^3-1^2+3\times 1)$

$=(54-9+9)-(2-1+3)=\mathbf{50}$

(2) $\int_{0}^{2}(3x-2)^2\,dx=\int_{0}^{2}(9x^2-12x+4)\,dx$

$=\left[3x^3-6x^2+4x\right]_{0}^{2}$

$=(3\times 2^3-6\times 2^2+4\times 2)-(3\times 0^3-6\times 0^2+4\times 0)$

$=(24-24+8)-0=\mathbf{8}$

⬅展開してから積分する。

(3) $\int_{-1}^{0}(2u-1)(3u+2)\,du=\int_{-1}^{0}(6u^2+u-2)\,du$

$=\left[2u^3+\frac{1}{2}u^2-2u\right]_{-1}^{0}$

$=\left(2\times 0^3+\frac{1}{2}\times 0^2-2\times 0\right)-\left\{2\times(-1)^3+\frac{1}{2}\times(-1)^2-2\times(-1)\right\}$

$=0-\left(-2+\frac{1}{2}+2\right)=\boldsymbol{-\frac{1}{2}}$

⬅展開してから積分する。
u について積分する。

JUMP 58

考え方 (1)と(2)で変数が異なることに注意する。

(1) $\int_{0}^{1}(3x^2+2t)\,dx=\int_{0}^{1}3x^2\,dx+\int_{0}^{1}2t\,dx$

$=3\int_{0}^{1}x^2\,dx+2t\int_{0}^{1}dx$

$=3\left[\frac{1}{3}x^3\right]_{0}^{1}+2t\left[x\right]_{0}^{1}$

$=3\times\frac{1}{3}+2t\times 1=\boldsymbol{1+2t}$

⬅x について積分する。
(t は定数とみる。)

⬅t は定数扱い。

(2) $\int_{0}^{1}(3x^2+2t)\,dt=\int_{0}^{1}3x^2\,dt+\int_{0}^{1}2t\,dt$

$=3x^2\int_{0}^{1}dt+2\int_{0}^{1}t\,dt$

$=3x^2\left[t\right]_{0}^{1}+2\left[\frac{1}{2}t^2\right]_{0}^{1}$

$=3x^2\times 1+2\times\frac{1}{2}=\boldsymbol{3x^2+1}$

⬅t について積分する。
(x は定数とみる。)

⬅x は定数扱い。

59 定積分の計算(2) (p.136)

324 (1) $\int_1^3(x^2-2x+3)\,dx-\int_1^3(x^2-4x+3)\,dx$

$=\int_1^3\{(x^2-2x+3)-(x^2-4x+3)\}\,dx$

$=\int_1^3 2x\,dx=\Big[x^2\Big]_1^3$

$=3^2-1^2=\mathbf{8}$

← $\int_a^b f(x)\,dx-\int_a^b g(x)\,dx=\int_a^b\{f(x)-g(x)\}\,dx$
積分区間が一致

(2) $\int_{-2}^1(6x^2-2x)\,dx+\int_1^3(6x^2-2x)\,dx$

$=\int_{-2}^3(6x^2-2x)\,dx=\Big[2x^3-x^2\Big]_{-2}^3$

$=(2\times3^3-3^2)-\{2\times(-2)^3-(-2)^2\}$

$=(54-9)-(-16-4)=\mathbf{65}$

← $\int_a^c f(x)\,dx+\int_c^b f(x)\,dx=\int_a^b f(x)\,dx$
積分する関数が一致
積分区間がつながる

325 (1) $\dfrac{d}{dx}\int_{-1}^x(3t^2-4t+5)\,dt=\mathbf{3x^2-4x+5}$

(2) $\dfrac{d}{dx}\int_2^x(t-3)(t+1)\,dt=\mathbf{(x-3)(x+1)}$

$\dfrac{d}{dx}\int_a^x f(t)\,dt=f(x)$
(a は定数)

326 等式の両辺の関数を x で微分すると

$\boldsymbol{f(x)=4x-3}$

与えられた等式に $x=1$ を代入すると

(左辺)$=\int_1^1 f(t)\,dt=0$

(右辺)$=2-3+a=a-1$

したがって，$a-1=0$ より　$\boldsymbol{a=1}$

← $\dfrac{d}{dx}\int_a^x f(t)\,dt=f(x)$

← $\int_a^a f(t)\,dt=0$

327 (1) $\int_0^2(2x+3)^2\,dx-\int_0^2(2x-3)^2\,dx$

$=\int_0^2\{(2x+3)^2-(2x-3)^2\}\,dx$

$=\int_0^2 24x\,dx=\Big[12x^2\Big]_0^2$

$=12\times2^2-12\times0^2=\mathbf{48}$

←積分区間が一致

(2) $\int_{-1}^3 x(x-4)\,dx-\int_{-1}^3(x-2)^2\,dx$

$=\int_{-1}^3\{x(x-4)-(x-2)^2\}\,dx$

$=\int_{-1}^3(-4)\,dx=\Big[-4x\Big]_{-1}^3$

$=(-4\times3)-\{-4\times(-1)\}=\mathbf{-16}$

←積分区間が一致

(3) $\int_{-1}^1(3-x^2)\,dx-\int_2^1(3-x^2)\,dx$

$=\int_{-1}^1(3-x^2)\,dx+\int_1^2(3-x^2)\,dx$

$=\int_{-1}^2(3-x^2)\,dx=\Big[3x-\frac{1}{3}x^3\Big]_{-1}^2$

$=\left(3\times2-\frac{1}{3}\times2^3\right)-\left\{3\times(-1)-\frac{1}{3}\times(-1)^3\right\}$

$=\left(6-\frac{8}{3}\right)-\left(-3+\frac{1}{3}\right)=\mathbf{6}$

← $\int_b^a f(x)\,dx=-\int_a^b f(x)\,dx$

←積分する関数が一致
積分区間がつながる

5章 微分法と積分法

328 等式の両辺の関数を x で微分すると

$\boldsymbol{f(x)=2x-4}$

与えられた等式に $x=a$ を代入すると

(左辺)$=\int_a^a f(t)\,dt=0$

(右辺)$=a^2-4a+3=(a-1)(a-3)$

したがって，$(a-1)(a-3)=0$ より　$\boldsymbol{a=1,\ 3}$

← $\dfrac{d}{dx}\int_a^x f(t)\,dt=f(x)$

JUMP 59

考え方　等式の両辺を微分する。

等式の両辺の関数を x で微分すると

$f(x)=2x+2a$

与えられた等式の両辺に $x=a$ を代入すると

(左辺)$=\int_a^a f(t)\,dt=0$

(右辺)$=a^2+2a^2-3$

$=3a^2-3=3(a+1)(a-1)$

したがって，$3(a+1)(a-1)=0$ より　$a=-1,\ 1$

よって　$\boldsymbol{a=-1}$ **のとき**　$\boldsymbol{f(x)=2x-2}$

$\boldsymbol{a=1}$ **のとき**　$\boldsymbol{f(x)=2x+2}$

← $\dfrac{d}{dx}\int_a^x f(t)\,dt=f(x)$

60 定積分と面積(1) (p.138)

329 (1) $S=\int_0^2(x^2+1)\,dx$

$=\left[\dfrac{1}{3}x^3+x\right]_0^2$

$=\left(\dfrac{1}{3}\times2^3+2\right)-\left(\dfrac{1}{3}\times0^3+0\right)=\boldsymbol{\dfrac{14}{3}}$

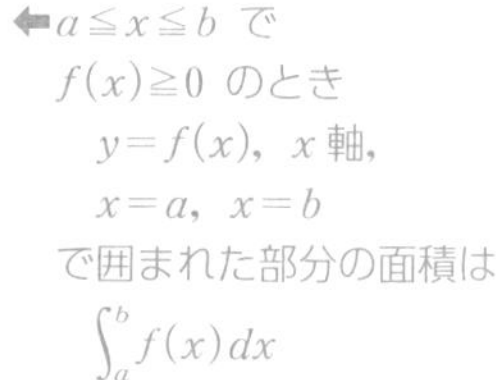
← $a\leqq x\leqq b$ で $f(x)\geqq0$ のとき $y=f(x)$，x 軸，$x=a$，$x=b$ で囲まれた部分の面積は $\int_a^b f(x)\,dx$

(2) 放物線 $y=-x^2+1$ と x 軸との共有点の x 座標は

$-x^2+1=0$　より　$-(x+1)(x-1)=0$

よって　$x=-1,\ 1$

したがって，求める面積 S は

$S=\int_{-1}^1(-x^2+1)\,dx$

$=\left[-\dfrac{1}{3}x^3+x\right]_{-1}^1$

$=\left(-\dfrac{1}{3}\times1^3+1\right)-\left\{-\dfrac{1}{3}\times(-1)^3-1\right\}=\boldsymbol{\dfrac{4}{3}}$

別解　$S=-\int_{-1}^1(x+1)(x-1)\,dx$

$=-\left[-\dfrac{1}{6}\{1-(-1)\}^3\right]=\boldsymbol{\dfrac{4}{3}}$

← $\int_\alpha^\beta(x-\alpha)(x-\beta)\,dx=-\dfrac{1}{6}(\beta-\alpha)^3$

330 (1) $S=\int_1^3 3x^2\,dx$

$=\left[x^3\right]_1^3=3^3-1^3=\boldsymbol{26}$

←
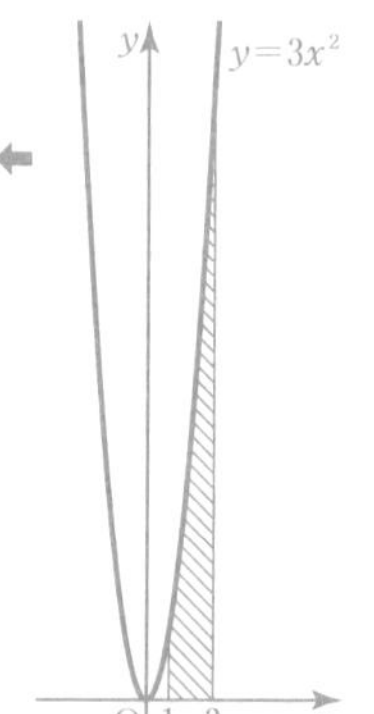

(2) $S=\int_{-1}^{2}(x^2+3)\,dx$

$=\left[\frac{1}{3}x^3+3x\right]_{-1}^{2}$

$=\left(\frac{1}{3}\times2^3+3\times2\right)-\left\{\frac{1}{3}\times(-1)^3+3\times(-1)\right\}=\mathbf{12}$

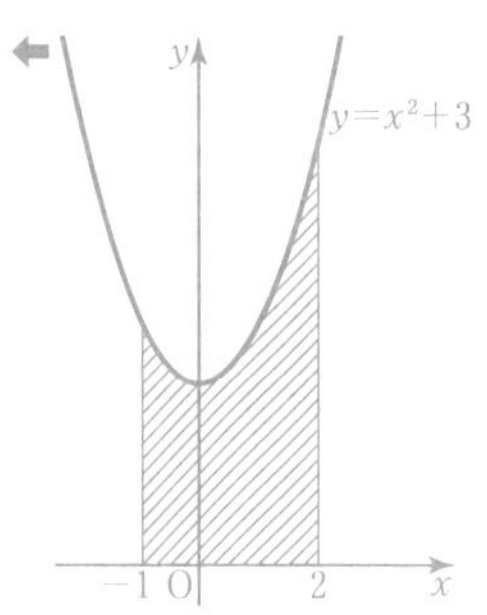

(3) 放物線 $y=-x^2-2x$ と x 軸との共有点の x 座標は

$-x^2-2x=0$ より $-x(x+2)=0$

よって $x=0,\ -2$

したがって，求める面積 S は

$S=\int_{-2}^{0}(-x^2-2x)\,dx$

$=\left[-\frac{1}{3}x^3-x^2\right]_{-2}^{0}$

$=\left(-\frac{1}{3}\times0^3-0^2\right)-\left\{-\frac{1}{3}\times(-2)^3-(-2)^2\right\}=\mathbf{\frac{4}{3}}$

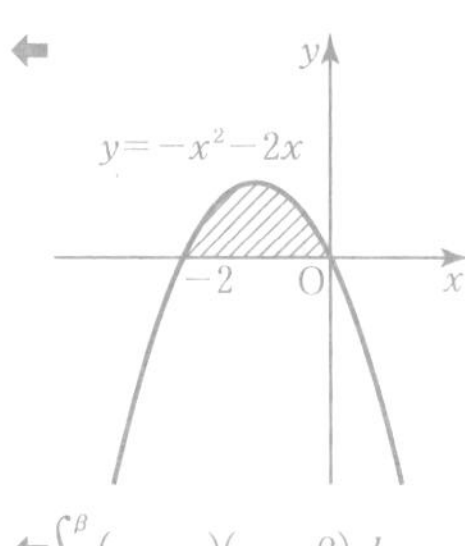

別解 $S=-\int_{-2}^{0}x(x+2)\,dx$

$=-\left[-\frac{1}{6}\{0-(-2)^3\}\right]=\mathbf{\frac{4}{3}}$

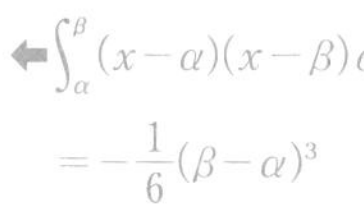

331 (1) $S=\int_{-1}^{1}(x-2)^2\,dx$

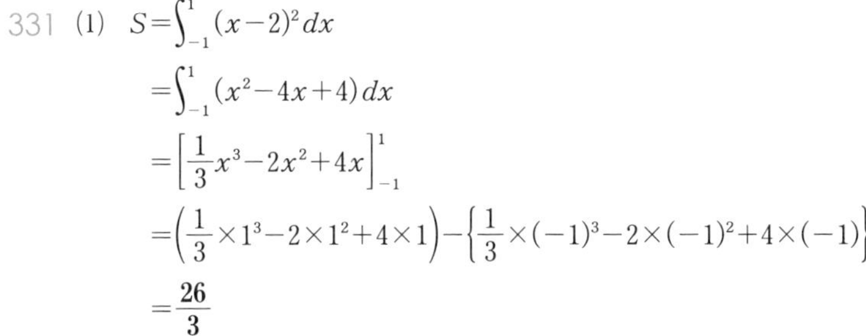

$=\int_{-1}^{1}(x^2-4x+4)\,dx$

$=\left[\frac{1}{3}x^3-2x^2+4x\right]_{-1}^{1}$

$=\left(\frac{1}{3}\times1^3-2\times1^2+4\times1\right)-\left\{\frac{1}{3}\times(-1)^3-2\times(-1)^2+4\times(-1)\right\}$

$=\mathbf{\frac{26}{3}}$

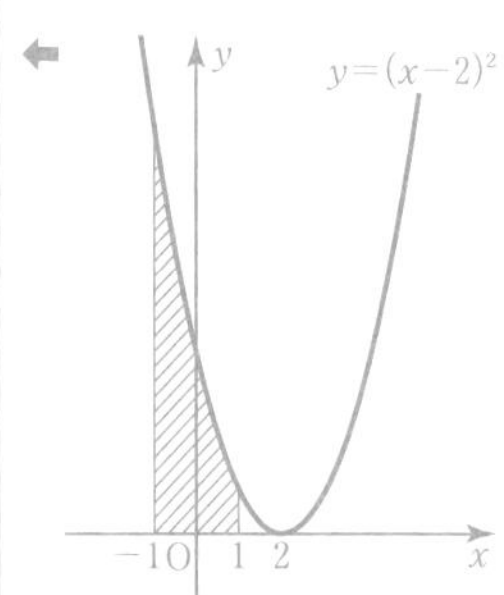

(2) 放物線 $y=-x^2+3$ と x 軸との共有点の x 座標は

$-x^2+3=0$ より $-(x+\sqrt{3})(x-\sqrt{3})=0$

よって $x=-\sqrt{3},\ \sqrt{3}$

したがって，求める面積 S は

$S=\int_{-\sqrt{3}}^{\sqrt{3}}(-x^2+3)\,dx$

$=\left[-\frac{1}{3}x^3+3x\right]_{-\sqrt{3}}^{\sqrt{3}}$

$=\left\{-\frac{1}{3}\times(\sqrt{3})^3+3\times\sqrt{3}\right\}-\left\{-\frac{1}{3}\times(-\sqrt{3})^3+3\times(-\sqrt{3})\right\}$

$=\mathbf{4\sqrt{3}}$

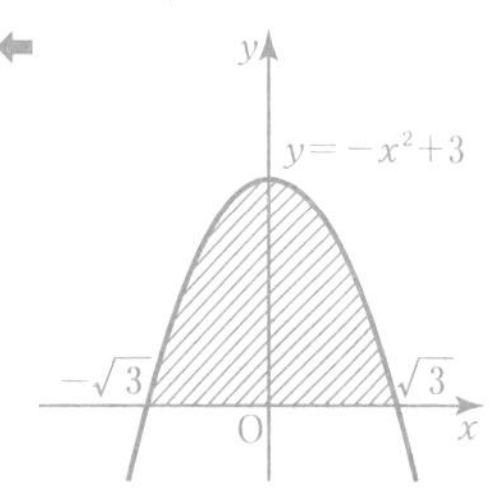

別解 $S=-\int_{-\sqrt{3}}^{\sqrt{3}}(x+\sqrt{3})(x-\sqrt{3})\,dx$

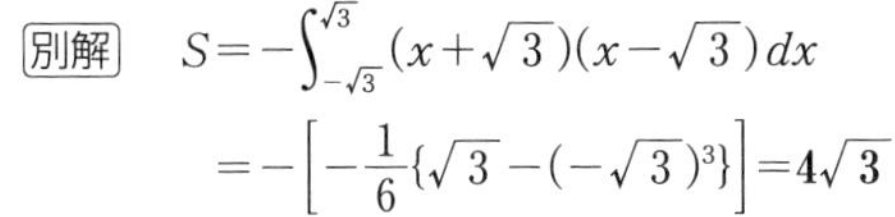

$=-\left[-\frac{1}{6}\{\sqrt{3}-(-\sqrt{3})^3\}\right]=\mathbf{4\sqrt{3}}$

$\int_{\alpha}^{\beta}(x-\alpha)(x-\beta)\,dx$

$=-\frac{1}{6}(\beta-\alpha)^3$

5章 微分法と積分法

JUMP 60

放物線 $y=-x^2+ax$ と x 軸との共有点の x 座標は

$-x^2+ax=0$　より　$-x(x-a)=0$

よって　$x=0,\ a$

$a>0$ であるから，面積 S は

$$S=\int_0^a(-x^2+ax)\,dx$$

$$=\left[-\frac{1}{3}x^3+\frac{1}{2}ax^2\right]_0^a$$

$$=-\frac{1}{3}\times a^3+\frac{1}{2}a\times a^2=\frac{1}{6}a^3$$

$S=\frac{4}{3}$　より　$\frac{1}{6}a^3=\frac{4}{3}$　ゆえに　$a^3=8$

a は実数だから　$\boldsymbol{a=2}$　($a>0$ を満たす)

別解　$S=-\int_0^a x(x-a)\,dx=-\left\{-\frac{1}{6}(a-0)^3\right\}=\frac{1}{6}a^3$

として，面積 S を求めてもよい。

考え方　面積 S を a で表す。

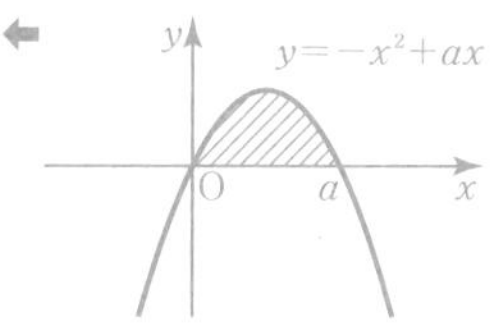

$\Leftarrow \int_\alpha^\beta(x-\alpha)(x-\beta)\,dx=-\frac{1}{6}(\beta-\alpha)^3$

61 定積分と面積(2) (p.140)

332 放物線 $y=x^2-2$ と直線 $y=x$ の共有点の x 座標は

$x^2-2=x$　より　$x^2-x-2=0$

$(x+1)(x-2)=0$ より　$x=-1,\ 2$

区間 $-1\leqq x\leqq 2$ で　$x\geqq x^2-2$

よって，求める面積 S は

$$S=\int_{-1}^2\{x-(x^2-2)\}\,dx$$

$$=\int_{-1}^2(-x^2+x+2)\,dx$$

$$=\left[-\frac{1}{3}x^3+\frac{1}{2}x^2+2x\right]_{-1}^2$$

$$=\left(-\frac{1}{3}\times 2^3+\frac{1}{2}\times 2^2+2\times 2\right)-\left\{-\frac{1}{3}\times(-1)^3+\frac{1}{2}\times(-1)^2+2\times(-1)\right\}$$

$$=\boldsymbol{\frac{9}{2}}$$

別解　$S=-\int_{-1}^2(x-2)(x+1)\,dx=-\left[-\frac{1}{6}\{2-(-1)\}^3\right]=\boldsymbol{\frac{9}{2}}$

2 曲線間の面積

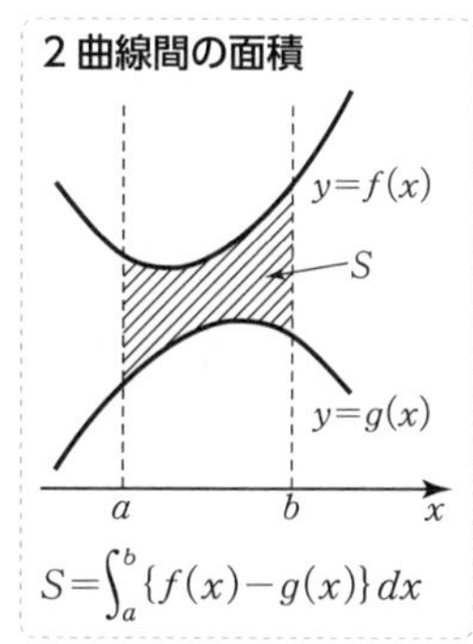

$S=\int_a^b\{f(x)-g(x)\}\,dx$

$\Leftarrow \int_\alpha^\beta(x-\alpha)(x-\beta)\,dx=-\frac{1}{6}(\beta-\alpha)^3$

333 放物線 $y=(x-1)(x-4)$ と x 軸の共有点の x 座標は

$(x-1)(x-4)=0$　より　$x=1,\ 4$

区間 $1\leqq x\leqq 4$ で　$y\leqq 0$

よって，求める面積 S は

$$S=-\int_1^4(x-1)(x-4)\,dx$$

$$=-\int_1^4(x^2-5x+4)\,dx$$

$$=-\left[\frac{1}{3}x^3-\frac{5}{2}x^2+4x\right]_1^4$$

$$=-\left(\frac{1}{3}\times 4^3-\frac{5}{2}\times 4^2+4\times 4\right)+\left(\frac{1}{3}\times 1^3-\frac{5}{2}\times 1^2+4\times 1\right)=\boldsymbol{\frac{9}{2}}$$

別解　$S=-\int_1^4(x-1)(x-4)\,dx=-\left\{-\frac{1}{6}(4-1)^3\right\}=\boldsymbol{\frac{9}{2}}$

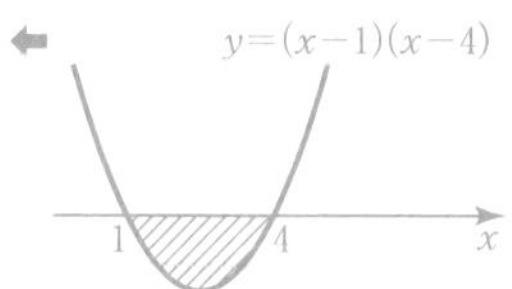

グラフが x 軸より下にある場合，面積は，

$-\int_a^b f(x)\,dx$

で計算する。

$\Leftarrow \int_\alpha^\beta(x-\alpha)(x-\beta)\,dx=-\frac{1}{6}(\beta-\alpha)^3$

334 放物線 $y=x^2-1$ と直線 $y=-2x+2$ との共有点の x 座標は

$x^2-1=-2x+2$ より $x^2+2x-3=0$

$(x+3)(x-1)=0$ より $x=-3,\ 1$

区間 $-3 \leqq x \leqq 1$ で $-2x+2 \geqq x^2-1$

よって，求める面積 S は

$$S=\int_{-3}^{1}\{(-2x+2)-(x^2-1)\}\,dx$$
$$=\int_{-3}^{1}(-x^2-2x+3)\,dx$$
$$=\left[-\frac{1}{3}x^3-x^2+3x\right]_{-3}^{1}$$
$$=\left(-\frac{1}{3}\times1^3-1^2+3\times1\right)-\left\{-\frac{1}{3}\times(-3)^3-(-3)^2+3\times(-3)\right\}$$
$$=\mathbf{\frac{32}{3}}$$

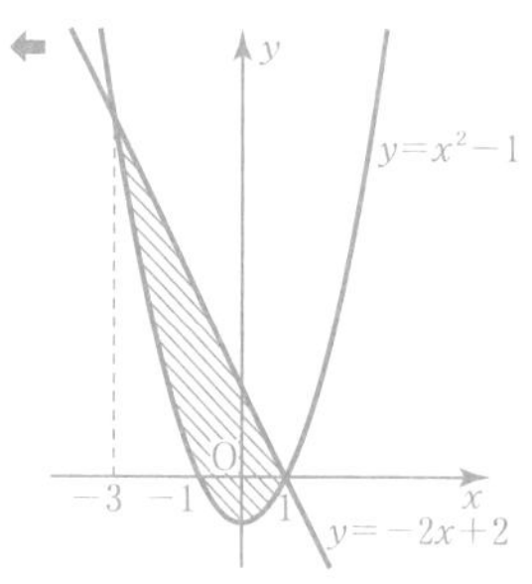

別解 $S=-\int_{-3}^{1}(x+3)(x-1)\,dx=-\left[-\frac{1}{6}\{1-(-3)\}^3\right]=\mathbf{\frac{32}{3}}$

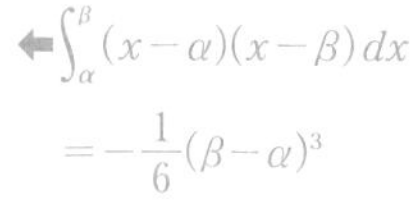
$\int_{\alpha}^{\beta}(x-\alpha)(x-\beta)\,dx=-\frac{1}{6}(\beta-\alpha)^3$

335 放物線 $y=x^2-3x+2$ と x 軸の共有点の x 座標は

$x^2-3x+2=0$ より $(x-2)(x-1)=0$

よって $x=1,\ 2$

区間 $1 \leqq x \leqq 2$ で $y \leqq 0$

よって，求める面積 S は

$$S=-\int_{1}^{2}(x^2-3x+2)\,dx$$
$$=-\left[\frac{1}{3}x^3-\frac{3}{2}x^2+2x\right]_{1}^{2}$$
$$=-\left(\frac{1}{3}\times2^3-\frac{3}{2}\times2^2+2\times2\right)+\left(\frac{1}{3}\times1^3-\frac{3}{2}\times1^2+2\times1\right)$$
$$=\mathbf{\frac{1}{6}}$$

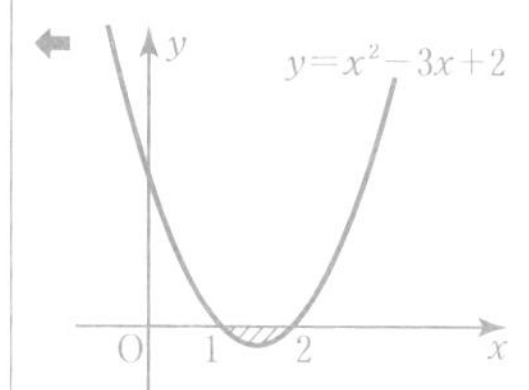

別解 $S=-\int_{1}^{2}(x-1)(x-2)\,dx$

$$=-\left\{-\frac{1}{6}(2-1)^3\right\}=\mathbf{\frac{1}{6}}$$

$\int_{\alpha}^{\beta}(x-\alpha)(x-\beta)\,dx=-\frac{1}{6}(\beta-\alpha)^3$

336 2つの放物線 $y=x^2-2x-3$ と $y=-x^2+1$ の共有点の x 座標は

$x^2-2x-3=-x^2+1$ より $2x^2-2x-4=0$

$2(x+1)(x-2)=0$ より $x=-1,\ 2$

区間 $-1 \leqq x \leqq 2$ で $-x^2+1 \geqq x^2-2x-3$

よって，求める面積 S は

$$S=\int_{-1}^{2}\{(-x^2+1)-(x^2-2x-3)\}\,dx$$
$$=\int_{-1}^{2}(-2x^2+2x+4)\,dx$$
$$=\left[-\frac{2}{3}x^3+x^2+4x\right]_{-1}^{2}$$
$$=\left(-\frac{2}{3}\times2^3+2^2+4\times2\right)-\left\{-\frac{2}{3}\times(-1)^3+(-1)^2+4\times(-1)\right\}$$
$$=\mathbf{9}$$

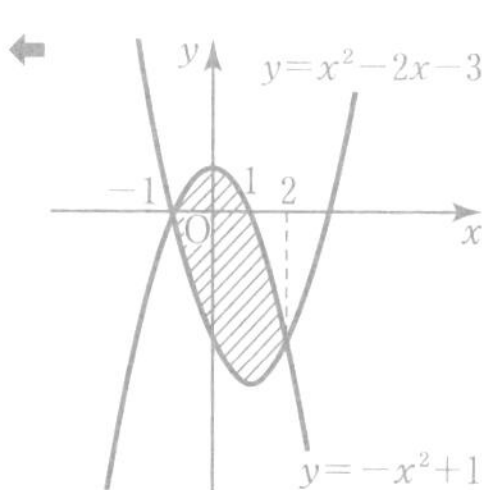

別解 $S=\int_{-1}^{2}(-2x^2+2x+4)\,dx=-2\int_{-1}^{2}(x+1)(x-2)\,dx$

$$=-2\left[-\frac{1}{6}\{2-(-1)\}^3\right]=\mathbf{9}$$

$\int_{\alpha}^{\beta}(x-\alpha)(x-\beta)\,dx=-\frac{1}{6}(\beta-\alpha)^3$

JUMP 61

関数 $y=|2x-1|$ について

$x\leqq\frac{1}{2}$ のとき $|2x-1|=-(2x-1)$

$=-2x+1$

$x\geqq\frac{1}{2}$ のとき $|2x-1|=2x-1$

よって，求める定積分は

$$\int_0^2|2x-1|\,dx=\int_0^{\frac{1}{2}}(-2x+1)\,dx+\int_{\frac{1}{2}}^2(2x-1)\,dx$$

$$=\left[-x^2+x\right]_0^{\frac{1}{2}}+\left[x^2-x\right]_{\frac{1}{2}}^2$$

$$=\frac{1}{4}+\frac{9}{4}=\mathbf{\frac{5}{2}}$$

考え方 積分する区間を分け，絶対値記号をはずしてから積分する。

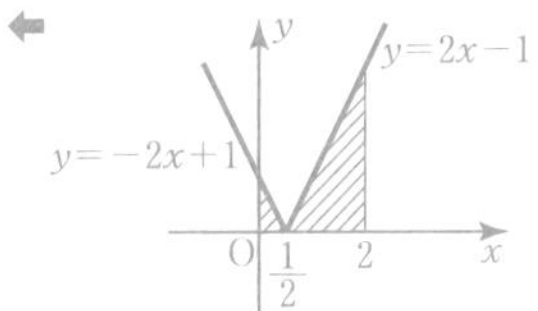

まとめの問題　積分法(p.142)

1 (1) $\int(3x^2+6x-1)\,dx$

$=3\int x^2\,dx+6\int x\,dx-\int dx$

$=3\times\frac{1}{3}x^3+6\times\frac{1}{2}x^2-x+C$

$=\boldsymbol{x^3+3x^2-x+C}$

←不定積分

←C は積分定数。

(2) $\int\left(\frac{1}{2}t^2-t+1\right)dt$

←t について積分する。

$=\frac{1}{2}\int t^2\,dt-\int t\,dt+\int dt$

$=\frac{1}{2}\times\frac{1}{3}t^3-\frac{1}{2}t^2+t+C$

$=\boldsymbol{\frac{1}{6}t^3-\frac{1}{2}t^2+t+C}$

←C は積分定数。

(3) $\int(3x-2)^2\,dx$

←展開してから積分する。

$=\int(9x^2-12x+4)\,dx$

$=9\int x^2\,dx-12\int x\,dx+4\int dx$

$=9\times\frac{1}{3}x^3-12\times\frac{1}{2}x^2+4x+C$

$=\boldsymbol{3x^3-6x^2+4x+C}$

←C は積分定数。

2 $F(x)=\int(6x^2+2x+2)\,dx$

$=2x^3+x^2+2x+C$

←C は積分定数。

よって

$F(-1)=2\times(-1)^3+(-1)^2+2\times(-1)+C=-3+C$

ここで，$F(-1)=2$ であるから

$-3+C=2$ より $C=5$

したがって，求める関数は

$\boldsymbol{F(x)=2x^3+x^2+2x+5}$

3 (1) $\int_{-2}^{1}(x^2+2x-3)\,dx$

$=\left[\frac{1}{3}x^3+x^2-3x\right]_{-2}^{1}$

$=\left(\frac{1}{3}\times1^3+1^2-3\times1\right)-\left\{\frac{1}{3}\times(-2)^3+(-2)^2-3\times(-2)\right\}$

$=\mathbf{-9}$

←定積分

(2) $\int_0^2(x^2-2x)\,dx-\int_0^{-1}(x^2-2x)\,dx$

$=\int_0^2(x^2-2x)\,dx+\int_{-1}^{0}(x^2-2x)\,dx$

$=\int_{-1}^{2}(x^2-2x)\,dx$

$=\left[\frac{1}{3}x^3-x^2\right]_{-1}^{2}$

$=\left(\frac{1}{3}\times2^3-2^2\right)-\left\{\frac{1}{3}\times(-1)^3-(-1)^2\right\}$

$=\mathbf{0}$

←$\int_b^a f(x)\,dx=-\int_a^b f(x)\,dx$

←$\int_a^c f(x)\,dx+\int_c^b f(x)\,dx$
$=\int_a^b f(x)\,dx$
積分する関数が一致
積分区間がつながる

4 (1) $\frac{d}{dx}\int_{-1}^{x}(6t^2-2t+1)\,dt=\mathbf{6x^2-2x+1}$

(2) $\frac{d}{dx}\int_0^x(t-1)(t-2)(t-3)\,dt=\mathbf{(x-1)(x-2)(x-3)}$

←$\frac{d}{dx}\int_a^x f(t)\,dt=f(x)$

5 等式の両辺の関数を x で微分すると

$f(x)=2x-a$

与えられた等式の両辺に $x=-2$ を代入すると

(左辺)$=\int_{-2}^{-2}f(t)\,dt=0$

(右辺)$=4+2a+6=2a+10$

したがって，$2a+10=0$ より　$\boldsymbol{a=-5}$

よって　$\boldsymbol{f(x)=2x+5}$

←$\frac{d}{dx}\int_a^x f(t)\,dt=f(x)$

←$\int_a^a f(t)\,dt=0$

6 放物線 $y=x^2-2$ と x 軸との共有点の x 座標は

$x^2-2=0$　より　$(x+\sqrt{2})(x-\sqrt{2})=0$

よって　$x=-\sqrt{2},\ \sqrt{2}$

区間 $-\sqrt{2}\leqq x\leqq\sqrt{2}$ で $y\leqq0$

したがって，求める面積 S は

$S=-\int_{-\sqrt{2}}^{\sqrt{2}}(x^2-2)\,dx$

$=-\left[\frac{1}{3}x^3-2x\right]_{-\sqrt{2}}^{\sqrt{2}}$

$=-\left\{\frac{1}{3}(\sqrt{2})^3-2\sqrt{2}\right\}+\left\{\frac{1}{3}(-\sqrt{2})^3-2(-\sqrt{2})\right\}$

$=\mathbf{\frac{8\sqrt{2}}{3}}$

←
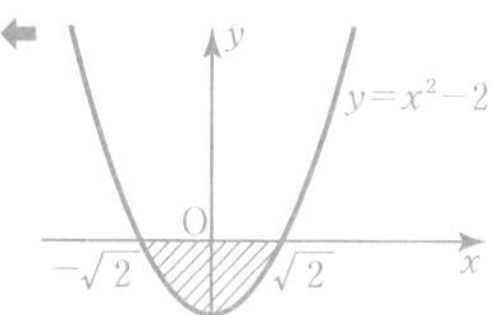

←y 軸に関して対称であることを利用してもよい。

別解　$S=-\int_{-\sqrt{2}}^{\sqrt{2}}(x-\sqrt{2})(x+\sqrt{2})\,dx$

$=-\left[-\frac{1}{6}\{\sqrt{2}-(-\sqrt{2})\}^3\right]=\mathbf{\frac{8\sqrt{2}}{3}}$

←$\int_\alpha^\beta(x-\alpha)(x-\beta)\,dx$
$=-\frac{1}{6}(\beta-\alpha)^3$

7 2つの放物線 $y=x^2+2x+1$ と $y=-x^2+5$ との共有点の x 座標は

$x^2+2x+1=-x^2+5$ より $2x^2+2x-4=0$

$2(x+2)(x-1)=0$ ゆえに $x=-2,\ 1$

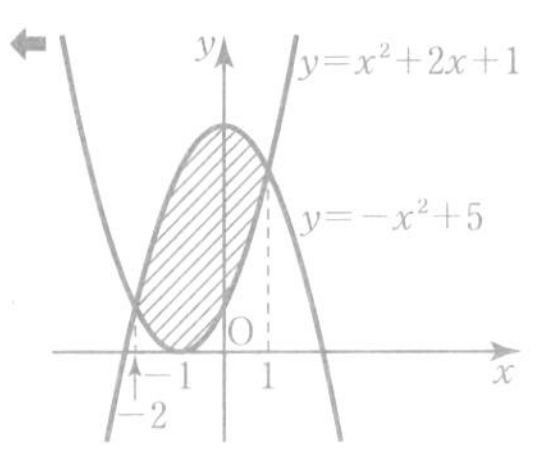

区間 $-2\leqq x\leqq 1$ で $-x^2+5\geqq x^2+2x+1$

よって，求める面積 S は

$$S=\int_{-2}^{1}\{(-x^2+5)-(x^2+2x+1)\}dx$$

$$=\int_{-2}^{1}(-2x^2-2x+4)dx$$

$$=\left[-\frac{2}{3}x^3-x^2+4x\right]_{-2}^{1}$$

$$=\left(-\frac{2}{3}-1+4\right)-\left(\frac{16}{3}-4-8\right)=\mathbf{9}$$

別解 $S=-2\int_{-2}^{1}(x+2)(x-1)dx=-2\left[-\frac{1}{6}\{1-(-2)\}^3\right]=\mathbf{9}$

← $\int_{\alpha}^{\beta}(x-\alpha)(x-\beta)dx=-\frac{1}{6}(\beta-\alpha)^3$

8 放物線 $y=-x^2+x$ と x 軸の共有点の x 座標は

$-x^2+x=0$ より $-x(x-1)=0$

よって $x=0,\ 1$

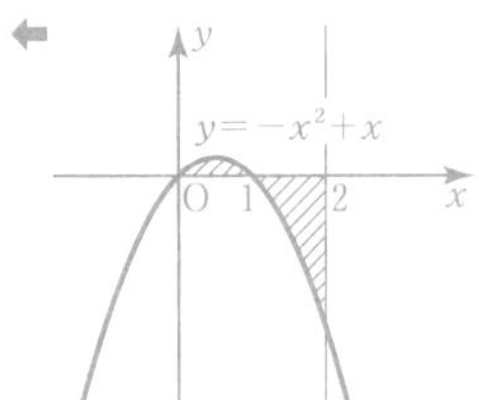

区間 $0\leqq x\leqq 1$ で $y\geqq 0$

区間 $1\leqq x\leqq 2$ で $y\leqq 0$

したがって，求める面積の和 S は

$$S=\int_{0}^{1}(-x^2+x)dx-\int_{1}^{2}(-x^2+x)dx$$

$$=\left[-\frac{1}{3}x^3+\frac{1}{2}x^2\right]_{0}^{1}-\left[-\frac{1}{3}x^3+\frac{1}{2}x^2\right]_{1}^{2}$$

$$=\left(-\frac{1}{3}+\frac{1}{2}\right)-\left(-\frac{8}{3}+2\right)+\left(-\frac{1}{3}+\frac{1}{2}\right)=\mathbf{1}$$

24(02)

6 軌跡の方程式の求め方

(Ⅰ) 条件を満たす点Pの座標を (x, y) とおいて，x，y の関係式を求める。

(Ⅱ) 逆に，(Ⅰ)で求めた関係式を満たす任意の点が，与えられた条件を満たすことを示す。

7 不等式の表す領域

(1) $y>mx+n \Longrightarrow$ 直線 $y=mx+n$ の上側

$y<mx+n \Longrightarrow$ 直線 $y=mx+n$ の下側

(2) 円 $C:(x-a)^2+(y-b)^2=r^2$ のとき

$(x-a)^2+(y-b)^2<r^2 \Longrightarrow$ 円 C の内部

$(x-a)^2+(y-b)^2>r^2 \Longrightarrow$ 円 C の外部

三角関数

1 一般角

1つの角 α の一般角は $\alpha+360°\times n$（n は整数）

2 弧度法

$180°=\pi$ ラジアン

3 三角関数の定義

半径 r の円周上の点 $P(x, y)$ をとり，OP と x 軸の正の向きとのなす角を θ（ラジアン）とすると

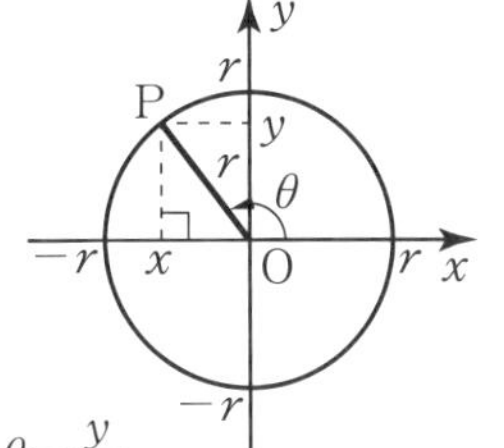

$\sin\theta=\dfrac{y}{r}$，$\cos\theta=\dfrac{x}{r}$，$\tan\theta=\dfrac{y}{x}$

4 三角関数の値の範囲

$-1\leqq\sin\theta\leqq1$，$-1\leqq\cos\theta\leqq1$

$\tan\theta$ は実数全体

5 三角関数の相互関係

$\tan\theta=\dfrac{\sin\theta}{\cos\theta}$

$\sin^2\theta+\cos^2\theta=1$

$1+\tan^2\theta=\dfrac{1}{\cos^2\theta}$

6 三角関数の性質（複号同順，n は整数）

$\begin{cases}\sin(\theta+2n\pi)=\sin\theta\\ \cos(\theta+2n\pi)=\cos\theta\\ \tan(\theta+n\pi)=\tan\theta\end{cases}$ $\begin{cases}\sin(-\theta)=-\sin\theta\\ \cos(-\theta)=\cos\theta\\ \tan(-\theta)=-\tan\theta\end{cases}$

$\begin{cases}\sin(\theta+\pi)=-\sin\theta\\ \cos(\theta+\pi)=-\cos\theta\\ \tan(\theta+\pi)=\tan\theta\end{cases}$ $\begin{cases}\sin\left(\theta+\dfrac{\pi}{2}\right)=\cos\theta\\ \cos\left(\theta+\dfrac{\pi}{2}\right)=-\sin\theta\\ \tan\left(\theta+\dfrac{\pi}{2}\right)=-\dfrac{1}{\tan\theta}\end{cases}$

7 三角関数のグラフ

周期：$f(x+p)=f(x)$ を満たす正で最小の値 p

・$y=\sin\theta$ の周期は 2π，

グラフは原点に関して対称（奇関数）

・$y=\cos\theta$ の周期は 2π，

グラフは y 軸に関して対称（偶関数）

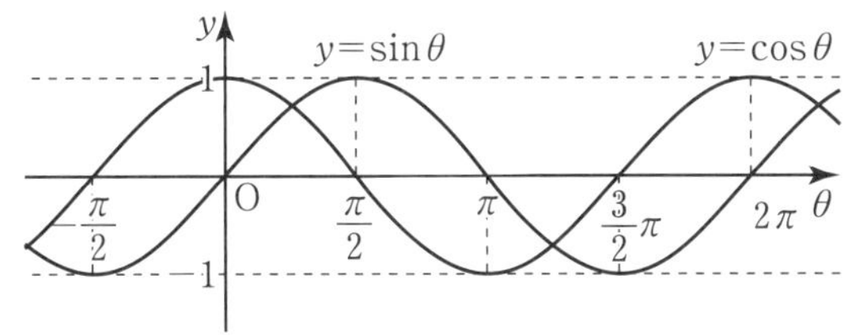

・$y=\tan\theta$ の周期は π，

グラフは原点に関して対称（奇関数）

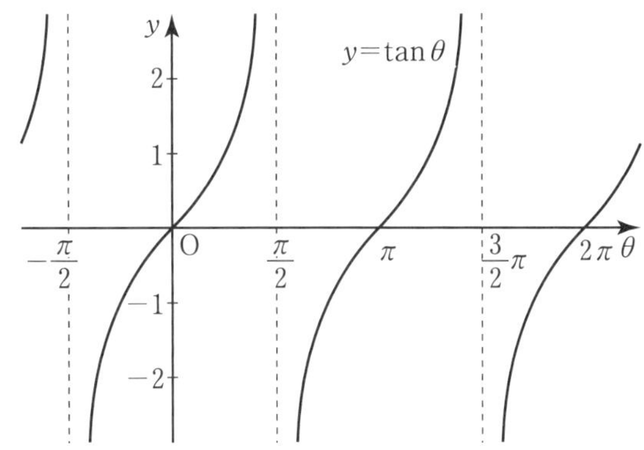

グラフの漸近線は $\theta=\dfrac{\pi}{2}+n\pi$（$n$ は整数）

8 三角関数の加法定理（複号同順）

$\sin(\alpha\pm\beta)=\sin\alpha\cos\beta\pm\cos\alpha\sin\beta$

$\cos(\alpha\pm\beta)=\cos\alpha\cos\beta\mp\sin\alpha\sin\beta$

$\tan(\alpha\pm\beta)=\dfrac{\tan\alpha\pm\tan\beta}{1\mp\tan\alpha\tan\beta}$

9 2倍角の公式

$\sin2\alpha=2\sin\alpha\cos\alpha$

$\cos2\alpha=\cos^2\alpha-\sin^2\alpha$

$=2\cos^2\alpha-1$

$=1-2\sin^2\alpha$

$\tan2\alpha=\dfrac{2\tan\alpha}{1-\tan^2\alpha}$

10 半角の公式

$\sin^2\dfrac{\alpha}{2}=\dfrac{1-\cos\alpha}{2}$

$\cos^2\dfrac{\alpha}{2}=\dfrac{1+\cos\alpha}{2}$

$\tan^2\dfrac{\alpha}{2}=\dfrac{1-\cos\alpha}{1+\cos\alpha}$

11 三角関数の合成

$a\sin\theta+b\cos\theta=\sqrt{a^2+b^2}\sin(\theta+\alpha)$

ただし　$\cos\alpha=\dfrac{a}{\sqrt{a^2+b^2}}$

$\sin\alpha=\dfrac{b}{\sqrt{a^2+b^2}}$

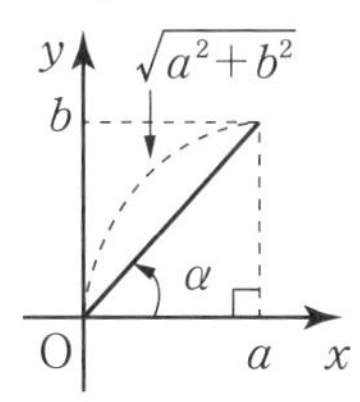

本書は，数学Ⅱの内容の理解と復習を目的に編修した問題集です。
各項目を見開き２ページで構成し，左側は**例題**と**類題**，右側は Exercise と JUMP としました。

本書の使い方

例題
各項目で必ずマスターしておきたい代表的な問題を解答とともに掲載しました。右にある基本事項と合わせて，解法を確認できます。

Exercise
類題と同レベルの問題に加え，少しだけ応用力が必要な問題を扱っています。易しい問題から順に配列してありますので，あきらめずに取り組んでみましょう。

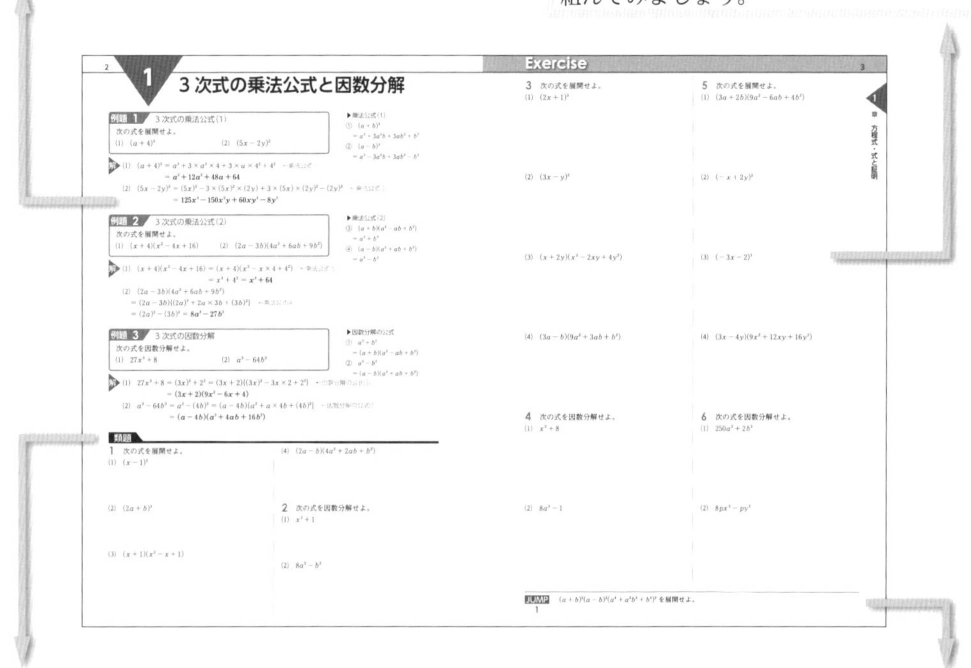

類題
例題と同レベルの問題です。解き方がわからないときは，例題を参考にしてみましょう。

JUMP
Exercise より応用力が必要な問題を扱っています。選択的に取り組んでみましょう。

まとめの問題
いくつかの項目を復習するために設けてあります。内容が身に付いたか確認するために取り組んでみましょう。

問題数	第１章	第２章	第３章	第４章	第５章	合計
例題	30	17	19	13	23	102
類題	29	24	23	17	15	108
Exercise	62	60	32	30	43	227
JUMP	16	13	10	9	12	60
まとめの問題	21	18	14	9	12	74

目次

1 3次式の乗法公式と因数分解

例題 1 3次式の乗法公式(1)

次の式を展開せよ。

(1) $(a+4)^3$ (2) $(5x-2y)^3$

▶乗法公式(1)

① $(a+b)^3$
$= a^3+3a^2b+3ab^2+b^3$

② $(a-b)^3$
$= a^3-3a^2b+3ab^2-b^3$

解 (1) $(a+4)^3 = a^3+3\times a^2\times 4+3\times a\times 4^2+4^3$ ←乗法公式①
$= \boldsymbol{a^3+12a^2+48a+64}$

(2) $(5x-2y)^3 = (5x)^3-3\times(5x)^2\times(2y)+3\times(5x)\times(2y)^2-(2y)^3$ ←乗法公式②
$= \boldsymbol{125x^3-150x^2y+60xy^2-8y^3}$

例題 2 3次式の乗法公式(2)

次の式を展開せよ。

(1) $(x+4)(x^2-4x+16)$ (2) $(2a-3b)(4a^2+6ab+9b^2)$

▶乗法公式(2)

③ $(a+b)(a^2-ab+b^2)$
$= a^3+b^3$

④ $(a-b)(a^2+ab+b^2)$
$= a^3-b^3$

(1) $(x+4)(x^2-4x+16) = (x+4)(x^2-x\times 4+4^2)$ ←乗法公式③
$= x^3+4^3 = \boldsymbol{x^3+64}$

(2) $(2a-3b)(4a^2+6ab+9b^2)$
$= (2a-3b)\{(2a)^2+2a\times 3b+(3b)^2\}$ ←乗法公式④
$= (2a)^3-(3b)^3 = \boldsymbol{8a^3-27b^3}$

例題 3 3次式の因数分解

次の式を因数分解せよ。

(1) $27x^3+8$ (2) a^3-64b^3

▶因数分解の公式

① a^3+b^3
$= (a+b)(a^2-ab+b^2)$

② a^3-b^3
$= (a-b)(a^2+ab+b^2)$

(1) $27x^3+8 = (3x)^3+2^3 = (3x+2)\{(3x)^2-3x\times 2+2^2\}$ ←因数分解の公式①
$= \boldsymbol{(3x+2)(9x^2-6x+4)}$

(2) $a^3-64b^3 = a^3-(4b)^3 = (a-4b)\{a^2+a\times 4b+(4b)^2\}$ ←因数分解の公式②
$= \boldsymbol{(a-4b)(a^2+4ab+16b^2)}$

類題

1 次の式を展開せよ。

(1) $(x-1)^3$

(2) $(2a+b)^3$

(3) $(x+1)(x^2-x+1)$

(4) $(2a-b)(4a^2+2ab+b^2)$

2 次の式を因数分解せよ。

(1) x^3+1

(2) $8a^3-b^3$

3 次の式を展開せよ。

(1) $(2x+1)^3$

(2) $(3x-y)^3$

(3) $(x+2y)(x^2-2xy+4y^2)$

(4) $(3a-b)(9a^2+3ab+b^2)$

4 次の式を因数分解せよ。

(1) x^3+8

(2) $8a^3-1$

5 次の式を展開せよ。

(1) $(3a+2b)(9a^2-6ab+4b^2)$

(2) $(-x+2y)^3$

(3) $(-3x-2)^3$

(4) $(3x-4y)(9x^2+12xy+16y^2)$

6 次の式を因数分解せよ。

(1) $250a^3+2b^3$

(2) $8px^3-py^3$

JUMP 1 $(a+b)^2(a-b)^2(a^4+a^2b^2+b^4)^2$ を展開せよ。

2 二項定理

例題 4 二項定理

(1) $(3x-1)^5$ を展開せよ。

(2) $(x+3y)^6$ の展開式における，x^3y^3 の項の係数を求めよ。

解 (1) $(3x-1)^5=\{3x+(-1)\}^5$

$$={}_5C_0(3x)^5+{}_5C_1(3x)^4(-1)^1+{}_5C_2(3x)^3(-1)^2+{}_5C_3(3x)^2(-1)^3+{}_5C_4(3x)^1(-1)^4+{}_5C_5(-1)^5$$
$$=1\times243x^5+5\times81x^4(-1)+10\times27x^3+10\times9x^2(-1)+5\times3x+1\times(-1)$$
$$=\mathbf{243x^5-405x^4+270x^3-90x^2+15x-1}$$

別解 パスカルの三角形より

$$(a+b)^5=a^5+5a^4b+10a^3b^2+10a^2b^3+5ab^4+b^5$$

であるから

$$(3x-1)^5=(3x)^5+5(3x)^4(-1)+10(3x)^3(-1)^2+10(3x)^2(-1)^3+5(3x)(-1)^4+(-1)^5$$
$$=\mathbf{243x^5-405x^4+270x^3-90x^2+15x-1}$$

(2) $(x+3y)^6$ の展開式の一般項は

$${}_6C_rx^{6-r}(3y)^r={}_6C_r\cdot3^r\cdot x^{6-r}\cdot y^r$$

と表せる。これが x^3y^3 の項になるのは $r=3$ のときである。

よって，求める係数は

$${}_6C_3\times3^3=\frac{6\times5\times4}{3\times2\times1}\times27=\mathbf{540}$$

▶二項定理

$(a+b)^n$
$={}_nC_0a^n+{}_nC_1a^{n-1}b+\cdots\cdots+{}_nC_ra^{n-r}b^r+\cdots\cdots+{}_nC_{n-1}ab^{n-1}+{}_nC_nb^n$

ただし，

$${}_nC_r=\frac{n!}{r!(n-r)!}$$

とくに，${}_nC_0=1$，$0!=1$　とする。

${}_nC_0$，${}_nC_1$，…，${}_nC_n$
を二項係数といい，
$(r+1)$ 番目の項である
${}_nC_ra^{n-r}b^r$
を一般項という。
ただし，$a^0=1$，$b^0=1$ とする。

▶パスカルの三角形

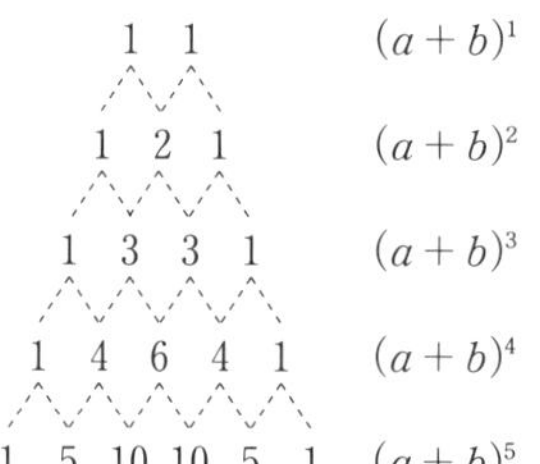

類題

7 $(x+2)^4$ を展開せよ。

8 $(4x+y)^5$ の展開式における，xy^4 の項の係数を求めよ。

9　二項定理を用いて，次の式を展開せよ。

(1)　$(a-b)^4$

(2)　$(x+3)^5$

(3)　$(2x-3y)^4$

(4)　$(2x+y)^6$

10　次の式の展開式において，[　] 内に指定された項の係数を求めよ。

(1)　$(a+b)^6$　$[a^4b^2]$

(2)　$(x-2)^6$　$[x^4]$

(3)　$(3x^2+2y)^5$　$[x^6y^2]$

JUMP 2　$(x+y+z)^5$ の展開式における，xy^2z^2 の項の係数を求めよ。

3 整式の除法

例題 5 整式の除法

次の整式 A を整式 B で割った商と余りを求めよ。

$A=3x^3-5x^2+6,\quad B=x^2-2x+3$

$$
\begin{array}{r|l}
 & 3x\ \ +1 \quad \cdots\cdots 商 \\
x^2-2x+3 & 3x^3-5x^2\ \square\ +6 \\
 & 3x^3-6x^2+9x \quad \cdots\cdots (x^2-2x+3)\times 3x \\
 & x^2-9x+6 \\
 & x^2-2x+3 \quad \cdots\cdots (x^2-2x+3)\times 1 \\
 & -7x+3 \quad \cdots\cdots 余り
\end{array}
$$

←項が欠けている場所はあけておく

商は $\mathbf{3x+1}$，余りは $\mathbf{-7x+3}$

例題 6 整式の除法の関係式の利用

整式 $4x^3+1$ をある整式 B で割ると，商が $2x+1$，余りが $-x$ になるという。整式 B を求めよ。

▶整式の除法の関係式
整式 A を整式 B で割ったとき，商を Q，余りを R とすると，
$A=BQ+R$
（R は B より次数の低い整式）

与えられた条件から

$4x^3+1=B\times(2x+1)+(-x)$　←(割られる式)＝(割る式)×(商)＋(余り)

よって，

$B\times(2x+1)=4x^3+1-(-x)=4x^3+x+1$

したがって，

$B=(4x^3+x+1)\div(2x+1)=\mathbf{2x^2-x+1}$

類題

11 次の整式 A を整式 B で割った商と余りを求めよ。

$A=x^3-x+8$

$B=x+2$

12 整式 $3x^3+5x^2+7x+9$ をある整式 B で割ると，商が $3x-1$，余りが 12 になるという。整式 B を求めよ。

13 次の整式 A を整式 B で割った商と余りを求めよ。

(1) $A=4x^2-2x+5$
　$B=2x+1$

(2) $A=x^3+2x-2$
　$B=x^2+x+2$

14 ある整式 A を整式 $2x^2+3x+4$ で割ると，商が $x+3$，余りが $-x-12$ になるという。整式 A を求めよ。

15 整式 $6x^4-5x^3+17x-12$ を整式 $2x^2-3x+4$ で割った商と余りを求めよ。

16 整式 $3x^3+4x^2+4x+8$ をある整式 B で割ると，商が $3x+1$，余りが 7 になるという。整式 B を求めよ。

17 整式 $4x^4+7x^2+x+15$ をある整式 B で割ると，商が $2x^2+3x+4$，余りが $x-1$ になるという。整式 B を求めよ。

JUMP 3 $A=2x^2+xy+6y^2+4x-2y-1$，$B=x+2y$ とする。x についての整式とみて，A を B で割った商と余りを求めよ。また，y についての整式とみて，A を B で割った商と余りを求めよ。

4 分数式

例題 7 分数式の約分と乗法・除法

次の計算をせよ。

(1) $\dfrac{2x-4}{x^2-7x+10}$　　(2) $\dfrac{x+2}{x^2-9}\div\dfrac{x^2-4}{x^2-x-12}$

解 (1) $\dfrac{2x-4}{x^2-7x+10}=\dfrac{2(x-2)}{(x-5)(x-2)}=\boldsymbol{\dfrac{2}{x-5}}$　←因数分解して、共通な因数を約分する

(2) $\dfrac{x+2}{x^2-9}\div\dfrac{x^2-4}{x^2-x-12}=\dfrac{x+2}{x^2-9}\times\dfrac{x^2-x-12}{x^2-4}$　←割り算は分母・分子を逆にして掛ける $\dfrac{A}{B}\div\dfrac{C}{D}=\dfrac{A}{B}\times\dfrac{D}{C}$

$=\dfrac{x+2}{(x+3)(x-3)}\times\dfrac{(x+3)(x-4)}{(x+2)(x-2)}=\boldsymbol{\dfrac{x-4}{(x-3)(x-2)}}$

例題 8 分数式の加法・減法

$\dfrac{8}{x^2+2x-3}-\dfrac{6}{x^2+x-2}$ を計算せよ。

解 $\dfrac{8}{(x-1)(x+3)}-\dfrac{6}{(x-1)(x+2)}$　←分母を因数分解する

$=\dfrac{8(x+2)}{(x-1)(x+3)(x+2)}-\dfrac{6(x+3)}{(x-1)(x+3)(x+2)}$　←分母を通分して $(x-1)(x+3)(x+2)$ にそろえる

$=\dfrac{8(x+2)-6(x+3)}{(x-1)(x+3)(x+2)}$

$=\dfrac{2x-2}{(x-1)(x+3)(x+2)}$

$=\dfrac{2(x-1)}{(x-1)(x+3)(x+2)}=\boldsymbol{\dfrac{2}{(x+3)(x+2)}}$

類題

18 次の計算をせよ。

(1) $\dfrac{3x+6}{x^2+x-2}$

(2) $\dfrac{x^2-1}{x-2}\div\dfrac{x^2+3x+2}{x^2-4}$

19 次の計算をせよ。

(1) $\dfrac{x^2}{x-1}-\dfrac{1}{x-1}$

(2) $\dfrac{1}{x+2}+\dfrac{5}{x^2-x-6}$

20 次の計算をせよ。

(1) $\dfrac{x^2+2x-3}{x^2+x-6}\times\dfrac{x^2-4x+4}{x^2-3x+2}$

(2) $\dfrac{x}{x^2-1}\div\dfrac{x^2+8x+16}{x^2+3x-4}$

21 次の計算をせよ。

(1) $3+\dfrac{1-3x}{x+2}$

(2) $\dfrac{2}{x+3}-\dfrac{1}{x+2}$

(3) $\dfrac{3}{x^2-9}-\dfrac{1}{x^2-4x+3}$

22 次の計算をせよ。

(1) $\dfrac{x^2+2x}{x^2-2x-3}\times\dfrac{x^2-4x+3}{x^2-4}\times\dfrac{x^2-x-2}{2x^2-2x}$

(2) $\dfrac{4x^2-1}{x^2+x-12}\div\dfrac{2x^2-x-1}{x^2-16}$

23 次の計算をせよ。

(1) $x+2+\dfrac{2-x}{x-1}$

(2) $\dfrac{2}{x-4}-\dfrac{1}{x+3}+\dfrac{x-4}{x^2-x-12}$

JUMP 4 $\dfrac{x+\dfrac{1}{x-2}}{1+\dfrac{1}{x-2}}$ を簡単にせよ。

5 複素数

例題 9 複素数の相等

次の等式を満たす実数 x, y の値を求めよ。

$(2+x)+(y-1)i=3+4i$

 $2+x$, $y-1$ は実数であるから

$2+x=3$, $y-1=4$ 　より　$\boldsymbol{x=1,\ y=5}$

例題 10 複素数の四則計算

次の計算をせよ。(3)は $a+bi$ (a, b は実数) の形にせよ。

(1) $(4+3i)-(6-2i)$　(2) $(3+i)(-2i+1)$　(3) $\dfrac{3+2i}{1-2i}$

 (1) $(4+3i)-(6-2i)=(4-6)+\{3-(-2)\}i$

$=\boldsymbol{-2+5i}$

(2) $(3+i)(-2i+1)=-6i+3-2i^2+i$　←$i^2=-1$

$=-6i+3-2\times(-1)+i=\boldsymbol{5-5i}$

(3) 分母 $1-2i$ と共役な複素数 $1+2i$ を分母・分子に掛ける。

$$\frac{3+2i}{1-2i}=\frac{(3+2i)(1+2i)}{(1-2i)(1+2i)}=\frac{3+6i+2i+4i^2}{1-4i^2}$$

$$=\frac{3+8i+4\times(-1)}{1-4\times(-1)}=\frac{-1+8i}{5}=\boldsymbol{-\frac{1}{5}+\frac{8}{5}i}$$

▶複素数

2乗して -1 になる数を i (虚数単位) で表す。

すなわち　$i^2=-1$

a, b を実数とし

$a+bi$

で表される数を複素数という。

▶複素数の相等

a, b, c, d が実数のとき,

$a+bi=c+di$

$\Longleftrightarrow a=c$ かつ $b=d$

とくに

$a+bi=0 \Longleftrightarrow a=b=0$

▶四則計算

・加法・減法：実部，虚部でまとめる。

・乗法：展開し，$i^2=-1$ で置き換える。

・除法：分母・分子に分母と共役な複素数を掛けて計算。

▶共役な複素数

$a+bi$ に対し，b の符号を変えた $a-bi$ を共役な複素数という。

類題

24 次の等式を満たす実数 x, y の値を求めよ。

$(1-x)+(2y+3)i=-2+13i$

25 次の計算をせよ。(4)は $a+bi$ (a, b は実数) の形にせよ。

(1) $(3+2i)+(2-3i)$

(2) $(4+2i)-(2+i)$

(3) $(1+3i)(2+5i)$

(4) $\dfrac{13}{3+2i}$

26 次の計算をせよ。

(1) $(2-3i)+(5+4i)$

(2) $(3+i)-(2-4i)$

(3) $i(2-3i)$

(4) $(1+3i)(2-3i)$

27 複素数 $z=2+3i$ と共役な複素数を $\overline{z}$ とするとき，次の問いに答えよ。

(1) $\overline{z}$ をいえ。

(2) $z\overline{z}$ を求めよ。

(3) $\dfrac{\overline{z}}{z}$ を求めよ。

28 次の計算をせよ。(4), (5)は $a+bi$ (a, b は実数）の形にせよ。

(1) $(-2+3i)-(4-i)$

(2) $(3-i)i+(2+5i)$

(3) $(2+3i)(5-2i)$

(4) $\dfrac{5+3i}{2-3i}$

(5) $\dfrac{1-4i}{2i-3}$

29 次の等式を満たす実数 x, y の値を求めよ。

$3(2x-yi)-2(x+2yi)i=2+i$

JUMP 5 $(x+yi)^2=8i$ が成り立つような実数 x, y を求めよ。

6 負の数の平方根

例題 11 負の数の平方根

次の数を虚数単位 i を用いて表せ。

(1) $\sqrt{-6}$　　(2) -36 の平方根

(1) $\sqrt{-6}=\sqrt{6}\,\boldsymbol{i}$

(2) $\pm\sqrt{-36}=\pm\sqrt{36}\,i=\pm\boldsymbol{6i}$

▶負の数の平方根

$a>0$ のとき $\sqrt{-a}$ は

$\sqrt{-a}=\sqrt{a}\,i$

である。

また，$a>0$ のとき，

$-a$ の平方根は

$\pm\sqrt{-a}$　すなわち　$\pm\sqrt{a}\,i$

である。

例題 12 負の数の平方根の計算

次の計算をせよ。

(1) $\sqrt{-3}\times\sqrt{-2}$　　(2) $\dfrac{\sqrt{3}}{\sqrt{-27}}$

(1) $\sqrt{-3}\times\sqrt{-2}=\sqrt{3}\,i\times\sqrt{2}\,i=\sqrt{6}\,i^2=-\sqrt{6}$

(2) $\dfrac{\sqrt{3}}{\sqrt{-27}}=\dfrac{\sqrt{3}}{\sqrt{27}\,i}=\dfrac{\sqrt{3}}{3\sqrt{3}\,i}=\dfrac{1}{3i}$

$=\dfrac{1\times i}{3i\times i}=\dfrac{i}{-3}=-\dfrac{1}{3}i$

▶負の数の平方根の計算

$a>0$ のとき，

$\sqrt{-a}$ を含む計算は

$\sqrt{-a}$ を $\sqrt{a}\,i$ として行う。

例題 13 2 次方程式 $x^2=k$ の解

2 次方程式 $x^2=-12$ を解け。

解 $\boldsymbol{x}=\pm\sqrt{-12}=\pm\sqrt{12}\,i=\pm2\sqrt{3}\,\boldsymbol{i}$

▶$x^2=k$ の解

2 次方程式 $x^2=k$ の解は

$x=\pm\sqrt{k}$

類題

30 次の数を虚数単位 i を用いて表せ。

(1) $\sqrt{-7}$

(2) -64 の平方根

(2) $\dfrac{\sqrt{8}}{\sqrt{-24}}$

31 次の計算をせよ。

(1) $\sqrt{-2}\times\sqrt{-10}$

32 次の 2 次方程式を解け。

(1) $x^2=-10$

(2) $x^2+4=0$

33 次の数を虚数単位 i を用いて表せ。

(1) $\sqrt{-25}$

(2) -18 の平方根

34 次の計算をせよ。

(1) $\sqrt{-8}\times\sqrt{-2}-\sqrt{-9}$

(2) $\sqrt{-3}\times\sqrt{-4}+\sqrt{-27}\times\sqrt{-1}$

(3) $\dfrac{\sqrt{-45}}{\sqrt{-5}}$

35 次の2次方程式を解け。

(1) $x^2=-8$

(2) $x^2+49=0$

36 次の計算をせよ。

(1) $\sqrt{-2}\times\sqrt{8}+\sqrt{32}\times\sqrt{-2}$

(2) $(\sqrt{-6}+\sqrt{-8})(\sqrt{-6}-\sqrt{-8})$

(3) $(3+\sqrt{-5})^2$

(4) $\left(\dfrac{\sqrt{12}}{\sqrt{-9}}\right)^3$

37 次の2次方程式を解け。

(1) $4x^2=-1$

(2) $3x^2+4=0$

JUMP 6 次の計算をせよ。

(1) $\dfrac{\sqrt{5}-\sqrt{-2}}{\sqrt{5}+\sqrt{-2}}$

(2) $\dfrac{1}{1+\sqrt{2}+\sqrt{-4}}$

7 2次方程式

例題 14 2次方程式

次の2次方程式を解け。

(1) $3x^2-2x-7=0$　　(2) $x^2-3x+6=0$

解 (1) $\boldsymbol{x}=\dfrac{-(-2)\pm\sqrt{(-2)^2-4\times3\times(-7)}}{2\times3}$　←$a=3$，$b=-2$，$c=-7$

$=\dfrac{2(1\pm\sqrt{22})}{2\times3}=\boldsymbol{\dfrac{1\pm\sqrt{22}}{3}}$

別解 $3x^2+2\times(-1)x-7=0$ より

$\boldsymbol{x}=\dfrac{-(-1)\pm\sqrt{(-1)^2-3\times(-7)}}{3}=\boldsymbol{\dfrac{1\pm\sqrt{22}}{3}}$

(2) $\boldsymbol{x}=\dfrac{-(-3)\pm\sqrt{(-3)^2-4\times1\times6}}{2\times1}$　←$a=1$，$b=-3$，$c=6$

$=\dfrac{3\pm\sqrt{-15}}{2}=\boldsymbol{\dfrac{3\pm\sqrt{15}i}{2}}$

▶解の公式

2次方程式

$ax^2+bx+c=0$ $(a\neq0)$

の解は

$x=\dfrac{-b\pm\sqrt{b^2-4ac}}{2a}$

とくに，x の係数 b が偶数で

$b=2b'$

と表せるとき，2次方程式

$ax^2+2b'x+c=0$ $(a\neq0)$

の解は

$x=\dfrac{-b'\pm\sqrt{b'^2-ac}}{a}$

・解を複素数とすると，すべての2次方程式は解ける。

類題

38 次の2次方程式を解け。

(1) $x^2+5x+1=0$

(2) $2x^2-x-4=0$

(3) $2x^2-x+3=0$

39 次の2次方程式を解け。

(1) $x^2+4x+6=0$

(2) $4x^2-6x+1=0$

(3) $3x^2+4x+5=0$

40 次の 2 次方程式を解け。

(1) $x^2-3x+1=0$

(2) $x^2-3x+7=0$

(3) $2x^2-2x+3=0$

(4) $3x^2+3x-5=0$

(5) $4x^2-2x+3=0$

41 次の 2 次方程式を解け。

(1) $x^2-x-1=0$

(2) $4x^2-12x+9=0$

(3) $2x^2-3x+4=0$

(4) $2x^2-6x+9=0$

(5) $-3x^2+2\sqrt{6}x-2=0$

JUMP 7 2 次方程式 $\sqrt{3}x^2+(1+2\sqrt{3})x+(1+\sqrt{3})=0$ を解け。

8 判別式

例題 15 判別式

次の 2 次方程式の解を判別せよ。

(1) $4x^2-7x+1=0$　　(2) $x^2-3x+12=0$

 2 次方程式の判別式を D とする。

(1) $D=(-7)^2-4\times4\times1=33>0$ より

異なる 2 つの実数解をもつ。

(2) $D=(-3)^2-4\times1\times12=-39<0$ より

異なる 2 つの虚数解をもつ。

例題 16 虚数解をもつ文字定数の範囲

2 次方程式 $x^2-mx+m+15=0$ が異なる 2 つの虚数解をもつような定数 m の値の範囲を求めよ。

 この 2 次方程式の判別式を D とすると

$D=(-m)^2-4(m+15)=m^2-4m-60$

異なる 2 つの虚数解をもつのは $D<0$ のときであるから

$m^2-4m-60<0$　　$(m+6)(m-10)<0$

よって　$\boldsymbol{-6<m<10}$

▶判別式

2 次方程式

$ax^2+bx+c=0$

($a\neq0$, a, b, c は実数)

について

$D=b^2-4ac$

(解の公式の根号の中)

の符号によって解が判別できる。

$D>0$ のとき　異なる 2 つの実数解をもつ

$D=0$ のとき　重解（実数）をもつ

$D<0$ のとき　異なる 2 つの虚数解をもつ

2 次方程式

$ax^2+2b'x+c=0$

($a\neq0$, a, b', c は実数)

については

$\dfrac{D}{4}=b'^2-ac$

を用いてもよい。

類題

42 次の 2 次方程式の解を判別せよ。

(1) $x^2+5x+2=0$

(2) $2x^2+3x+2=0$

(3) $4x^2-4x+1=0$

43 2 次方程式 $x^2+2x+m-2=0$ が異なる 2 つの虚数解をもつような定数 m の値の範囲を求めよ。

44 次の2次方程式の解を判別せよ。

(1) $x^2+7x-2=0$

(2) $-2x^2+5x-4=0$

(3) $3x^2-2\sqrt{6}x+2=0$

45 2次方程式 $x^2-2x-m+3=0$ が異なる2つの虚数解をもつような定数 m の値の範囲を求めよ。

46 2次方程式 $x^2+2(m-3)x+m^2-21=0$ が重解をもつような定数 m の値を求めよ。また，そのときの重解を求めよ。

47 次の2次方程式の解を判別せよ。

(1) $(x+1)^2-3(x+1)+3=0$

(2) $(x+2)^2+3(x-3)=0$

48 2次方程式 $x^2+3mx+2m^2+m+3=0$ が実数解をもつような定数 m の値の範囲を求めよ。

49 2次方程式 $2x^2-2(m-1)x+5-m=0$ の解を判別せよ。

JUMP 8 m を実数の定数とし，方程式 $mx^2+2x+4m=0$ の解を判別せよ。

9 解と係数の関係

例題 17 解と係数の関係(1)

2 次方程式 $x^2+3x+5=0$ の 2 つの解を α, β とする。次の式の値を求めよ。

(1) $\alpha^2\beta+\alpha\beta^2$　　(2) $\alpha^2+\beta^2$　　(3) $\alpha^3+\beta^3$

解 解と係数の関係より $\alpha+\beta=-\dfrac{3}{1}=-3$, $\alpha\beta=\dfrac{5}{1}=5$

(1) $\alpha^2\beta+\alpha\beta^2=\alpha\beta(\alpha+\beta)=5\cdot(-3)=\mathbf{-15}$

(2) $\alpha^2+\beta^2=(\alpha+\beta)^2-2\alpha\beta=(-3)^2-2\cdot5=\mathbf{-1}$

(3) $\alpha^3+\beta^3=(\alpha+\beta)^3-3\alpha\beta(\alpha+\beta)$
$=(-3)^3-3\cdot5\cdot(-3)=\mathbf{18}$

▶解と係数の関係

2 次方程式
$ax^2+bx+c=0$ $(a\neq0)$
の 2 つの解を α, β とすると,

$\alpha+\beta=-\dfrac{b}{a}$

$\alpha\beta=\dfrac{c}{a}$

が成り立つ。

$\alpha^2+\beta^2$
$=(\alpha+\beta)^2-2\alpha\beta$
$\alpha^3+\beta^3$
$=(\alpha+\beta)^3-3\alpha\beta(\alpha+\beta)$
の式変形は覚えておこう。

例題 18 解と係数の関係(2)

2 次方程式 $x^2+4mx+12=0$ の 1 つの解が他方の解の 3 倍であるとき, 定数 m の値および 2 つの解を求めよ。

解 1 つの解を α とすると他方の解は 3α であるから,
解と係数の関係より

$\alpha+3\alpha=4\alpha=-4m$ ……①

$\alpha\cdot3\alpha=3\alpha^2=12$ ……②

①より $\alpha=-m$ ……③

②より $\alpha^2=4$ すなわち $\alpha=\pm2$

③より $\alpha=2$ のとき, $\boldsymbol{m=-2}$ で 2 つの解は **2 と 6**

$\alpha=-2$ のとき, $\boldsymbol{m=2}$ で 2 つの解は **−2 と −6**

類題

50 2 次方程式 $2x^2+4x-5=0$ の 2 つの解を α, β とする。次の式の値を求めよ。

(1) $\alpha+\beta$

(2) $\alpha\beta$

(3) $\alpha^2\beta+\alpha\beta^2$

(4) $\alpha^2+\beta^2$

(5) $\alpha^3+\beta^3$

51 2次方程式 $x^2-3x+7=0$ の2つの解を α, β とする。次の式の値を求めよ。

(1) $\alpha^2+\beta^2$

(2) $(\alpha-\beta)^2$

(3) $(\alpha+1)(\beta+1)$

(4) $\dfrac{1}{\alpha}+\dfrac{1}{\beta}$

(5) $\dfrac{\beta}{\alpha}+\dfrac{\alpha}{\beta}$

52 2次方程式 $3x^2+x-5=0$ の2つの解を α, β とする。次の式の値を求めよ。

(1) $\alpha^2+\beta^2$

(2) $\alpha^3+\beta^3$

(3) $(\alpha+2)(\beta+2)$

53 2次方程式 $x^2+9x+2m=0$ の1つの解が他方の解の2倍であるとき，定数 m の値および2つの解を求めよ。

JUMP 9 2次方程式 $x^2-mx+2m+6=0$ の1つの解がもう1つの解より3だけ大きいとき，定数 m の値および2つの解を求めよ。

10 解と係数の関係と 2 次式の因数分解

例題 19 因数分解への応用

次の 2 次式を複素数の範囲で因数分解せよ。

(1) $3x^2-4x-1$ (2) x^2-x+3

▶2 次式の因数分解
2 次方程式
$ax^2+bx+c=0 \quad (a \neq 0)$
の 2 つの解を α, β とすると,
ax^2+bx+c
$=a(x-\alpha)(x-\beta)$

解 (1) $3x^2-4x-1=0$ の解が

$$x=\frac{-(-4)\pm\sqrt{(-4)^2-4\times3\times(-1)}}{2\times3}$$
$$=\frac{4\pm2\sqrt{7}}{2\times3}=\frac{2\pm\sqrt{7}}{3}$$

より $3x^2-4x-1=\boldsymbol{3\left(x-\frac{2+\sqrt{7}}{3}\right)\left(x-\frac{2-\sqrt{7}}{3}\right)}$ ←x^2 の係数 3 を忘れずに!!

(2) $x^2-x+3=0$ の解が

$$x=\frac{-(-1)\pm\sqrt{(-1)^2-4\times1\times3}}{2}=\frac{1\pm\sqrt{11}i}{2}$$ より

$$x^2-x+3=\boldsymbol{\left(x-\frac{1+\sqrt{11}i}{2}\right)\left(x-\frac{1-\sqrt{11}i}{2}\right)}$$

例題 20 α, β を解にもつ 2 次方程式

2 数 $1+i$, $1-i$ を解とする 2 次方程式を 1 つ求めよ。

▶2 数 α, β を解とする 2 次方程式
2 数 α, β を解とする 2 次方程式の 1 つは
$x^2-(\alpha+\beta)x+\alpha\beta=0$
（$\alpha+\beta$：和，$\alpha\beta$：積）

解 2 解の和は $(1+i)+(1-i)=2$

積は $(1+i)(1-i)=1-i^2=2$

←和と積を求め，解と係数の関係より求める。

したがって，求める 2 次方程式の 1 つは

$\boldsymbol{x^2-2x+2=0}$

類題

54 次の 2 次式を複素数の範囲で因数分解せよ。

(1) x^2-x-4

(2) x^2+9

55 2 数 $3+4i$, $3-4i$ を解とする 2 次方程式を 1 つ求めよ。

56 次の2次式を複素数の範囲で因数分解せよ。

(1) x^2-4x+2

(2) $6x^2-5x-6$

(3) $2x^2-2x+3$

57 2数 $3+\sqrt{2}$, $3-\sqrt{2}$ を解とする2次方程式を1つ求めよ。

58 2次方程式 $x^2+2x-5=0$ の2つの解を α, β とするとき, $\alpha+3$, $\beta+3$ を解とする2次方程式を1つ求めよ。

59 2数 $\dfrac{-1+\sqrt{7}i}{2}$, $\dfrac{-1-\sqrt{7}i}{2}$ を解とする2次方程式を1つ求めよ。

60 2次方程式 $3x^2+6x+2=0$ の2つの解を α, β とするとき, 次の2数を解とする2次方程式を1つ求めよ。

(1) $\dfrac{1}{\alpha}$, $\dfrac{1}{\beta}$

(2) α^2, β^2

JUMP 10 和が4, 積が5となる2つの数を求めよ。

まとめの問題　式の計算，複素数と方程式

1 (1)　$(x-3)^3$ を展開せよ。

(2)　$\left(\dfrac{a}{2}-b\right)\left(\dfrac{a^2}{4}+\dfrac{ab}{2}+b^2\right)$ を展開せよ。

(3)　x^3-64 を因数分解せよ。

2　$(2x-y)^6$ の展開式における x^2y^4 の項の係数を求めよ。

3　整式 x^3+2x^2-x-4 をある整式 B で割ると，商が $x+1$，余りが -2 になるという。このとき，整式 B を求めよ。

4　次の計算をせよ。

(1)　$\dfrac{x^2+2x-3}{x^2+3x}\times\dfrac{2x^2+2x}{x^2-2x+1}\div\dfrac{x^2-4x-5}{x^2-1}$

(2)　$\dfrac{1}{x+2}+\dfrac{1}{x-4}-\dfrac{x-6}{x^2-2x-8}$

5　次の計算をせよ。(3)は $a+bi$ (a，b は実数) の形にせよ。

(1)　$(2+3i)-(-1-i)$

(2)　$(2+3i)(-2+5i)$

(3)　$\dfrac{2+7i}{1+2i}$

6 次の計算をせよ。

(1) $(3+\sqrt{-2})(3-\sqrt{-2})$

(2) $\dfrac{\sqrt{-12}}{\sqrt{-3}}+\dfrac{\sqrt{12}}{\sqrt{-3}}$

7 次の 2 次方程式を解け。

(1) $-3x^2+4x-2=0$

(2) $x^2-\sqrt{3}\,x+1=0$

8 2 次方程式 $x^2-mx+2m-3=0$ が，次の解をもつような定数 m の値の範囲を求めよ。

(1) 異なる 2 つの虚数解

(2) 実数解

9 2 次方程式 $x^2+3x-7=0$ の 2 つの解を α, β とする。次の式の値を求めよ。

(1) $\alpha^2\beta+\alpha\beta^2$

(2) $\alpha^2+\beta^2$

(3) $\dfrac{\beta^2}{\alpha}+\dfrac{\alpha^2}{\beta}$

10 2 次方程式 $x^2-16x+m=0$ の 1 つの解が他方の解の 3 倍であるとき，定数 m の値および 2 つの解を求めよ。

11 2 次方程式 $x^2-x+2=0$ の 2 つの解を α, β とするとき，$2\alpha+1$, $2\beta+1$ を解とする 2 次方程式を 1 つ求めよ。

11 剰余の定理

例題 21 剰余の定理(1)

剰余の定理を用いて，整式 $P(x)=x^4+x^3-5x+2$ を次の各整式で割った余りを求めよ。

(1) $x-1$ (2) $x+2$

▶剰余の定理
整式 $P(x)$ を $x-\alpha$ で割った余り R は
$R=P(\alpha)$

(1) $x-1$ で割った余りは $P(1)=1^4+1^3-5\times1+2=\mathbf{-1}$ ←$P(\alpha)$ は x に α を代入した値

(2) $x+2$ で割った余りは

$P(-2)=(-2)^4+(-2)^3-5\times(-2)+2=\mathbf{20}$

例題 22 剰余の定理(2)

整式 $P(x)$ は $x-1$ で割ると 5 余り，$x-2$ で割ると 7 余るという。$P(x)$ を $(x-1)(x-2)$ で割ったときの余りを求めよ。

▶整式の除法の関係式
整式 A を整式 B で割ったとき，商を Q，余りを R とすると，
$A=BQ+R$
(R は B より次数の低い整式)

$P(x)$ を $(x-1)(x-2)$ で割ったときの商を $Q(x)$ とする。
余りは 1 次以下の整式なので $ax+b$ とおくと

$P(x)=(x-1)(x-2)Q(x)+ax+b$ ……①

①に $x=1,\ 2$ をそれぞれ代入すると，

$P(1)=a+b,\ P(2)=2a+b$

一方，剰余の定理より，$P(1)=5,\ P(2)=7$ なので

$$\begin{cases} a+b=5 \\ 2a+b=7 \end{cases}$$

これを解いて，$a=2,\ b=3$ よって，余りは $\mathbf{2x+3}$

類題

61 剰余の定理を用いて，整式

$P(x)=x^3+2x^2+x-4$

を次の各整式で割った余りを求めよ。

(1) $x-1$

(2) $x-2$

62 整式 $P(x)$ は $x-1$ で割ると 7 余り，$x+1$ で割ると 3 余るという。$P(x)$ を $(x+1)(x-1)$ で割ったときの余りを求めよ。

63 剰余の定理を用いて，整式
$P(x)=x^3-3x^2+2x-2$
を次の各整式で割った余りを求めよ。

(1) $x-2$

(2) $x+1$

64 整式 $P(x)=x^3-5x^2+2x+k$ を $x+2$ で割ったとき，余りが3となるような定数 k の値を求めよ。

65 整式 $P(x)$ は $x-2$ で割ると -4 余り，$x+2$ で割ると8余るという。$P(x)$ を $(x+2)(x-2)$ で割ったときの余りを求めよ。

66 整式 $P(x)=x^3+kx^2+2kx+1$ を $x-1$ で割ったとき，余りが8となるような定数 k の値を求めよ。

67 整式 $P(x)=x^4-x^3-x^2-2x+5$ を次の各整式で割ったときの余りを求めよ。

(1) $x+1$

(2) $x-3$

(3) $(x+1)(x-3)$

68 整式 $P(x)$ は $x-2$ で割ると6余り，$x+1$ で割ると割り切れるという。$P(x)$ を x^2-x-2 で割ったときの余りを求めよ。

JUMP 11 整式 $P(x)$ は x^2-x-6 で割ると $4x+4$ 余り，x^2+x-2 で割ると $2x$ 余るという。$P(x)$ を x^2-4x+3 で割ったときの余りを求めよ。

12 因数定理

例題 23 因数定理

整式 $P(x)=x^3+mx^2+3mx+6$ が $x+2$ を因数にもつとき，定数 m の値を求めよ。

整式 $P(x)$ が $x+2$ を因数にもつとき，因数定理より

$P(-2)=0$

よって

$P(-2)=(-2)^3+m\times(-2)^2+3m\times(-2)+6=0$

整理して　$-2m-2=0$　より　$m=\mathbf{-1}$

▶因数定理

整式 $P(x)$ が $x-\alpha$ を因数にもつとき

$P(\alpha)=0$

$P(\alpha)=0$

⇕

$x-\alpha$ で割り切れる。

⇕

$x-\alpha$ を因数にもつ。

例題 24 因数分解への応用

整式 $2x^3-7x^2+2x+3$ を因数分解せよ。

$P(x)=2x^3-7x^2+2x+3$ とおくと

$P(1)=2\times1^3-7\times1^2+2\times1+3=0$

よって，$P(x)$ は $x-1$ を因数にもつ。

$P(x)$ を $x-1$ で割ると，

商が $2x^2-5x-3$ であるから

$P(x)=(x-1)(2x^2-5x-3)$

$=\boldsymbol{(x-1)(2x+1)(x-3)}$

$$
\begin{array}{r}
2x^2-5x-3 \\
x-1\,\overline{)\,2x^3-7x^2+2x+3} \\
\underline{2x^3-2x^2} \\
-5x^2+2x \\
\underline{-5x^2+5x} \\
-3x+3 \\
\underline{-3x+3} \\
0
\end{array}
$$

▶因数分解への応用

整式 $P(x)$ について，$P(\alpha)=0$ となる α を見つけることができれば，因数定理より

$P(x)=(x-\alpha)Q(x)$

と因数分解できる。

（参考）　因数 $x-\alpha$ の見つけ方

整式 $P(x)$ の係数がすべて整数ならば，α を整数として，$P(x)$ が $x-\alpha$ を因数にもつとき，整数 α は $P(x)$ の定数項の約数である。

例えば，例題 24 においては $P(x)$ の定数項は 3 なので，3 の約数である 1，-1，3，-3 の中から α を探してみる。

類題

69　整式　$P(x)=x^3+2mx^2-mx+2$　が $x-1$ を因数にもつとき，定数 m の値を求めよ。

70　整式 $x^3+x^2-10x+8$ を因数分解せよ。

71　整式 $P(x)=x^3+x^2-mx+2$ が $x+1$ を因数にもつとき，定数 m の値を求めよ。

72　次の各式を因数分解せよ。

(1)　x^3-x^2-9x+9

(2)　x^3+5x^2+2x-8

(3)　x^3+5x^2+3x-9

73　整式 $P(x)=x^3-(m^2+2)x^2+3mx+4$ が $x-2$ を因数にもつとき，定数 m の値を求めよ。

74　次の各式を因数分解せよ。

(1)　$x^3+6x^2+11x+6$

(2)　$2x^3+x^2-5x+2$

(3)　$4x^3-3x+1$

JUMP 12　整式 $2x^3+ax^2+bx-6$ が x^2+x-6 を因数にもつとき，定数 a，b の値を求めよ。

13 高次方程式

例題 25 高次方程式(1)

次の方程式を解け。

(1) $x^3-64=0$　　　(2) $x^4-8x^2-9=0$

 (1) 左辺を因数分解すると $(x-4)(x^2+4x+16)=0$　←$a^3-b^3=(a-b)(a^2+ab+b^2)$

よって $x-4=0$ または $x^2+4x+16=0$

ゆえに $\boldsymbol{x=4,\ -2\pm2\sqrt{3}i}$　←$x^2+4x+16=0$ に解の公式 $x=\dfrac{-4\pm\sqrt{4^2-4\times1\times16}}{2}$

(2) $x^2=A$ とおくと $A^2-8A-9=0$

よって $(A+1)(A-9)=0$

すなわち $(x^2+1)(x^2-9)=0$

ゆえに $x^2+1=0$ または $x^2-9=0$

したがって $\boldsymbol{x=\pm i,\ \pm3}$　←$x^2=-1$, $x^2=9$

例題 26 高次方程式(2)

3 次方程式 $x^3-13x+12=0$ を解け。

 $P(x)=x^3-13x+12$ とおくと

$P(1)=1^3-13\times1+12=0$

よって，$P(x)$ は $x-1$ を因数にもち，

$P(x)=(x-1)(x^2+x-12)$

と因数分解できる。

ゆえに，$P(x)=0$ より

$(x-1)(x^2+x-12)=0$

$(x-1)(x+4)(x-3)=0$

したがって $\boldsymbol{x=1,\ -4,\ 3}$

$$
\begin{array}{r|l}
 & x^2+x-12 \\
\hline
x-1 & x^3 \qquad -13x+12 \\
 & x^3-x^2 \\
 & x^2-13x \\
 & x^2-\ \ x \\
 & -12x+12 \\
 & -12x+12 \\
 & 0
\end{array}
$$

▶因数定理の活用

方程式の左辺を $P(x)$ とおき，$P(x)=0$ を満たす x を見つける。$P(\alpha)=0$ であれば，$x-\alpha$ で割り切れ，

$P(x)=(x-\alpha)Q(x)$

と因数分解できる。

類題

75 次の方程式を解け。

(1) $x^3+8=0$

(2) $x^4-x^2-2=0$

76 3 次方程式 $x^3+5x^2+2x-8=0$ を解け。

77 次の方程式を解け。

(1) $x^4-15x^2-16=0$

(2) $x^3-2x^2-5x+6=0$

(3) $x^3-5x^2+2x+8=0$

(4) $x^3-3x^2-2x+4=0$

78 次の方程式を解け。

(1) $(x^2-x)^2-8(x^2-x)+12=0$

(2) $x^3-x^2-3x+6=0$

(3) $2x^3+3x^2-11x-6=0$

JUMP 13 3次方程式 $x^3-2x^2+ax+b=0$ の解の1つが $2+i$ のとき実数 a, b を求めよ。また，他の解も求めよ。

14 恒等式

例題 27 恒等式

等式 $ax^2+(b+c)x+4b-2c=(x-1)(x-4)$ ……① が x についての恒等式であるとき，定数 a，b，c の値を求めよ。

解 ①の右辺を展開すると

$ax^2+(b+c)x+4b-2c=x^2-5x+4$

両辺の同じ次数の項の係数を比べて ←「係数比較法」という

$a=1$，$b+c=-5$，$4b-2c=4$

これより，求める値は

$\boldsymbol{a=1,\ b=-1,\ c=-4}$

別解 ①の両辺に $x=1$ を代入すると， ←「数値代入法」という

$a+b+c+4b-2c=0$

よって　$a+5b-c=0$ ……②

①の両辺に $x=4$ を代入すると，

$16a+4b+4c+4b-2c=0$

よって　$8a+4b+c=0$ ……③

①の両辺に $x=0$ を代入すると，

$4b-2c=(-1)\times(-4)$

よって　$2b-c=2$ ……④

②，③，④から，$\boldsymbol{a=1,\ b=-1,\ c=-4}$

また，逆にこのとき与えられた等式は恒等式になる。

▶恒等式と方程式

1. 恒等式…どのような値を代入しても成り立つ等式

(例)　$(x+1)^2=x^2+2x+1$

2. 方程式…特定の値(解)を代入すると成り立つ等式

(例)　$3x+1=7$ ← $x=2$ のみで成り立つ

▶恒等式であるための条件

$ax^2+bx+c=a'x^2+b'x+c'$

が x についての恒等式

$\Longleftrightarrow a=a'$，$b=b'$，$c=c'$

類題

79 次の等式が x についての恒等式であるとき，定数 a，b，c の値を求めよ。

(1) $ax^2+bx+c=(2x+1)(3x+5)$

(2) $ax(x+1)+bx+c(x+1)=x^2+6x+3$

80 次の等式が x についての恒等式であるとき，定数 a，b，c の値を求めよ。

(1) $ax^2+(a-2b)x-a+c=(x-1)(x-2)$

(2) $3x^2+6x-2=a(x+1)^2+b(x+1)+c$

81 次の等式が x についての恒等式であるとき，定数 a，b の値を求めよ。

x^3-2x^2-5x+6
$=(x-1)^3+a(x-1)^2+b(x-1)$

82 等式 $(2k+1)x-3(k+1)y-5k+5=0$ が k についての恒等式であるとき，x，y の値を求めよ。

JUMP 14 $x-y=1$ を満たすすべての実数 x，y に対して，$ax^2+bxy+cy^2=1$ ……① が成り立つとき，定数 a，b，c の値を求めよ。

15 等式の証明

例題 28 等式の証明

(1) 等式 $(a-b)^2+4ab=(a+b)^2$ を証明せよ。

(2) $a-b=1$ のとき，等式 $a^2-b=b^2+a$ を証明せよ。

(3) $\dfrac{x}{a}=\dfrac{y}{b}$ のとき，等式 $\dfrac{x-y}{a-b}=\dfrac{y}{b}$ を証明せよ。

▶等式 $A=B$ の証明法

① $A=\cdots=B$

② $A=\cdots=C$，$B=\cdots=C$ より $A=B$ を示す。

③ $A-B=0$ を示す。

解 (1) (証明) (左辺) $=a^2-2ab+b^2+4ab$

$=a^2+2ab+b^2=(a+b)^2=$ (右辺)

となるので，$(a-b)^2+4ab=(a+b)^2$ (終) ←証明法①

(2) (証明) $a-b=1$ より，$a=b+1$ であるから

(左辺) $=(b+1)^2-b=b^2+2b+1-b=b^2+b+1$

(右辺) $=b^2+b+1$

(左辺) = (右辺) となるので，$a^2-b=b^2+a$ (終) ←証明法②

(3) (証明) $\dfrac{x}{a}=\dfrac{y}{b}=k$ とおくと，$x=ak$，$y=bk$

であるから，(左辺) $=\dfrac{ak-bk}{a-b}=\dfrac{k(a-b)}{a-b}=k$

(右辺) $=\dfrac{bk}{b}=k$

(左辺) = (右辺) となるので，$\dfrac{x-y}{a-b}=\dfrac{y}{b}$ (終) ←証明法②

(条件つき等式の証明)

条件式を用いて，文字を消去して考える。

(条件が比例式のとき)

(比例式) $=k$ とおく。

類題

83 等式 $2(a-b)^2-(a-2b)^2=a^2-2b^2$ を証明せよ。

84 $a+b=1$ のとき，等式 $a^3+b^3=1-3ab$ を証明せよ。

85 次の等式を証明せよ。

(1) $(3a+b)^2+(a-3b)^2=10(a^2+b^2)$

(2) $a-b=2$ のとき，$a^2-2b=b^2+2a$

86 $\dfrac{x}{2}=\dfrac{y}{5}$ のとき，等式 $\dfrac{y-x}{y-2x}=3$ を証明せよ。ただし，$x \neq 0$，$y \neq 0$ とする。

87 次の等式を証明せよ。

(1) $(x-2y)^2=(x+2y)^2-8xy$

(2) $a+b+3=0$ のとき，等式
$a^2+3a=b^2+3b$

(3) $\dfrac{x}{a}=\dfrac{y}{b}$ のとき，等式 $\dfrac{x+y}{a+b}=\dfrac{bx+ay}{2ab}$

JUMP 15 $\dfrac{x}{3}=\dfrac{y}{4}=\dfrac{z}{5}$ のとき，$\dfrac{8x+9y+4z}{6x+3y+2z}$ の値を求めよ。ただし，$x \neq 0$，$y \neq 0$，$z \neq 0$ とする。

16 不等式の証明

例題 29 不等式の証明

実数 a, b, x について次の不等式を証明せよ。また，(2)で等号が成り立つのはどのようなときか。

(1) $a > b$ のとき，$3a-4b > a-2b$

(2) $a^2+10b^2 \geqq 6ab$

(3) $x > 0$ のとき，$2+x > \sqrt{4+4x}$

(1) (証明) (左辺)−(右辺) $= (3a-4b)-(a-2b)$ ←証明法①

$= 2a-2b = 2(a-b)$

ここで，$a > b$ のとき，$a-b > 0$ であるから

$2(a-b) > 0$ ←不等式の性質③

よって $(3a-4b)-(a-2b) > 0$

ゆえに $3a-4b > a-2b$ (終)

(2) (証明) (左辺)−(右辺) $= a^2+10b^2-6ab$ ←証明法①

$= a^2-6ab+9b^2+b^2$

$= (a-3b)^2+b^2$

ここで，実数 a, b について

$(a-3b)^2+b^2 \geqq 0$ ←実数の性質②

よって，$a^2+10b^2 \geqq 6ab$

等号が成り立つのは，$a-3b=0$, $b=0$ のとき

すなわち，$a=b=0$ のときである。(終)

(3) (証明) $x > 0$ より両辺はともに正であるから，

両辺を2乗して $(2+x)^2 > (\sqrt{4+4x})^2$ ←証明法②

を証明すればよい。

$(2+x)^2-(\sqrt{4+4x})^2 = 4+4x+x^2-(4+4x)$

$= x^2 > 0$

よって $(2+x)^2 > (\sqrt{4+4x})^2$

ゆえに，$x > 0$ のとき $2+x > \sqrt{4+4x}$ (終)

▶不等式の性質

① $a < b$, $b < c \Longrightarrow a < c$

② $a < b \Longrightarrow a+c < b+c$

③ $a < b$ のとき，

$c > 0 \Longrightarrow ac < bc$

$c < 0 \Longrightarrow ac > bc$

▶実数の性質

① すべての実数 a に対し

$a^2 \geqq 0$

等号が成り立つのは

$a=0$ のとき

② すべての実数 a, b に対し

$a^2+b^2 \geqq 0$

等号が成り立つのは

$a=b=0$ のとき

▶不等式 $A > B$ の証明法

① $A-B > 0$ を示す。

② $A > 0$, $B > 0$ のとき

$A^2 > B^2$ を示す。

例題 30 相加平均と相乗平均

$a > 0$ のとき，不等式 $9a+\dfrac{4}{a} \geqq 12$ を証明せよ。また，等号が成り立つのはどのようなときか。

(証明) $a > 0$ より，$9a > 0$, $\dfrac{4}{a} > 0$ であるから

相加平均と相乗平均の大小関係より

$$9a+\frac{4}{a} \geqq 2\sqrt{9a\times\frac{4}{a}} = 2\sqrt{36} = 2\times6 = 12$$

すなわち，$9a+\dfrac{4}{a} \geqq 12$ が成り立つ。

等号が成り立つのは，$9a=\dfrac{4}{a}$ より $a^2=\dfrac{4}{9}$ のとき

ここで，$a > 0$ であるから，$a=\dfrac{2}{3}$ のときである。(終) ←$a > 0$ のとき $a^2=\dfrac{4}{9} \Longleftrightarrow a=\dfrac{2}{3}$

▶相加平均と相乗平均

$a > 0$, $b > 0$ のとき

$\dfrac{a+b}{2} \geqq \sqrt{ab}$

相加平均　相乗平均

等号が成り立つのは，

$a=b$ のときである。

$\boldsymbol{a+b \geqq 2\sqrt{ab}}$

の形で用いることが多い。

88　次の不等式を証明せよ。また，(2)，(3)で等号が成り立つのはどのようなときか。

(1)　$a > b$ のとき，$\dfrac{4a+2b}{3} > \dfrac{5a+7b}{6}$

(2)　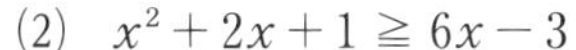 $x^2+2x+1 \geqq 6x-3$

(3)　$a^2+26b^2 \geqq 10ab$

89　不等式 $x^2+6x+y^2-2y+10 \geqq 0$ を証明せよ。また，等号が成り立つのはどのようなときか。

90　$x > 0$ のとき，不等式 $1+2x > \sqrt{1+4x}$ を証明せよ。

91　$a > 0$ のとき，不等式 $a+\dfrac{9}{a} \geqq 6$ を証明せよ。また，等号が成り立つのはどのようなときか。

JUMP 16　$a > 0$，$b > 0$ のとき，次の不等式を証明せよ。また，等号が成り立つのはどのようなときか。

$$(a+b)\left(\frac{4}{a}+\frac{9}{b}\right) \geqq 25$$

まとめの問題　因数定理と恒等式，等式・不等式の証明

1　整式 $P(x)=x^3-3x^2+2x+4$ を次の各整式で割ったときの余りを求めよ。

(1)　$x-1$

(2)　$x+3$

2　整式 $P(x)$ は $x+2$ で割ると7余り，$x-3$ で割ると2余るという。$P(x)$ を x^2-x-6 で割ったときの余りを求めよ。

3　整式 $P(x)=x^3+mx^2-(3-m)x+4$ が $x-1$ を因数にもつとき，定数 m の値を求めよ。また，そのときの $P(x)$ を因数分解せよ。

4　次の各式を因数分解せよ。

(1)　x^3-3x^2-6x+8

(2)　$x^3+2x^2-13x+10$

5　次の方程式を解け。

(1)　$x^4-10x^2+9=0$

(2)　$x^3-x^2-3x-1=0$

(3)　$3x^3+4x^2-x+6=0$

(4)　$x^3-27x+54=0$

6 $a(x-2)^2+b(x-2)+c=2x^2-3x+1$ が x についての恒等式であるとき，定数 a，b，c の値を求めよ。

7 $a+2b=4$ のとき，等式 $a^2-4b^2=4a-8b$ を証明せよ。

8 $\dfrac{x}{3}=\dfrac{y}{4}$ のとき，等式 $\dfrac{2x^2-xy}{y^2-2x^2}=-3$ を証明せよ。ただし，$x \neq 0$，$y \neq 0$ とする。

9 不等式 $13(a^2+b^2) \geqq (3a+2b)^2$ を証明せよ。また，等号が成り立つのはどのようなときか。

10 $a>0$，$b>0$ のとき，不等式 $\dfrac{2b}{a}+\dfrac{3a}{b} \geqq 2\sqrt{6}$ を証明せよ。また，等号が成り立つのはどのようなときか。

17 直線上の点

例題 31 直線上の点

数直線上の 2 点 A(-3)，B(7) について，次の問いに答えよ。
(1) 2 点 A，B 間の距離を求めよ。
(2) 線分 AB を 3：2 に内分する点 C の座標を求めよ。
(3) 線分 AB を 3：2 に外分する点 D，および 2：3 に外分する点 E の座標をそれぞれ求めよ。

(1) $\mathrm{AB}=|7-(-3)|=|10|=\mathbf{10}$

(2) $\dfrac{2\times(-3)+3\times7}{3+2}=\dfrac{15}{5}=3$

より **C(3)**

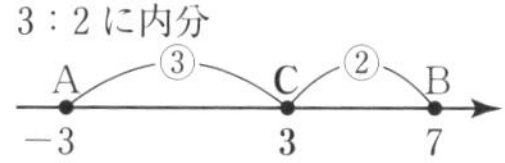

(3) $\dfrac{-2\times(-3)+3\times7}{3-2}=27$

より **D(27)**

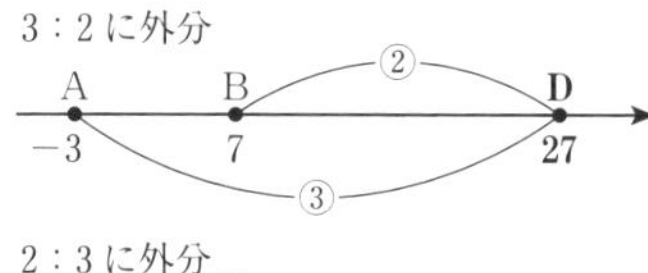

$\dfrac{-3\times(-3)+2\times7}{2-3}=-23$

より **E(−23)**

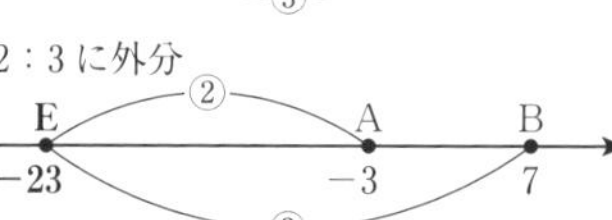

▶数直線上の点と座標
数直線上の点 P に実数 a が対応しているとき，a を点 P の**座標**といい，点 P を $\mathbf{P}(a)$ で表す。

▶2 点間の距離
2 点 A(a)，B(b) 間の距離 AB は
$\mathbf{AB}=|b-a|$

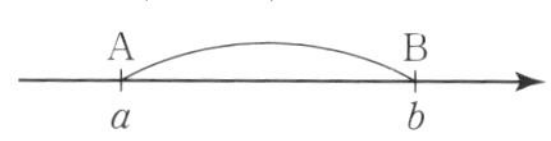

▶内分点と外分点の座標
2 点 A(a)，B(b) を結ぶ線分 AB を
$m:n$ に内分する点の座標は
$$\frac{na+mb}{m+n}$$
とくに，線分 AB の中点の座標は
$$\frac{a+b}{2}$$
$m:n$ に外分する点の座標は
$$\frac{-na+mb}{m-n}$$
(内分点の公式で n を $-n$ におきかえた式)

類題

92 次の 2 点間の距離を求めよ。
(1) A(0)，B(-5)
(2) A(-7)，B(-5)
(3) A(3)，B(-9)

93 下の数直線上に，線分 AB を次のように分ける点を図示せよ。
(1) 3：2 に内分する点 C
(2) 2：3 に内分する点 D
(3) 2：1 に外分する点 E
(4) 1：2 に外分する点 F

A B
1 6

94 2 点 A(-1)，B(5) に対して，次の点の座標を求めよ。
(1) 線分 AB を 5：1 に内分する点 C
(2) 線分 AB の中点 D
(3) 線分 AB を 3：2 に外分する点 E
(4) 線分 AB を 3：7 に外分する点 F

95 2点A(1), B(6) について，次の問いに答えよ。

(1) 点P(4) に対して，距離AP, BP をそれぞれ求めよ。また，点Pは線分ABをどのような比に内分または外分する点であるか。

(2) 点Q(-9) に対して，距離AQ, BQ をそれぞれ求めよ。また，点Qは線分ABをどのような比に内分または外分する点であるか。

96 2点A(-3), B(9) に対して，次の点の座標を求めよ。

(1) 線分ABを1：2に内分する点C

(2) 線分ABを1：2に外分する点D

97 2点A(-2), B(7) に対して，線分ABを4：5に内分する点Pと外分する点Qとの距離PQを求めよ。

98 2点A(-7), B(-2) について，次の問いに答えよ。

(1) 線分ABを3：2に内分する点Cの座標を求めよ。

(2) 線分ABの中点Mの座標を求めよ。

(3) 線分ABを5：2に外分する点Dの座標を求めよ。

(4) 2点A，D間およびD，B間の距離を求めよ。

99 2点A(3), B(b) に対して，線分ABを4：3に内分する点の座標が7であるとき，bの値を求めよ。

JUMP 17 2点A(-2), B(b) について，線分ABの3等分点の1つが点C(3) であった。bの値と，もう1つの3等分点の座標を求めよ。

18 平面上の点

例題 32 平面上の点

2 点 A(3, −3), B(7, 5) について，次の問いに答えよ。

(1) 2 点 A，B 間の距離を求めよ。

(2) 線分 AB を 3：1 に内分する点 C および外分する点 D の座標をそれぞれ求めよ。

解 (1) $AB=\sqrt{(7-3)^2+\{5-(-3)\}^2}=\sqrt{80}=\mathbf{4\sqrt{5}}$

(2) 内分する点 C の座標は

$$\left(\frac{1\times3+3\times7}{3+1},\ \frac{1\times(-3)+3\times5}{3+1}\right)$$

より **C(6, 3)**

外分する点 D の座標は

$$\left(\frac{(-1)\times3+3\times7}{3-1},\ \frac{(-1)\times(-3)+3\times5}{3-1}\right)$$

より **D(9, 9)**

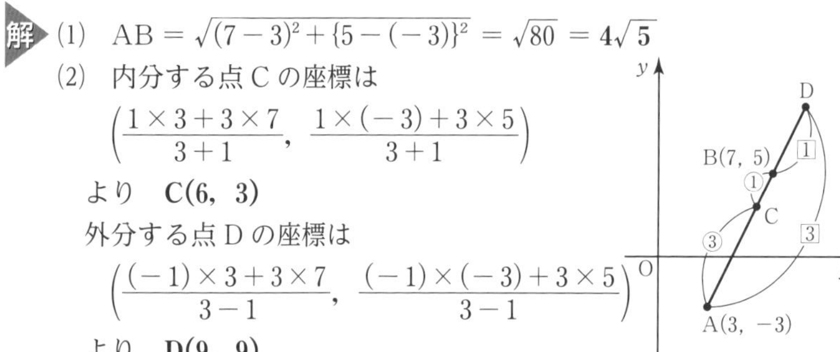

▶2 点間の距離

2 点 $A(x_1, y_1)$, $B(x_2, y_2)$ 間の距離 AB は

$$AB=\sqrt{(x_2-x_1)^2+(y_2-y_1)^2}$$

▶内分点と外分点の座標

点 $A(x_1, y_1)$, $B(x_2, y_2)$ を結ぶ線分 AB を

$m:n$ に内分する点の座標は

$$\left(\frac{nx_1+mx_2}{m+n},\ \frac{ny_1+my_2}{m+n}\right)$$

とくに，線分 AB の中点の座標は

$$\left(\frac{x_1+x_2}{2},\ \frac{y_1+y_2}{2}\right)$$

$m:n$ に外分する点の座標は

$$\left(\frac{-nx_1+mx_2}{m-n},\ \frac{-ny_1+my_2}{m-n}\right)$$

例題 33 三角形の重心

3 点 A(−6, 3), B(1, 4), C(2, −1) を頂点とする △ABC の重心 G の座標を求めよ。

解 重心 G の座標は $\left(\frac{-6+1+2}{3},\ \frac{3+4+(-1)}{3}\right)$

より **G(−1, 2)**

▶三角形の重心の座標

3 点 $A(x_1, y_1)$, $B(x_2, y_2)$, $C(x_3, y_3)$ を頂点とする △ABC の重心の座標は

$$\left(\frac{x_1+x_2+x_3}{3},\ \frac{y_1+y_2+y_3}{3}\right)$$

類題

100 2 点 A(−2, 0), B(1, 3) について，次の問いに答えよ。

(1) 2 点 A，B 間の距離を求めよ。

(2) 線分 AB を 2：1 に内分する点 C の座標を求めよ。

(3) 線分 AB を 2：1 に外分する点 D の座標を求めよ。

101 3 点 A(2, 1), B(3, 4), C(−2, 4) を頂点とする △ABC の重心 G の座標を求めよ。

102 3点 $A(2,\ 5)$，$B(6,\ -3)$，$C(1,\ 2)$ について，次の問いに答えよ。

(1) 2点A，B間の距離を求めよ。

(2) 線分ABを1：3に内分する点Pの座標を求めよ。

(3) 線分ABを1：3に外分する点Qの座標を求めよ。

(4) 線分ABの中点Mの座標を求めよ。

(5) △ABCの重心Gの座標を求めよ。

103 2点 $A(3,\ -2)$，$B(x,\ 4)$ 間の距離が $\sqrt{52}$ であるとき，x の値を求めよ。

104 2点 $A(-3,\ 2)$，$B(-1,\ -2)$ を結ぶ線分ABの中点Cおよび線分ABを5：3に外分する点Dについて，次の問いに答えよ。

(1) 点C，Dの座標を求めよ。

(2) 2点C，D間の距離を求めよ。

105 3点 $A(a,\ b)$，$B(-c,\ 0)$，$C(3c,\ 0)$ を頂点とする△ABCにおいて，辺BCを1：3に内分する点をDとする。

(1) AB^2，AC^2，AD^2，BD^2 をそれぞれ a，b，c で表せ。

(2) 等式 $3AB^2+AC^2=4AD^2+12BD^2$ が成り立つことを証明せよ。

JUMP 18 3点 $A(0,\ 5)$，$B(0,\ 1)$，$C(x,\ y)$ を頂点とする△ABCが正三角形であるとき，x，y の値を求めよ。

19 直線の方程式(1)

例題 34 直線の方程式(1)

次の直線の方程式を求めよ。

(1) 点 A(3, 2) を通り，傾きが -2 の直線

(2) 2 点 A(3, 2), B(5, 3) を通る直線

(3) 2 点 C(-1, 2), D(4, 2) を通る直線

(4) 2 点 C(-1, 2), E(-1, 3) を通る直線

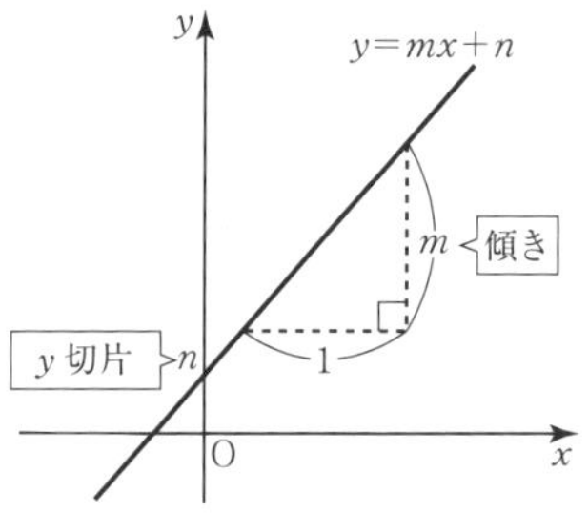

解 (1) 点 A(3, 2) を通り，傾きが -2 の直線の方程式は

$y-2=-2(x-3)$ より $\boldsymbol{y=-2x+8}$

(2) 2 点 A(3, 2), B(5, 3) を通る直線の方程式は

$y-2=\dfrac{3-2}{5-3}(x-3)$ より $\boldsymbol{y=\dfrac{1}{2}x+\dfrac{1}{2}}$

(3) 2 点 C(-1, 2), D(4, 2) を通る直線の方程式は

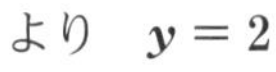

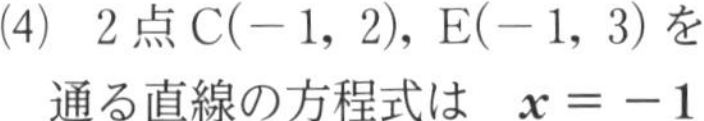

$y-2=\dfrac{2-2}{4-(-1)}\{x-(-1)\}$

より $\boldsymbol{y=2}$

(4) 2 点 C(-1, 2), E(-1, 3) を通る直線の方程式は $\boldsymbol{x=-1}$

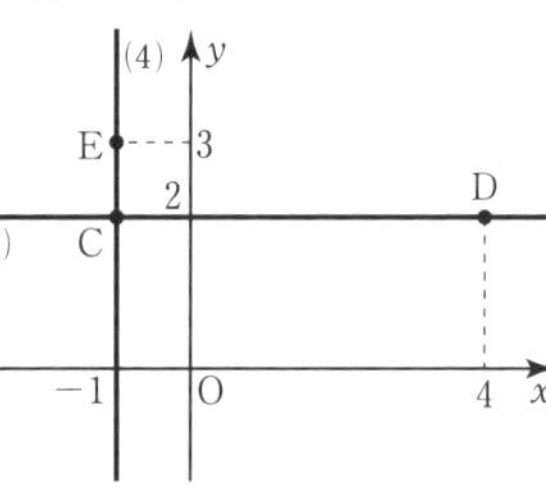

▶直線の方程式

・点 (x_1, y_1) を通り，傾き m の直線の方程式

$y-y_1=m(x-x_1)$

・2 点 (x_1, y_1), (x_2, y_2) を通る直線の方程式

$x_1 \neq x_2$ のとき

$y-y_1=\dfrac{y_2-y_1}{x_2-x_1}(x-x_1)$

$x_1=x_2$ のとき

$x=x_1$

類題

106 次の方程式で表される直線を図示せよ。

(1) $y=2x+3$

(2) $y=-\dfrac{1}{2}x+1$

(3) $x=2$

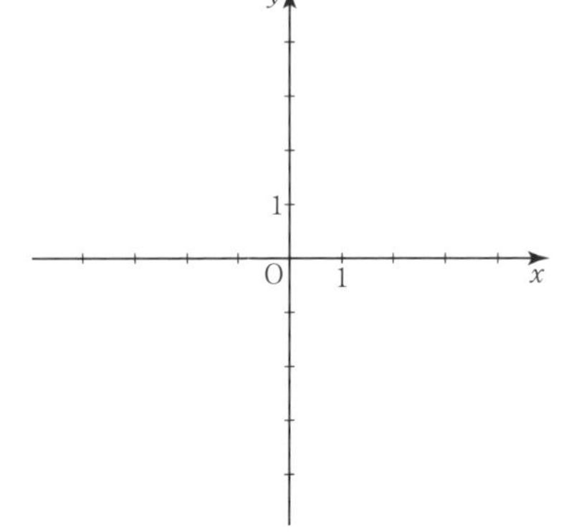

107 次の直線の方程式を求めよ。

(1) 点 (1, 3) を通り，傾きが 2 の直線

(2) 2 点 (2, 4), (5, 1) を通る直線

(3) 2 点 (2, 1), (2, -3) を通る直線

(4) 2 点 (5, 4), (3, 4) を通る直線

108 次の方程式で表される直線を図示せよ。

(1) $y = -3x + 5$

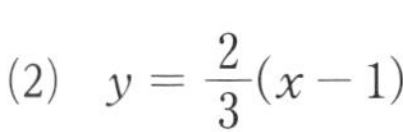

(2) $y = \frac{2}{3}(x - 1)$

(3) $x = -3$

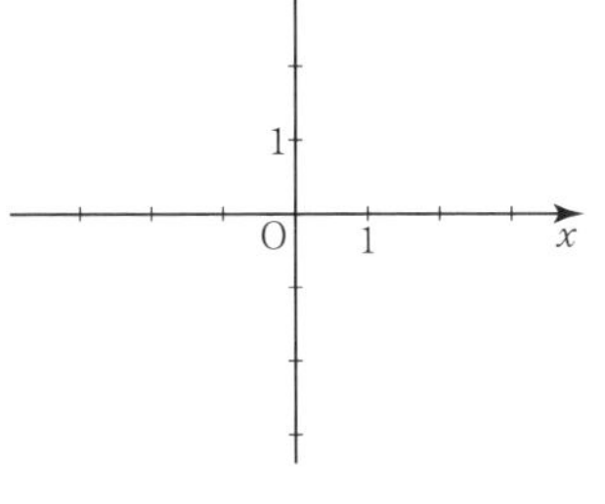

109 次の直線の方程式を求めよ。

(1) 点 $(1,\ -3)$ を通り，傾きが 3 の直線

(2) 2 点 $(-3,\ 5)$，$(2,\ -5)$ を通る直線

(3) 2 点 $(4,\ 1)$，$(4,\ 5)$ を通る直線

110 2 点 $(1,\ 2)$，$(-3,\ 1)$ を通る直線が点 $(4,\ a)$ を通るとき，定数 a の値を求めよ。

111 次の直線の方程式を求めよ。

(1) 点 $(2,\ -2)$ を通り，傾きが $\frac{3}{2}$ の直線

(2) 2 点 $(-5,\ -2)$，$(-2,\ -6)$ を通る直線

(3) 2 点 $(2,\ 0)$，$(0,\ 5)$ を通る直線

(4) 2 点 $(-7,\ -3)$，$(7,\ -3)$ を通る直線

112 2 点 $(-1,\ 2)$，$(-3,\ a)$ を通る直線が点 $(a,\ 0)$ を通るとき，定数 a の値を求めよ。

JUMP 19 直線 $y = 2x + 1$ 上に点 P がある。点 A の座標を $(3,\ -2)$ とし，2 点 A，P を通る直線の傾きが $\frac{1}{2}$ であるとき，点 P の座標を求めよ。

20 直線の方程式(2)

例題 35 直線の方程式(2)

(1) 次の方程式の表す 2 直線の傾きと y 切片をそれぞれ求めよ。

$3x-2y+1=0$ ……①　　$2x+y-4=0$ ……②

(2) (1)の 2 直線の交点 P の座標を求めよ。

(3) (2)の交点 P と，点 A(2, 1) を通る直線の方程式を求めよ。

▶直線の方程式

$a \neq 0$ または $b \neq 0$ のとき

x, y についての 1 次方程式

$ax+by+c=0$

は直線を表す。

・$b \neq 0$ のとき

$$y=-\frac{a}{b}x-\frac{c}{b}$$

・$b=0$ のとき

$$x=-\frac{c}{a}$$

解 (1) ①を変形すると

$$y=\frac{3}{2}x+\frac{1}{2}$$

より，**傾き $\frac{3}{2}$，y 切片 $\frac{1}{2}$**

②を変形すると

$$y=-2x+4$$

より，**傾き -2，y 切片 4**

(2) $\begin{cases} 3x-2y=-1 & \cdots\cdots① \\ 2x+y=4 & \cdots\cdots② \end{cases}$

を解くと　$x=1$, $y=2$　　したがって　**P(1, 2)**

←2 直線の交点を求めるには連立方程式を解く

(3) 求める直線は，2 点 P(1, 2), A(2, 1) を通るから，

その方程式は　$y-2=\dfrac{1-2}{2-1}(x-1)$

すなわち　$\boldsymbol{x+y-3=0}$　($y=-x+3$ でもよい)

類題

113 次の方程式の表す直線の傾きと y 切片を求め，直線を図示せよ。

(1) $2x-2y-5=0$

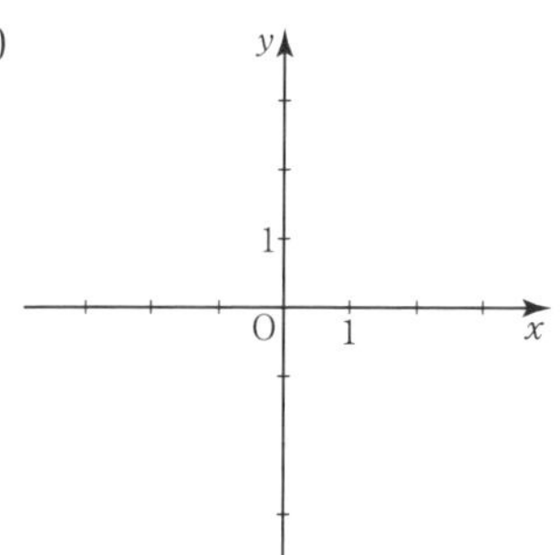

(2) $x+3y-6=0$

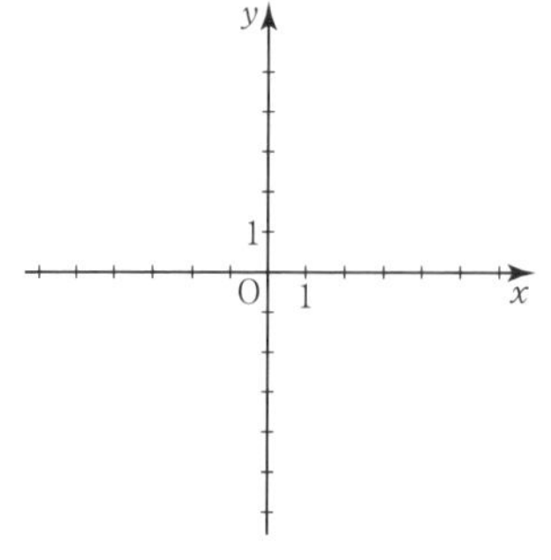

114 2 直線 $x-3y+14=0$ ……①

$2x+y+7=0$ ……②

について，次の問いに答えよ。

(1) 2 直線①，②の交点の座標を求めよ。

(2) (1)の交点と，点 (3, 1) を通る直線の方程式を求めよ。

115 次の方程式の表す直線の傾きと y 切片を求め，直線を図示せよ。

(1) $3x-2y+4=0$

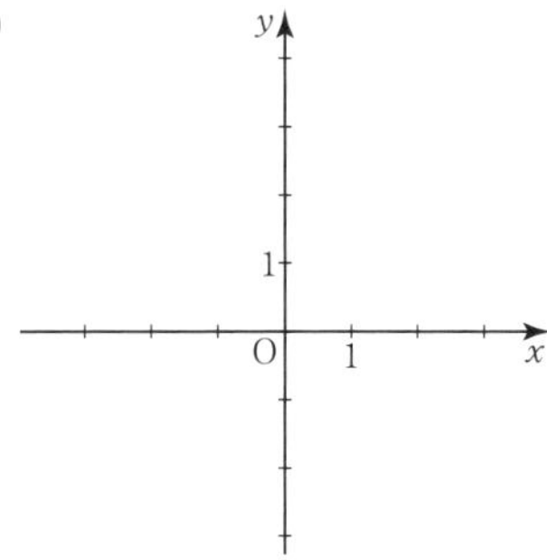

(2) $\dfrac{x}{3}+\dfrac{y}{2}=1$

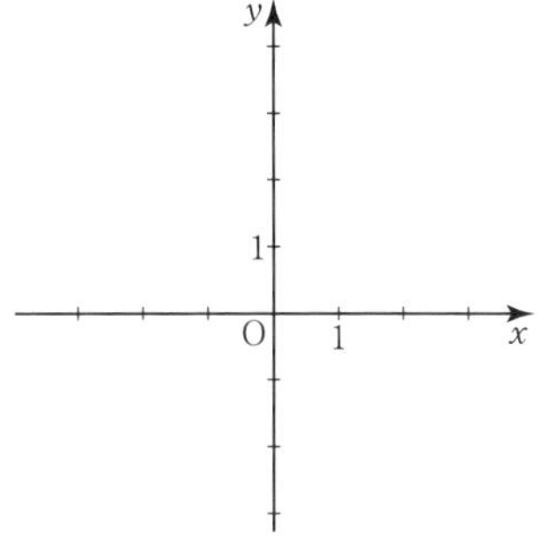

116 2直線 $2x-y+7=0$，$x+2y-4=0$ の交点を通り，傾きが -2 である直線の方程式を求めよ。

117 2直線 $x-3y-2=0$, $2x+3y-13=0$ の交点と点 $(4,\ 2)$ を通る直線の方程式を求めよ。

118 2直線 $x+y-2=0$ ……①，$2x+y-1=0$ ……② の交点と，2直線 $3x+2y-4=0$ …… ③，$x-3y-5=0$ …… ④ の交点を通る直線の方程式を求めよ。

119 3直線 $x+3y-3=0$, $-x+3y-9=0$，$ax+y+4=0$ が1点で交わるとき，定数 a の値を求めよ。

JUMP 20 3直線 $4x+3y+2=0$，$x+7y-12=0$，$3x-4y-11=0$ で囲まれた三角形はどのような形の三角形か。

21 2直線の平行条件と垂直条件

例題 36 2直線の平行条件と垂直条件

点 $(1,\ 3)$ を通り，直線 $y=2x-1$ に平行な直線および垂直な直線の方程式を求めよ。

直線 $y=2x-1$ の傾きは2であるから，
点 $(1,\ 3)$ を通る平行な直線の方程式は

$y-3=2(x-1)$

すなわち　$\boldsymbol{y=2x+1}$ ……(ア)

また，垂直な直線の傾きを m とすると，

$2\times m=-1$ より $m=-\dfrac{1}{2}$

したがって，点 $(1,\ 3)$ を通る垂直な直線の方程式は

$y-3=-\dfrac{1}{2}(x-1)$

すなわち　$\boldsymbol{y=-\dfrac{1}{2}x+\dfrac{7}{2}}$ ……(イ)

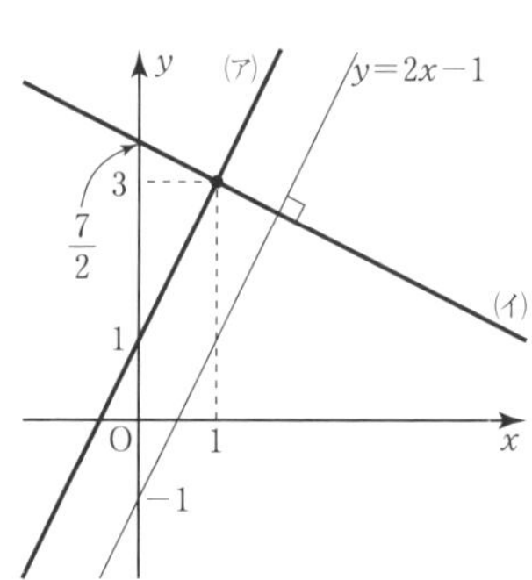

▶2直線の平行条件と垂直条件

2直線 $\begin{cases} y=mx+n \\ y=m'x+n' \end{cases}$ について

(i) 2直線が平行
⇕
$m=m'$（傾きが等しい）

(ii) 2直線が垂直
⇕
$mm'=-1$

類題

120 次の直線のなかで(1)互いに平行なもの，(2)互いに垂直なものの番号をすべて選べ。

① $y=2x+3$　② $y=\dfrac{3}{2}x-\dfrac{1}{2}$

③ $3y=2(x-3)$　④ $x+y+2=0$

⑤ $y=\dfrac{2}{3}x+1$　⑥ $2x-y+5=0$

⑦ $3y+2x+5=0$　⑧ $y=x-2$

(1) 平行

(2) 垂直

121 点 $(2,\ -1)$ を通り，次の条件を満たす直線の方程式を求めよ。

(1) 直線 $y=3x+1$ に平行

(2) 直線 $y=3x+1$ に垂直

122 点(4, 2)を通り，次の条件を満たす直線の方程式を求めよ。

(1) 直線 $2x-5y-3=0$ に平行

(2) 直線 $2x-5y-3=0$ に垂直

123 直線 $2x+y-3=0$ に垂直で次の条件を満たす直線の方程式を求めよ。

(1) y 切片が -2 である。

(2) x 切片が -2 である。

124 下の図の直線①，②の方程式を求めよ。

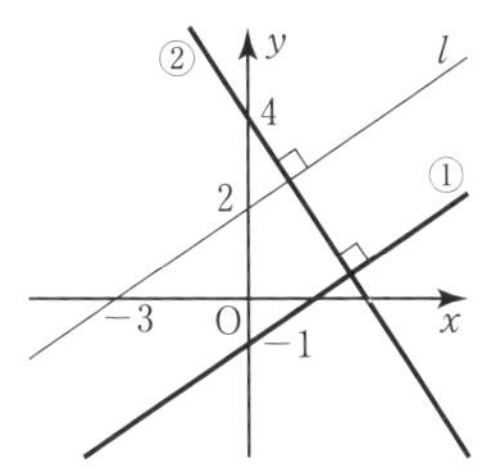

125 2直線 $4x-3y-7=0$，$3x+2y-1=0$ の交点を通り，直線 $5x+3y-4=0$ に垂直な直線の方程式を求めよ。

126 直線 $l: y=-2x+2$ に関して原点O(0, 0)と対称な点をP(a, b)とする。

(1) 直線OPが直線 l に垂直であることより，

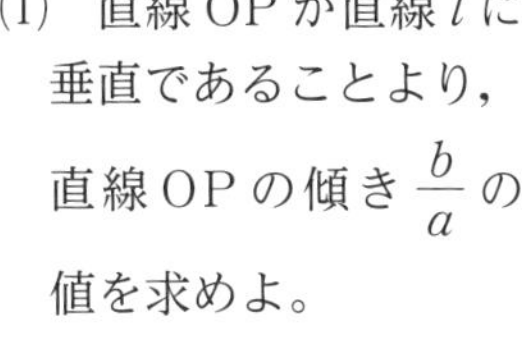
直線OPの傾き $\dfrac{b}{a}$ の値を求めよ。

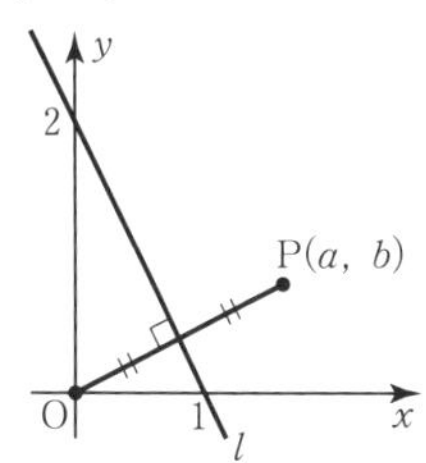

(2) 線分OPの中点が直線 l 上の点であることを利用し，a と b の間に成り立つ関係式を求めよ。

(3) (1)，(2)より点Pの座標を求めよ。

JUMP 21 2直線 $ax-2y+3=0$，$4x-(a-2)y-1=0$ が垂直なときの a の値を求めよ。また，平行なときの a の値を求めよ。

22 点と直線の距離

例題 37 点と直線の距離

点 (1, 3) と次の直線の距離を求めよ。

(1) $x+2y-2=0$　　　　(2) $y=\frac{1}{3}x+4$

> ▶点と直線の距離の公式
> 直線 $ax+by+c=0$ と点 $P(x_1, y_1)$ の距離 d は
> $$d=\frac{|ax_1+by_1+c|}{\sqrt{a^2+b^2}}$$
> とくに,
> 直線 $ax+by+c=0$ と原点 $O(0, 0)$ の距離 d は
> $$d=\frac{|c|}{\sqrt{a^2+b^2}}$$

解

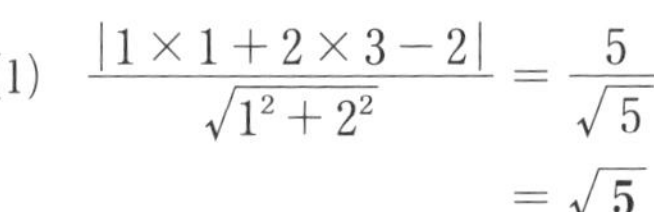

(1) $\frac{|1\times1+2\times3-2|}{\sqrt{1^2+2^2}}=\frac{5}{\sqrt{5}}$

$=\sqrt{5}$

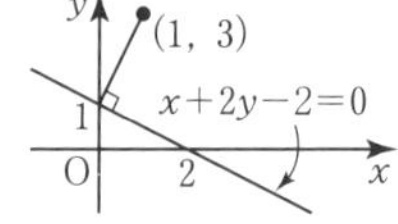

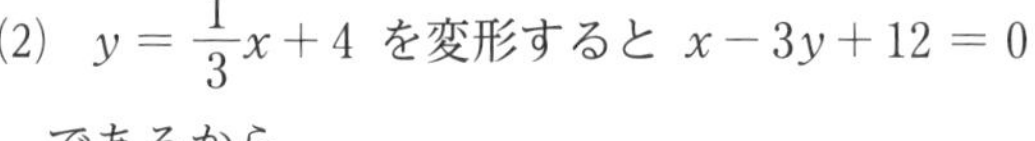

(2) $y=\frac{1}{3}x+4$ を変形すると $x-3y+12=0$

であるから

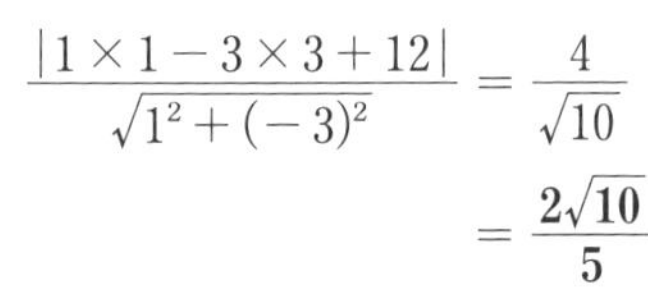

$\frac{|1\times1-3\times3+12|}{\sqrt{1^2+(-3)^2}}=\frac{4}{\sqrt{10}}$

$=\frac{2\sqrt{10}}{5}$

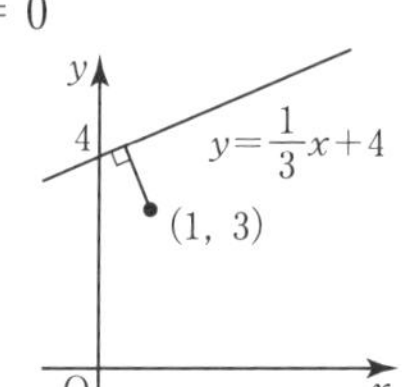

類題

127 点 (2, 1) と次の直線の距離を求めよ。

(1) $4x+3y+9=0$

(2) $2x-y-8=0$

(3) $y=\frac{1}{2}x+2$

128 直線 $x+3y-3=0$ と次の点の距離を求めよ。

(1) $(4, -2)$

(2) $(\sqrt{10}, 1)$

(3) 原点

129 次の点と直線の距離を求めよ。

(1) 点 $(1,\ 1)$，直線 $3x+4y-2=0$

(2) 点 $(-1,\ -2)$，直線 $y=-2x+1$

(3) 原点，直線 $y=-\dfrac{2}{3}x+\dfrac{1}{3}$

130 3 点 $\mathrm{A}(2,\ 4)$，$\mathrm{B}(5,\ 7)$，$\mathrm{C}(5,\ -1)$ について，次のものを求めよ。

(1) 2 点 A，B を通る直線の方程式

(2) (1)の直線と点 C の距離 d

131 次の点と直線の距離を求めよ。

(1) 点 $(-6,\ 3)$，直線 $y=\dfrac{1}{3}x$

(2) 点 $(1,\ -3)$，直線 $y=\dfrac{\sqrt{3}}{2}x-3$

132 3 点 $\mathrm{A}(-3,\ -1)$，$\mathrm{B}(5,\ 1)$，$\mathrm{C}(4,\ 3)$ について，次のものを求めよ。

(1) 線分 AB の長さ

(2) 2 点 A，B を通る直線と点 C の距離 d

(3) △ABC の面積 S

JUMP 22 直線 $y=2x+k$ と原点の距離が $2\sqrt{5}$ のとき，k の値を求めよ。

まとめの問題　図形と方程式①

1　数直線上の2点 A(-6)，B(4) について，次の問いに答えよ。

(1)　線分 AB を $1:4$ に内分する点Cの座標を求めよ。また，2点 A，C 間の距離を求めよ。

(2)　線分 AB を $2:3$ に外分する点Dの座標を求めよ。また，2点 B，D 間の距離を求めよ。

2　2点 A$(-2,\ 3)$，B$(2,\ 7)$ について，次の問いに答えよ。

(1)　2点 A，B 間の距離を求めよ。

(2)　線分 AB を $3:1$ に内分する点Cおよび外分する点Dの座標をそれぞれ求めよ。

3　3点 A$(1,\ 5)$，B$(6,\ -7)$，C$(-4,\ -2)$ を頂点とする △ABC の重心Gの座標を求めよ。

4　次の直線の方程式を求めよ。

(1)　点 $(-1,\ 2)$ を通り，傾きが4の直線

(2)　2点 $(4,\ 2)$，$(-1,\ 12)$ を通る直線

(3)　2点 $(-3,\ -1)$，$(-3,\ 4)$ を通る直線

5　2直線 $3x+y+7=0$，$x+2y-1=0$ の交点と点 $(-2,\ 5)$ を通る直線の方程式を求めよ。

6 点 $(3,\ -1)$ を通り，次の条件を満たす直線の方程式を求めよ。

(1) 直線 $2x+4y-3=0$ に平行

(2) 直線 $3x-5y+1=0$ に垂直

7 直線 $2x-4y+15=0$ に関して，原点 O と対称な点 $P(a,\ b)$ の座標を求めよ。

8 次の点と直線の距離を求めよ。

(1) 点 $(-1,\ 2)$，直線 $3x-y-5=0$

(2) 点 $\left(\frac{3}{2},\ -\frac{1}{2}\right)$，直線 $y=-\frac{2}{3}x+2$

9 3 点 $A(4,\ -4)$，$B(2,\ -1)$，$C(3,\ 2)$ について次のものを求めよ。

(1) 点 A と直線 BC の距離 d

(2) $\triangle ABC$ の面積 S

23 円の方程式(1)

例題 38 円の方程式(1)

次の円の方程式を求めよ。

(1) 中心が点 $(-1,\ 2)$ で，半径 3 の円

(2) 中心が点 $(2,\ 3)$ で，原点を通る円

(3) 2 点 $\mathrm{A}(-2,\ 1)$，$\mathrm{B}(4,\ 5)$ を直径の両端とする円

▶円の方程式

点 $\mathrm{C}(a,\ b)$ を中心とする半径 r の円の方程式は

$(x-a)^2+(y-b)^2=r^2$

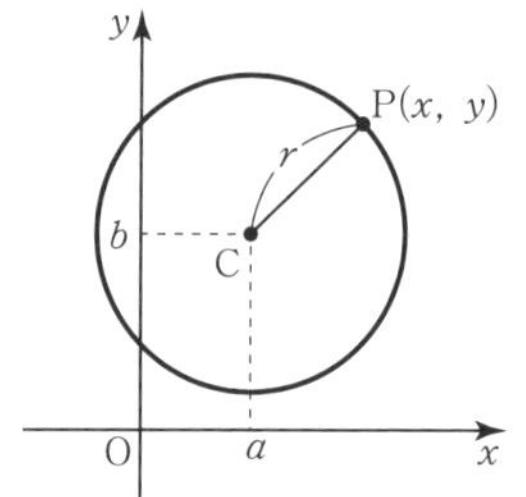

とくに，原点を中心とする半径 r の円の方程式は

$x^2+y^2=r^2$

(1) $\{x-(-1)\}^2+(y-2)^2=3^2$ より

$(x+1)^2+(y-2)^2=9$

(2) 半径を r とすると

$r=\sqrt{(0-2)^2+(0-3)^2}=\sqrt{13}$

よって，求める円の方程式は

$(x-2)^2+(y-3)^2=13$

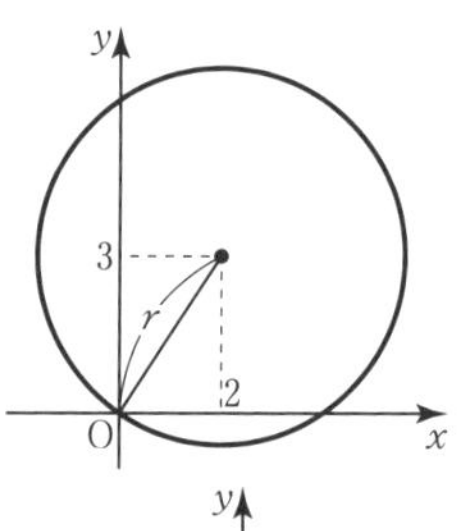

(3) 中心を $\mathrm{C}(a,\ b)$，半径を r とすると，

C は線分 AB の中点であるから

$a=\dfrac{(-2)+4}{2}=1,\ b=\dfrac{1+5}{2}=3$

より，$\mathrm{C}(1,\ 3)$ である。

また，$r=\mathrm{CA}$ より

$r=\sqrt{\{(-2)-1\}^2+(1-3)^2}=\sqrt{13}$

よって **$(x-1)^2+(y-3)^2=13$**

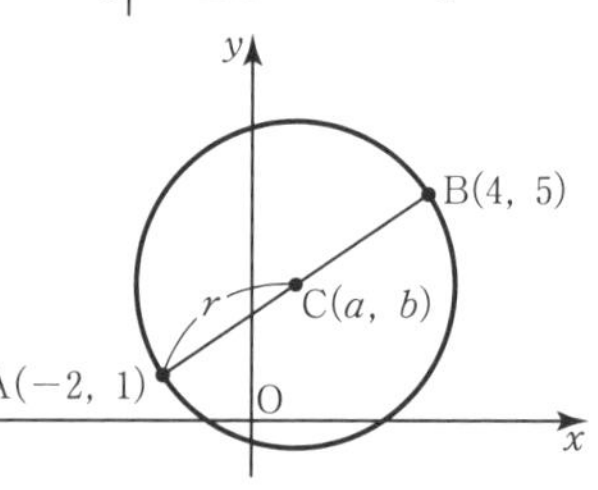

類題

133 次の方程式で表される円を図示せよ。

(1) $x^2+y^2=4$　　(2) $x^2+(y+3)^2=4$

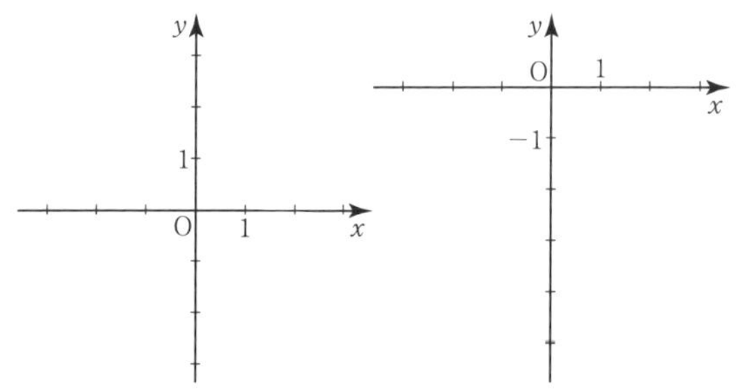

(3) $(x+2)^2+(y-3)^2=4$

134 次の円の方程式を求めよ。

(1) 中心が点 $(2,\ 5)$ で，半径 4 の円

(2) 中心が点 $(-3,\ -2)$ で，点 $(-1,\ 0)$ を通る円

(3) 2 点 $\mathrm{A}(-2,\ 1)$，$\mathrm{B}(2,\ 3)$ を直径の両端とする円

135 次の円の方程式を求めよ。

(1) 中心が原点で，半径5の円

(2) 中心が点(1, 3)で，半径$2\sqrt{2}$の円

(3) 中心が点(4, −1)で，原点を通る円

(4) 中心が点(−2, 1)で，点(2, 4)を通る円

(5) 2点A(3, 6), B(7, 2)を直径の両端とする円

136 点(−2, 4)を中心とし，次の直線に接する円の方程式を求めよ。

(1) x軸

(2) y軸

137 次の円の方程式を求めよ。

(1) 中心が点(−1, 5)で，点(3, −1)を通る円

(2) 2点A(−2, 5), B(4, −1)を直径の両端とする円

138 中心が第1象限にあり，2点(3, 0), (5, 0)を通り，半径が$\sqrt{5}$の円の方程式を求めよ。

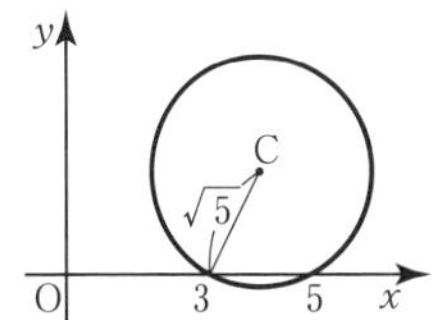

139 点(−1, 2)を通り，x軸とy軸の両方に接する円の方程式を求めよ。

JUMP 23 中心が直線 $y=2x$ 上にあり，2点(3, 1), (3, −5)を通る円の方程式を求めよ。

24 円の方程式(2)

例題 39 円の方程式(2)

(1) 方程式 $x^2+y^2-4x+6y-12=0$ はどのような図形を表すか。

(2) 3点 $(0,\ -5)$, $(5,\ -4)$, $(4,\ 1)$ を通る円の方程式を求めよ。

▶ $x^2+y^2+lx+my+n=0$ の表す図形
方程式
$x^2+y^2+lx+my+n=0$ は,
$(x-a)^2+(y-b)^2=k$ の形に変形できる。
$k>0$ のとき,この方程式は円を表す。

(復習) 平方完成
x^2-●$x=(x-$◐$)^2-$◐^{2}

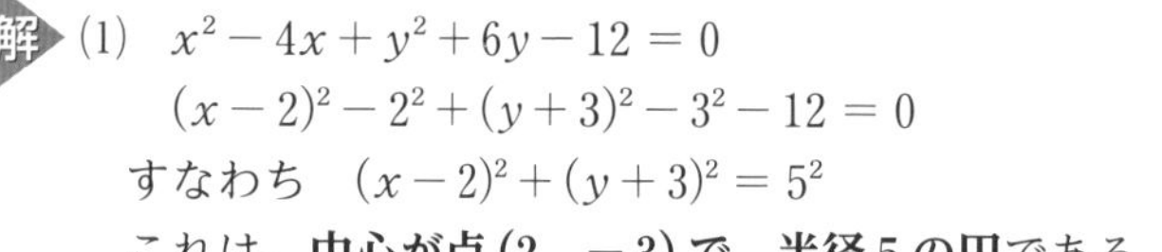

解 (1) $x^2-4x+y^2+6y-12=0$

$(x-2)^2-2^2+(y+3)^2-3^2-12=0$

すなわち $(x-2)^2+(y+3)^2=5^2$

これは,**中心が点 $(2,\ -3)$ で,半径5の円**である。

(2) 求める円の方程式を $x^2+y^2+lx+my+n=0$ とおく。

この円が点 $(0,\ -5)$ を通るから $25-5m+n=0$

点 $(5,\ -4)$ を通るから $25+16+5l-4m+n=0$

点 $(4,\ 1)$ を通るから $16+1+4l+m+n=0$

整理すると $\begin{cases} -5m+n=-25 & \cdots\cdots① \\ 5l-4m+n=-41 & \cdots\cdots② \\ 4l+m+n=-17 & \cdots\cdots③ \end{cases}$

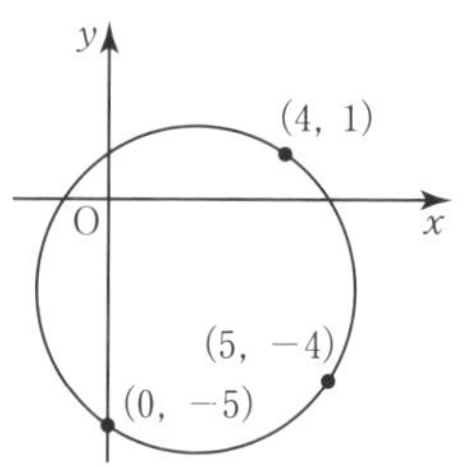

(③−①)÷2 より $2l+3m=4$ ……④

②−③より $l-5m=-24$ ……⑤

④,⑤から $l=-4$, $m=4$

$m=4$ を①に代入して $n=-5$

よって,求める円の方程式は $\boldsymbol{x^2+y^2-4x+4y-5=0}$

類題

140 次の方程式はどのような図形を表すか。

(1) $x^2+y^2-4x-2y+1=0$

(2) $x^2+y^2-6x+2y-6=0$

141 3点 A$(0,\ 2)$, B$(2,\ 0)$, C$(0,\ 0)$ を通る円の方程式を求めよ。

142 次の方程式はどのような図形を表すか。

(1) $x^2+y^2+6x+10y-2=0$

(2) $x^2+y^2+4x-6y-36=0$

143 3点 A(0, 1), B(4, 3), C(4, -3) を通る円の方程式を求め，この円の中心の座標と半径を求めよ。

144 次の方程式はどのような図形を表すか。

(1) $x^2+y^2-8x+2y-3=0$

(2) $x^2+y^2-3x-y+2=0$

145 3点 A(-1, 3), B(2, 4), C(6, 2) を通る円の方程式を求め，この円の中心の座標と半径を求めよ。

JUMP 24 3直線 $4x+3y-18=0$, $7x-y+6=0$, $x+7y+8=0$ でつくられる三角形の外接円について，その中心の座標と半径を求めよ。

25 円と直線

例題 40 円と直線の共有点

円 $x^2+y^2=20$ と直線 $y=-3x+10$ の共有点の座標を求めよ。

解 連立方程式 $\begin{cases} x^2+y^2=20 & \cdots\cdots① \\ y=-3x+10 & \cdots\cdots② \end{cases}$

において，②を①に代入して

$x^2+(-3x+10)^2=20$

整理すると　$(x-2)(x-4)=0$

よって　$x=2,\ 4$

②より，$x=2$ のとき $y=4$，

$x=4$ のとき $y=-2$

したがって，共有点の座標は　**(2, 4)，(4, −2)**

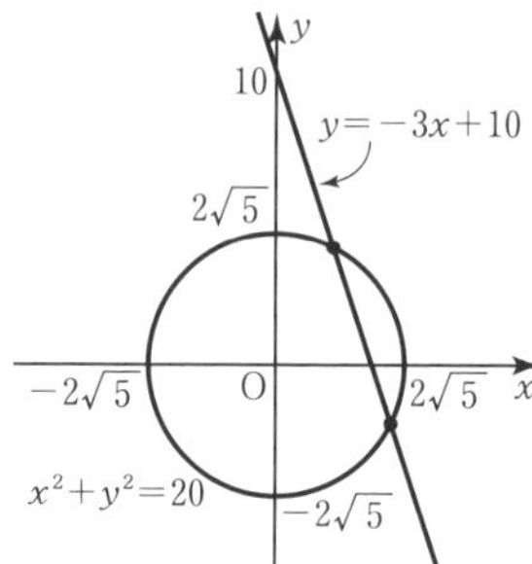

▶円と直線の共有点

連立方程式

$\begin{cases} x^2+y^2=r^2 \\ y=mx+n \end{cases}$

から y を消去した 2 次方程式

$ax^2+bx+c=0 \cdots\cdots(*)$

の実数解が，円と直線の共有点の x 座標である。

例題 41 円と直線の位置関係

円 $x^2+y^2=r^2$ と直線 $y=2x+5$ が共有点をもつとき，円の半径 r の値の範囲を求めよ。

解 $y=2x+5$ を $x^2+y^2=r^2$ に代入して整理すると

$5x^2+20x-r^2+25=0 \quad \cdots\cdots①$

①の判別式を D とすると

$D=20^2-4\times5\times(-r^2+25)=20r^2-100$

円と直線が共有点をもつのは　$D\geqq0$　のときであるから

$20r^2-100\geqq0$　より　$(r+\sqrt{5})(r-\sqrt{5})\geqq0$

したがって　$r\leqq-\sqrt{5},\ \sqrt{5}\leqq r$

半径 $r>0$ より，求める r の値の範囲は　$\boldsymbol{r\geqq\sqrt{5}}$

別解 円の中心である原点と直線 $2x-y+5=0$ の距離 d は

$$d=\frac{|5|}{\sqrt{2^2+(-1)^2}}=\frac{5}{\sqrt{5}}=\sqrt{5}$$

←原点 O と直線 $ax+by+c=0$ の距離 d は $d=\dfrac{|c|}{\sqrt{a^2+b^2}}$

よって，円と直線が共有点をもつのは，距離 d と半径 r について

$d\leqq r$ のときであるから，求める r の値の範囲は　$\boldsymbol{r\geqq\sqrt{5}}$

▶円と直線の位置関係

円と直線の位置関係については，次の(ア)，(イ)を用いて判断できる。

(ア)　判別式を利用する。

上の(*)の判別式を D とするとき

$D>0 \iff$ 2 点で交わる

$D=0 \iff$ 1 点で接する

$D<0 \iff$ 共有点がない

(イ)　円の中心と直線の距離 d，および円の半径 r を利用する。

$d<r \iff$ 2 点で交わる

$d=r \iff$ 1 点で接する

$d>r \iff$ 共有点がない

類題

146　円 $x^2+y^2=9$ と直線 $y=x-3$ の共有点の座標を求めよ。

147 次の円と直線の共有点の座標を求めよ。

(1) $x^2+y^2=20$, $y=-x+6$

(2) $x^2+y^2=25$, $2x-y+10=0$

148 円 $x^2+y^2=18$ と直線 $y=x+m$ が共有点をもつとき，定数 m の値の範囲を求めよ。

149 円 $x^2+y^2=5$ と直線 $x-2y+5=0$ の共有点の座標を求めよ。

150 円 $x^2+y^2=25$ と直線 $y=3x+m$ が共有点をもたないとき，定数 m の値の範囲を求めよ。

151 円 $x^2+y^2=r^2$ と直線 $x+2y-10=0$ が接するとき，円の半径 r の値を求めよ。

JUMP 25 円 $x^2+y^2=5$ と直線 $y=-x+2$ の異なる2つの共有点を結ぶ弦の長さを求めよ。

26 円の接線，2 つの円の位置関係

例題 42 円の接線

(1) 円 $x^2+y^2=10$ 上の点 $(1,\ 3)$ における接線の方程式を求めよ。
(2) 点 $\mathrm{A}(10,\ 5)$ から円 $x^2+y^2=25$ に引いた接線の方程式を求めよ。

▶接線の方程式
円 $x^2+y^2=r^2$ 上の点 $(x_1,\ y_1)$ における接線の方程式は
$x_1x+y_1y=r^2$

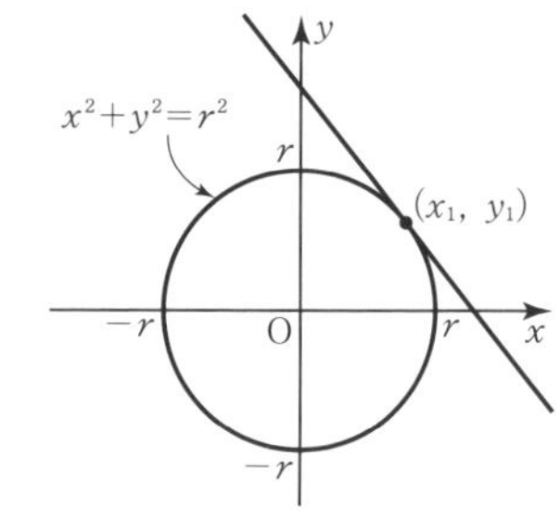

(1) 点 $(1,\ 3)$ における接線の方程式は **$x+3y=10$**

(2) 接点を $\mathrm{P}(x_1,\ y_1)$ とすると，点 P における接線の方程式は
$x_1x+y_1y=25$ ……①
これが点 $\mathrm{A}(10,\ 5)$ を通るから
$10x_1+5y_1=25$
よって　$y_1=-2x_1+5$ ……②
また，点 $\mathrm{P}(x_1,\ y_1)$ は円 $x^2+y^2=25$ 上の点であるから
$x_1{}^2+y_1{}^2=25$ ……③
②，③より　$x_1{}^2+(-2x_1+5)^2=25$
$x_1(x_1-4)=0$
ゆえに　$x_1=0,\ 4$
②より，$x_1=0$ のとき $y_1=5$，$x_1=4$ のとき $y_1=-3$
したがって，①より求める接線の方程式は
$5y=25,\ 4x-3y=25$
すなわち　**$y=5,\ 4x-3y=25$**

例題 43 2 つの円の位置関係

円 $(x+4)^2+(y-3)^2=r^2$ ……① に，円 $x^2+y^2=4$ ……② が内接しているとき，円①の半径 r を求めよ。

▶2 つの円の位置関係
半径が r，r' で $(r>r')$，中心間の距離が d である 2 つの円について
① 離れている　$d>r+r'$
② 外接する　$d=r+r'$
③ 2 点で交わる
$r-r'<d<r+r'$
④ 内接する　$d=r-r'$
⑤ 一方が他方の内側にある
$d<r-r'$

円①，②の中心の座標は $(-4,\ 3)$，$(0,\ 0)$ であるから，中心間の距離 d は
$d=\sqrt{(-4)^2+3^2}=5$
ここで，円②の半径は 2 であり，円①に円②が内接するのは
$d=r-2$　←右の④ $d=r-r'$
のときで，$r=d+2=5+2=$ **7**

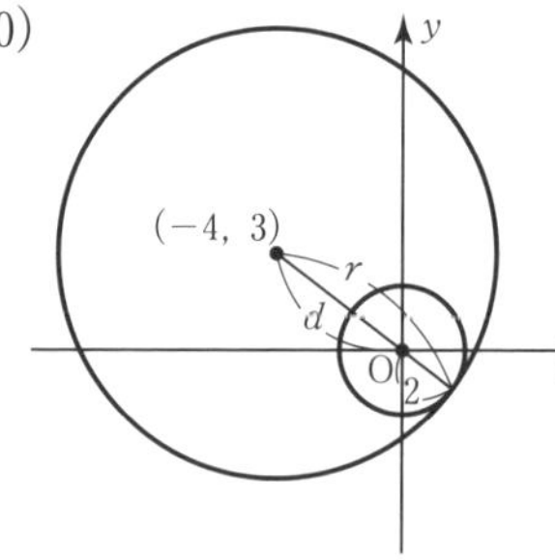

類題

152 次の問いに答えよ。
(1) 円 $x^2+y^2=13$ 上の点 $(3,\ 2)$ における接線の方程式を求めよ。
(2) 円 $x^2+y^2=9$ 上の点 $(0,\ 3)$ における接線の方程式を求めよ。

153 次の円上の点Pにおける接線の方程式を求めよ。

(1) $x^2+y^2=10$, P$(-3,\ 1)$

(2) $x^2+y^2=3$, P$(0,\ -\sqrt{3})$

154 点A$(-6,\ 2)$から円 $x^2+y^2=20$ に引いた接線の方程式を求めよ。

155 2つの円 $(x-3)^2+(y-4)^2=r^2$ ……①, $x^2+y^2=16$ ……② が外接しているとき，円①の半径 r を求めよ。

156 点A$(1,\ -5)$から円 $x^2+y^2=13$ に引いた接線の方程式を求めよ。

157 円 $(x-1)^2+(y-3)^2=r^2$ ……① に，$(x+1)^2+(y+1)^2=4$ ……② が内接しているとき，円①の半径 r を求めよ。

JUMP 26 傾きが2で，円 $x^2+y^2=5$ に接する直線の方程式を求めよ。

27 軌跡と方程式

例題 44 軌跡と方程式

2点 A$(-1,\ 4)$, B$(2,\ 1)$ に対して，AP：BP ＝ 2：1 を満たす点Pの軌跡を求めよ。

点Pの座標を $(x,\ y)$ とおくと，

AP：BP ＝ 2：1 より 2BP ＝ AP

$$2\sqrt{(x-2)^2+(y-1)^2}=\sqrt{(x+1)^2+(y-4)^2}$$

この両辺を2乗して整理すると

$x^2-6x+y^2+1=0$ より

$(x-3)^2+y^2=8$

よって，点Pの軌跡は

点 (3, 0) を中心とする

半径 $2\sqrt{2}$ の円

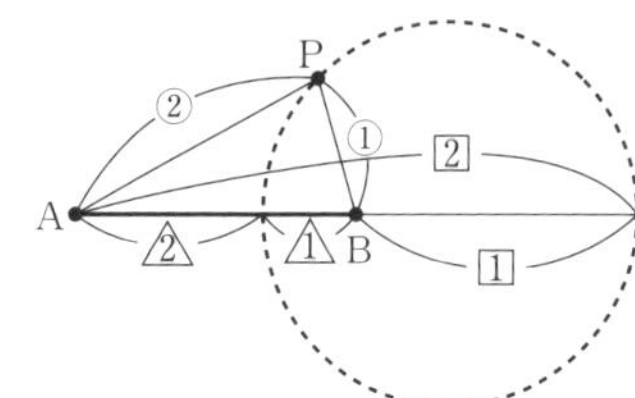

▶軌跡の方程式の求め方

(1) 条件を満たす点の座標を P$(x,\ y)$ とおく。

(2) 条件を x，y の関係式で表す。

(3) 関係式を変形し，関係式の表す図形を求める。

(4) 求めた図形上の任意の点Pが条件を満たすことを確認する。((4)が明らかな場合は略してもよい)

▶アポロニウスの円

$m \neq n$ のとき，2点A，Bからの距離の比が $m:n$ の点の軌跡は，線分ABを $m:n$ に内分する点と外分する点を直径の両端とする円。(例題44で求めた円は，アポロニウスの円である。)

類題

158 (1) 2点 A$(1,\ 3)$，B$(5,\ 5)$ に対して，AP ＝ BP を満たす点Pの軌跡を求めよ。

(2) 2点 A$(-2,\ 0)$，B$(6,\ 0)$ に対して，AP：BP ＝ 1：3 を満たす点Pの軌跡を求めよ。

159 2点 $A(2,\ -2)$，$B(1,\ 0)$ に対して，$AP=BP$ を満たす点Pの軌跡を求めよ。

160 2点 $A(-4,\ 0)$，$B(4,\ 0)$ に対して，$AP^2+BP^2=40$ を満たす点Pの軌跡を求めよ。

161 点Qが円 $x^2+y^2=4$ の周上を動くとき，点 $A(6,\ 0)$ と点Qを結ぶ線分AQの中点をPとする。2点P，Qの座標をそれぞれ $(x,\ y)$，$(s,\ t)$ とするとき，次の問いに答えよ。

(1) Qが円上にあることから，s，t はどんな関係式を満たすか。

(2) x，y を s，t で表せ。

(3) (1)，(2)から s，t を消去することで，点Pの軌跡を求めよ。

162 2点 $A(1,\ -1)$，$B(6,\ 4)$ に対して，$AP:BP=2:3$ を満たす点Pの軌跡を求めよ。

163 点Qが円 $x^2+(y+4)^2=9$ の周上を動くとき，点 $A(0,\ 2)$ と点Qを結ぶ線分AQを $2:1$ に内分する点Pの軌跡を求めよ。

JUMP 27 放物線 $y=x^2-2tx+2t^2+2t-1$ の頂点Pの座標を t で表せ。また，t がすべての実数の値をとるとき，点Pの軌跡を求めよ。

28 不等式の表す領域

例題 45 不等式の表す領域

次の不等式の表す領域を図示せよ。

(1) $y > 2x + 1$　(2) $x \leqq -2$　(3) $x^2 + y^2 \leqq 1$

(4) $x^2 + y^2 - 4y > 0$

解 (1) 直線 $y = 2x + 1$ の上側。すなわち下図(1)の斜線部分である。ただし，境界線を含まない。

(2) 直線 $x = -2$ およびその左側。すなわち下図(2)の斜線部分である。ただし，境界線を含む。

(3) 円 $x^2 + y^2 = 1$ の周および内部。すなわち下図(3)の斜線部分である。ただし，境界線を含む。

(4) $x^2 + (y-2)^2 > 4$

と変形できるから，円 $x^2 + (y-2)^2 = 4$ の外部。すなわち下図(4)の斜線部分である。ただし，境界線を含まない。

(1)

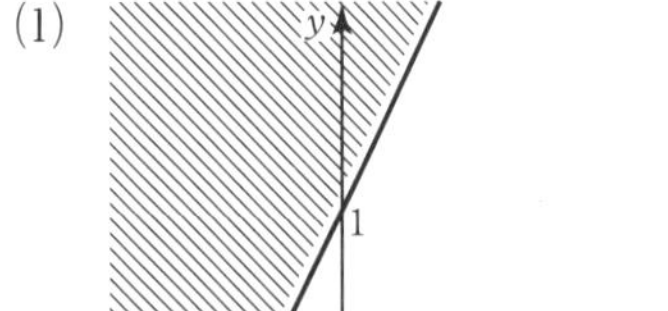

(2)

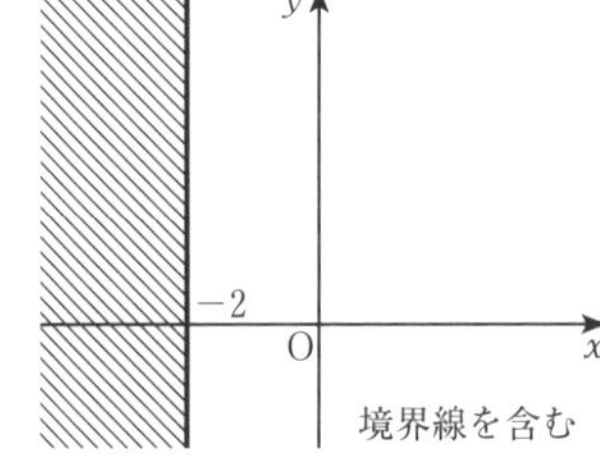

(3)

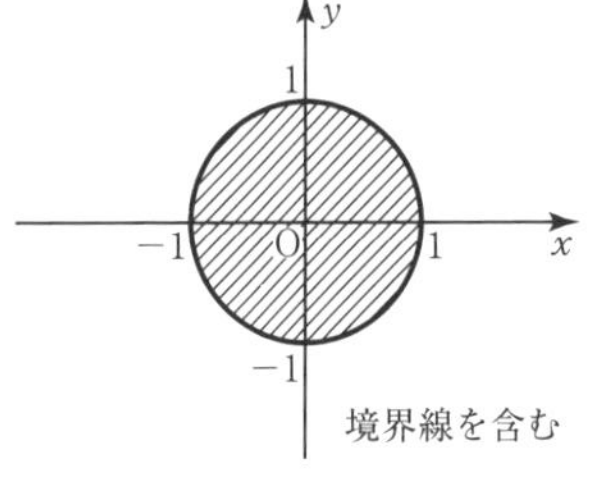

(4)

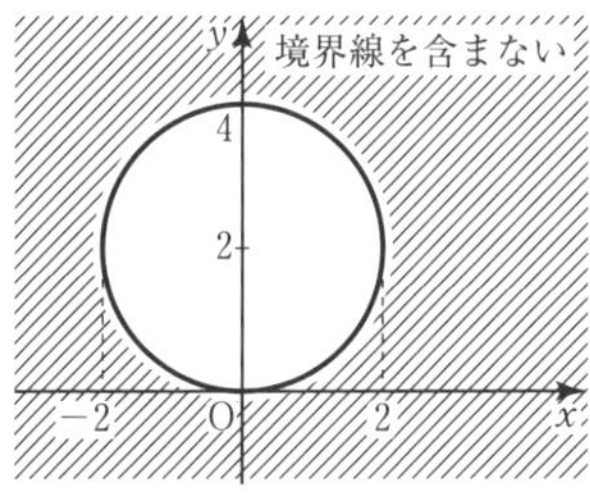

▶直線で分けられた領域

$y > mx + n$ の表す領域は

直線 $y = mx + n$ の上側

$y < mx + n$ の表す領域は

直線 $y = mx + n$ の下側

また，不等号に等号があるとき

領域は境界線を含む。

等号がないとき

領域は境界線を含まない。

▶円で分けられた領域

$(x-a)^2 + (y-b)^2 < r^2$

の表す領域は

円 $(x-a)^2 + (y-b)^2 = r^2$ の内部

$(x-a)^2 + (y-b)^2 > r^2$

の表す領域は

円 $(x-a)^2 + (y-b)^2 = r^2$ の外部

また，不等号に等号があるとき

領域は境界線を含む。

等号がないとき

領域は境界線を含まない。

類題

164 次の不等式の表す領域を図示せよ。

(1) $y < 3x + 2$　(2) $x^2 + y^2 \geqq 9$

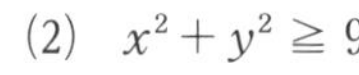

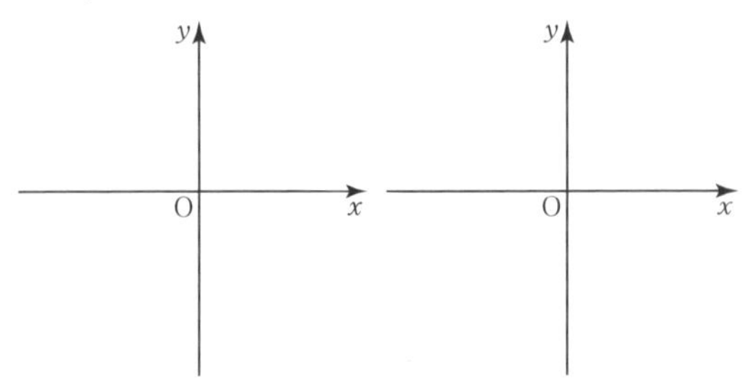

165 次の斜線部分の領域を表す不等式を求めよ。

(1)

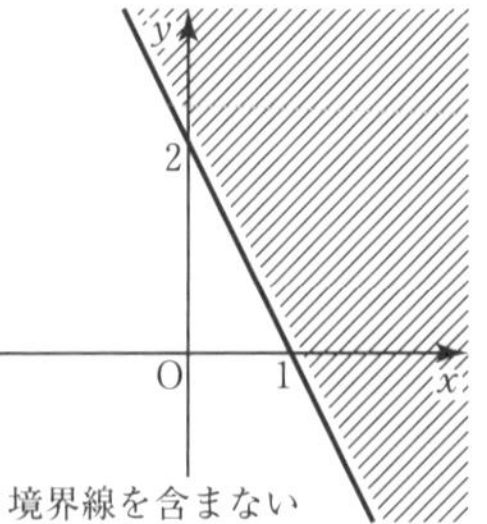

(2)

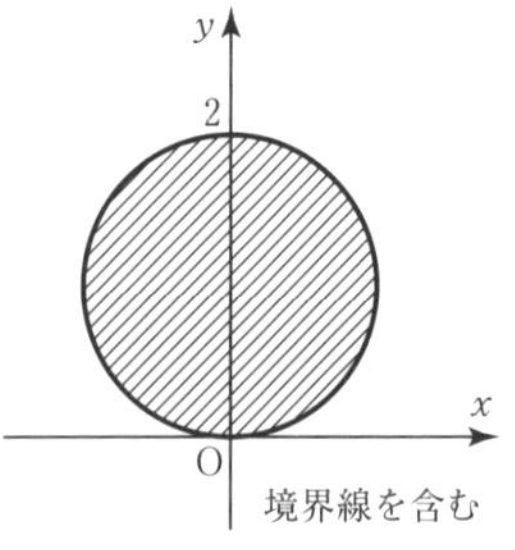

166 次の不等式の表す領域を図示せよ。

(1) $y > \dfrac{1}{2}x - 1$　　(2) $y \leqq 2$

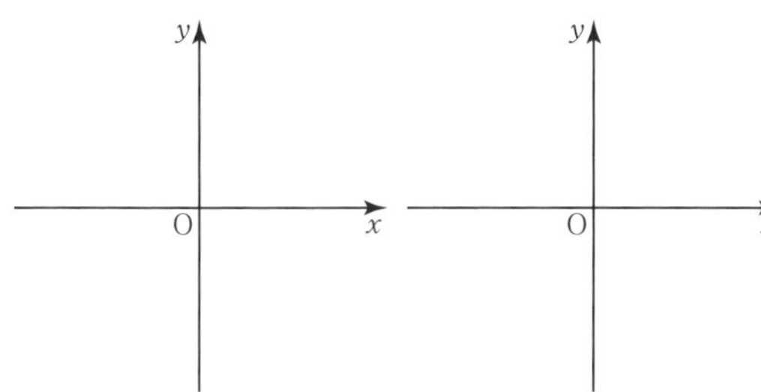

(3) $(x-1)^2 + (y-2)^2 < 4$　(4) $x^2 + y^2 - 6y \geqq 0$

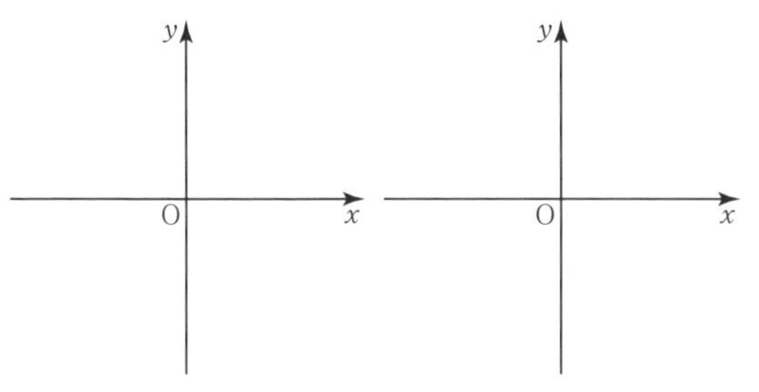

167 次の斜線部分の領域を表す不等式を求めよ。

(1)

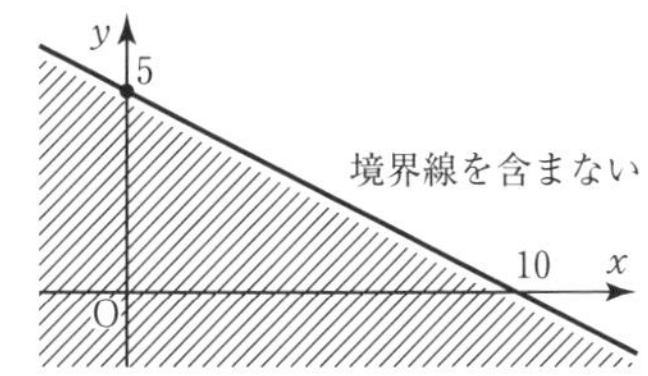

(2)

境界線を含む

−1　1　−1

168 次の不等式の表す領域を図示せよ。

(1) $x \leqq -1$

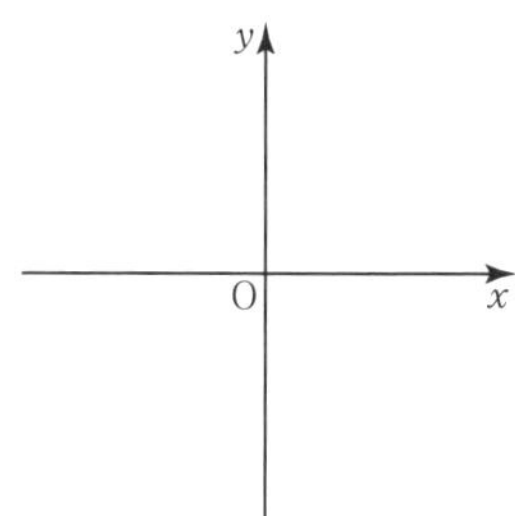

(2) $2x + y - 4 > 0$

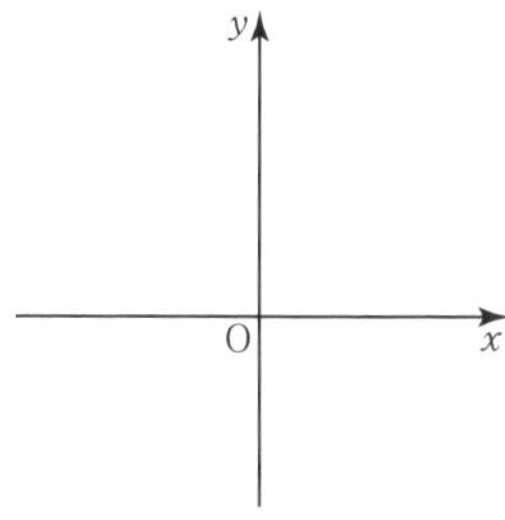

(3) $x^2 + y^2 - 8x + 10y - 8 \leqq 0$

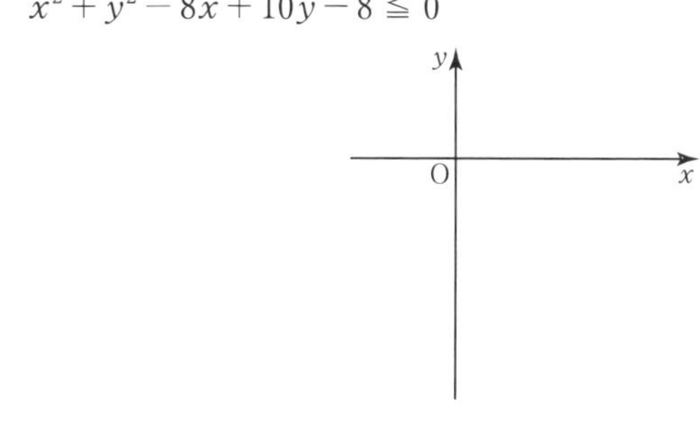

169 次の斜線部分の領域を表す不等式を求めよ。

(1)

(2)

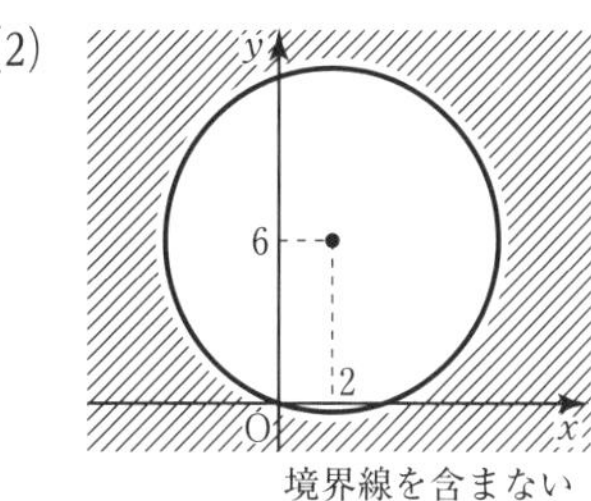

境界線を含まない

JUMP 28 次の不等式の表す領域を図示せよ。

(1) $y > x^2 - 2x - 3$　(2) $y \leqq x^2 - 2x - 3$　(3) $y > |x^2 - 2x - 3|$

29 連立不等式の表す領域

例題 46　連立不等式の表す領域

連立不等式 $\begin{cases} x^2+y^2 \geqq 9 \cdots\cdots ① \\ y-3x \leqq 0 \ \cdots\cdots ② \end{cases}$ の表す領域を図示せよ。

▶連立不等式の表す領域
2つ以上の不等式を同時に満たす点の集まりは，それぞれの不等式の表す領域の共通部分である。

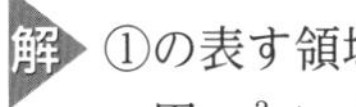

解 ①の表す領域は，
　円 $x^2+y^2=9$ の周および外部。
②は $y \leqq 3x$ と変形できるから，
②の表す領域は，
　直線 $y=3x$ およびその下側。
よって，求める領域は，右の図の斜線部分である。ただし，境界線を含む。

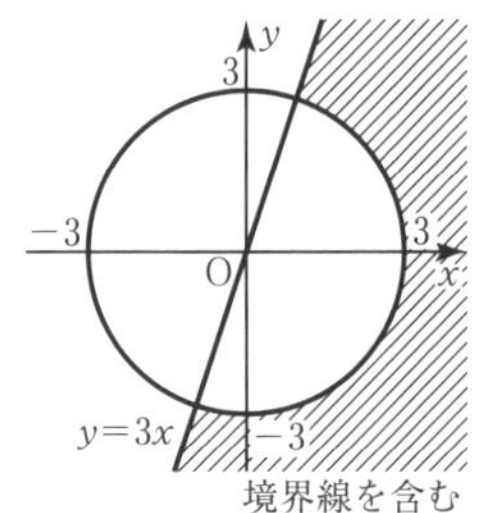

例題 47　2つの整式の積を含む不等式

不等式 $(x+y-1)(2x-y-2)>0$ の表す領域を図示せよ。

▶積の符号
$AB>0$
$\iff \begin{cases} A>0 \\ B>0 \end{cases}$ または $\begin{cases} A<0 \\ B<0 \end{cases}$
$AB<0$
$\iff \begin{cases} A>0 \\ B<0 \end{cases}$ または $\begin{cases} A<0 \\ B>0 \end{cases}$

解 与えられた不等式が成り立つことは，連立不等式

$\begin{cases} x+y-1>0 \\ 2x-y-2>0 \end{cases} \cdots\cdots ①$　または　$\begin{cases} x+y-1<0 \\ 2x-y-2<0 \end{cases} \cdots\cdots ②$

が成り立つことと同じである。
よって，求める領域は，
①の表す領域 A と②の表す領域 B の和集合 $A \cup B$ で，右の図の斜線部分である。ただし，境界線を含まない。

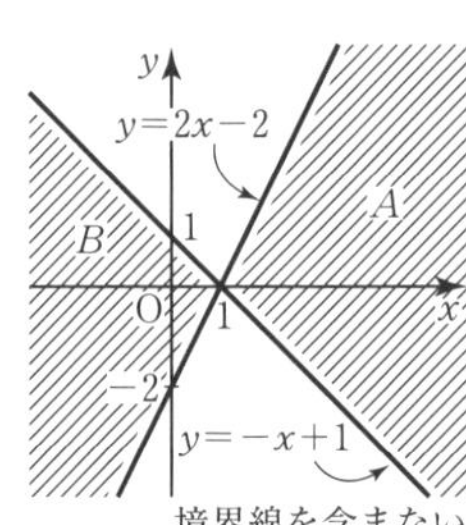

類題

170　次の連立不等式の表す領域を図示せよ。

$\begin{cases} y>x+3 \quad \cdots\cdots ① \\ y<-\dfrac{1}{3}x+5 \cdots\cdots ② \end{cases}$

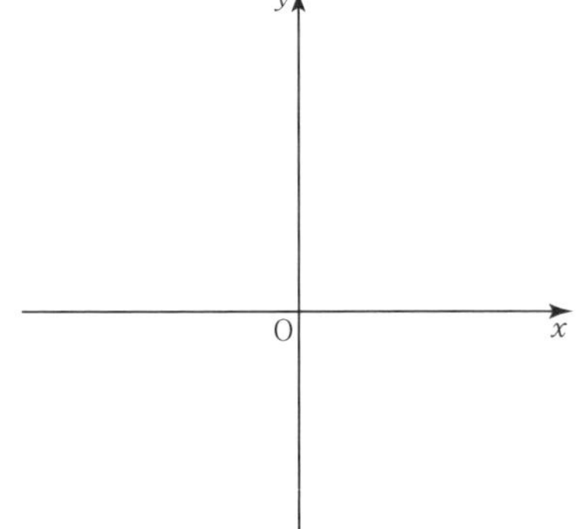

171　次の図の斜線部分の領域を表す不等式を求めよ。

(1)

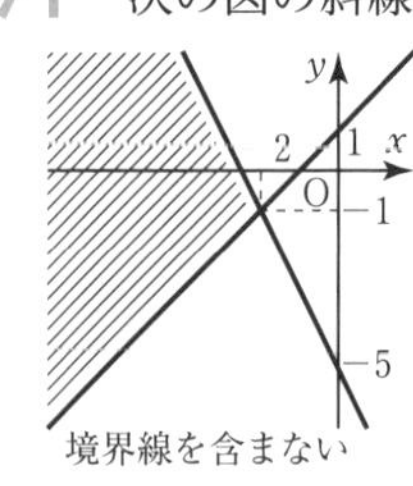

(2)

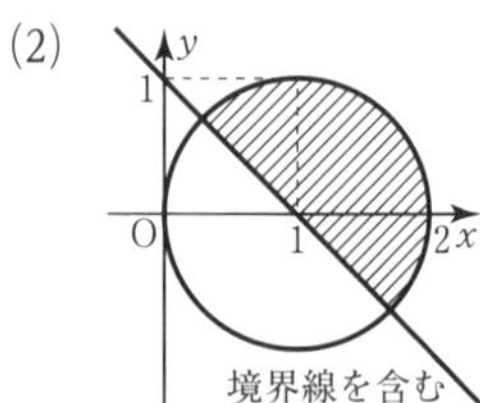

172 次の連立不等式の表す領域を図示せよ。

(1) $\begin{cases} y > -x+3 & \cdots\cdots① \\ y < 2x+1 & \cdots\cdots② \end{cases}$

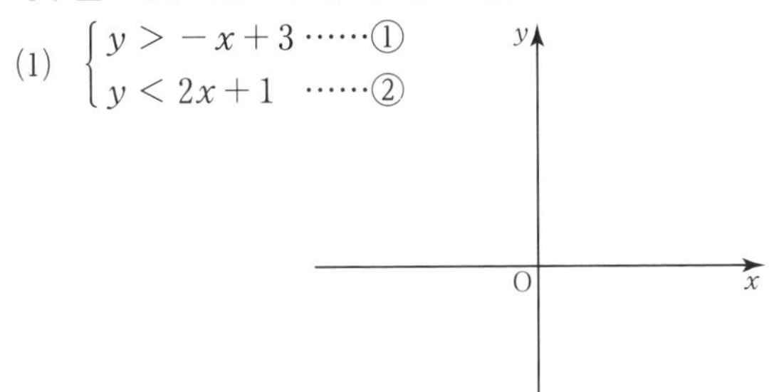

(2) $\begin{cases} (x-1)^2+(y-1)^2 \leqq 4 & \cdots\cdots① \\ y \geqq x & \cdots\cdots② \end{cases}$

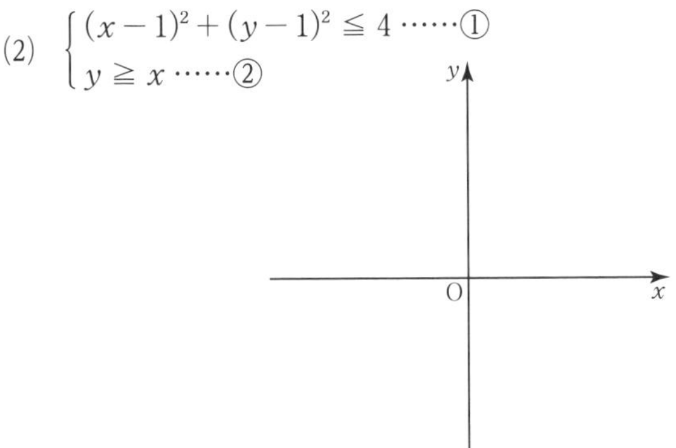

(3) $\begin{cases} x^2+y^2 < 4 & \cdots\cdots① \\ (x+2)^2+(y+2)^2 > 4 & \cdots\cdots② \end{cases}$

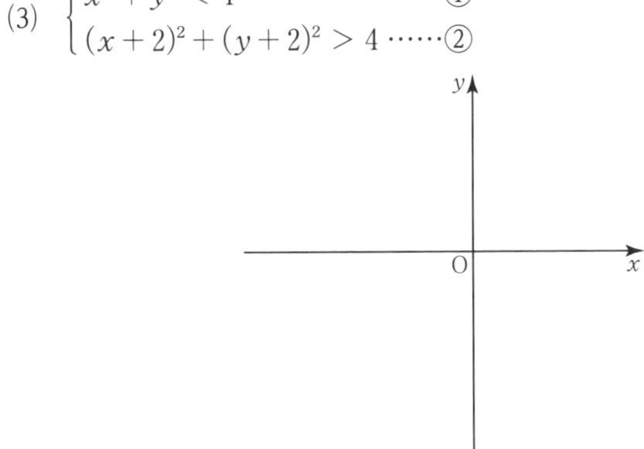

173 次の不等式の表す領域を図示せよ。

$(x+y-3)(2x-y-1) > 0$

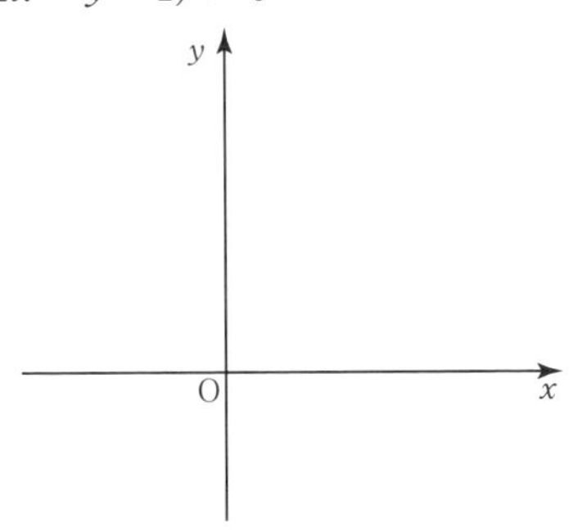

174 次の不等式の表す領域を図示せよ。

$y(3x-2y+6) < 0$

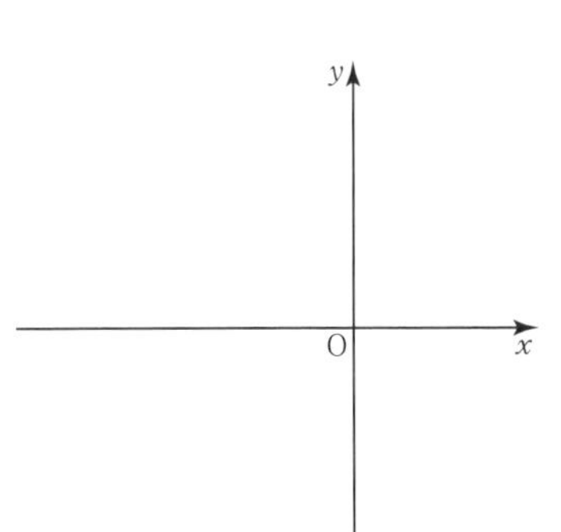

175 4つの不等式 $x \geqq 0$，$y \geqq 0$，$y \leqq x+1$，$y \leqq -3x+9$ について，次の問いに答えよ。

(1) この連立不等式の表す領域を図示せよ。

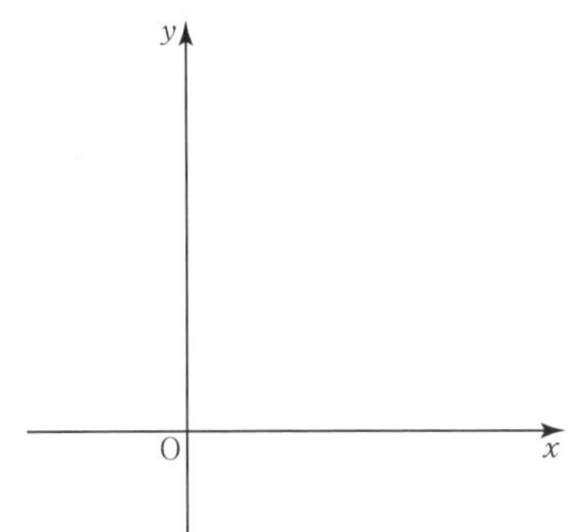

(2) x，y がこの4つの不等式を同時に満たすとき，$x+y$ の最大値と最小値を求めよ。

JUMP 29 x，y が2つの不等式 $y \geqq 2x$，$x^2+y^2 \leqq 5$ を同時に満たすとき，$-x+y$ の最大値と最小値を求めよ。

まとめの問題 図形と方程式②

1 次の円の方程式を求めよ。

(1) 中心が点 $(-2,\ 3)$ で，半径 2 の円

(2) 中心が点 $(3,\ 5)$ で，点 $(5,\ 3)$ を通る円

(3) 2 点 $\mathrm{A}(2,\ -3)$，$\mathrm{B}(-4,\ 7)$ を直径の両端とする円

2 3 点 $\mathrm{A}(-1,\ 0)$，$\mathrm{B}(-3,\ 4)$，$\mathrm{C}(-2,\ 1)$ を通る円の方程式を求め，この円の中心の座標と半径を求めよ。

3 円 $x^2+y^2=2$ と直線 $y=2x+1$ との共有点の座標を求めよ。

4 円 $x^2+y^2=r^2$ と直線 $3x-y-10=0$ が共有点をもつとき，この円の半径 r の値の範囲を求めよ。

5 (1) 円 $x^2+y^2=10$ 上の点 $(1,\ -3)$ における接線の方程式を求めよ。

(2) 点 $\mathrm{A}(-4,\ 2)$ から円 $x^2+y^2=10$ に引いた接線の方程式を求めよ。

6 2点 A(1, −1), B(4, 2) に対して，
AP : BP = 1 : 2 を満たす点 P の軌跡を求めよ。

7 点 Q が円 $(x+4)^2+y^2=9$ の周上を動くとき，点 A(2, 0) と点 Q を結ぶ線分 AQ の中点 P の軌跡を求めよ。

8 次の連立不等式の表す領域を図示せよ。

(1) $\begin{cases}(x-2)^2+(y-3)^2 \leqq 4 & \cdots\cdots① \\ 3x+2y-6 \leqq 0 & \cdots\cdots②\end{cases}$

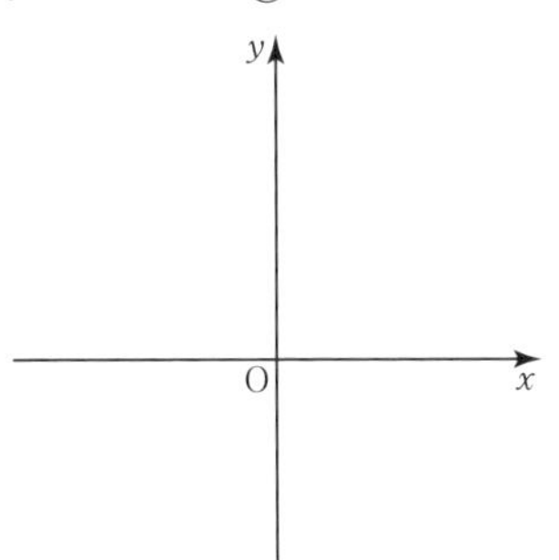

(2) $\begin{cases}x^2+y^2 < 9 & \cdots\cdots① \\ (x-3)^2+(y-3)^2 > 9 & \cdots\cdots②\end{cases}$

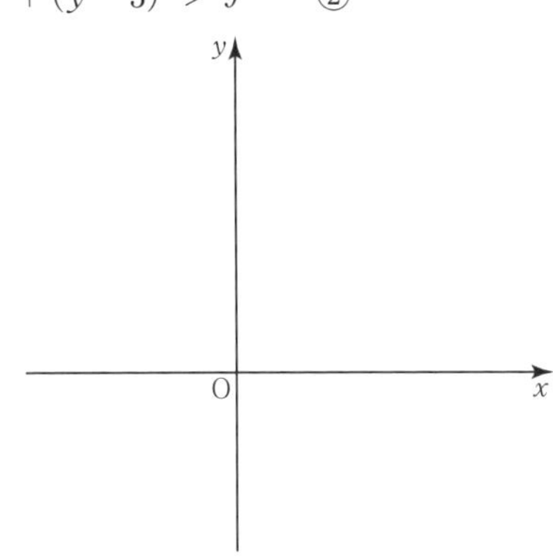

9 不等式 $(x+y+1)(x-2y+4) \geqq 0$ の表す領域を図示せよ。

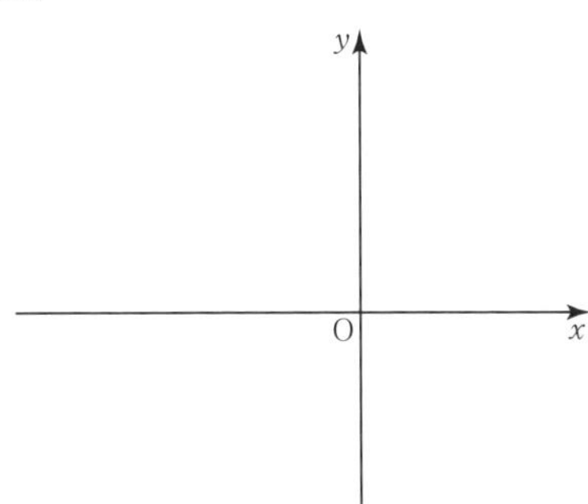

30 三角比の復習

例題 48 三角比

右の直角三角形 ABC において，$\sin A$，$\cos A$，$\tan A$ の値を求めよ。

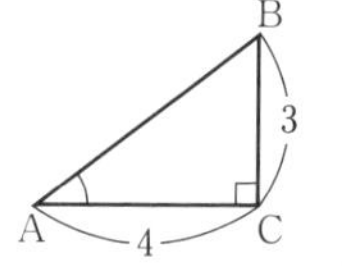

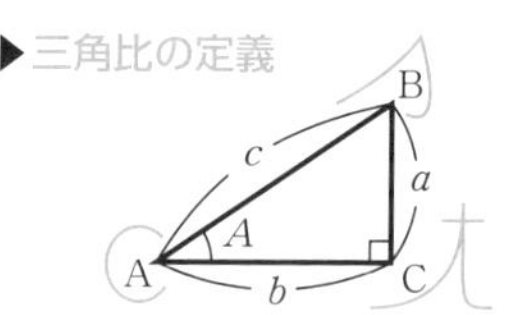

$\sin A = \dfrac{a}{c}$，$\cos A = \dfrac{b}{c}$，

$\tan A = \dfrac{a}{b}$

解 三平方の定理より　$AB^2 = BC^2 + CA^2$

$AB^2 = 3^2 + 4^2 = 25$　　ゆえに　$AB = 5$

よって　$\sin A = \mathbf{\dfrac{3}{5}}$，$\cos A = \mathbf{\dfrac{4}{5}}$，$\tan A = \mathbf{\dfrac{3}{4}}$

例題 49 三角比の利用

右の図で，x，y の値を巻末の三角比の表を用いて小数第 1 位まで求めよ。

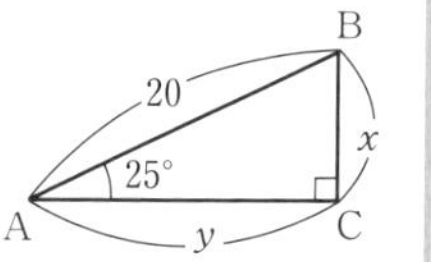

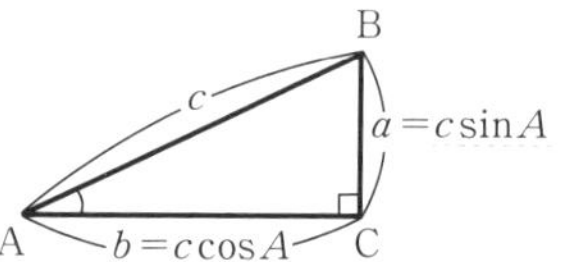

解 直角三角形 ABC において　$\sin A = \dfrac{x}{20}$，$\cos A = \dfrac{y}{20}$

よって　$x = 20 \times \sin 25°$，$y = 20 \times \cos 25°$

ゆえに，巻末の表より　$x = 20 \times 0.4226 = 8.452 \fallingdotseq \mathbf{8.5}$

$y = 20 \times 0.9063 = 18.126 \fallingdotseq \mathbf{18.1}$

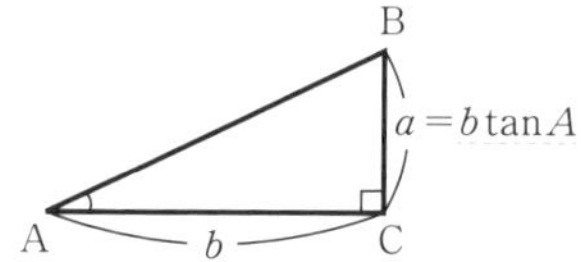

類題

176　三角定規の辺の長さの比を書き込み，次の三角比の表を完成せよ。

A	30°	45°	60°
$\sin A$			
$\cos A$			
$\tan A$			

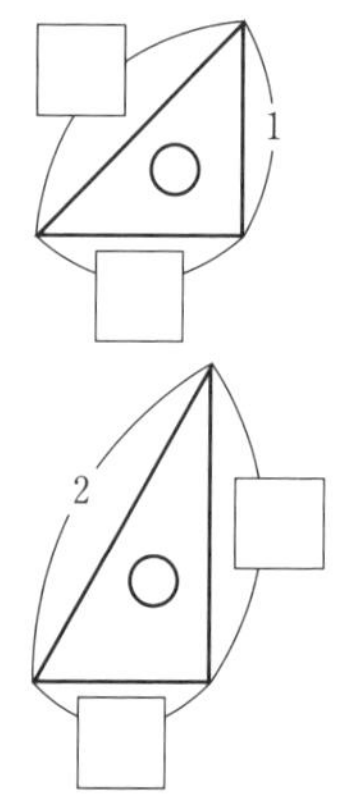

177　次の直角三角形 ABC において，$\sin A$，$\cos A$，$\tan A$ の値を求めよ。

(1)

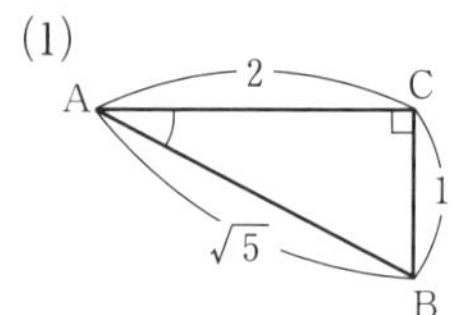

(2)

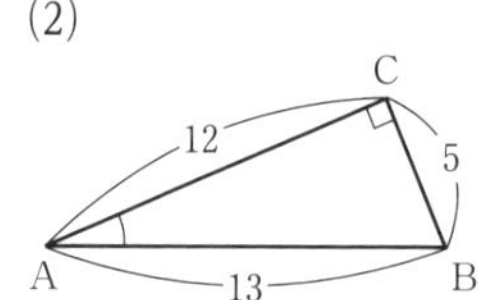

178　次の図で，x，y の値を巻末の三角比の表を用いて小数第 1 位まで求めよ。

(1)

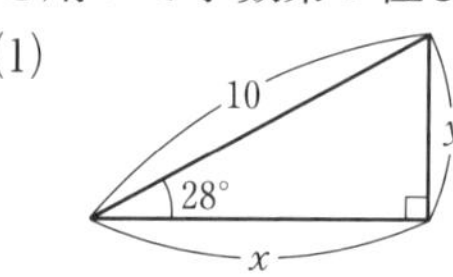

(2)

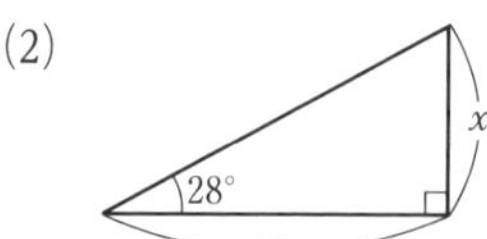

例題 50　三角比の拡張

半径 2 の半円を用いて，120° の三角比の値を求めよ。

解　$\theta = 120^\circ$ のとき，$r = 2$ とすると，次の図から点 P の座標は $\mathrm{P}(-1,\ \sqrt{3})$ であるから，

$$\sin 120^\circ = \frac{y}{r} = \mathbf{\frac{\sqrt{3}}{2}}$$

$$\cos 120^\circ = \frac{x}{r} = \frac{-1}{2} = \mathbf{-\frac{1}{2}}$$

$$\tan 120^\circ = \frac{y}{x} = \frac{\sqrt{3}}{-1} = \mathbf{-\sqrt{3}}$$

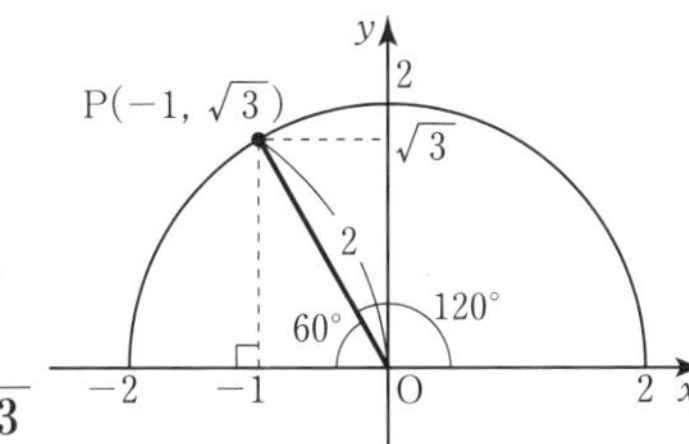

▶拡張された三角比

$\sin\theta = \dfrac{y}{r}$

$\cos\theta = \dfrac{x}{r}$

$\tan\theta = \dfrac{y}{x}$

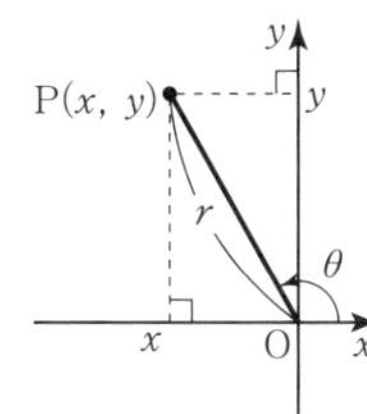

例題 51　三角比の相互関係

$\sin\theta = \dfrac{2}{3}$ のとき，$\cos\theta$ および $\tan\theta$ の値を求めよ。ただし，θ は鈍角とする。

▶三角比の相互関係

$\sin^2\theta + \cos^2\theta = 1$

$\tan\theta = \dfrac{\sin\theta}{\cos\theta}$

$1 + \tan^2\theta = \dfrac{1}{\cos^2\theta}$

解　$\sin\theta = \dfrac{2}{3}$ のとき，$\sin^2\theta + \cos^2\theta = 1$　より，

$$\cos^2\theta = 1 - \sin^2\theta = 1 - \left(\frac{2}{3}\right)^2 = \frac{5}{9}\quad よって\quad \cos\theta = \pm\frac{\sqrt{5}}{3}$$

ここで，θ が鈍角，すなわち $90^\circ < \theta < 180^\circ$ であるから

$\cos\theta < 0$

したがって　$\cos\theta = \mathbf{-\dfrac{\sqrt{5}}{3}}$

また　$\tan\theta = \dfrac{\sin\theta}{\cos\theta} = \dfrac{2}{3} \div \left(-\dfrac{\sqrt{5}}{3}\right) = -\dfrac{2}{\sqrt{5}} = \mathbf{-\dfrac{2\sqrt{5}}{5}}$

類題

179　$\theta = 135^\circ$，$r = \sqrt{2}$ のとき，図を完成して，135° の三角比の値を求めよ。

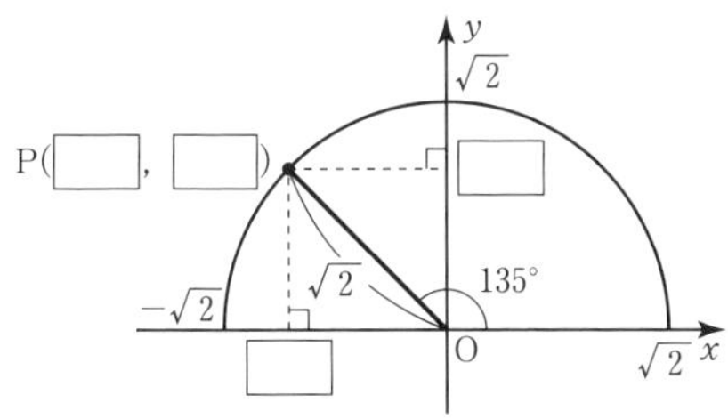

180　次の角の三角比の値を求めよ。

θ	90°	120°	135°	150°	180°
$\sin\theta$					
$\cos\theta$					
$\tan\theta$					

181　$\sin\theta = \dfrac{4}{5}$ のとき，$\cos\theta$，$\tan\theta$ の値を求めよ。ただし，θ は鈍角とする。

31 一般角と弧度法

例題 52 一般角

次の角の動径の位置を図示せよ。

(1) 240°　　(2) $-660°$

解 (1)

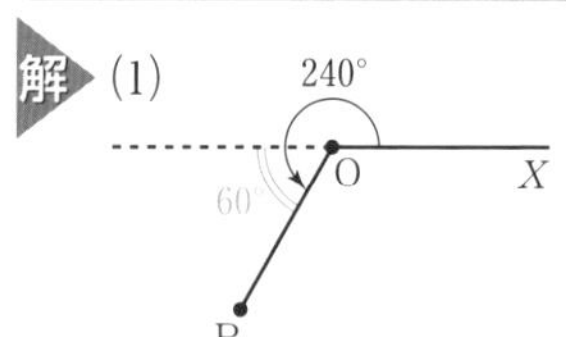

(2)

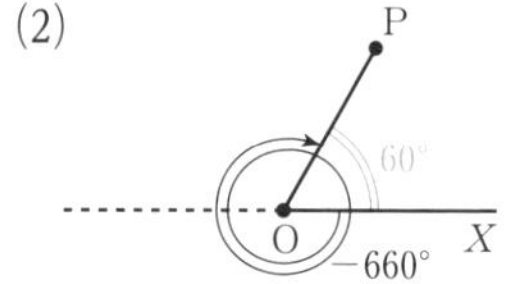

例題 53 弧度法

半径の長さが 6，中心角の大きさが $\frac{\pi}{3}$ である扇形について，

(1) 扇形の弧の長さ l を求めよ。

(2) 扇形の面積 S を求めよ。

解 (1) $l=r\theta$　より　$l=6\times\frac{\pi}{3}=\boldsymbol{2\pi}$

(2) $S=\frac{1}{2}lr$　より　$S=\frac{1}{2}\times 2\pi\times 6=\boldsymbol{6\pi}$

別解 (2) $S=\frac{1}{2}r^2\theta$　より　$S=\frac{1}{2}\times 6^2\times\frac{\pi}{3}=\boldsymbol{6\pi}$

▶一般角

動径の回転する向きと大きさを用いて表した角を一般角という。

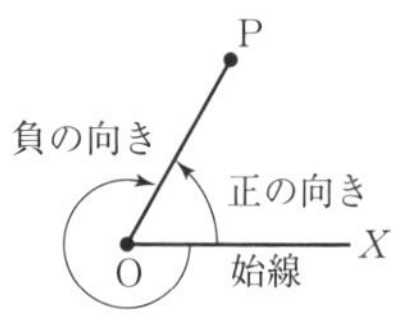

回転の向きに注意

▶弧度法

半径 r の円において，半径と同じ長さ r の弧に対する中心角の大きさを 1 ラジアン，または 1 弧度という。弧の長さを l とするとき，中心角 θ は，

$\theta=\frac{l}{r}$ ラジアン

である。

$180°=\pi$ ラジアン

▶扇形の弧の長さと面積

半径 r，中心角 θ の扇形の弧の長さを l，面積を S とすると

$l=r\theta$，$S=\frac{1}{2}r^2\theta=\frac{1}{2}lr$

類題

182 次の角の動径の位置を図示せよ。

(1) 225°

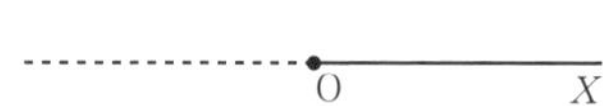

(2) 570°

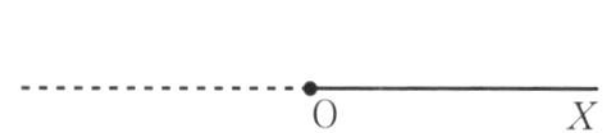

(3) $-165°$

O　　X

183 半径の長さが 6，中心角の大きさが $\frac{\pi}{4}$ である扇形について，次の問いに答えよ。

(1) 扇形の弧の長さ l を求めよ。

(2) 扇形の面積 S を求めよ。

184 次の角の動径の位置を図示せよ。

(1) 780°

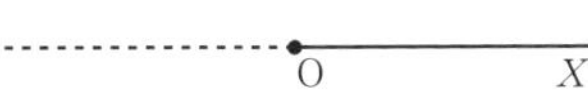

(2) $-620°$

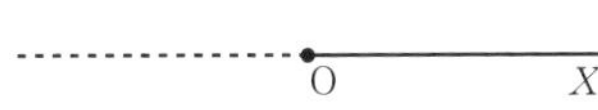

185 次の表の空欄をうめよ。

度	0°	30°	45°	60°			135°	
ラジアン					$\dfrac{\pi}{2}$	$\dfrac{2}{3}\pi$		$\dfrac{5}{6}\pi$

度	$-30°$					270°	720°
ラジアン		$-\dfrac{\pi}{3}$	$-\dfrac{3}{4}\pi$	π	$\dfrac{5}{4}\pi$		

186 次の角のうち，その動径の位置が 45° の動径と同じ位置にある角はどれか。

① 405°
② $-315°$
③ $-845°$
④ 595°

187 次の角の動径の位置を図示せよ。

(1) 405°

O　X

(2) $-600°$

O　X

188 次のような扇形の弧の長さ l と面積 S を求めよ。

(1) 半径 15，中心角 $\dfrac{5}{6}\pi$

(2) 半径 6，中心角 120°

JUMP 31 ある角 θ の動径の位置と，7θ の動径の位置は一致するという。このとき，θ の値を求めよ。ただし，θ は鋭角とする。

32 三角関数

例題 54 三角関数の値

θ が次の値のとき，$\sin\theta$，$\cos\theta$，$\tan\theta$ の値を求めよ。

(1) $\frac{11}{6}\pi$　　(2) $-\frac{7}{4}\pi$　　(3) π

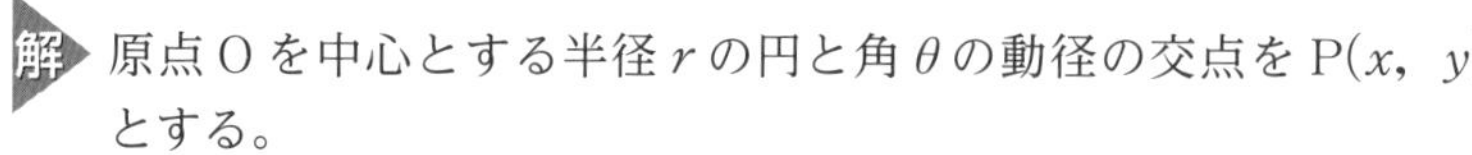

解 原点 O を中心とする半径 r の円と角 θ の動径の交点を $\mathrm{P}(x,\ y)$ とする。

(1) $r=2$ として，$\mathrm{P}(\sqrt{3},\ -1)$ だから，

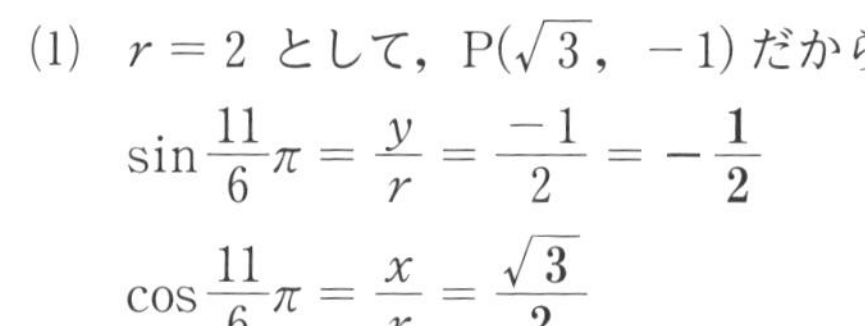

$$\sin\frac{11}{6}\pi=\frac{y}{r}=\frac{-1}{2}=-\frac{1}{2}$$

$$\cos\frac{11}{6}\pi=\frac{x}{r}=\frac{\sqrt{3}}{2}$$

$$\tan\frac{11}{6}\pi=\frac{y}{x}=\frac{-1}{\sqrt{3}}=-\frac{1}{\sqrt{3}}\left(-\frac{\sqrt{3}}{3}\right)$$

(2) $r=\sqrt{2}$ として，$\mathrm{P}(1,\ 1)$ だから，

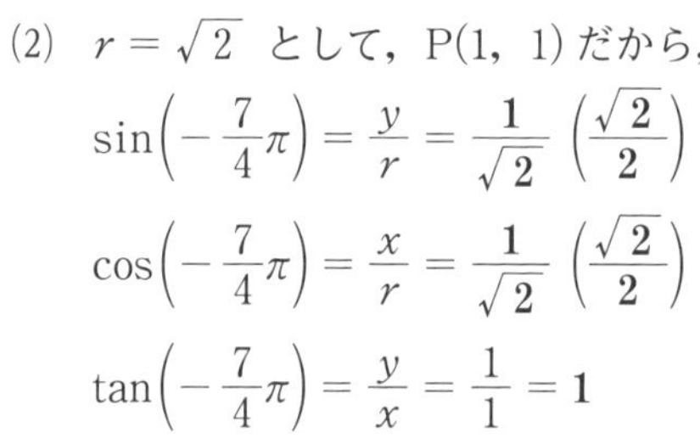

$$\sin\left(-\frac{7}{4}\pi\right)=\frac{y}{r}=\frac{1}{\sqrt{2}}\left(\frac{\sqrt{2}}{2}\right)$$

$$\cos\left(-\frac{7}{4}\pi\right)=\frac{x}{r}=\frac{1}{\sqrt{2}}\left(\frac{\sqrt{2}}{2}\right)$$

$$\tan\left(-\frac{7}{4}\pi\right)=\frac{y}{x}=\frac{1}{1}=1$$

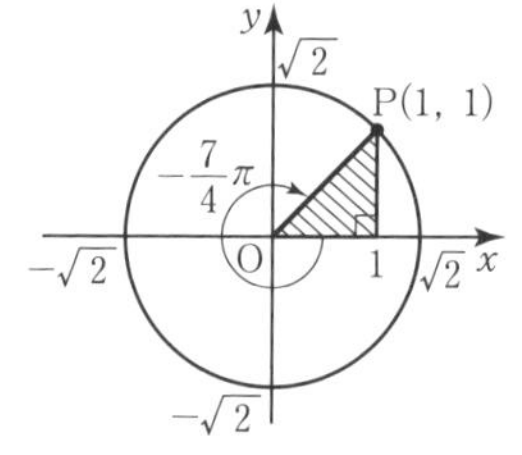

(3) $r=1$ として，$\mathrm{P}(-1,\ 0)$ だから，

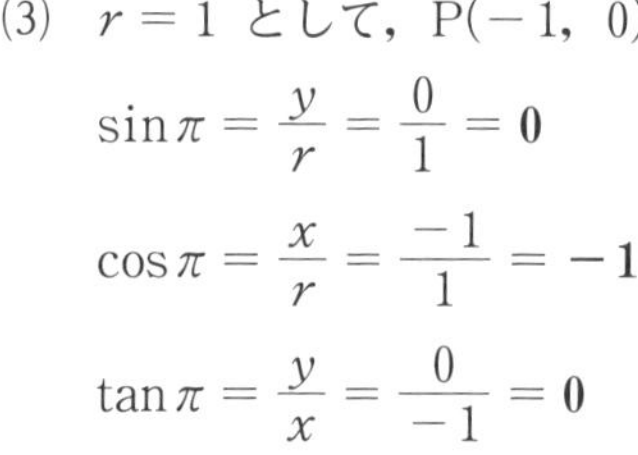

$$\sin\pi=\frac{y}{r}=\frac{0}{1}=0$$

$$\cos\pi=\frac{x}{r}=\frac{-1}{1}=-1$$

$$\tan\pi=\frac{y}{x}=\frac{0}{-1}=0$$

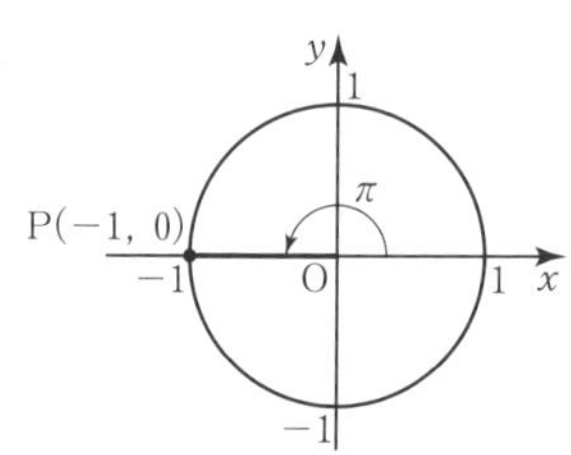

▶$\sin\theta$，$\cos\theta$，$\tan\theta$

原点 O を中心とする半径 r の円と角 θ の動径の交点を $\mathrm{P}(x,\ y)$ とするとき

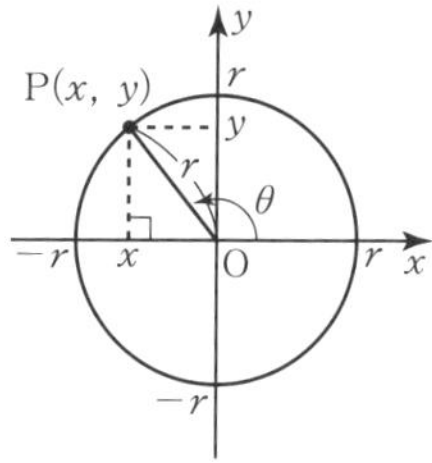

$\sin\theta=\frac{y}{r}$，　$\cos\theta=\frac{x}{r}$

$\tan\theta=\frac{y}{x}$

$\tan\theta$ は $x=0$ となるような θ に対しては定義しない。

▶単位円と三角関数

座標平面上で，原点 O を中心とする半径 1 の円を単位円という。単位円と動径の交点 P の座標を $\mathrm{P}(x,\ y)$ とすると

$\sin\theta=y$

$\cos\theta=x$

$\tan\theta=\frac{y}{x}$

類題

189 図を用いて，次の値を求めよ。

(1) $\sin\frac{2}{3}\pi$　　(2) $\cos\left(-\frac{\pi}{2}\right)$

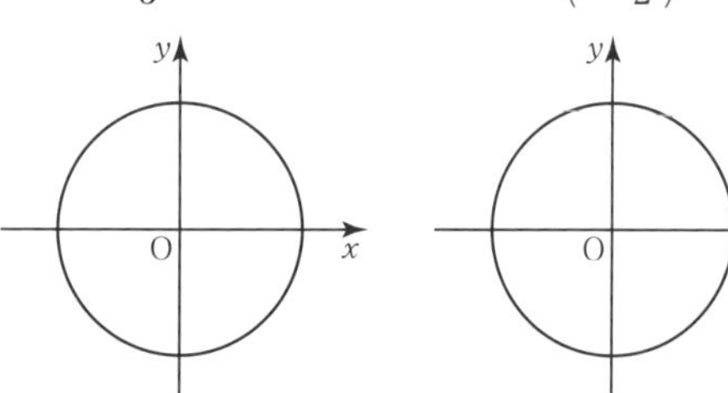

190 図を用いて，次の値を求めよ。

(1) $\sin\frac{5}{4}\pi$　　(2) $\tan\left(-\frac{\pi}{3}\right)$

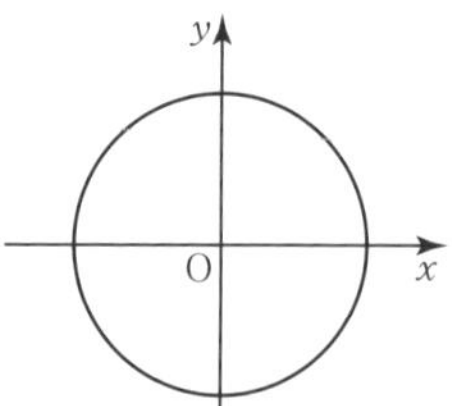

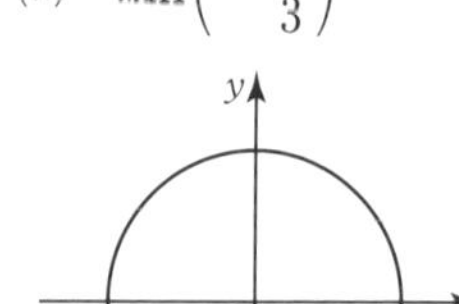

191 θが次の値のとき，$\sin\theta$，$\cos\theta$，$\tan\theta$の値を求めよ。

(1) $-\dfrac{\pi}{4}$

(2) $\dfrac{25}{4}\pi$

(3) $-\dfrac{5}{6}\pi$

(4) 8π

192 次の表で，三角関数の値が正のときは $+$，負のときは $-$ を入れよ。

θ	第 1 象限	第 2 象限	第 3 象限	第 4 象限
$\sin\theta$				
$\cos\theta$				
$\tan\theta$				

193 次の表の空欄をうめよ。

θ	$\dfrac{\pi}{2}$	$\dfrac{3}{4}\pi$	$\dfrac{11}{6}\pi$	$-\dfrac{3}{2}\pi$	$-\dfrac{11}{4}\pi$	-3π
$\sin\theta$						
$\cos\theta$						
$\tan\theta$						

194 次の単位円周上の点Pの座標を求め，$\sin\theta$，$\cos\theta$，$\tan\theta$の値を求めよ。

(1) $\theta=\dfrac{5}{4}\pi$

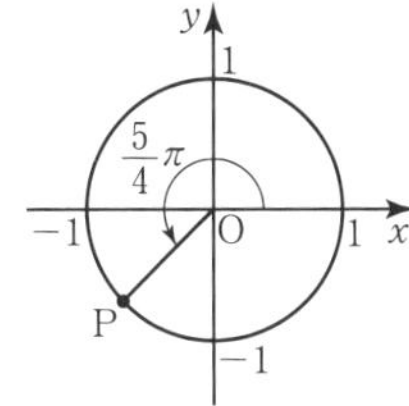

(2) $\theta=-\dfrac{7}{6}\pi$

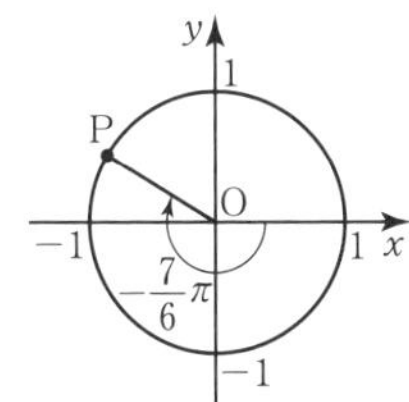

3章 三角関数

JUMP 32 $\sin\theta\cos\theta>0$ を満たす θ は第何象限の角か。

33 三角関数の相互関係

例題 55 三角関数の相互関係(1)

θ が第3象限の角で $\cos\theta=-\frac{1}{3}$ のとき，$\sin\theta$，$\tan\theta$ の値を求めよ。

▶三角関数の相互関係
$\sin^2\theta+\cos^2\theta=1$
$\tan\theta=\frac{\sin\theta}{\cos\theta}$
$1+\tan^2\theta=\frac{1}{\cos^2\theta}$

$\sin^2\theta+\cos^2\theta=1$ より $\sin^2\theta=1-\cos^2\theta=1-\left(-\frac{1}{3}\right)^2=\frac{8}{9}$

ここで，θ は第3象限の角であるから，$\sin\theta<0$

よって $\sin\theta=-\sqrt{\frac{8}{9}}=-\frac{2\sqrt{2}}{3}$

$\tan\theta=\frac{\sin\theta}{\cos\theta}=\left(-\frac{2\sqrt{2}}{3}\right)\div\left(-\frac{1}{3}\right)=2\sqrt{2}$

例題 56 三角関数の相互関係(2)

$\sin\theta+\cos\theta=\frac{1}{3}$ のとき，次の式の値を求めよ。

(1) $\sin\theta\cos\theta$　　(2) $\sin^3\theta+\cos^3\theta$

(1) $\sin\theta+\cos\theta=\frac{1}{3}$ の両辺を2乗すると，

$\sin^2\theta+2\sin\theta\cos\theta+\cos^2\theta=\frac{1}{9}$

ここで，$\sin^2\theta+\cos^2\theta=1$ であるから，

$2\sin\theta\cos\theta=-\frac{8}{9}$ より $\sin\theta\cos\theta=-\frac{4}{9}$

(2) $\sin^3\theta+\cos^3\theta=(\sin\theta+\cos\theta)(\sin^2\theta-\sin\theta\cos\theta+\cos^2\theta)$
$=(\sin\theta+\cos\theta)(1-\sin\theta\cos\theta)$
$=\frac{1}{3}\times\left\{1-\left(-\frac{4}{9}\right)\right\}=\frac{13}{27}$

因数分解の公式
x^3+y^3
$=(x+y)(x^2-xy+y^2)$
x^3-y^3
$=(x-y)(x^2+xy+y^2)$

←(2)の別解
$\sin^3\theta+\cos^3\theta$
$=(\sin\theta+\cos\theta)^3-3\sin\theta\cos\theta(\sin\theta+\cos\theta)$
を用いてもよい。

類題

195 θ が第3象限の角で，$\sin\theta=-\frac{3}{4}$ のとき，$\cos\theta$，$\tan\theta$ の値を求めよ。

196 $\sin\theta+\cos\theta=\frac{1}{\sqrt{3}}$ のとき，次の式の値を求めよ。

(1) $\sin\theta\cos\theta$

(2) $\sin^3\theta+\cos^3\theta$

197 θが第4象限の角で，$\cos\theta=\dfrac{5}{13}$ のとき，$\sin\theta$，$\tan\theta$の値を求めよ。

198 $\sin\theta+\cos\theta=\dfrac{1}{\sqrt{2}}$ のとき，次の式の値を求めよ。

(1) $\sin\theta\cos\theta$

(2) $\sin^3\theta+\cos^3\theta$

199 θが第3象限の角で，$\tan\theta=\dfrac{4}{3}$ のとき，$\sin\theta$，$\cos\theta$の値を求めよ。

200 $\sin\theta-\cos\theta=-\dfrac{1}{2}$ のとき，次の式の値を求めよ。

(1) $\sin\theta\cos\theta$

(2) $\sin^3\theta-\cos^3\theta$

JUMP 33 等式 $\dfrac{\tan^2\theta}{1+\tan^2\theta}=\sin^2\theta$ を証明せよ。

34 三角関数の性質

例題 57 三角関数の性質

次の値を求めよ。

(1) $\sin\dfrac{25}{6}\pi$　　(2) $\cos\left(-\dfrac{\pi}{6}\right)$　　(3) $\tan\dfrac{4}{3}\pi$

(1) $\sin\dfrac{25}{6}\pi=\sin\left(\dfrac{\pi}{6}+2\pi\times 2\right)=\sin\dfrac{\pi}{6}=\boldsymbol{\dfrac{1}{2}}$

(2) $\cos\left(-\dfrac{\pi}{6}\right)=\cos\dfrac{\pi}{6}=\boldsymbol{\dfrac{\sqrt{3}}{2}}$

(3) $\tan\dfrac{4}{3}\pi=\tan\left(\dfrac{\pi}{3}+\pi\right)=\tan\dfrac{\pi}{3}=\boldsymbol{\sqrt{3}}$

例題 58 三角関数の性質の利用

次の式を簡単にせよ。

$$\sin\left(\theta+\frac{\pi}{2}\right)+\cos\left(\theta+\frac{\pi}{2}\right)+\sin(\theta+\pi)+\cos(\theta+\pi)$$

解

$\sin\left(\theta+\dfrac{\pi}{2}\right)+\cos\left(\theta+\dfrac{\pi}{2}\right)+\sin(\theta+\pi)+\cos(\theta+\pi)$

$=\cos\theta-\sin\theta-\sin\theta-\cos\theta$

$=\boldsymbol{-2\sin\theta}$

▶三角関数の性質

$$\begin{cases}\sin(\theta+2n\pi)=\sin\theta\\ \cos(\theta+2n\pi)=\cos\theta\\ \tan(\theta+n\pi)=\tan\theta\end{cases}$$

(n は整数)

$$\begin{cases}\sin(-\theta)=-\sin\theta\\ \cos(-\theta)=\cos\theta\\ \tan(-\theta)=-\tan\theta\end{cases}$$

$$\begin{cases}\sin(\theta+\pi)=-\sin\theta\\ \cos(\theta+\pi)=-\cos\theta\\ \tan(\theta+\pi)=\tan\theta\end{cases}$$

$$\begin{cases}\sin\left(\theta+\dfrac{\pi}{2}\right)=\cos\theta\\ \cos\left(\theta+\dfrac{\pi}{2}\right)=-\sin\theta\\ \tan\left(\theta+\dfrac{\pi}{2}\right)=-\dfrac{1}{\tan\theta}\end{cases}$$

$$\begin{cases}\sin(\pi-\theta)=\sin\theta\\ \cos(\pi-\theta)=-\cos\theta\\ \tan(\pi-\theta)=-\tan\theta\end{cases}$$

$$\begin{cases}\sin\left(\dfrac{\pi}{2}-\theta\right)=\cos\theta\\ \cos\left(\dfrac{\pi}{2}-\theta\right)=\sin\theta\\ \tan\left(\dfrac{\pi}{2}-\theta\right)=\dfrac{1}{\tan\theta}\end{cases}$$

類題

201 次の値を求めよ。

(1) $\sin\dfrac{9}{4}\pi$

(2) $\cos\left(-\dfrac{\pi}{4}\right)$

(3) $\tan\left(-\dfrac{\pi}{4}\right)$

202 次の式を簡単にせよ。

$\sin\left(\dfrac{\pi}{2}-\theta\right)\cos(\pi-\theta)-\cos\left(\dfrac{\pi}{2}-\theta\right)\sin(\pi-\theta)$

203 次の値を求めよ。

(1) $\sin\left(-\dfrac{4}{3}\pi\right)$

(2) $\cos\left(-\dfrac{4}{3}\pi\right)$

(3) $\tan\left(-\dfrac{4}{3}\pi\right)$

204 次の式を簡単にせよ。

(1) $\sin\theta\sin\left(\theta+\dfrac{\pi}{2}\right)+\sin\theta\cos(\theta+\pi)$

(2) $-\sin(-\theta)\sin(\pi-\theta)$
$-\cos(-\theta)\cos(\pi-\theta)$

205 次の値を求めよ。

(1) $\sin\dfrac{5}{4}\pi$

(2) $\cos\left(-\dfrac{9}{4}\pi\right)$

(3) $\tan\dfrac{17}{6}\pi$

206 次の式を簡単にせよ。

(1) $\sin\dfrac{\pi}{10}+\sin\dfrac{11}{10}\pi+\sin\dfrac{21}{10}\pi+\sin\dfrac{19}{10}\pi$

(2) $\cos(-\theta)+\cos\left(\theta-\dfrac{\pi}{2}\right)$
$+\cos(\theta-\pi)+\cos\left(\theta+\dfrac{\pi}{2}\right)$

JUMP 34 $\sin\dfrac{\pi}{12}=a$，$\cos\dfrac{\pi}{12}=b$ のとき，次の値を a，b を用いて表せ。

(1) $\sin\dfrac{7}{12}\pi$　(2) $\cos\dfrac{49}{12}\pi$　(3) $\tan\dfrac{5}{12}\pi$

35 三角関数のグラフ(1)

例題 59 三角関数のグラフ(1)

次の三角関数のグラフをかけ。また，その周期をいえ。

(1) $y = \dfrac{1}{2}\sin\theta$　　(2) $y = \cos\dfrac{\theta}{2}$

▶$y = a\sin\theta$ のグラフ
$y = a\sin\theta$ のグラフは，$y = \sin\theta$ のグラフを，y 軸方向に a 倍したグラフとなる。
$y = a\cos\theta$，$y = a\tan\theta$ も同様。

(1) $y = \dfrac{1}{2}\sin\theta$ のグラフは，$y = \sin\theta$ のグラフを，

θ 軸をもとにして y 軸方向に $\dfrac{1}{2}$ 倍に縮小したグラフとなる。

周期は $y = \sin\theta$ と同じ $\boldsymbol{2\pi}$ である。

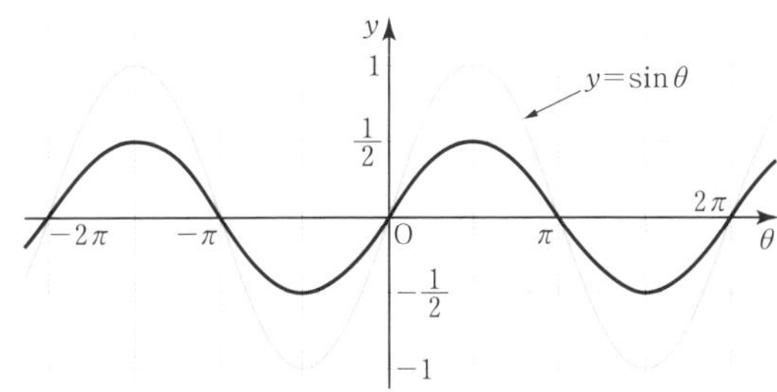

(2) $y = \cos\dfrac{\theta}{2}$ のグラフは，$y = \cos\theta$ のグラフを，

y 軸をもとにして θ 軸方向に 2 倍に拡大したグラフとなる。
周期は $y = \cos\theta$ の周期の 2 倍，すなわち $\boldsymbol{4\pi}$ である。

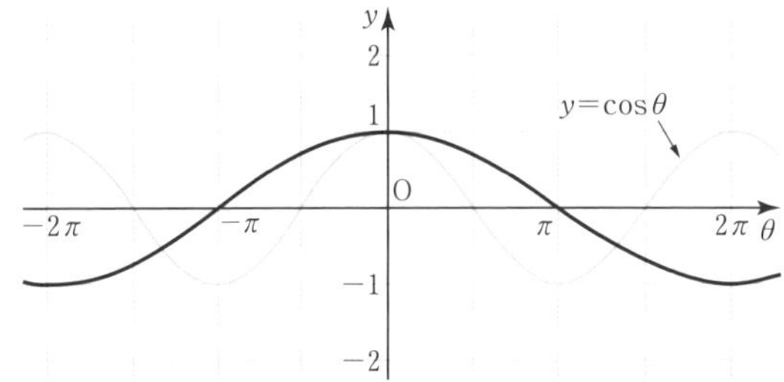

▶$y = \sin k\theta$ のグラフ
$y = \sin k\theta$ $(k > 0)$ のグラフは，$y = \sin\theta$ のグラフを，θ 軸方向に $\dfrac{1}{k}$ 倍したグラフとなる。
$y = \cos k\theta$，$y = \tan k\theta$ も同様。
一般に，$k > 0$ とするとき，$\sin k\theta$，$\cos k\theta$ の周期は $\dfrac{2\pi}{k}$ である。

類題

207 次の三角関数のグラフをかけ。また，その周期をいえ。

(1) $y = 3\sin\theta$　　周期は（　　　）　　(2) $y = \dfrac{1}{2}\cos\theta$　　周期は（　　　）

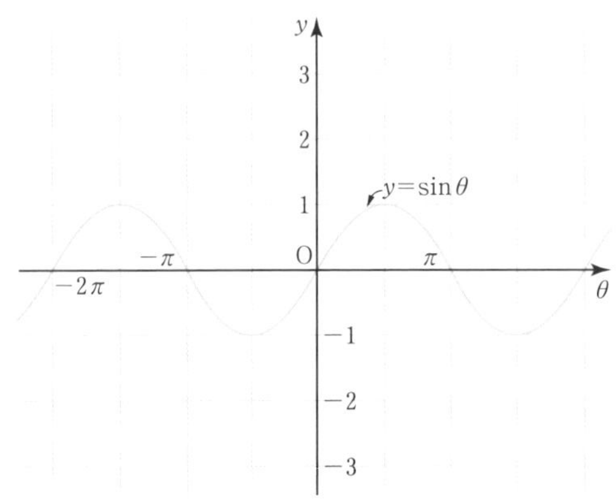

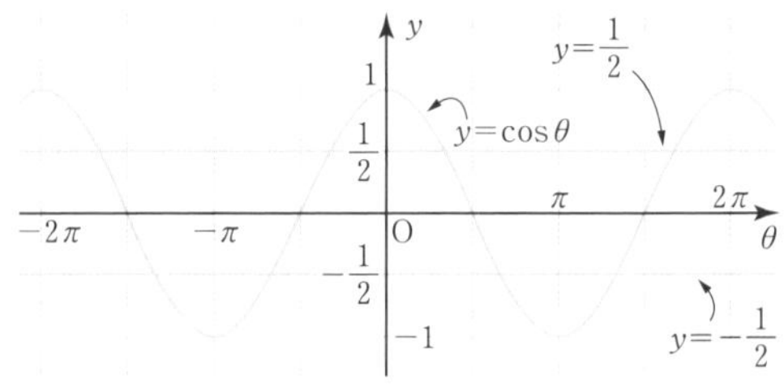

208 次の三角関数のグラフをかけ。また，その周期をいえ。

(1) $y = \sin 3\theta$

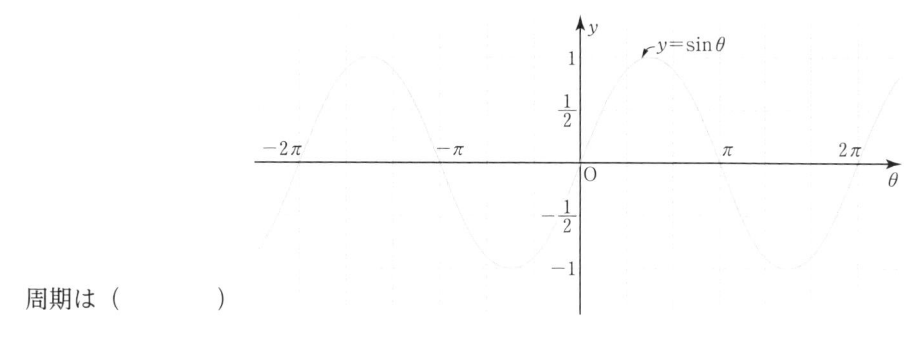

周期は（　　　　）

(2) $y = \cos\dfrac{\theta}{3}$

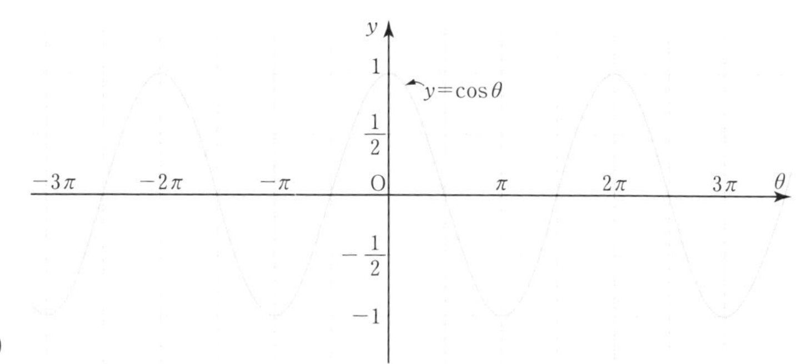

周期は（　　　　）

(3) $y = 2\tan\theta$

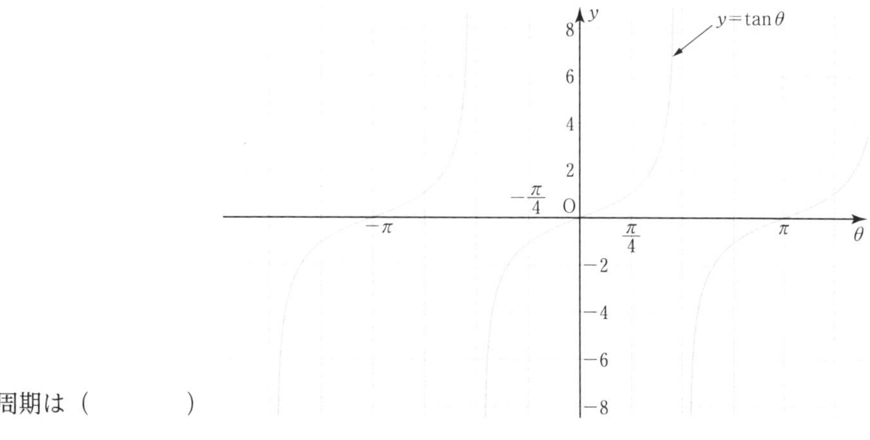

周期は（　　　　）

JUMP 35 $y = 2\sin\dfrac{3}{2}\theta$ のグラフをかけ。また，その周期をいえ。

36 三角関数のグラフ(2)

例題 60 三角関数のグラフ(2)

次の三角関数のグラフをかけ。また，その周期をいえ。

(1) $y=\sin\left(\theta+\dfrac{\pi}{2}\right)$　　(2) $y=\cos\left(\theta-\dfrac{\pi}{3}\right)$

▶グラフの平行移動
$y=\sin(\theta-\alpha)$ のグラフは，$y=\sin\theta$ のグラフを θ 軸方向に α だけ平行移動したグラフである。
$y=\cos(\theta-\alpha)$ のグラフは，$y=\cos\theta$ のグラフを θ 軸方向に α だけ平行移動したグラフである。
tan も同様。

解 (1) $y=\sin\left(\theta+\dfrac{\pi}{2}\right)$ のグラフは，$y=\sin\theta$ のグラフを，θ 軸方向に $-\dfrac{\pi}{2}$ だけ平行移動したグラフとなる。周期は $\boldsymbol{2\pi}$

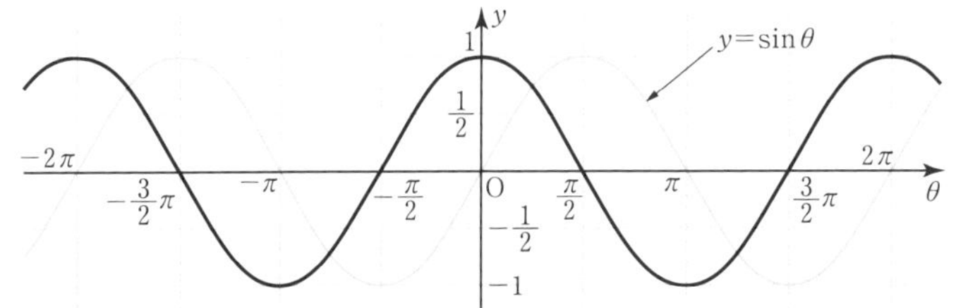

←$\sin\left(\theta+\dfrac{\pi}{2}\right)=\cos\theta$ と考えてもよい。

(2) $y=\cos\left(\theta-\dfrac{\pi}{3}\right)$ のグラフは $y=\cos\theta$ のグラフを，θ 軸方向に $\dfrac{\pi}{3}$ だけ平行移動したグラフとなる。周期は $\boldsymbol{2\pi}$

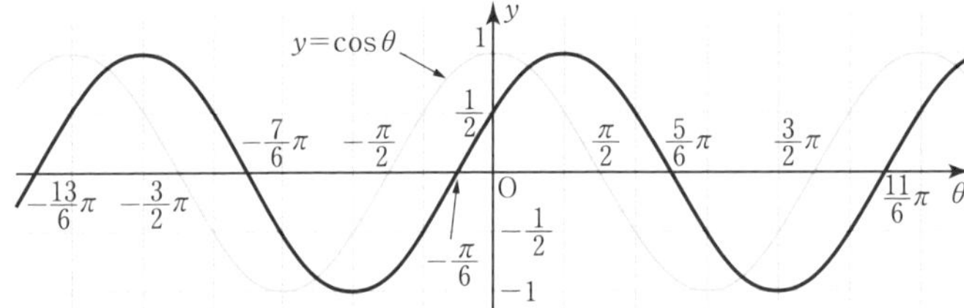

類題

209 次の三角関数のグラフをかけ。また，その周期をいえ。

(1) $y=\cos\left(\theta+\dfrac{\pi}{2}\right)$

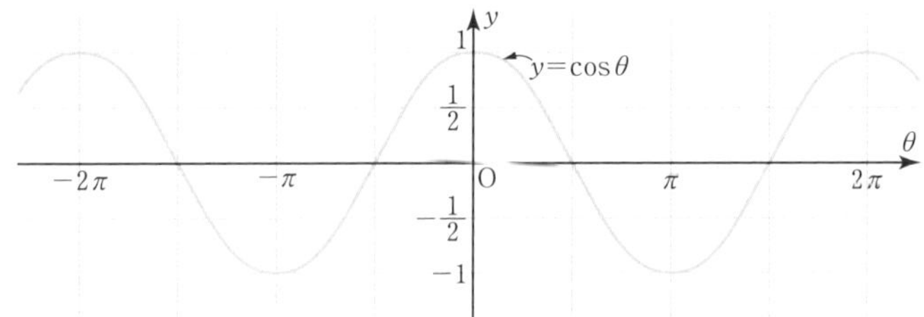

周期は（　　　　）

(2) $y=\sin\left(\theta-\dfrac{\pi}{3}\right)$

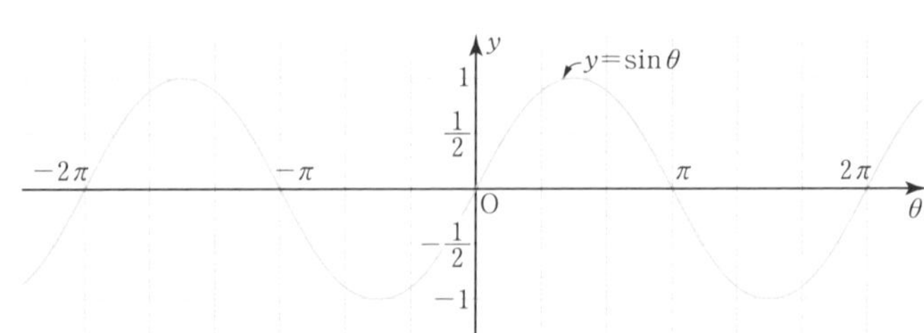

周期は（　　　　）

210 次の三角関数のグラフをかけ。また，その周期をいえ。

(1) $y=\sin\left(\theta-\frac{\pi}{2}\right)$

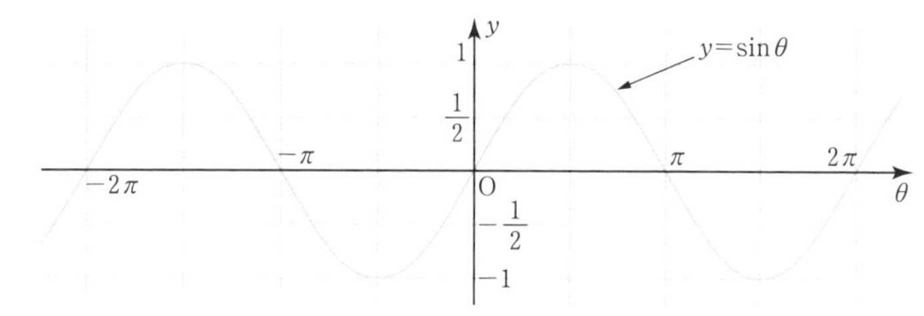

周期は（　　　　）

(2) $y=\cos\left(\theta+\frac{\pi}{3}\right)$

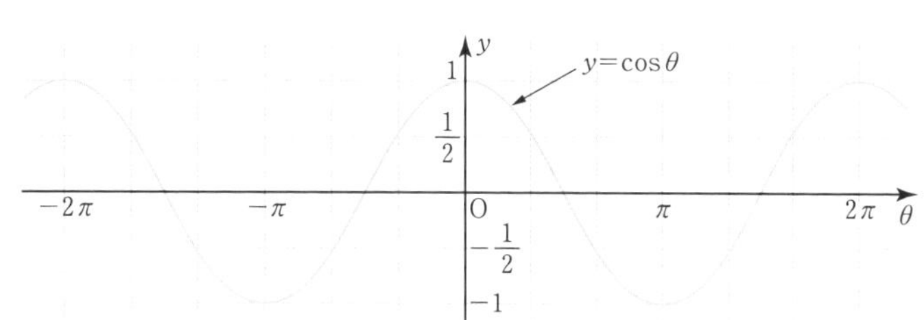

周期は（　　　　）

(3) $y=\tan\left(\theta+\frac{\pi}{4}\right)$

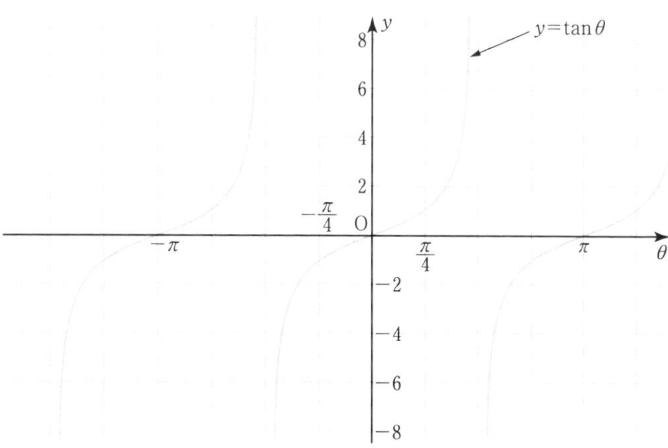

周期は（　　　　）

JUMP 36 $y=\sin\left(2\theta-\frac{\pi}{3}\right)$ のグラフをかけ。また，その周期をいえ。

37 三角関数と方程式・不等式

例題 61 三角方程式・三角不等式

$0 \leqq \theta < 2\pi$ のとき，次の方程式・不等式を解け。

(1) $\sin\theta = \dfrac{1}{\sqrt{2}}$　　(2) $\cos\theta \geqq \dfrac{1}{2}$

▶三角方程式・不等式の解法
① 単位円で考える。
$x = \cos\theta$，$y = \sin\theta$
② グラフで考える。

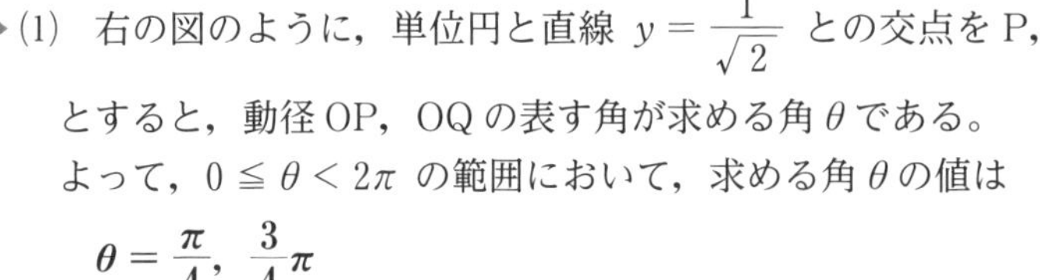

解 (1) 右の図のように，単位円と直線 $y = \dfrac{1}{\sqrt{2}}$ との交点をP，Q とすると，動径 OP，OQ の表す角が求める角 θ である。
よって，$0 \leqq \theta < 2\pi$ の範囲において，求める角 θ の値は

$$\boldsymbol{\theta = \frac{\pi}{4},\ \frac{3}{4}\pi}$$

(2) 求める θ の値の範囲は，単位円と角 θ の動径との交点の x 座標が $\dfrac{1}{2}$ 以上であるような範囲である。
ここで，単位円と直線 $x = \dfrac{1}{2}$ との交点をP，Q とすると，動径 OP，OQ の表す角は $0 \leqq \theta < 2\pi$ において，$\dfrac{\pi}{3}$，$\dfrac{5}{3}\pi$
よって，求める角 θ の値の範囲は

$$\boldsymbol{0 \leqq \theta \leqq \frac{\pi}{3},\ \frac{5}{3}\pi \leqq \theta < 2\pi}$$

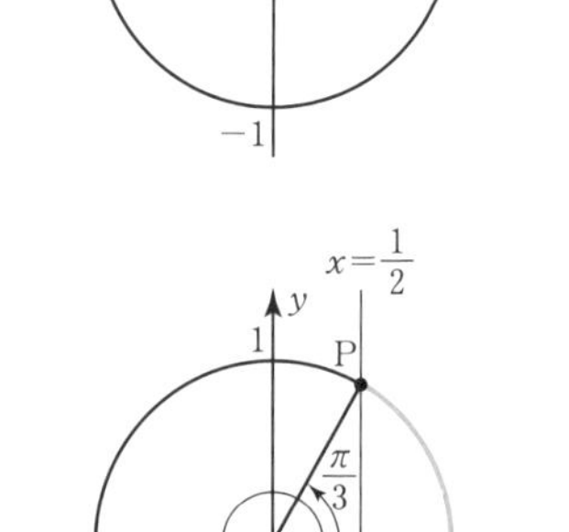

別解 $y = \cos\theta$ のグラフが直線 $y = \dfrac{1}{2}$ の上側（交点を含む）にある部分の θ の範囲が不等式の解である。

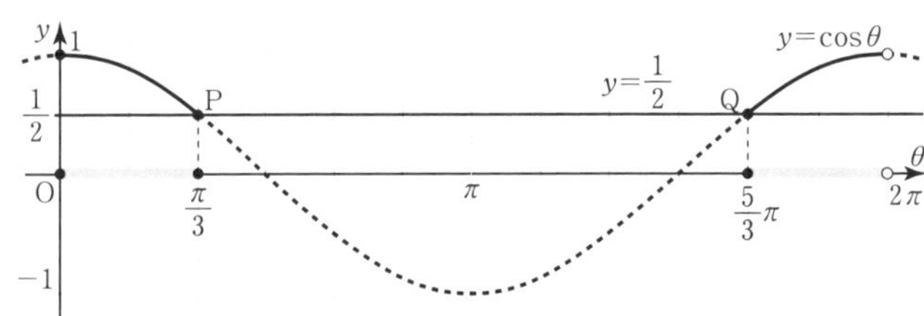

よって，$\boldsymbol{0 \leqq \theta \leqq \dfrac{\pi}{3},\ \dfrac{5}{3}\pi \leqq \theta < 2\pi}$

類題

211 $0 \leqq \theta < 2\pi$ のとき，次の方程式・不等式を解け。

(1) $\cos\theta = \dfrac{\sqrt{3}}{2}$

(2) $\sin\theta \geqq -\dfrac{\sqrt{3}}{2}$

212 $0 \leqq \theta < 2\pi$ のとき，次の方程式を解け。

(1) $\sin\theta = \dfrac{\sqrt{3}}{2}$

(2) $\sqrt{2}\cos\theta + 1 = 0$

(3) $\tan\theta = -1$

213 $0 \leqq \theta < 2\pi$ のとき，次の不等式を解け。

(1) $\sin\theta > \dfrac{1}{2}$

(2) $\cos\theta \leqq -\dfrac{1}{\sqrt{2}}$

214 $0 \leqq \theta < 2\pi$ のとき，次の方程式を解け。

$2\sin^2\theta - 3\cos\theta = 0$

JUMP 37 $0 \leqq \theta < 2\pi$ のとき，不等式 $\tan\theta \geqq \dfrac{1}{\sqrt{3}}$ を解け。

まとめの問題　三角関数①

1　θ が次の角のとき，三角関数の値を求めよ。

θ	$-\frac{5}{3}\pi$	$-\frac{5}{4}\pi$	$-\frac{5}{6}\pi$	$\frac{3}{2}\pi$	$\frac{41}{6}\pi$
$\sin\theta$					
$\cos\theta$					
$\tan\theta$					

2　θ が第 2 象限の角で，$\sin\theta=\frac{1}{3}$ のとき，$\cos\theta$，$\tan\theta$ の値を求めよ。

3　θ が第 4 象限の角で，$\tan\theta=-3$ のとき，$\sin\theta$，$\cos\theta$ の値を求めよ。

4　$\sin\theta+\cos\theta=-\frac{1}{2}$ のとき，次の式の値を求めよ。

(1)　$\sin\theta\cos\theta$

(2)　$\tan\theta+\frac{1}{\tan\theta}$

(3)　$\sin^3\theta+\cos^3\theta$

5　$\sin\left(\frac{\pi}{2}+\theta\right)+\cos\left(\frac{\pi}{2}+\theta\right)+\sin(\pi+\theta)+\cos(\pi+\theta)$ を簡単にせよ。

6 次の三角関数のグラフをかけ。また，その周期をいえ。

(1) $y=\dfrac{3}{2}\sin\theta$

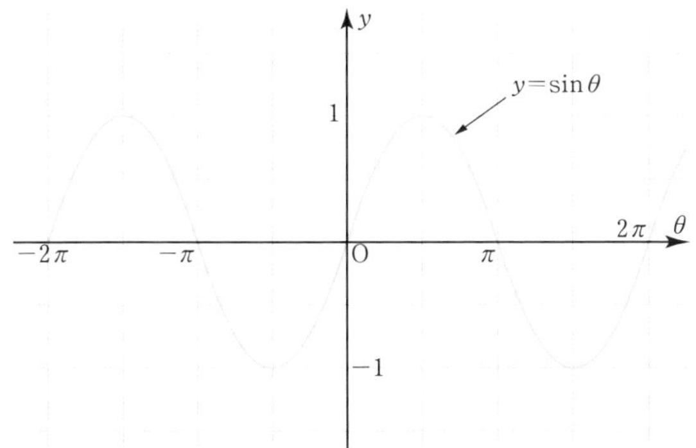

(2) $y=\cos 2\theta$

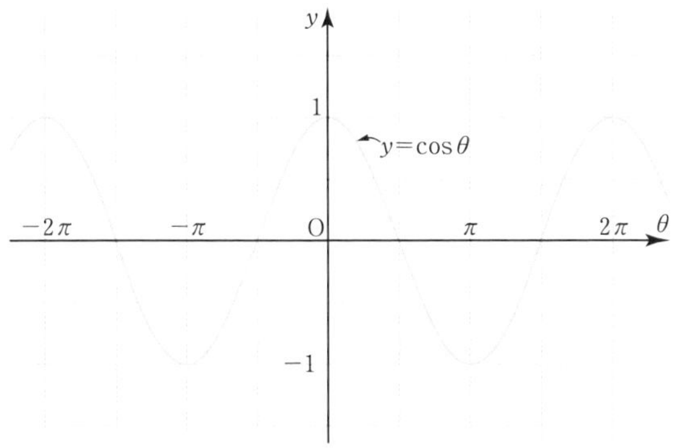

(3) $y=\cos(\theta+\pi)$

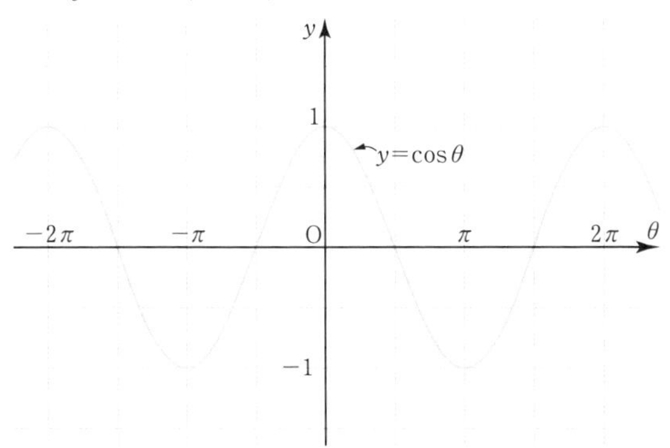

7 $0\leqq\theta<2\pi$ のとき，次の方程式・不等式を解け。

(1) $\sqrt{2}\sin\theta=-1$

(2) $2\cos\theta+\sqrt{3}\geqq 0$

8 $0\leqq\theta<2\pi$ のとき，次の方程式を解け。

$$2\sin^2\theta-7\cos\theta-5=0$$

38 加法定理

例題 62 加法定理(1)

$\sin 75^\circ$ の値を求めよ。

解 $\sin 75^\circ = \sin(45^\circ + 30^\circ) = \sin 45^\circ \cos 30^\circ + \cos 45^\circ \sin 30^\circ$

$$= \frac{1}{\sqrt{2}} \times \frac{\sqrt{3}}{2} + \frac{1}{\sqrt{2}} \times \frac{1}{2} = \frac{\sqrt{3}+1}{2\sqrt{2}} = \boldsymbol{\frac{\sqrt{6}+\sqrt{2}}{4}}$$

例題 63 加法定理(2)

$\sin\alpha = \frac{3}{5}$，$\cos\beta = \frac{4}{5}$ であるとき，次の値を求めよ。ただし，α は第 2 象限の角，β は第 1 象限の角とする。

(1) $\sin(\alpha+\beta)$　　(2) $\cos(\alpha+\beta)$

解 (1) $\sin^2\alpha + \cos^2\alpha = 1$ より

$$\cos^2\alpha = 1 - \sin^2\alpha = 1 - \left(\frac{3}{5}\right)^2 = \frac{16}{25}$$

α は第 2 象限の角だから $\cos\alpha < 0$ より $\cos\alpha = -\sqrt{\frac{16}{25}} = -\frac{4}{5}$

また，$\sin^2\beta + \cos^2\beta = 1$ より

$$\sin^2\beta = 1 - \cos^2\beta = 1 - \left(\frac{4}{5}\right)^2 = \frac{9}{25}$$

β は第 1 象限の角だから $\sin\beta > 0$ より $\sin\beta = \sqrt{\frac{9}{25}} = \frac{3}{5}$

よって　$\sin(\alpha+\beta) = \sin\alpha\cos\beta + \cos\alpha\sin\beta$

$$= \frac{3}{5} \times \frac{4}{5} + \left(-\frac{4}{5}\right) \times \frac{3}{5} = \boldsymbol{0}$$

(2) $\cos(\alpha+\beta) = \cos\alpha\cos\beta - \sin\alpha\sin\beta$

$$= \left(-\frac{4}{5}\right) \times \frac{4}{5} - \frac{3}{5} \times \frac{3}{5} = \boldsymbol{-1}$$

▶三角関数の加法定理

$\sin(\alpha+\beta) = \sin\alpha\cos\beta + \cos\alpha\sin\beta$

$\sin(\alpha-\beta) = \sin\alpha\cos\beta - \cos\alpha\sin\beta$

$\cos(\alpha+\beta) = \cos\alpha\cos\beta - \sin\alpha\sin\beta$

$\cos(\alpha-\beta) = \cos\alpha\cos\beta + \sin\alpha\sin\beta$

$\tan(\alpha+\beta) = \frac{\tan\alpha + \tan\beta}{1 - \tan\alpha\tan\beta}$

$\tan(\alpha-\beta) = \frac{\tan\alpha - \tan\beta}{1 + \tan\alpha\tan\beta}$

類題

215 $\cos 105^\circ$ の値を求めよ。

216 $\sin\alpha = \frac{5}{13}$，$\sin\beta = \frac{12}{13}$ であるとき，次の値を求めよ。ただし，α は第 1 象限の角，β は第 2 象限の角とする。

(1) $\cos\alpha$

(2) $\cos\beta$

(3) $\sin(\alpha+\beta)$

217 次の値を求めよ。

(1) $\sin 165°$

(2) $\cos(-15°)$

(3) $\tan 195°$

218 2直線 $y=3x$, $y=\frac{1}{2}x$ のなす角 θ を求めよ。ただし，$0<\theta<\frac{\pi}{2}$ とする。

219 $\sin\alpha=-\frac{4}{5}$, $\sin\beta=\frac{3}{5}$ のとき，次の値を求めよ。ただし，α は第3象限の角，β は第1象限の角とする。

(1) $\sin(\alpha+\beta)$

(2) $\cos(\alpha-\beta)$

(3) $\tan(\alpha-\beta)$

JUMP 38 $\tan\alpha=\frac{1}{2}$, $\tan\beta=\frac{1}{3}$ のとき，$\alpha+\beta$ の大きさを求めよ。ただし，$0<\alpha<\frac{\pi}{2}$, $0<\beta<\frac{\pi}{2}$ とする。

39 2倍角の公式，半角の公式

例題 64 2倍角の公式

α が第1象限の角で，$\sin\alpha=\dfrac{1}{3}$ のとき，$\sin 2\alpha$ の値を求めよ。

解 α が第1象限の角のとき $\cos\alpha>0$ であるから

$$\cos\alpha=\sqrt{1-\sin^2\alpha}=\sqrt{1-\left(\frac{1}{3}\right)^2}=\frac{2\sqrt{2}}{3}$$

よって　$\sin 2\alpha=2\sin\alpha\cos\alpha=2\times\dfrac{1}{3}\times\dfrac{2\sqrt{2}}{3}=\boldsymbol{\dfrac{4\sqrt{2}}{9}}$

例題 65 三角方程式

$0\leqq\theta<2\pi$ のとき，方程式 $\cos 2\theta+\sin\theta=0$ を解け。

解 $\cos 2\theta=1-2\sin^2\theta$　より　$(1-2\sin^2\theta)+\sin\theta=0$

$$2\sin^2\theta-\sin\theta-1=0$$

よって　$(2\sin\theta+1)(\sin\theta-1)=0$

ゆえに　$\sin\theta=1,\ -\dfrac{1}{2}$

$0\leqq\theta<2\pi$ の範囲において

$\sin\theta=1$ のとき，$\theta=\dfrac{\pi}{2}$

$\sin\theta=-\dfrac{1}{2}$ のとき，$\theta=\dfrac{7}{6}\pi,\ \dfrac{11}{6}\pi$

したがって，求める角 θ の値は　$\boldsymbol{\theta=\dfrac{\pi}{2},\ \dfrac{7}{6}\pi,\ \dfrac{11}{6}\pi}$

▶2倍角の公式

$\sin 2\alpha=2\sin\alpha\cos\alpha$

$\cos 2\alpha=\cos^2\alpha-\sin^2\alpha$
$=2\cos^2\alpha-1$
$=1-2\sin^2\alpha$

$\tan 2\alpha=\dfrac{2\tan\alpha}{1-\tan^2\alpha}$

▶半角の公式

$\sin^2\dfrac{\alpha}{2}=\dfrac{1-\cos\alpha}{2}$

$\cos^2\dfrac{\alpha}{2}=\dfrac{1+\cos\alpha}{2}$

$\tan^2\dfrac{\alpha}{2}=\dfrac{1-\cos\alpha}{1+\cos\alpha}$

類題

220 α が第1象限の角で，$\sin\alpha=\dfrac{2}{3}$ のとき，$\sin 2\alpha$，$\cos 2\alpha$，$\tan 2\alpha$ の値を求めよ。

221 $0\leqq\theta<2\pi$ のとき，$\cos\theta+\sin 2\theta=0$ を解け。

222 α が第 2 象限の角で，$\cos\alpha = -\dfrac{1}{3}$ のとき，$\sin 2\alpha$，$\cos 2\alpha$，$\tan 2\alpha$ の値を求めよ。

223 $0 \leqq \theta < 2\pi$ のとき，次の方程式を解け。

(1) $\sin 2\theta = 0$

(2) $\cos 2\theta - \sin\theta = 1$

224 半角の公式を用いて，次の値を求めよ。

(1) $\sin 15°$

(2) $\cos 67.5°$

225 $0 \leqq \theta < 2\pi$ のとき，次の方程式を解け。

(1) $\sin 2\theta + \sin\theta = 0$

(2) $\cos 2\theta + 5\cos\theta = 2$

JUMP 39 $0 \leqq \theta < 2\pi$ のとき，関数 $y = 2\sin\theta - \cos 2\theta$ の最大値と最小値を求めよ。また，そのときの θ の値を求めよ。

40 三角関数の合成

例題 66 三角関数の合成

関数 $y=\sin\theta+\sqrt{3}\cos\theta$ について，

(1) 右辺を $r\sin(\theta+\alpha)$ の形に変形せよ。
ただし，$r>0$，$-\pi<\alpha<\pi$ とする。

(2) この関数の最大値と最小値を求めよ。

▶三角関数の合成

$a\sin\theta+b\cos\theta$

$=\sqrt{a^2+b^2}\sin(\theta+\alpha)$

ただし，

$\cos\alpha=\dfrac{a}{\sqrt{a^2+b^2}}$

$\sin\alpha=\dfrac{b}{\sqrt{a^2+b^2}}$

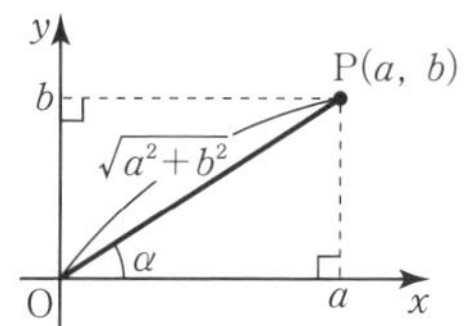

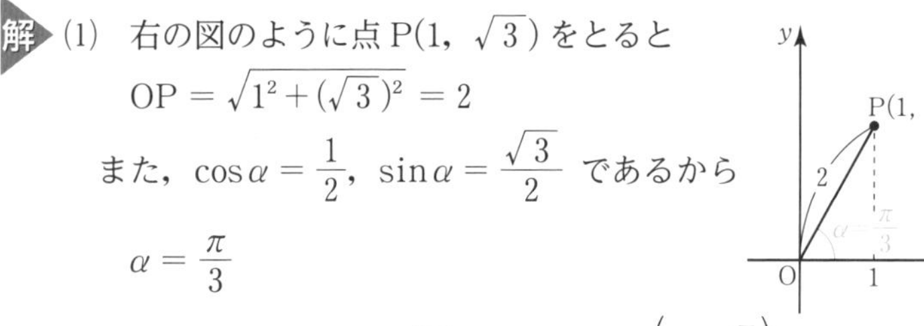

解 (1) 右の図のように点 $\mathrm{P}(1, \sqrt{3})$ をとると

$\mathrm{OP}=\sqrt{1^2+(\sqrt{3})^2}=2$

また，$\cos\alpha=\dfrac{1}{2}$，$\sin\alpha=\dfrac{\sqrt{3}}{2}$ であるから

$\alpha=\dfrac{\pi}{3}$

よって　$y=\sin\theta+\sqrt{3}\cos\theta=\boldsymbol{2\sin\left(\theta+\frac{\pi}{3}\right)}$

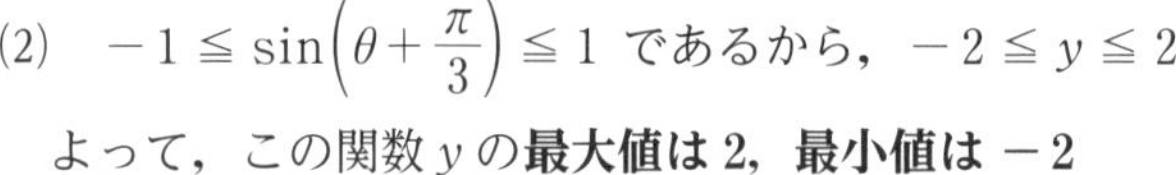

(2) $-1\leqq\sin\left(\theta+\dfrac{\pi}{3}\right)\leqq1$ であるから，$-2\leqq y\leqq2$

よって，この関数 y の**最大値は 2，最小値は -2**

類題

226 次の式を $r\sin(\theta+\alpha)$ の形に変形せよ。ただし，$r>0$，$-\pi<\alpha<\pi$ とする。

(1) $-\sin\theta+\cos\theta$

(2) $\sqrt{3}\sin\theta-\cos\theta$

227 関数 $y=\sqrt{3}\sin\theta+\cos\theta$ の最大値と最小値を求めよ。

228 次の式を $r\sin(\theta+\alpha)$ の形に変形せよ。ただし，$r>0$，$-\pi<\alpha<\pi$ とする。

(1) $-\sqrt{3}\sin\theta+\cos\theta$

(2) $3\sin\theta+\cos\theta$

229 次の関数の最大値と最小値を求めよ。

(1) $y=12\sin\theta+5\cos\theta$

(2) $y=-2\sin\theta+\sqrt{2}\cos\theta$

230 $0\leqq\theta<2\pi$ のとき，次の方程式を解け。

(1) $\sin\theta+\cos\theta=-1$

(2) $\sqrt{3}\sin\theta-3\cos\theta=\sqrt{3}$

(3) $\cos\theta-\sqrt{3}\sin\theta=-\sqrt{2}$

JUMP 40 $\sin\theta+3\cos\theta=r\sin(\theta+\alpha)$（ただし，$r>0$）が成り立つとき，次の問いに答えよ。

(1) r を求めよ。

(2) $\tan 2\alpha$ を求めよ。

まとめの問題　三角関数②

1　次の値を求めよ。

(1)　$\cos 195°$

(2)　$\tan 165°$

2　$\sin\alpha = \dfrac{5}{13}$, $\cos\beta = -\dfrac{3}{5}$ のとき, 次の値を求めよ。ただし, α は第1象限の角, β は第2象限の角とする。

(1)　$\cos\alpha$

(2)　$\sin\beta$

(3)　$\sin(\alpha+\beta)$

(4)　$\cos(\alpha-\beta)$

(5)　$\tan(\alpha+\beta)$

(6)　$\tan(\alpha-\beta)$

3　α が第1象限の角で, $\cos\alpha = \dfrac{4}{5}$ のとき, 次の値を求めよ。

(1)　$\sin 2\alpha$

(2)　$\cos 2\alpha$

(3)　$\tan 2\alpha$

4 次の方程式を解け。ただし，$0 \leqq \theta < 2\pi$ とする。

$$-\sin\theta + \cos 2\theta = 0$$

(2) $y = -\sin\theta - \sqrt{3}\cos\theta$

5 $0 \leqq \theta < 2\pi$ のとき，次の関数の最大値・最小値を求めよ。

(1) $y = \sin\theta + \sqrt{2}\cos\theta$

6 次の方程式を解け。ただし，$0 \leqq \theta < 2\pi$ とする。

$$\sqrt{3}\sin\theta - \cos\theta - 1 = 0$$

41 指数の拡張(1)

例題 67 0と負の整数の指数

次の値を求めよ。

(1) 5^0　　(2) 3^{-2}

(1) $5^0 = \mathbf{1}$

(2) $3^{-2} = \dfrac{1}{3^2} = \mathbf{\dfrac{1}{9}}$

▶0と負の整数の指数

$a \neq 0$ で n を正の整数とすると

① $a^0 = 1$

② $a^{-n} = \dfrac{1}{a^n}$

例題 68 指数の計算

次の計算をせよ。

(1) $a^{-3} \times a^5 \div a^{-2}$　(2) $(a^3b^{-2})^3$　(3) $2^3 \times 2^{-5}$　(4) $(2^{-2})^{-3}$

(1) $a^{-3} \times a^5 \div a^{-2} = a^{-3+5-(-2)} = \boldsymbol{a^4}$

(2) $(a^3b^{-2})^3 = a^{3\times3}b^{-2\times3} = a^9b^{-6} = \boldsymbol{\dfrac{a^9}{b^6}}$

(3) $2^3 \times 2^{-5} = 2^{3+(-5)} = 2^{-2} = \mathbf{\dfrac{1}{4}}$

(4) $(2^{-2})^{-3} = 2^{(-2)\times(-3)} = 2^6 = \mathbf{64}$

▶指数法則

$a \neq 0$, $b \neq 0$ で

m, n を整数とすると

① $a^m \times a^n = a^{m+n}$

①′ $a^m \div a^n = a^{m-n}$

② $(a^m)^n = a^{mn}$

③ $(ab)^n = a^nb^n$

類題

231 次の値を求めよ。

(1) 6^0

(2) 2^{-3}

232 次の計算をせよ。

(1) $a^{-2} \times a^3$

(2) $a^2 \div a^{-5}$

(3) $(ab^{-2})^{-4}$

(4) $a^5 \times a^{-4} \div a^{-3}$

233 次の計算をせよ。

(1) $4^2 \times 4^{-4}$

(2) $2^3 \div 2^{-2}$

(3) $(3^{-3})^{-1}$

234 次の値を求めよ。

(1) 4^{-2}

(2) $\left(\frac{2}{3}\right)^0$

(3) 0.1^{-2}

235 次の計算をせよ。

(1) $a^6 \times a^{-3}$

(2) $a \div a^{-2}$

(3) $(a^{-3}b^4)^{-1}$

(4) $(a^{-2})^{-3} \times a^4$

236 次の計算をせよ。

(1) $5^2 \times 5^{-3}$

(2) $(2^{-2})^{-3} \div 2^4$

237 次の計算をせよ。

(1) $a^3 \times a^{-4} \div a^{-2}$

(2) $(a^3b^2)^2 \times a^{-2}b^{-3}$

(3) $(2a^{-2})^3 \times a^{10}$

(4) $(6a^{-2})^3 \div (-4a^3)^2$

(5) $3^2 \times 3^{-3} \div \frac{1}{9}$

JUMP 41 次の計算をせよ。

(1) $\left(\frac{a}{b^2}\right)^3 \times a^{-4} \div \left(\frac{b}{a^2}\right)^{-2}$

(2) $10^3 \times 2^{-4} \div 5^2$

42 指数の拡張(2)

例題 69 累乗根とその性質

次の値を求めよ。

(1) 16 の 4 乗根　(2) $\sqrt[4]{27}\times\sqrt[4]{3}$　(3) $\sqrt[3]{\sqrt{64}}$

(1) $2^4=16$, $(-2)^4=16$ であるから，16 の 4 乗根は $\pm\mathbf{2}$　←累乗根は実数の範囲で扱うこととする。

(2) $\sqrt[4]{27}\times\sqrt[4]{3}=\sqrt[4]{27\times3}=\sqrt[4]{81}=\sqrt[4]{3^4}=\mathbf{3}$

(3) $\sqrt[3]{\sqrt{64}}=\sqrt[3\times2]{64}=\sqrt[6]{64}=\sqrt[6]{2^6}=\mathbf{2}$

別解 (2) $\sqrt[4]{27}\times\sqrt[4]{3}=(3^3)^{\frac{1}{4}}\times3^{\frac{1}{4}}$

$=3^{\frac{3}{4}+\frac{1}{4}}=3^1=\mathbf{3}$　←有理数の指数

例題 70 有理数の指数

次の計算をせよ。($a>0$ とする。)

(1) $\sqrt[4]{2^8}$　(2) $\sqrt[3]{a^2}\times\sqrt[6]{a^5}\div\sqrt{a}$

(1) $\sqrt[4]{2^8}=(2^8)^{\frac{1}{4}}=2^{8\times\frac{1}{4}}=2^2=\mathbf{4}$

(2) $\sqrt[3]{a^2}\times\sqrt[6]{a^5}\div\sqrt{a}=a^{\frac{2}{3}}\times a^{\frac{5}{6}}\div a^{\frac{1}{2}}$

$=a^{\frac{2}{3}+\frac{5}{6}-\frac{1}{2}}=a^{\frac{4+5-3}{6}}=a^{\frac{6}{6}}=a^1=\boldsymbol{a}$

＊累乗根は実数の範囲で考える。

▶累乗根の性質(1)

$a>0$, $b>0$ で，
n が正の整数のとき

① $\sqrt[n]{a}\sqrt[n]{b}=\sqrt[n]{ab}$

② $\dfrac{\sqrt[n]{a}}{\sqrt[n]{b}}=\sqrt[n]{\dfrac{a}{b}}$

▶累乗根の性質(2)

$a>0$ で，
m, n が正の整数のとき

① $(\sqrt[n]{a})^m=\sqrt[n]{a^m}$

② $\sqrt[m]{\sqrt[n]{a}}=\sqrt[mn]{a}$

▶有理数の指数

$a>0$, m を整数，
n を正の整数とするとき

$a^{\frac{m}{n}}=\sqrt[n]{a^m}=(\sqrt[n]{a})^m$

とくに，$a^{\frac{1}{n}}=\sqrt[n]{a}$

指数法則は，指数が有理数の場合でも成り立つ。

類題

238 次の値を求めよ。

(1) -27 の 3 乗根

(2) $\sqrt[4]{625}$

(3) $\sqrt[3]{36}\times\sqrt[3]{6}$

(4) $\sqrt[3]{\sqrt{3^{12}}}$

239 次の計算をせよ。($a>0$ とする。)

(1) $\sqrt[3]{3^6}$

(2) $(\sqrt[6]{9})^3$

(3) $\sqrt[6]{a}\div\sqrt[4]{a^2}\times\sqrt[3]{a^4}$

240 次の値を求めよ。

(1) $\frac{1}{16}$ の 4 乗根

(2) $\frac{\sqrt[3]{81}}{\sqrt[3]{3}}$

(3) $(\sqrt[6]{16})^3$

(4) $8^{-\frac{1}{3}}$

241 次の計算をせよ。

(1) $(9^{\frac{1}{3}})^6$

(2) $8^{\frac{1}{6}} \div 8^{\frac{1}{3}} \times 8^{\frac{1}{2}}$

242 次の値を求めよ。

(1) $\sqrt[4]{8} \times \sqrt[4]{2}$

(2) $\sqrt[3]{\sqrt{8^4}}$

(3) $\left(\frac{4}{9}\right)^{-\frac{1}{2}}$

243 次の計算をせよ。($a > 0$, $b > 0$ とする。)

(1) $\sqrt[3]{a} \times \sqrt[6]{a} \div \sqrt{a}$

(2) $\sqrt{ab} \div \sqrt[6]{a^5 b} \div \sqrt[3]{a^2 b}$

JUMP 42 次の計算をせよ。($a > 0$ とする。)

(1) $\sqrt[4]{8} \times 2^{0.5} \div 4^{\frac{1}{8}}$

(2) $\sqrt[4]{a \times \sqrt[3]{a}}$

43 指数関数とそのグラフ

例題 71 指数関数とそのグラフ

(1) $y=\left(\frac{1}{2}\right)^x$ のグラフをかけ。

(2) $-1 \leqq x \leqq 3$ のとき，$y=\left(\frac{1}{2}\right)^x$ の最大値・最小値とそのときの x の値を求めよ。

(3) 次の 3 つの数の大小を比較せよ。
$\sqrt{3^3}$，$\sqrt[3]{3^4}$，$\sqrt[4]{3^5}$

(1) 右の図のグラフとなる。

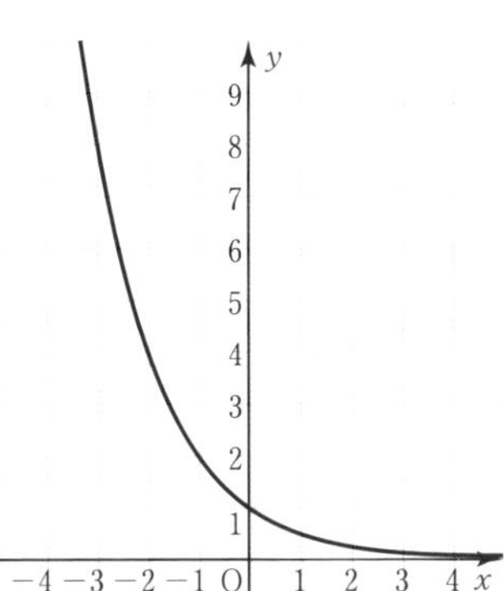

(2) グラフより，

最大値は，$x=-1$ のとき，

$$y=\left(\frac{1}{2}\right)^{-1}=2$$

最小値は，$x=3$ のとき，

$$y=\left(\frac{1}{2}\right)^{3}=\frac{1}{8}$$

(3) $\sqrt{3^3}=3^{\frac{3}{2}}$，$\sqrt[3]{3^4}=3^{\frac{4}{3}}$，

$\sqrt[4]{3^5}=3^{\frac{5}{4}}$

ここで，指数の大小を比較すると

$$\frac{5}{4}<\frac{4}{3}<\frac{3}{2}$$

底 3 は 1 より大きいから

$$\sqrt[4]{3^5}<\sqrt[3]{3^4}<\sqrt{3^3}$$

▶指数関数

$a>0$，$a \neq 1$ のとき

$y=a^x$ を

a を底とする x の指数関数という。

▶$y=a^x$ のグラフ

(i) $a>1$ のとき

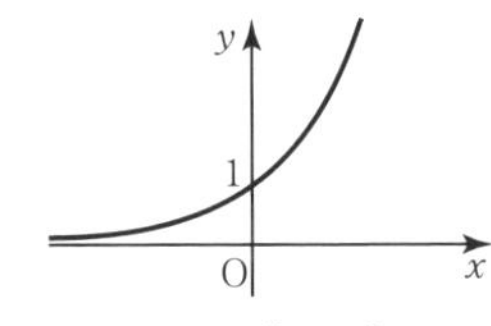

$p<q \iff a^p<a^q$

(ii) $0<a<1$ のとき

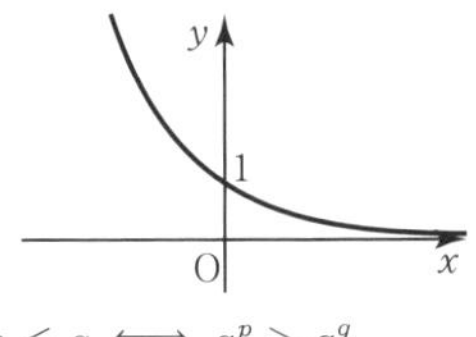

$p<q \iff a^p>a^q$

類題

244 次の問いに答えよ。

(1) $y=2^x$ のグラフをかけ。

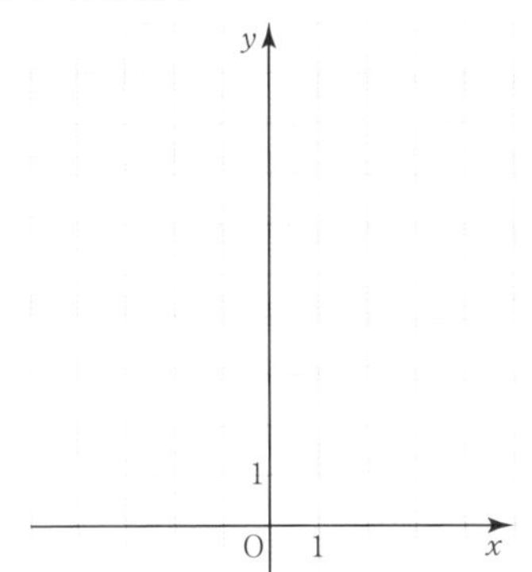

(2) $-2 \leqq x \leqq 3$ のとき，$y=2^x$ の最大値・最小値とそのときの x の値を求めよ。

(3) 次の 3 つの数の大小を比較せよ。
$\sqrt{2}$，$\sqrt[5]{2^2}$，$\sqrt[8]{2^5}$

245 次の問いに答えよ。

(1) $y=\left(\frac{1}{3}\right)^x$ のグラフをかけ。

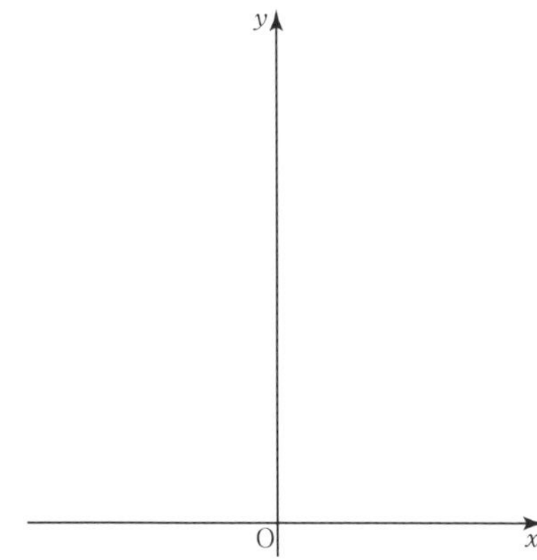

(2) $-2 \leqq x \leqq 4$ のとき，$y=\left(\frac{1}{3}\right)^x$ の値のとり得る範囲を求めよ。

(3) $y=\left(\frac{1}{3}\right)^x$ のグラフ上で，y 座標が次の値である点の x 座標を求めよ。

① 1

② 3

246 次の数の大小を比較せよ。

(1) $\sqrt[3]{2}$，$\sqrt[5]{4}$，$\sqrt[8]{8}$

(2) 0.6，0.6^{-1}，0.6^{-2}，0.6^2，1

(3) $\left(\frac{1}{8}\right)^{-\frac{1}{3}}$，$\left(\frac{1}{2}\right)^{\frac{1}{4}}$，$\left(\frac{1}{4}\right)^{\frac{1}{4}}$

JUMP 43 右の図は，関数 $y=a^x$ のグラフである。a，b，c の値を答えよ。

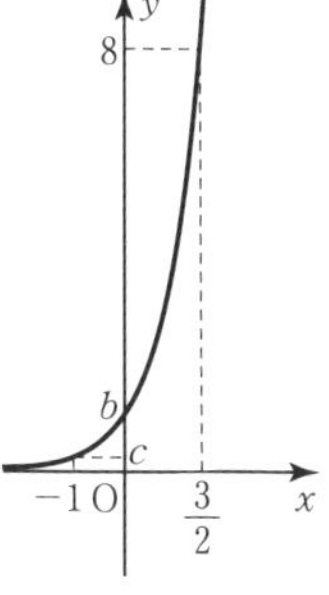

44 指数関数を含む方程式・不等式

例題 72 指数関数を含む方程式・不等式

次の方程式，不等式を解け。

(1)　$4^x = 2^{x+2}$　　　　(2)　$8^x > 4$

▶指数関数と方程式
$a > 0$，$a \neq 1$ のとき
$a^p = a^q \iff p = q$

▶指数関数と不等式
$a > 1$ のとき
$a^p < a^q \iff p < q$
$0 < a < 1$ のとき
$a^p < a^q \iff p > q$

解 (1)　$4^x = (2^2)^x = 2^{2x}$
であるから　$2^{2x} = 2^{x+2}$
よって　　$2x = x + 2$
ゆえに　　$\boldsymbol{x = 2}$

(2)　$8 = 2^3$，$4 = 2^2$ であるから
$2^{3x} > 2^2$
底の 2 は 1 より大きいから
$3x > 2$
よって　$\boldsymbol{x > \dfrac{2}{3}}$

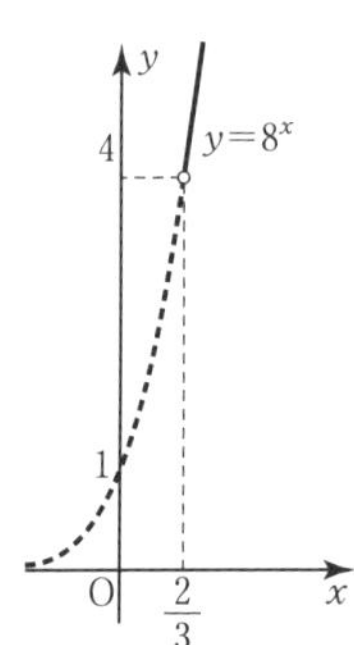

類題

247　次の方程式を解け。

(1)　$9^x = 27$

(2)　$\left(\dfrac{1}{5}\right)^{3x+1} = 25$

248　次の不等式を解け。

(1)　$9^x > 27$

(2)　$\left(\dfrac{1}{5}\right)^{3x+1} \leqq 25$

(3)　$3^x < \sqrt[3]{81}$

249 次の方程式を解け。

(1) $4^x = 32$

(2) $\left(\frac{1}{3}\right)^{2x+1} = 3$

250 次の不等式を解け。

(1) $\frac{1}{3} < 3^x$

(2) $\left(\frac{2}{3}\right)^x \geqq 1$

251 次の方程式を解け。

(1) $\left(\frac{1}{9}\right)^{x+1} = \sqrt{3}$

(2) $2^{7-x} = 4^{x-1}$

252 次の不等式を解け。

(1) $2^{2x-1} > \frac{1}{8}$

(2) $\left(\frac{1}{2}\right)^x \leqq 8$

JUMP 44 方程式 $2^{2x} - 2^x - 2 = 0$ ……① について，次の問いに答えよ。

(1) $2^x = t$ とおいたとき，t のとり得る値の範囲を求めよ。

(2) 方程式①を t で表し，t の値を求めよ。

(3) (2)で求めた t に対して，x の値を求めよ。

まとめの問題　指数関数

1　次の計算をせよ。

(1)　$a^6 \times a^{-5} \div a^{-3}$

(2)　$(2a^{-3})^3 \div (-2a^{-1})^3$

(3)　$\sqrt{a} \times \sqrt[3]{a^2} \div \sqrt[6]{a}$

(4)　$\sqrt[4]{27} \times \sqrt[4]{9} \div \sqrt[4]{3}$

(5)　$5^{\frac{5}{6}} \div 5^{\frac{4}{3}} \times 5^{-\frac{1}{2}}$

2　次の問いに答えよ。

(1)　$y = 3^x$ のグラフをかけ。

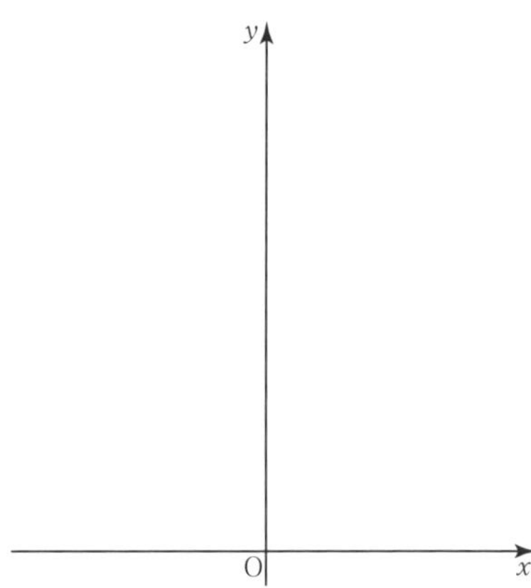

(2)　$-2 \leqq x < \frac{1}{2}$ のとき，$y = 3^x$ の値のとり得る範囲を求めよ。

(3)　$y = 3^x$ のグラフ上で，y 座標が次の値である点の x 座標を求めよ。

①　1

②　$\sqrt{\frac{1}{27}}$

3 次の数の大小を比較せよ。

(1) $\sqrt{27}$, $\sqrt[3]{81}$, $\sqrt[4]{243}$

(2) 0.7^{-1}, 0.7^{2}, $\dfrac{7}{10}$, 0.7^{-2}, 1

(3) $\sqrt[3]{\dfrac{1}{32}}$, 1, $\sqrt[5]{\dfrac{1}{64}}$

4 次の方程式・不等式を解け。

(1) $\left(\dfrac{1}{2}\right)^{x} = 16$

(2) $\left(\dfrac{1}{2}\right)^{x} > 16$

5 次の方程式・不等式を解け。

(1) $3^{5x-3} = 9$

(2) $8^{x} = 2^{5-2x}$

(3) $\left(\dfrac{1}{2}\right)^{3x+1} \geqq 32$

(4) $\left(\dfrac{1}{27}\right)^{2x} < \left(\dfrac{1}{3}\right)^{2x-5}$

45 対数(1)

例題 73 指数と対数の関係

次の式を(1), (2)は $\log_a M = p$ の形で, (3)は $M = a^p$ の形で表せ。

(1) $125 = 5^3$ (2) $\dfrac{1}{32} = 2^{-5}$ (3) $\log_3 81 = 4$

解 (1) $\mathbf{\log_5 125 = 3}$ (2) $\mathbf{\log_2 \dfrac{1}{32} = -5}$ (3) $\mathbf{81 = 3^4}$

▶対数

$a > 0$, $a \neq 1$, $M > 0$ のとき

$M = a^p \iff \log_a M = p$

a を対数の底, M を真数という。

真数 M はつねに正である。

例題 74 対数の値

次の値を求めよ。

(1) $\log_4 64$ (2) $\log_8 2$ (3) $\log_{10}\dfrac{1}{1000}$

解 (1) $64 = 4^3$ より ←$\log_4 64$ は 64 を 4 の累乗で表したときの指数

$\log_4 64 = \mathbf{3}$

(2) $\log_8 2 = x$ とおくと, $8^x = 2$ ←$8^x = (2^3)^x = 2^{3x}$, $2 = 2^1$

$2^{3x} = 2^1$ より $3x = 1$ $x = \dfrac{1}{3}$ よって $\log_8 2 = \mathbf{\dfrac{1}{3}}$

(3) $\log_{10}\dfrac{1}{1000} = x$ とおくと, $10^x = \dfrac{1}{1000} = 10^{-3}$ より

$x = -3$

よって $\log_{10}\dfrac{1}{1000} = \mathbf{-3}$

▶対数の値

次の値はよく用いる。

① $\log_a a = 1$

底と真数が同じときは 1

② $\log_a 1 = 0$

真数が 1 のときは 0

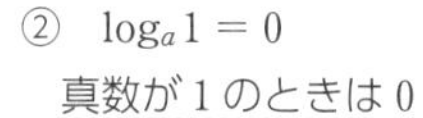

類題

253 次の式を(1), (2)は $\log_a M = p$ の形で, (3)は $M = a^p$ の形で表せ。

(1) $27 = 3^3$

(2) $\dfrac{1}{16} = 2^{-4}$

(3) $\log_{10} 100 = 2$

254 次の値を求めよ。

(1) $\log_6 36$

(2) $\log_2 \sqrt{8}$

(3) $\log_{25}\dfrac{1}{5}$

255 次の式を(1)~(3)は $\log_a M = p$ の形で，(4)は $M = a^p$ の形で表せ。

(1) $36 = 6^2$

(2) $\frac{1}{8} = 2^{-3}$

(3) $\sqrt{2} = 2^{\frac{1}{2}}$

(4) $\log_7 49 = 2$

256 次の値を求めよ。

(1) $\log_4 16$

(2) $\log_3 \frac{1}{9}$

(3) $\log_{\frac{1}{5}} 25$

257 次の式を(1)~(3)は $\log_a M = p$ の形で，(4)は $M = a^p$ の形で表せ。

(1) $\left(\frac{1}{2}\right)^{-2} = 4$

(2) $3^0 = 1$

(3) $8^{\frac{2}{3}} = 4$

(4) $\log_{10} 10 = 1$

258 次の値を求めよ。

(1) $\log_9 \sqrt{27}$

(2) $\log_{\sqrt{2}} 8$

JUMP 45 次の式を満たす定数 a，b，c の値を求めよ。

(1) $\log_{27} \sqrt{\frac{1}{3}} = a$　(2) $\log_4 b = \frac{3}{2}$　(3) $\log_c 3 = -\frac{1}{2}$

46 対数(2)

例題 75 対数の性質

次の式を簡単にせよ。

(1) $\log_6 2+\log_6 18$ (2) $2\log_2 6-\log_2 9$

解 (1) $\log_6 2+\log_6 18=\log_6(2\times 18)=\log_6 36$

$=\log_6 6^2=2\log_6 6=\mathbf{2}$ ←$\log_a a=1$

(2) $2\log_2 6-\log_2 9=\log_2 6^2-\log_2 9=\log_2\dfrac{36}{9}$

$=\log_2 4=\log_2 2^2=2\log_2 2=\mathbf{2}$

▶対数の性質

$a>0$, $a\neq 1$, $M>0$, $N>0$, r が実数のとき

① $\log_a MN=\log_a M+\log_a N$

② $\log_a \dfrac{M}{N}=\log_a M-\log_a N$

③ $\log_a M^r=r\log_a M$

例題 76 底の変換公式

次の式を簡単にせよ。

(1) $\log_8\sqrt{2}$ (2) $\log_3 4\cdot\log_2 9$

解 (1) $\log_8\sqrt{2}=\dfrac{\log_2\sqrt{2}}{\log_2 8}=\dfrac{\log_2 2^{\frac{1}{2}}}{\log_2 2^3}$ ←底を2にそろえる。

$=\dfrac{\frac{1}{2}\log_2 2}{3\log_2 2}=\mathbf{\dfrac{1}{6}}$

(2) $\log_3 4\cdot\log_2 9=\dfrac{\log_2 4}{\log_2 3}\cdot\log_2 9$ ←底を2にそろえる。

$=\dfrac{2\log_2 2}{\log_2 3}\cdot 2\log_2 3=2\cdot 2=\mathbf{4}$

▶底の変換公式

$a>0$, $b>0$, $c>0$ で, $a\neq 1$, $c\neq 1$ のとき

$\log_a b=\dfrac{\log_c b}{\log_c a}$

類題

259 次の式を簡単にせよ。

(1) $\log_{10}5+\log_{10}20$

(2) $3\log_2 6-\log_2 108$

260 次の式を簡単にせよ。

(1) $\log_8 32$

(2) $\log_{\sqrt{3}}9$

(3) $\log_5 2\cdot\log_4 25$

261 次の式を簡単にせよ。

(1) $\log_6 4+\log_6 9$

(2) $\log_3 54-\log_3 2$

(3) $2\log_2\sqrt{8}$

262 次の式を簡単にせよ。

(1) $\log_4\sqrt{2}$

(2) $\log_{\sqrt{5}}\frac{1}{25}$

263 次の式を簡単にせよ。

(1) $\log_7 5-\log_7 35$

(2) $\log_5\sqrt{45}+\log_5\frac{1}{3}$

(3) $2\log_2\sqrt{6}-\frac{1}{2}\log_2 9$

(4) $\log_3 6+\log_3 12-3\log_3 2$

(5) $\log_4 5\cdot\log_{25} 8$

(6) $\log_2 24-\log_4 9$

JUMP 46 次の式を簡単にせよ。

$$\log_3\frac{\sqrt{2}}{3}+6\log_3\sqrt[3]{3}-\frac{1}{2}\log_3 2$$

47 対数関数とそのグラフ

例題 77 対数関数とそのグラフ

(1) $y = \log_4 x$ のグラフをかけ。

(2) $\dfrac{1}{2} \leqq x \leqq 8$ のとき，$y = \log_4 x$ の最大値・最小値とそのときの x の値を求めよ。

(3) 次の 3 つの数の大小を比較せよ。

$\log_4 2$，$\log_4 4$，$\log_4 6$

(1) グラフは右の図のようになる。

(2) グラフより，

最大値は，$x = 8$ のとき

$$y = \log_4 8 = \frac{\log_2 8}{\log_2 4} = \frac{3\log_2 2}{2\log_2 2} = \frac{3}{2}$$

最小値は，$x = \dfrac{1}{2}$ のとき

$$y = \log_4 \frac{1}{2} = \frac{\log_2 \frac{1}{2}}{\log_2 4} = \frac{-\log_2 2}{2\log_2 2} = -\frac{1}{2}$$

(3) 真数の大小を比較すると　$2 < 4 < 6$

底の 4 は 1 より大きいから

$\mathbf{\log_4 2 < \log_4 4 < \log_4 6}$　←グラフから考えてもよい。

▶対数関数

$a > 0$，$a \neq 1$ のとき

$y = \log_a x$ を

a を底とする x の対数関数という。

▶$y = \log_a x$ のグラフ

(i) $a > 1$ のとき

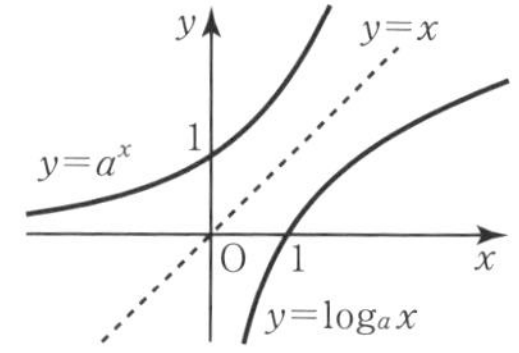

$p < q \iff \log_a p < \log_a q$

(ii) $0 < a < 1$ のとき

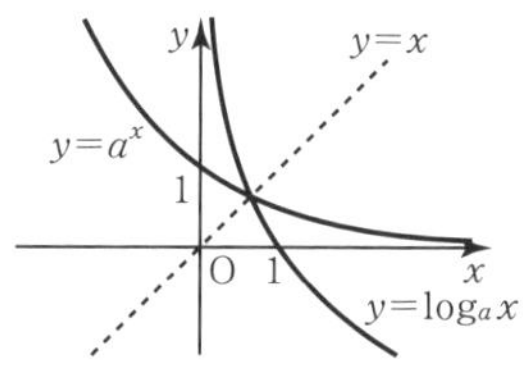

$p < q \iff \log_a p > \log_a q$

類題

264 次の問いに答えよ。

(1) $y = \log_3 x$ のグラフをかけ。

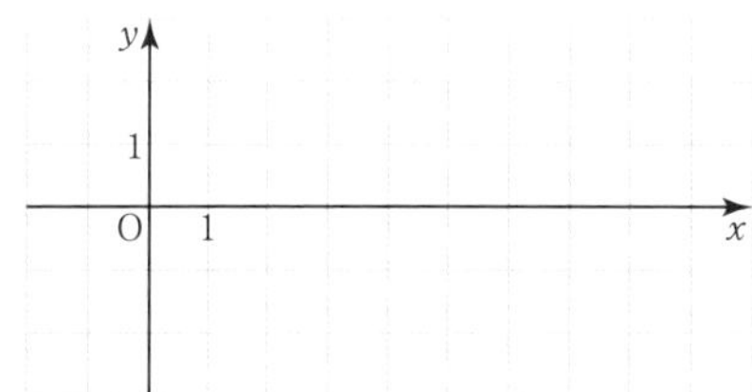

(2) $\dfrac{1}{3} \leqq x \leqq 9$ のとき，$y = \log_3 x$ の最大値・最小値とそのときの x の値を求めよ。

(3) 次の 3 つの数の大小を比較せよ。

$\log_3 1$，$\log_3 3$，$\log_3 5$

265 (1) $y=\log_2 x$ のグラフをかけ。

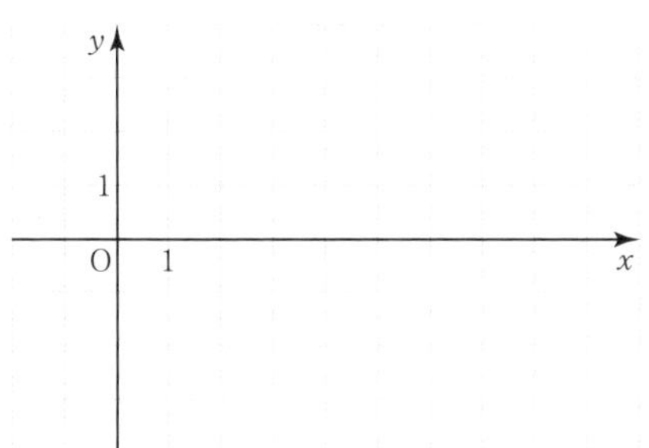

(2) $\dfrac{1}{4}\leqq x\leqq 8$ のとき，$y=\log_2 x$ の最大値・最小値とそのときの x の値を求めよ。

(3) 次の 3 つの数の大小を比較せよ。

$\log_2 5$，$\log_2 \dfrac{1}{5}$，$\log_2 0.5$

266 (1) $y=\log_{\frac{1}{2}} x$ のグラフをかけ。

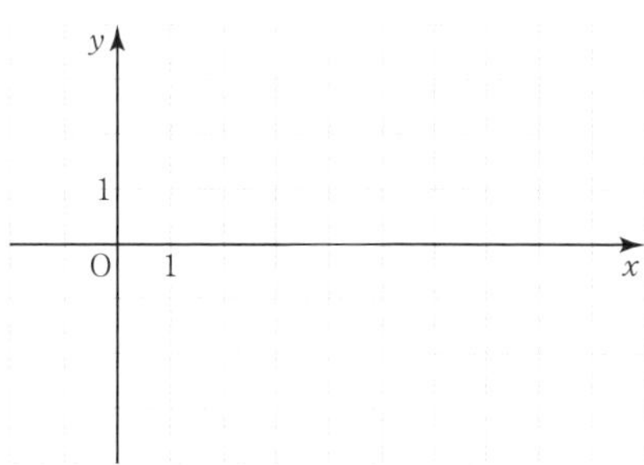

(2) $\dfrac{1}{4}\leqq x\leqq 8$ のとき，$y=\log_{\frac{1}{2}} x$ の最大値・最小値とそのときの x の値を求めよ。

(3) 次の 3 つの数の大小を比較せよ。

$\log_{\frac{1}{2}} 5$，$\log_{\frac{1}{2}} \dfrac{1}{5}$，$\log_{\frac{1}{2}} 0.5$

JUMP 47 次の数の大小を比較せよ。

(1) $\log_4 3$，$\log_4 \dfrac{1}{2}$，1，$\log_4 10$，0

(2) $\log_{\frac{1}{2}} 3$，$\log_2 3$，$\log_4 3$，$\log_{\frac{1}{4}} 3$

48 対数関数を含む方程式・不等式

例題 78 対数関数を含む方程式・不等式

次の方程式，不等式を解け。

(1) $\log_3(x-1)=-1$　　(2) $\log_3(x-1)<-1$

▶対数関数と方程式
$a>0$，$a\neq1$ のとき
$\log_a p=\log_a q \iff p=q$

▶対数関数と不等式
$a>1$ のとき
$\log_a p<\log_a q \iff p<q$
$0<a<1$ のとき
$\log_a p<\log_a q \iff p>q$

解 (1) 真数は正であるから　←真数の条件

$x-1>0$　よって　$x>1$ ……①

$-1=-\log_3 3=\log_3 3^{-1}=\log_3\frac{1}{3}$ であるから

$\log_3(x-1)=\log_3\frac{1}{3}$　すなわち　$x-1=\frac{1}{3}$

ゆえに　$\boldsymbol{x=\frac{4}{3}}$　（これは①を満たす）

(2) 真数は正であるから　←真数の条件

$x-1>0$　よって　$x>1$ ……①

このとき(1)より，$-1=\log_3\frac{1}{3}$ であるから

$\log_3(x-1)<\log_3\frac{1}{3}$

底の 3 は 1 より大きいから　$x-1<\frac{1}{3}$

ゆえに　$x<\frac{4}{3}$ ……②

①，②より　$\boldsymbol{1<x<\frac{4}{3}}$

類題

267 次の方程式を解け。

(1) $\log_5(x+3)=\log_5 4$

(2) $\log_2(3x-1)=1$

(3) $\log_5(x^2+1)=1$

268 次の不等式を解け。

(1) $\log_2(x-2)<\log_2 5$

(2) $\log_5(2x+1)>2$

269 次の方程式を解け。

(1) $\log_2(3x+2)=\log_2 5$

(2) $2\log_4(x-1)=3$

270 次の不等式を解け。

(1) $\log_{10}(6x+4)\geqq 2$

(2) $\log_{\frac{1}{2}}(3x-1)>-1$

(3) $\log_{\sqrt{2}}2x\leqq -2$

271 次の方程式を解け。

(1) $\log_{\frac{1}{2}}(5x-3)=-1$

(2) $\log_2(x-1)+\log_2 x=1$

272 次の不等式を解け。

(1) $\log_2(2x-3)>\log_2(x-2)$

(2) $\log_{\frac{1}{3}}(4x-2)<\log_{\frac{1}{3}}(2x-8)$

JUMP 48 次の方程式を解け。

(1) $\log_3(x-3)=\log_9(x-1)$

(2) $(\log_2 x)^2-\log_2 x-2=0$

49 常用対数

例題 79 常用対数

次の問いに答えよ。ただし，$\log_{10}2=0.3010$ とする。

(1) 2^{20} は何桁の数か。

(2) $\left(\frac{1}{2}\right)^{20}$ を小数で表すとき，小数第何位にはじめて 0 でない数字が現れるか。

(1) 2^{20} の常用対数をとると

$$\log_{10}2^{20}=20\log_{10}2=20\times0.3010=6.020$$

よって　$6<\log_{10}2^{20}<7$

ゆえに　$10^6<2^{20}<10^7$

$6\log_{10}10<\log_{10}2^{20}<7\log_{10}10$ より $\log_{10}10^6<\log_{10}2^{20}<\log_{10}10^7$

したがって，2^{20} は **7 桁**の数である。

(2) $\left(\frac{1}{2}\right)^{20}$ の常用対数をとると

$$\log_{10}\left(\frac{1}{2}\right)^{20}=\log_{10}2^{-20}=-20\log_{10}2$$

$$=-20\times0.3010=-6.020$$

よって　$-7<\log_{10}\left(\frac{1}{2}\right)^{20}<-6$

ゆえに　$10^{-7}<\left(\frac{1}{2}\right)^{20}<10^{-6}$

したがって，$\left(\frac{1}{2}\right)^{20}$ を小数で表すと，**小数第 7 位**にはじめて 0 でない数字が現れる。

▶常用対数
10 を底とする対数
$\log_{10}N$
を常用対数という。

▶整数の桁数
正の数 N が n 桁の整数
$\iff 10^{n-1}\leqq N<10^n$
$\iff n-1\leqq\log_{10}N<n$

▶小数第 n 位
M は小数で表すと，小数第 n 位にはじめて 0 でない数字が現れる
$\iff 10^{-n}\leqq M<10^{-(n-1)}$
$\iff -n\leqq\log_{10}M<-(n-1)$

類題

273 $\log_{10}2=0.3010$，$\log_{10}3=0.4771$ を用いて，次の値を求めよ。

(1) $\log_{10}200$

(2) $\log_{10}0.03$

(3) $\log_{10}12$

274 2^{100} は何桁の数か。ただし，$\log_{10}2=0.3010$ とする。

275 $\log_{10}2=a$，$\log_{10}3=b$ とするとき，次の値を a，b で表せ。

(1) $\log_{10}6$

(2) $\log_{10}\dfrac{2}{3}$

(3) $\log_{10}50$

(4) $\log_{10}\sqrt[3]{12}$

(5) $\log_2 9$

276 3^{100} は何桁の数か。ただし，$\log_{10}3=0.4771$ とする。

277 $\left(\dfrac{1}{2}\right)^{50}$ を小数で表したとき，小数第何位にはじめて0でない数が現れるか。ただし，$\log_{10}2=0.3010$ とする。

JUMP 49 1枚で80％の微粒子を除去できるフィルターがある。99.99％以上の微粒子を一度に除去するには，このフィルターは少なくとも何枚必要か。ただし，$\log_{10}2=0.3010$ とする。

まとめの問題　対数関数

1　次の式を簡単にせよ。

(1)　$\log_2 32$

(2)　$\log_{10}\sqrt{1000}$

(3)　$\log_3\dfrac{9}{2}+\log_3 18$

(4)　$\log_{\frac{1}{2}}96-\log_{\frac{1}{2}}3$

(5)　$\log_3 25\cdot\log_5\dfrac{1}{3}$

2　次の問いに答えよ。

(1)　$y=\log_{\frac{1}{3}}x$ のグラフをかけ。

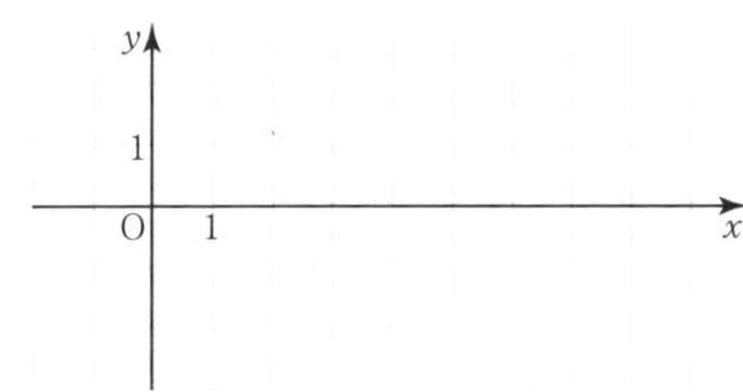

(2)　$\dfrac{1}{9}\leqq x\leqq 3$ のとき，$y=\log_{\frac{1}{3}}x$ の最大値，最小値とそのときの x の値を求めよ。

(3)　次の 3 つの数の大小を比較せよ。

$\log_{\frac{1}{3}}5$，$\log_{\frac{1}{3}}0.5$，$\log_{\frac{1}{3}}\dfrac{1}{5}$

3 次の方程式・不等式を解け。

(1) $\log_2 x^2 = 2$

(2) $\log_3 x + \log_3(x-8)=2$

(3) $2\log_3 x > \log_3(3x-2)$

(4) $\log_{\frac{1}{3}} x + \log_{\frac{1}{3}}(2x+3) > \log_{\frac{1}{3}}(2x+1)$

4 次の問いに答えよ。ただし，
$\log_{10}2 = 0.3010$，$\log_{10}3 = 0.4771$ とする。

(1) 2^{40} は何桁の数か。

(2) $\left(\frac{1}{6}\right)^{30}$ を小数で表すとき，小数第何位にはじめて 0 でない数字が現れるか。

50 平均変化率と微分係数

例題 80 平均変化率

関数 $f(x)=x^2-1$ について，x の値が次のように変化するときの平均変化率を求めよ。

(1) $x=1$ から $x=3$ まで　　(2) $x=1$ から $x=h$ まで

(1) $f(1)=1^2-1=0$，$f(3)=3^2-1=8$ より

$$\frac{f(3)-f(1)}{3-1}=\frac{8}{2}=\mathbf{4}$$

(2) $f(1)=0$，$f(h)=h^2-1$ より

$$\frac{f(h)-f(1)}{h-1}=\frac{h^2-1}{h-1}=\frac{(h-1)(h+1)}{h-1}=\boldsymbol{h+1}$$

例題 81 微分係数

関数 $f(x)=x^2+2x$ について，次の微分係数を求めよ。

(1) $f'(0)$　　(2) $f'(3)$

解 (1)
$$f'(0)=\lim_{h\to0}\frac{f(0+h)-f(0)}{h}$$
$$=\lim_{h\to0}\frac{h^2+2h}{h}=\lim_{h\to0}\frac{h(h+2)}{h}=\lim_{h\to0}(h+2)=\mathbf{2}$$

(2)
$$f'(3)=\lim_{h\to0}\frac{f(3+h)-f(3)}{h}$$
$$=\lim_{h\to0}\frac{\{(3+h)^2+2(3+h)\}-(3^2+2\times3)}{h}$$
$$=\lim_{h\to0}\frac{h^2+8h}{h}=\lim_{h\to0}\frac{h(h+8)}{h}=\lim_{h\to0}(h+8)=\mathbf{8}$$

▶平均変化率

関数 $y=f(x)$ について，x の値が a から b まで変化するとき，x の変化量 $b-a$ に対する y の変化量 $f(b)-f(a)$ の割合

$$\frac{f(b)-f(a)}{b-a}$$

を，「x の値が a から b まで変化するときの $f(x)$ の平均変化率」という。

平均変化率は，関数 $y=f(x)$ のグラフ上の 2 点

$A(a,\ f(a))$，$B(b,\ f(b))$

を通る直線 AB の傾きを表す。

▶微分係数

$$f'(a)=\lim_{h\to0}\frac{f(a+h)-f(a)}{h}$$

▶微分係数と接線の傾き

関数 $y=f(x)$ の $x=a$ における微分係数 $f'(a)$ は，関数 $y=f(x)$ のグラフ上の点 $(a,\ f(a))$ における接線の傾きを表す。

類題

278 関数 $f(x)=3x^2-x$ について，x の値が次のように変化するときの平均変化率を求めよ。

(1) $x=2$ から $x=3$ まで

(2) $x=0$ から $x=h$ まで

279 関数 $f(x)=x^2+x$ について，微分係数 $f'(2)$ を求めよ。

280 関数 $f(x)=3x^2+2$ について，x の値が次のように変化するときの平均変化率を求めよ。

(1) $x=0$ から $x=2$ まで

(2) $x=-2$ から $x=1$ まで

281 次の微分係数を求めよ。

(1) $f(x)=2x-3$ について $f'(3)$

(2) $f(x)=x^2+1$ について $f'(-1)$

282 関数 $f(x)=x^2+x$ について，x の値が次のように変化するときの平均変化率を求めよ。

(1) $x=a$ から $x=b$ まで

(2) $x=a$ から $x=a+h$ まで

283 関数 $f(x)=2x^2+3x-1$ について，次の微分係数を求めよ。

(1) $f'(0)$

(2) $f'(1)$

JUMP 50 関数 $f(x)=x^3+4x$ について，微分係数 $f'(a)$ を求めよ。

51 導関数の計算(1)

例題 82 導関数

関数 $f(x)=x^2-2$ の導関数を定義に従って求めよ。

▶導関数

$f'(x)=\lim_{h\to 0}\dfrac{f(x+h)-f(x)}{h}$

解 $f'(x)=\lim_{h\to 0}\dfrac{f(x+h)-f(x)}{h}$

$=\lim_{h\to 0}\dfrac{\{(x+h)^2-2\}-(x^2-2)}{h}$

$=\lim_{h\to 0}\dfrac{h^2+2xh}{h}=\lim_{h\to 0}\dfrac{h(h+2x)}{h}=\lim_{h\to 0}(h+2x)=\boldsymbol{2x}$

例題 83 導関数の計算

次の関数を微分せよ。

(1) $y=-3x^2$　　(2) $y=x^3+5x$

(3) $y=(2x+1)(x-3)$　　(4) $y=(x-1)^3$

▶x^n の導関数

$(x)'=1$

$(x^2)'=2x$

$(x^3)'=3x^2$

$(x^n)'=nx^{n-1}$

$(c)'=0$　(c は定数)

解 (1) $y'=(-3x^2)'=-3(x^2)'=-3\times 2x=\boldsymbol{-6x}$

(2) $y'=(x^3+5x)'=(x^3)'+5(x)'=\boldsymbol{3x^2+5}$

(3) $y=(2x+1)(x-3)=2x^2-5x-3$ より　←展開してから微分する

$y'=(2x^2-5x-3)'$

$=2(x^2)'-5(x)'-(3)'=\boldsymbol{4x-5}$

(4) $y=(x-1)^3=x^3-3x^2+3x-1$ より　←$(a-b)^3=a^3-3a^2b+3ab^2-b^3$

$y'=(x^3-3x^2+3x-1)'$

$=(x^3)'-3(x^2)'+3(x)'-(1)'=\boldsymbol{3x^2-6x+3}$

▶定数倍および和と差の導関数

① $\{kf(x)\}'=kf'(x)$

② $\{f(x)\pm g(x)\}'$
$=f'(x)\pm g'(x)$
(複号同順)

類題

284 関数 $f(x)=x^2+3$ の導関数を定義に従って求めよ。

285 次の関数を微分せよ。

(1) $y=2x^3$

(2) $y=-7x$

(3) $y=x^2-3x$

(4) $y=-5$

286 次の関数を微分せよ。

(1) $y=3x$

(2) $y=-4x^2$

(3) $y=-2x+7$

(4) $y=3x^3-3$

(5) $y=5x^3+6x$

287 次の関数を微分せよ。

(1) $y=x^2(3x+2)$

(2) $y=(x+1)(x+3)$

(3) $y=(3x+1)^2$

288 次の関数を微分せよ。

(1) $y=x^2+x+1$

(2) $y=-x^3+6x^2-1$

(3) $y=\frac{1}{3}x^3+\frac{1}{2}x^2+x+1$

289 次の関数を微分せよ。

(1) $y=(2x+1)(2x-1)$

(2) $y=(x-3)(x^2+3x+9)$

(3) $y=(2x+1)^3$

JUMP 51 関数 $f(x)=x^3-2x^2$ の導関数を定義に従って求めよ。

52 導関数の計算(2)

例題 84 微分係数(1)

関数 $f(x)=3x^2+2x-1$ について，次の微分係数を求めよ。

(1) $f'(3)$　　(2) $f'(-2)$

▶導関数と微分係数
関数 $f(x)$ について，導関数 $f'(x)$ の x に a を代入すれば，微分係数 $f'(a)$ を求めることができる。

解 $f'(x)=6x+2$ より　←$f'(x)$ を求めてから数値を代入する

(1) $f'(3)=6\times3+2=\mathbf{20}$

(2) $f'(-2)=6\times(-2)+2=\mathbf{-10}$

例題 85 微分係数(2)

関数 $f(x)=x^2-2x-1$ について，次の問いに答えよ。

(1) 微分係数 $f'(a)$ を求めよ。

(2) 微分係数 $f'(a)$ が 0 となるような a の値を求めよ。

解 (1) $f'(x)=2x-2$ であるから

$f'(a)=\mathbf{2a-2}$　←$f'(x)$ を求めてから $x=a$ を代入する

(2) (1)より　$f'(a)=2a-2=0$

よって　$\boldsymbol{a=1}$

例題 86 文字式の導関数

次の関数を（　）内の変数で微分せよ。

(1) $S=\pi r^2$　(r)　　(2) $L=t^2-at+b$　(t)

▶微分の記号
$\dfrac{dy}{dx}$：y を x で微分するという記号。

解 (1) $\dfrac{dS}{dr}=\pi\times2r=\mathbf{2\pi r}$

(2) $\dfrac{dL}{dt}=2t-a\times1+0=\mathbf{2t-a}$

類題

290 関数 $f(x)=2x^2-4x+4$ について，次の問いに答えよ。

(1) 微分係数 $f'(1)$ を求めよ。

(2) 微分係数 $f'(a)$ を求めよ。

(3) 微分係数 $f'(a)$ が 8 となるような a の値を求めよ。

291 関数 $y=\dfrac{1}{2}gt^2$ を t で微分せよ。

292 関数 $f(x)=x^3+2x^2-5$ について，次の微分係数を求めよ。

(1) $f'(1)$

(2) $f'(-2)$

293 関数 $f(x)=3x^2-5x+2$ について，次の問いに答えよ。

(1) 微分係数 $f'(a)$ を求めよ。

(2) 微分係数 $f'(a)$ が 1 となるような a の値を求めよ。

294 次の関数を（ ）内の変数で微分せよ。

(1) $K=\frac{1}{2}mv^2$ (v)

(2) $x=\frac{1}{2}at^2+vt$ (t)

295 関数 $f(x)=(x-2)^3$ について，次の微分係数を求めよ。

(1) $f'(2)$

(2) $f'(-1)$

296 関数 $f(x)=x^3-6x+2$ について，微分係数が次のようになる a の値を求めよ。

(1) $f'(a)=6$

(2) $f'(a)=-6$

297 関数 $V=\pi r^2h$ を次の変数で微分せよ。

(1) r

(2) h

JUMP 52 関数 $f(x)=2x^2+ax+b$ が $f(-1)=4$，$f'(2)=5$ を満たすとき，定数 a，b の値を求めよ。

53 接線の方程式

例題 87 接線の方程式

関数 $y=x^2+x$ のグラフ上の点 $(1,\ 2)$ における接線の方程式を求めよ。

▶接線の方程式
関数 $y=f(x)$ のグラフ上の点 $(a,\ f(a))$ における接線の方程式は
$y-f(a)=f'(a)(x-a)$

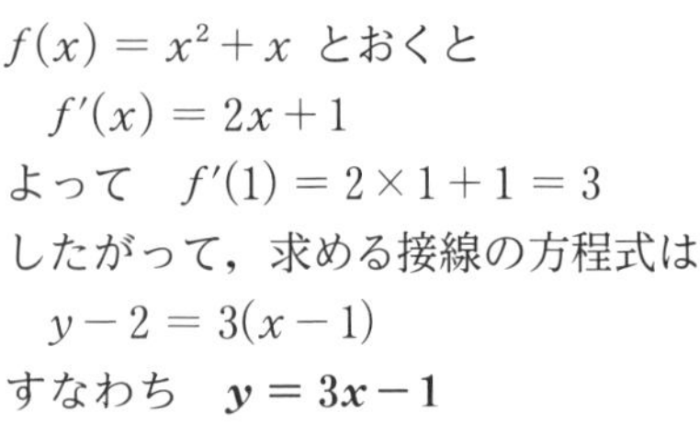

$f(x)=x^2+x$ とおくと
$f'(x)=2x+1$
よって　$f'(1)=2\times1+1=3$
したがって，求める接線の方程式は
$y-2=3(x-1)$
すなわち　$\boldsymbol{y=3x-1}$

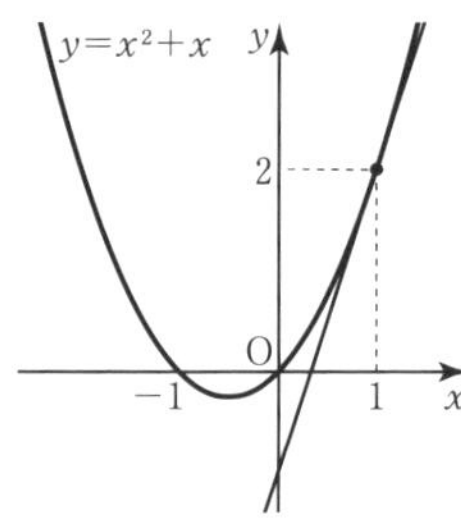

例題 88 曲線外の点から引いた接線の方程式

2 次関数 $y=x^2-4x$ のグラフに，点 $(2,\ -5)$ から引いた接線の方程式を求めよ。

$f(x)=x^2-4x$ とおくと $f'(x)=2x-4$
接点を $\mathrm{P}(a,\ a^2-4a)$ とおくと，接線の傾きは $f'(a)=2a-4$

←接点の座標を文字でおいて接線の方程式を作る。

ゆえに，接線の方程式は
$y-(a^2-4a)=(2a-4)(x-a)$
すなわち　$y=(2a-4)x-a^2$ ……①
これが点 $(2,\ -5)$ を通るから

←通る点を代入して，接点の x 座標を求める。

$-5=(2a-4)\times2-a^2$
$a^2-4a+3=0$
$(a-1)(a-3)=0$　より　$a=1,\ 3$
したがって，求める接線の方程式は，
①より　$a=1$ のとき　$\boldsymbol{y=-2x-1}$
$a=3$ のとき　$\boldsymbol{y=2x-9}$

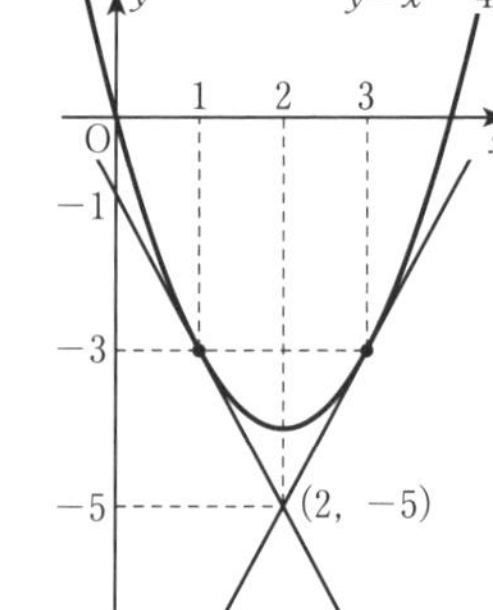

類題

298 関数 $y=x^2+4x$ のグラフ上の点 $(1,\ 5)$ における接線の方程式を求めよ。

299 関数 $y=2x^2-3x$ のグラフ上の点 $(a,\ 2a^2-3a)$ における接線の方程式を求めよ。

300 放物線 $y=-x^2+1$ について，次の接線の方程式を求めよ。

(1) 点 $(2,\ -3)$ における接線

(2) x 軸との交点における接線

(3) 傾きが 4 である接線

301 放物線 $y=x^2+4x+4$ について，次の接線の方程式を求めよ。

(1) 点 $(0,\ 4)$ における接線

(2) 傾きが 6 である接線

(3) 点 $(-1,\ -8)$ から引いた接線

JUMP 53 関数 $y=-x^2$ のグラフ上の点を A とし，点 $(-5,\ 1)$ を B とする。2 点 A，B を通る直線が，点 A における接線と直交するとき，点 A の座標および直線 AB の方程式を求めよ。

54 関数の増減と極大・極小

例題 89 関数の増加・減少

関数 $f(x)=x^2+4x+1$ の増減を調べよ。

▶関数の増加・減少
$f'(x)>0 \Longrightarrow f(x)$ は増加
$f'(x)<0 \Longrightarrow f(x)$ は減少

解 $f'(x)=2x+4=2(x+2)$
$f'(x)=0$ を解くと　$x=-2$
よって，増減表は次のようになる。

x	……	-2	……
$f'(x)$	$-$	0	$+$
$f(x)$	↘	-3	↗

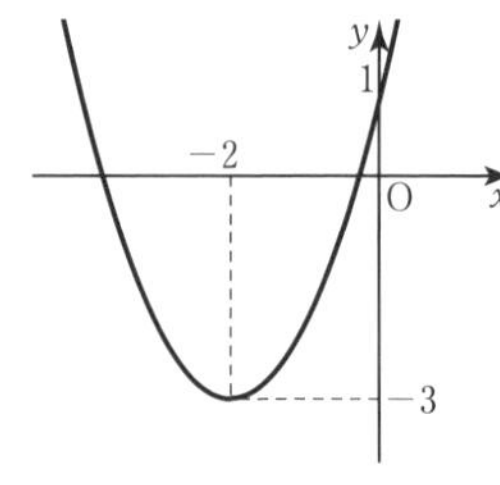

したがって，$f(x)$ は
区間 $x \leqq -2$ で減少し，区間 $x \geqq -2$ で増加する。

例題 90 関数の極大・極小

関数 $y=x^3-3x+5$ の極値を求め，そのグラフをかけ。

▶極値
・$f(x)$ の値が $x=a$ を境に増加から減少に変わるとき，$f(x)$ は $x=a$ で極大であり，$f(a)$ を極大値という。
・$f(x)$ の値が $x=a$ を境に減少から増加に変わるとき，$f(x)$ は $x=a$ で極小であり，$f(a)$ を極小値という。

解 $y'=3x^2-3=3(x^2-1)=3(x+1)(x-1)$
よって，$y'=0$ を解くと　$x=-1,\ 1$

x	……	-1	……	1	……
y'	$+$	0	$-$	0	$+$
y	↗	7	↘	3	↗

←y の値は $x=-1,\ 1$ をそれぞれ，$y=x^3-3x+5$ に代入。
$x=-1$ のとき
$y=(-1)^3-3\times(-1)+5=7$
$x=1$ のとき
$y=1^3-3\times1+5=3$

したがって，y は
$x=-1$ で**極大値 7**
$x=1$ で**極小値 3**　をとる。
また，グラフは右の図のようになる。

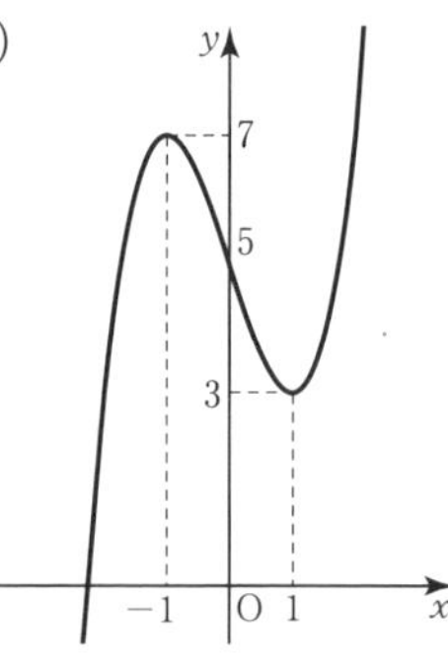

類題

302 3 次関数 $y=x^3+3x^2-2$ について，次の問いに答えよ。

(1) 増減を調べよ。

(2) 極値を求め，グラフをかけ。

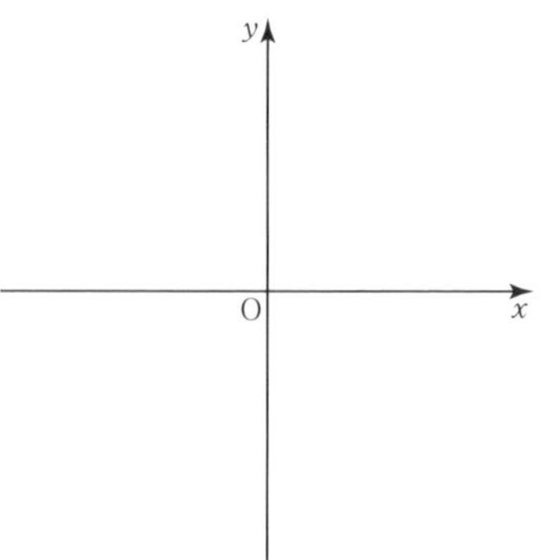

303 次の関数の増減を調べ，極値を求めよ。また，そのグラフをかけ。

(1) $y=-x^3+3x^2-2$

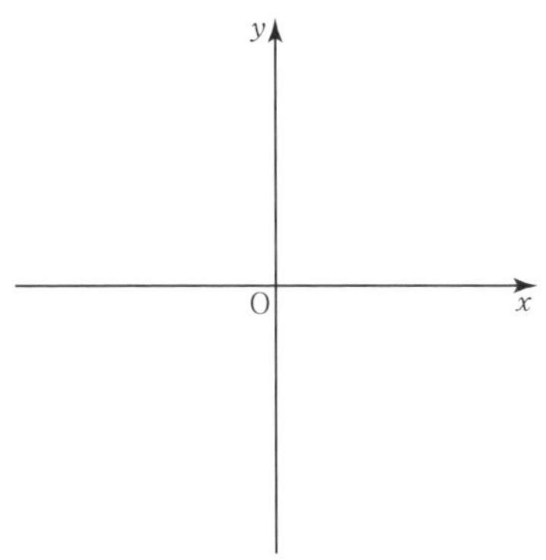

(2) $y=x^3-3x-2$

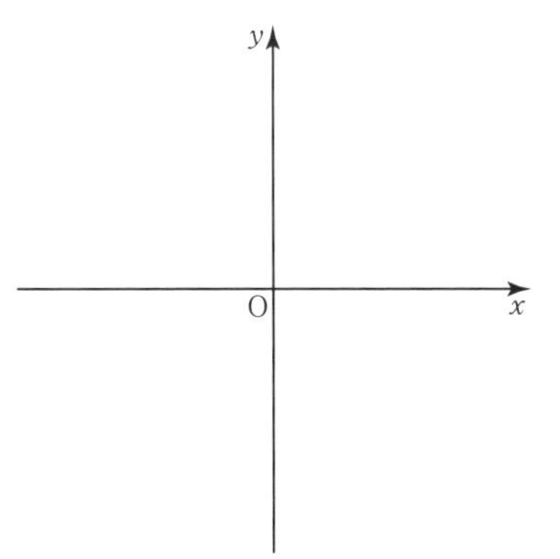

304 次の関数の増減を調べ，極値を求めよ。また，そのグラフをかけ。

(1) $y=-x^3-\dfrac{3}{2}x^2+1$

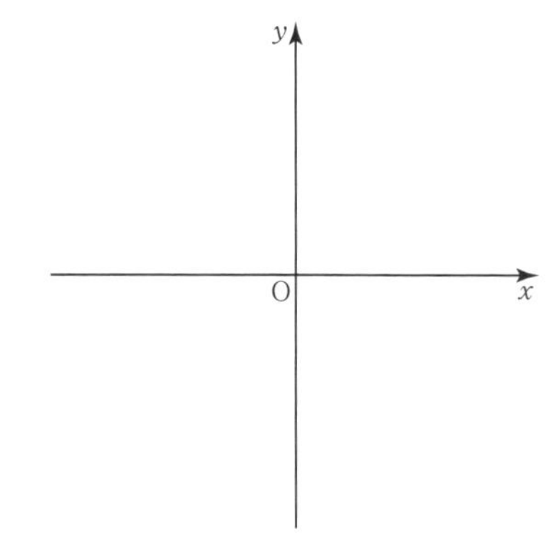

(2) $y=x^3-6x^2+12x-5$

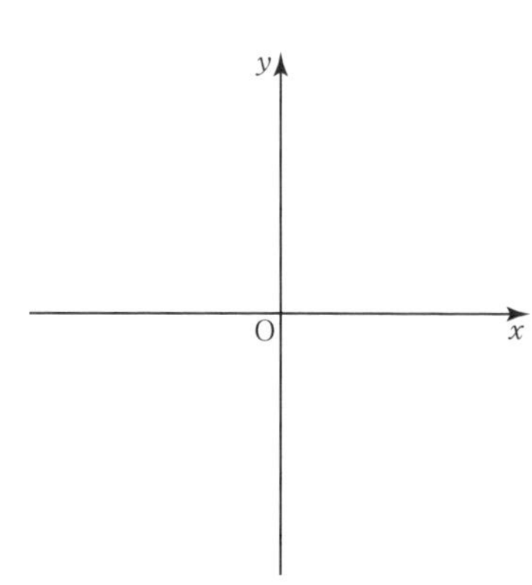

JUMP 54 3次関数 $f(x)=x^3+ax+b$ が $x=-2$ で極大値22をもつような定数 a，b の値を求めよ。また，そのときの $f(x)$ の極小値を求めよ。

55 関数の最大・最小

例題 91 関数の最大・最小

3 次関数 $y = 2x^3 + 3x^2 - 12x$ について，区間 $-3 \leqq x \leqq 3$ における最大値と最小値を求めよ。

$y' = 6x^2 + 6x - 12$
$= 6(x^2 + x - 2)$
$= 6(x + 2)(x - 1)$

$y' = 0$ を解くと $x = -2,\ 1$

よって，区間 $-3 \leqq x \leqq 3$ における y の増減表は次のようになる。

x	-3	……	-2	……	1	……	3
y'	／	$+$	0	$-$	0	$+$	／
y	9	↗	20	↘	-7	↗	45

したがって，y は

$x = 3$ で**最大値 45**

$x = 1$ で**最小値 −7**

をとる。

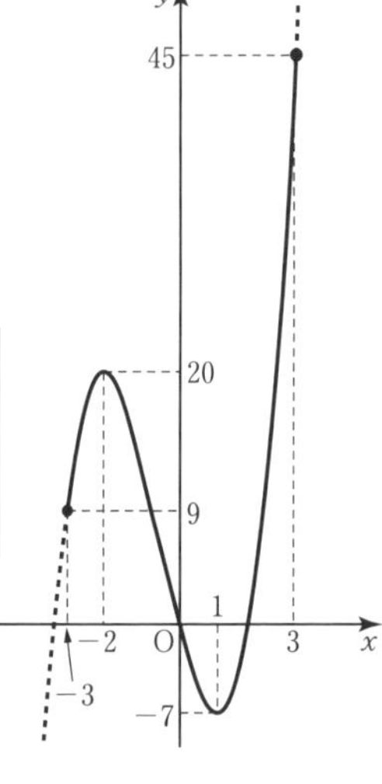

$x = -3$ のとき
$y = 2 \times (-3)^3 + 3 \times (-3)^2 - 12 \times (-3) = 9$

$x = 3$ のとき
$y = 2 \times 3^3 + 3 \times 3^2 - 12 \times 3 = 45$

$x = -2$ のとき
$y = 2 \times (-2)^3 + 3 \times (-2)^2 - 12 \times (-2) = 20$

$x = 1$ のとき
$y = 2 \times 1^3 + 3 \times 1^2 - 12 \times 1 = -7$

類題

305 3 次関数 $y = 2x^3 - 3x^2$ について，区間 $-1 \leqq x \leqq 2$ における最大値と最小値を求めよ。

306 3次関数 $y=x^3-3x+4$ について，区間 $-3 \leqq x \leqq 2$ における最大値と最小値を求めよ。

307 3次関数 $y=-x^3+3x-1$ について，区間 $-2 \leqq x \leqq 2$ における最大値と最小値を求めよ。

308 3次関数 $y=x^3-x^2+1$ について，区間 $-1 \leqq x \leqq 1$ における最大値と最小値を求めよ。

309 1辺の長さが6 cmの正方形の厚紙の4隅から，同じ大きさの正方形を切り取り，残りの部分を折り曲げて，ふたのない箱をつくる。このとき，この箱の容積の最大値を求めよ。

JUMP 55 関数 $f(x)=ax^3-3ax^2+6$ の $0 \leqq x \leqq 3$ における最小値が2になるような正の定数 a の値を求めよ。

56 方程式・不等式への応用

例題 92 方程式への応用

3 次方程式 $2x^3+3x^2-1=0$ の異なる実数解の個数を調べよ。

$y=2x^3+3x^2-1$ とおくと

$y'=6x^2+6x=6x(x+1)$

よって，y の増減表は次のようになる。

x	……	-1	……	0	……
y'	$+$	0	$-$	0	$+$
y	↗	0	↘	-1	↗

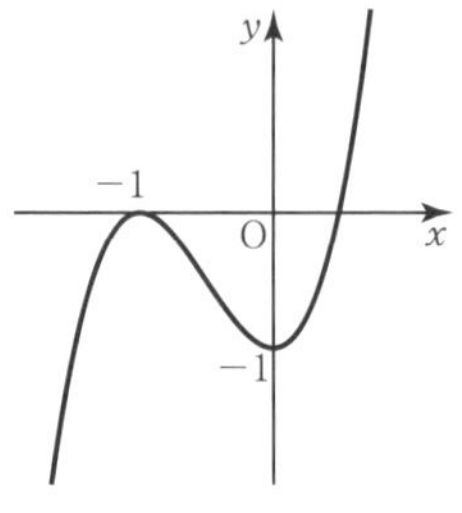

x 軸との共有点の個数が方程式の実数解の個数。

ゆえに，$y=2x^3+3x^2-1$ のグラフは上のようになる。

グラフより，求める実数解の個数は **2 個**。 ←$x=-1$ でグラフは x 軸に接している。

例題 93 不等式への応用

$x \geqq 0$ のとき，不等式 $x^3+4 \geqq 3x^2$ を証明せよ。また，等号が成り立つときの x の値を求めよ。

(証明) $f(x)=(x^3+4)-3x^2=x^3-3x^2+4$ とおくと

$f'(x)=3x^2-6x=3x(x-2)$

区間 $x \geqq 0$ における $f(x)$ の増減表は次のようになる。

x	0	……	2	……
$f'(x)$	／	$-$	0	$+$
$f(x)$	4	↘	0	↗

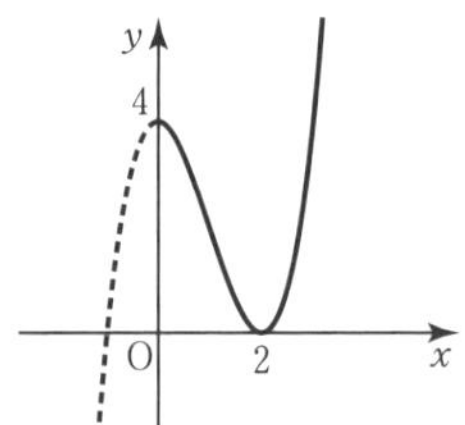

ゆえに，$x \geqq 0$ で $f(x) \geqq 0$ となる。 ←$x \geqq 0$ における最小値を調べる。

すなわち，$x \geqq 0$ のとき $x^3+4 \geqq 3x^2$

等号が成り立つのは，$x=2$ のときである。(終)

類題

310 3 次方程式 $x^3-12x+4=0$ の異なる実数解の個数を調べよ。

311 3次方程式 $x^3+3x^2-3=0$ の異なる実数解の個数を調べよ。

312 $x \geqq 0$ のとき，不等式 $x^3+1 \geqq x^2+x$ を証明せよ。また，等号が成り立つときの x の値を求めよ。

313 3次方程式 $2x^3+9x^2+12x+4=0$ の異なる実数解の個数を調べよ。

314 $x>-1$ のとき，不等式 $x^3-3x+2 \geqq 0$ を証明せよ。また，等号が成り立つときの x の値を求めよ。

JUMP 56 3次方程式 $x^3+3x^2-9x-a=0$ の異なる実数解の個数は，定数 a の値によってどのように変わるか。

まとめの問題　微分法とその応用

1　関数 $f(x)=x^2+2x$ について，次の問いに答えよ。

(1)　$x=-1$ から $x=2$ まで変化するときの平均変化率を求めよ。

(2)　導関数 $f'(x)$ を定義に従って求めよ。

(3)　(2)の結果を使って，微分係数 $f'(-1)$ を求めよ。

2　次の関数を微分せよ。

(1)　$y=2x^3-5x^2+x-3$

(2)　$y=(x+3)(2x-1)$

(3)　$y=(x-1)(2x+1)^2$

(4)　$y=(x+a)^3$　(a は定数)

3 曲線 $y = -2x^2 + 4x + 1$ について，次の接線の方程式を求めよ。

(1) 点 $(0,\ 1)$ における接線

(2) 傾きが 8 である接線

(3) 点 $(3,\ -3)$ から引いた接線

4 3 次関数 $f(x) = x^3 - 3x^2 - 9x + 6$ について，次の問いに答えよ。

(1) 増減を調べ，極値を求めよ。また，$y = f(x)$ のグラフをかけ。

(2) $-2 \leqq x \leqq 2$ における最大値と最小値を求めよ。

(3) 3 次方程式 $x^3 - 3x^2 - 9x + 6 = 0$ の実数解の個数を調べよ。

57 不定積分

例題 94 不定積分の計算(1)

次の不定積分を求めよ。

(1) $\int 9x^2 dx$　　(2) $\int 5 dx$

(1) $\int 9x^2 dx = 9\int x^2 dx = 9 \times \frac{1}{3}x^3 + C = \mathbf{3x^3 + C}$

(C は積分定数)

(2) $\int 5 dx = 5\int dx = \mathbf{5x + C}$　←$\int 1 dx$ を $\int dx$ と書く。

例題 95 不定積分の計算(2)

次の不定積分を求めよ。

(1) $\int (2x+1) dx$　　(2) $\int (x+2)(x-4) dx$

(1) $\int (2x+1) dx = 2\int x dx + \int dx = \mathbf{x^2 + x + C}$

(2) $\int (x+2)(x-4) dx = \int (x^2 - 2x - 8) dx$

$= \int x^2 dx - 2\int x dx - 8\int dx$　←展開してから積分

$= \mathbf{\frac{1}{3}x^3 - x^2 - 8x + C}$

例題 96 不定積分と関数の決定

次の条件を満たす関数 $F(x)$ を求めよ。

$F'(x) = 3x^2 - 2x + 5$, $F(1) = 3$

$F(x) = \int (3x^2 - 2x + 5) dx = x^3 - x^2 + 5x + C$

よって　$F(1) = 1^3 - 1^2 + 5 \times 1 + C = 5 + C$

ここで，$F(1) = 3$ であるから　$5 + C = 3$ より　$C = -2$

したがって，求める関数は　$\mathbf{F(x) = x^3 - x^2 + 5x - 2}$

▶微分と積分

$x^3 + C \underset{\text{積分}}{\overset{\text{微分}}{\rightleftarrows}} 3x^2$

▶不定積分

$F'(x) = f(x)$ のとき

$\int f(x) = F(x) + C$

(C は積分定数)

(注) 不定積分では，C は積分定数を表すものとする。

▶x^n の不定積分

$n = 0,\ 1,\ 2,\ \cdots$ のとき

$\int x^n dx = \frac{1}{n+1}x^{n+1} + C$

▶不定積分の公式

$\int kf(x) dx = k\int f(x) dx$

(k は定数)

$\int \{f(x) \pm g(x)\} dx$

$= \int f(x) dx \pm \int g(x) dx$

(複号同順)

類題

315 次の不定積分を求めよ。

(1) $\int 12x^2 dx$

(2) $\int 6x dx$

(3) $\int 2 dx$

316 次の不定積分を求めよ。

(1) $\int (x+3) dx$

(2) $\int x(x+2) dx$

317 次の不定積分を求めよ。

(1) $\int(4x-2)\,dx$

(2) $\int(3x^2+2x)\,dx$

(3) $\int(x^2+x+1)\,dx$

(4) $\int(2x^2-3x+4)\,dx$

(5) $\int(3t^2+6t-2)\,dt$

318 次の条件を満たす関数 $F(x)$ を求めよ。
$F'(x)=-3x^2+4x+1$，$F(0)=2$

319 次の不定積分を求めよ。

(1) $\int(x+2)(x-2)\,dx$

(2) $\int 2x(x+3)\,dx$

(3) $\int(3x-1)^2\,dx$

(4) $\int(2u+1)(u-3)\,du$

320 次の条件を満たす関数 $F(x)$ を求めよ。
$F'(x)=3(x+1)^2$，$F(-1)=0$

JUMP 57 関数 $y=f(x)$ のグラフは，点 $(1,\ -1)$ を通り，そのグラフ上の任意の点 $(x,\ y)$ における接線の傾きは $6x^2-2x$ に等しいという。この関数 $f(x)$ を求めよ。

58 定積分の計算(1)

例題 97 定積分の計算(1)

次の定積分を求めよ。

(1) $\int_1^3 3x^2\,dx$ (2) $\int_{-1}^2 (6x-2)\,dx$ (3) $\int_1^3 x(x+2)\,dx$

解 (1) $\int_1^3 3x^2\,dx = \Big[x^3\Big]_1^3 = 3^3-1^3 = \mathbf{26}$ ←定積分では C は不要

(2) $\int_{-1}^2 (6x-2)\,dx = \Big[3x^2-2x\Big]_{-1}^2$

$= (3\times2^2-2\times2)-\{3\times(-1)^2-2\times(-1)\}$

$= (12-4)-(3+2) = \mathbf{3}$

(3) $\int_1^3 x(x+2)\,dx = \int_1^3 (x^2+2x)\,dx = \left[\frac{1}{3}x^3+x^2\right]_1^3$ ←展開してから積分

$= \left(\frac{1}{3}\times3^3+3^2\right)-\left(\frac{1}{3}\times1^3+1^2\right) = (9+9)-\left(\frac{1}{3}+1\right) = \mathbf{\frac{50}{3}}$

参考 定積分の公式を用いると，(2)は次のように計算できる。((3)も同様)

$\int_{-1}^2 (6x-2)\,dx = 6\int_{-1}^2 x\,dx - 2\int_{-1}^2 dx = 6\left[\frac{1}{2}x^2\right]_{-1}^2 - 2\Big[x\Big]_{-1}^2$

$= 6\left\{\frac{1}{2}\times2^2-\frac{1}{2}\times(-1)^2\right\}-2\{2-(-1)\}$

$= 9-6 = \mathbf{3}$

▶定積分

$F'(x)=f(x)$ のとき

$\int_a^b f(x)\,dx = \Big[F(x)\Big]_a^b$

$= F(b)-F(a)$

▶定積分の公式

$\int_a^b kf(x)\,dx = k\int_a^b f(x)\,dx$

(k は定数)

$\int_a^b \{f(x)\pm g(x)\}\,dx$

$= \int_a^b f(x)\,dx \pm \int_a^b g(x)\,dx$

(複号同順)

類題

321 次の定積分を求めよ。

(1) $\int_1^2 6x^2\,dx$

(2) $\int_{-1}^1 4x\,dx$

(3) $\int_0^3 6\,dx$

(4) $\int_1^3 (3x^2-4x)\,dx$

(5) $\int_{-2}^1 (4x-3)\,dx$

322 次の定積分を求めよ。

(1) $\int_{-2}^{3}(6x-4)\,dx$

(2) $\int_{0}^{2}x(3x-4)\,dx$

(3) $\int_{-2}^{1}(x+2)^2\,dx$

(4) $\int_{-2}^{0}(x-1)(x+3)\,dx$

(5) $\int_{-1}^{1}(t-2)(t+2)\,dt$

323 次の定積分を求めよ。

(1) $\int_{1}^{3}(6x^2-2x+3)\,dx$

(2) $\int_{0}^{2}(3x-2)^2\,dx$

(3) $\int_{-1}^{0}(2u-1)(3u+2)\,du$

JUMP 58 次の定積分を求めよ。

(1) $\int_{0}^{1}(3x^2+2t)\,dx$　　(2) $\int_{0}^{1}(3x^2+2t)\,dt$

59 定積分の計算(2)

例題 98 定積分の計算(2)

次の定積分を求めよ。

(1) $\int_0^2 (x^2+3x)\,dx - \int_0^2 (x^2-x)\,dx$

(2) $\int_{-2}^1 (x^2-3)\,dx + \int_1^3 (x^2-3)\,dx$

▶定積分の公式

$\int_a^b f(x)\,dx \pm \int_a^b g(x)\,dx$

$= \int_a^b \{f(x) \pm g(x)\}\,dx$

(複号同順)

▶定積分の性質

① $\int_a^a f(x)\,dx = 0$

② $\int_b^a f(x)\,dx = -\int_a^b f(x)\,dx$

③ $\int_a^c f(x)\,dx + \int_c^b f(x)\,dx$

$= \int_a^b f(x)\,dx$

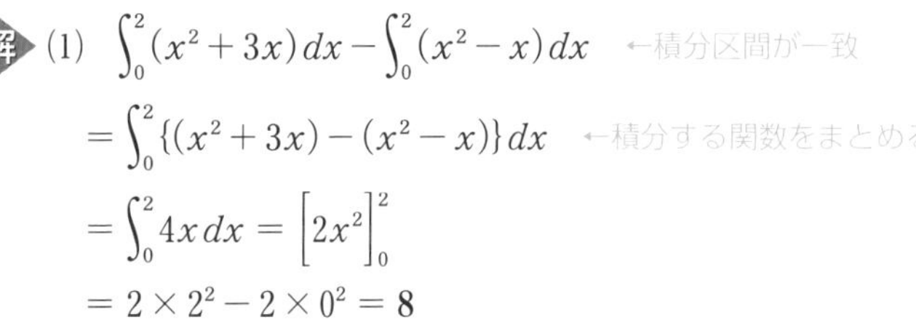

解 (1) $\int_0^2 (x^2+3x)\,dx - \int_0^2 (x^2-x)\,dx$ ←積分区間が一致

$= \int_0^2 \{(x^2+3x)-(x^2-x)\}\,dx$ ←積分する関数をまとめる

$= \int_0^2 4x\,dx = \Big[2x^2\Big]_0^2$

$= 2\times 2^2 - 2\times 0^2 = \mathbf{8}$

(2) $\int_{-2}^1 (x^2-3)\,dx + \int_1^3 (x^2-3)\,dx$ ←積分する関数が一致

$= \int_{-2}^3 (x^2-3)\,dx$ ←積分区間がつながる

$= \left[\frac{1}{3}x^3 - 3x\right]_{-2}^3$

$= \left(\frac{1}{3}\times 3^3 - 3\times 3\right) - \left\{\frac{1}{3}\times(-2)^3 - 3\times(-2)\right\}$

$= (9-9) - \left(-\frac{8}{3}+6\right) = \boldsymbol{-\frac{10}{3}}$

例題 99 定積分と微分(1)

$\frac{d}{dx}\int_1^x (t^2+3t-2)\,dt$ を計算せよ。

▶定積分と微分

$\frac{d}{dx}\int_a^x f(t)\,dt = f(x)$

(a は定数)

解 $\frac{d}{dx}\int_1^x (t^2+3t-2)\,dt = \boldsymbol{x^2+3x-2}$

例題100 定積分と微分(2)

等式 $\int_1^x f(t)\,dt = x^2 - ax + 2$ を満たす関数 $f(x)$ と定数 a の値を求めよ。

解 等式の両辺の関数を x で微分すると

$f(x) = 2x - a$

与えられた等式に $x=1$ を代入すると

(左辺) $= \int_1^1 f(t)\,dt = 0$ ←$\int_a^a f(t)\,dt = 0$

(右辺) $= 1 - a + 2 = 3 - a$

したがって，$3-a=0$ より $\boldsymbol{a=3}$

よって　$\boldsymbol{f(x) = 2x-3}$

324 次の定積分を求めよ。

(1) $\int_1^3 (x^2-2x+3)\,dx - \int_1^3 (x^2-4x+3)\,dx$

(2) $\int_{-2}^1 (6x^2-2x)\,dx + \int_1^3 (6x^2-2x)\,dx$

325 次の計算をせよ。

(1) $\dfrac{d}{dx}\int_{-1}^x (3t^2-4t+5)\,dt$

(2) $\dfrac{d}{dx}\int_2^x (t-3)(t+1)\,dt$

326 等式 $\int_1^x f(t)\,dt = 2x^2-3x+a$ を満たす関数 $f(x)$ と定数 a の値を求めよ。

327 次の定積分を求めよ。

(1) $\int_0^2 (2x+3)^2\,dx - \int_0^2 (2x-3)^2\,dx$

(2) $\int_{-1}^3 x(x-4)\,dx - \int_{-1}^3 (x-2)^2\,dx$

(3) $\int_{-1}^1 (3-x^2)\,dx - \int_2^1 (3-x^2)\,dx$

328 等式 $\int_a^x f(t)\,dt = x^2-4x+3$ を満たす関数 $f(x)$ と定数 a の値を求めよ。

JUMP 59 等式 $\int_a^x f(t)\,dt = x^2+2ax-3$ を満たす関数 $f(x)$ と定数 a の値を求めよ。

60 定積分と面積(1)

例題101 定積分と面積

次の放物線と直線で囲まれた部分の面積 S を求めよ。

(1) $y = x^2$, x 軸, $x = 1$, $x = 3$

(2) $y = -x^2 + 2x$, x 軸

(1) $S = \int_1^3 x^2\,dx = \left[\frac{1}{3}x^3\right]_1^3$

$= \frac{1}{3} \times 3^3 - \frac{1}{3} \times 1^3 = \mathbf{\frac{26}{3}}$

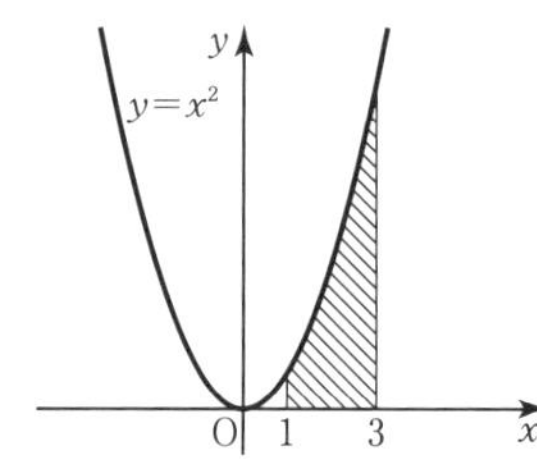

(2) $y = -x^2 + 2x$ と x 軸の共有点の x 座標は

$-x^2 + 2x = 0$ より $-x(x-2) = 0$

よって　$x = 0$, 2

$S = \int_0^2 (-x^2 + 2x)\,dx$

$= \left[-\frac{1}{3}x^3 + x^2\right]_0^2$

$= -\frac{1}{3} \times 2^3 + 2^2 = \mathbf{\frac{4}{3}}$

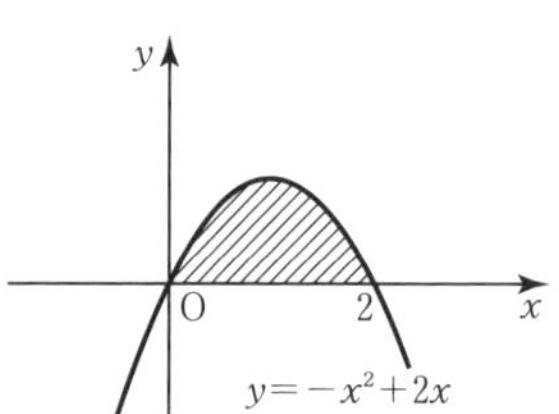

別解 $S = -\int_0^2 x(x-2)\,dx$

$= -\left\{-\frac{1}{6}(2-0)^3\right\} = \mathbf{\frac{4}{3}}$

▶面積の求め方

区間 $a \leqq x \leqq b$ で $f(x) \geqq 0$ のとき

$S = \int_a^b f(x)\,dx$

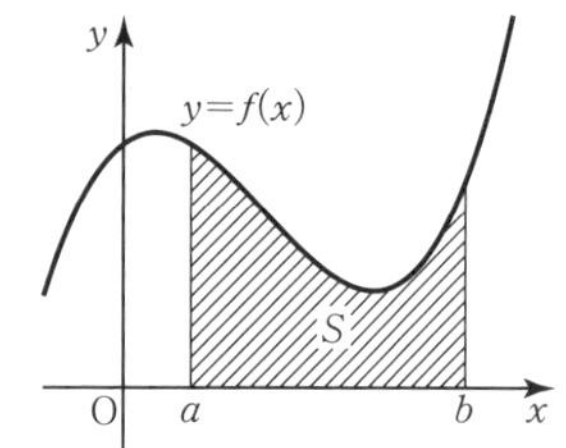

▶定積分についての公式

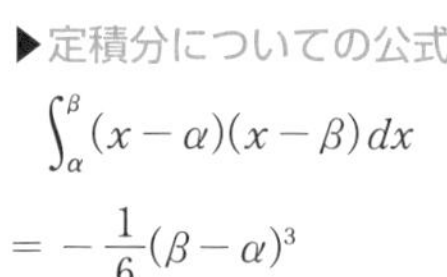

$\int_\alpha^\beta (x-\alpha)(x-\beta)\,dx$

$= -\frac{1}{6}(\beta - \alpha)^3$

類題

329 次の放物線と直線で囲まれた部分の面積 S を求めよ。

(1) $y = x^2 + 1$, x 軸, y 軸, $x = 2$

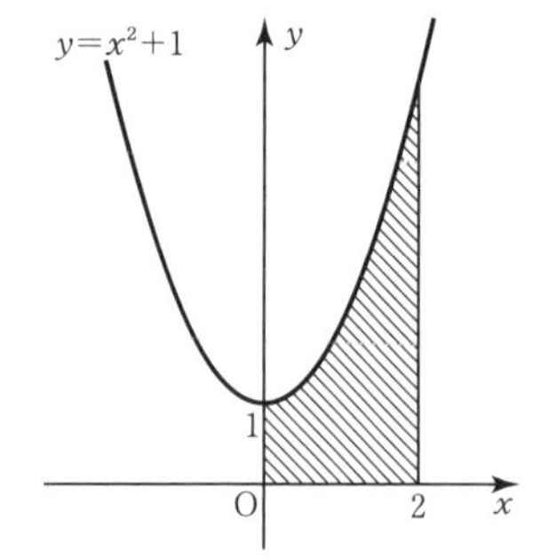

(2) $y = -x^2 + 1$, x 軸

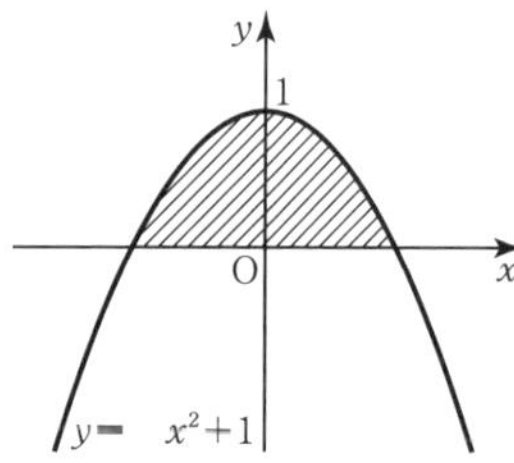

330 次の放物線と直線で囲まれた部分の面積 S を求めよ。

(1) $y=3x^2$，x 軸，$x=1$，$x=3$

(2) $y=x^2+3$，x 軸，$x=-1$，$x=2$

(3) $y=-x^2-2x$，x 軸

331 次の放物線と直線で囲まれた部分の面積 S を求めよ。

(1) $y=(x-2)^2$，x 軸，$x=-1$，$x=1$

(2) $y=-x^2+3$，x 軸

JUMP 60 $y=-x^2+ax\ (a>0)$ と x 軸で囲まれた部分の面積 S が $\dfrac{4}{3}$ のとき，a の値を求めよ。

61 定積分と面積(2)

例題102 曲線が x 軸より下の場合の面積

放物線 $y=x^2-1$ と x 軸で囲まれた部分の面積 S を求めよ。

解 放物線 $y=x^2-1$ と x 軸との共有点の x 座標は

$x^2-1=0$ より $(x+1)(x-1)=0$

$x=-1,\ 1$

この放物線と x 軸で囲まれた部分の面積は，区間 $-1\leqq x\leqq 1$ で $y\leqq 0$ より

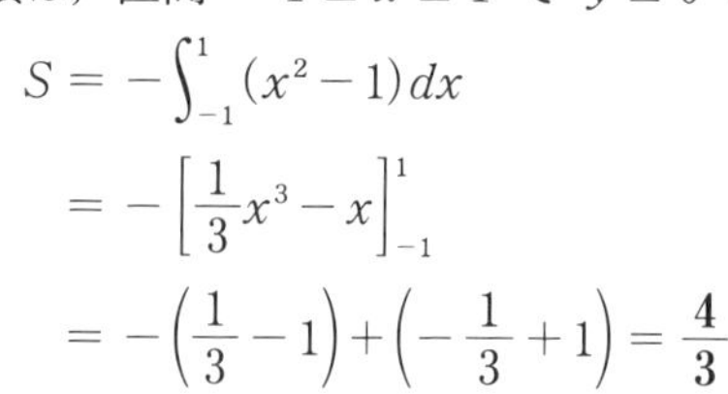

$$S=-\int_{-1}^{1}(x^2-1)\,dx$$

$$=-\left[\frac{1}{3}x^3-x\right]_{-1}^{1}$$

$$=-\left(\frac{1}{3}-1\right)+\left(-\frac{1}{3}+1\right)=\boldsymbol{\frac{4}{3}}$$

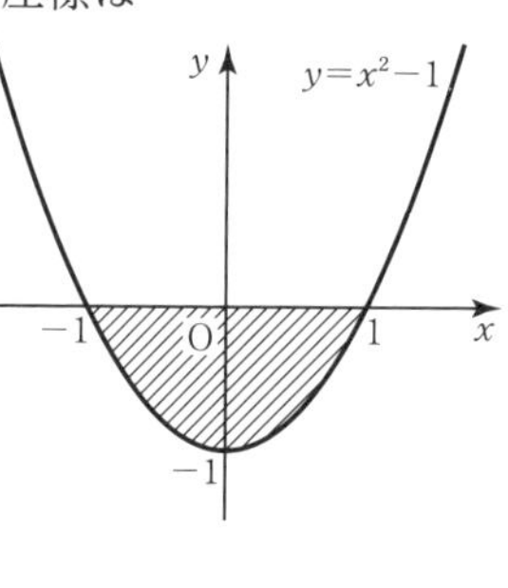

▶ x 軸より下の場合

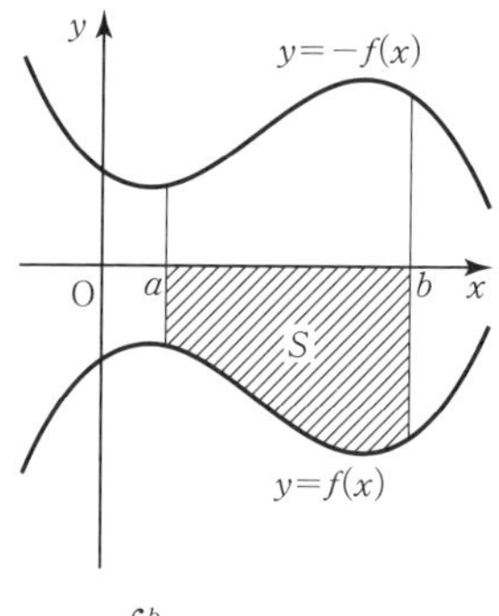

$$S=\int_a^b\{-f(x)\}\,dx$$

$$=-\int_a^b f(x)\,dx$$

例題103 2曲線間の面積

放物線 $y=x^2$ と直線 $y=-x+2$ で囲まれた部分の面積 S を求めよ。

解 放物線 $y=x^2$ と直線 $y=-x+2$ との共有点の x 座標は

方程式 $x^2=-x+2$ より $(x+2)(x-1)=0$　　$x=-2,\ 1$

よって，この放物線と直線で囲まれた部分の面積は

区間 $-2\leqq x\leqq 1$ で $-x+2\geqq x^2$ より

$$S=\int_{-2}^{1}\{(-x+2)-x^2\}\,dx$$

$$=\int_{-2}^{1}(-x^2-x+2)\,dx$$

$$=\left[-\frac{1}{3}x^3-\frac{1}{2}x^2+2x\right]_{-2}^{1}$$

$$=\left(-\frac{1}{3}-\frac{1}{2}+2\right)-\left(\frac{8}{3}-2-4\right)=\boldsymbol{\frac{9}{2}}$$

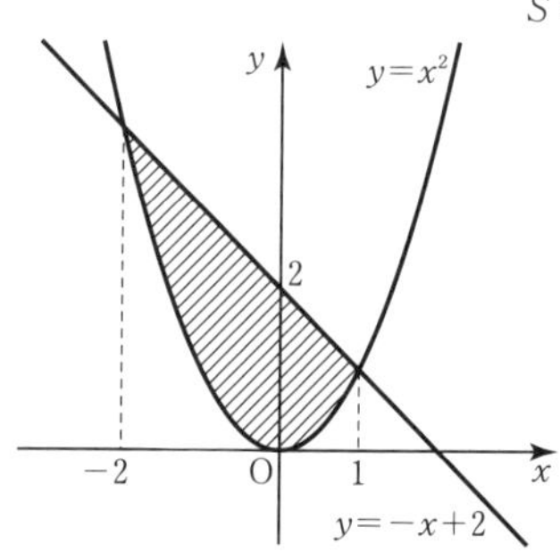

▶ 2曲線間の面積

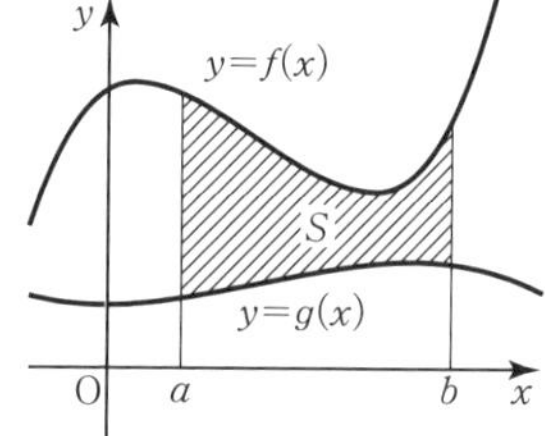

$$S=\int_a^b\{f(x)-g(x)\}\,dx$$

類題

332 放物線 $y=x^2-2$ と直線 $y=x$ で囲まれた部分の面積 S を求めよ。

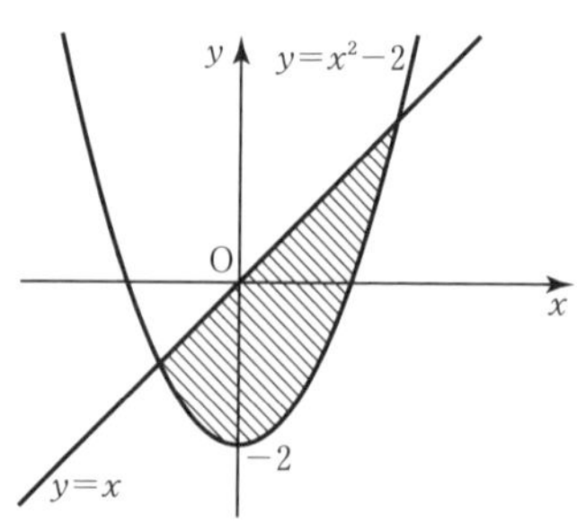

333 放物線 $y=(x-1)(x-4)$ と x 軸で囲まれた部分の面積 S を求めよ。

334 放物線 $y=x^2-1$ と直線 $y=-2x+2$ で囲まれた部分の面積 S を求めよ。

335 放物線 $y=x^2-3x+2$ と x 軸で囲まれた部分の面積 S を求めよ。

336 2つの放物線 $y=x^2-2x-3$ と $y=-x^2+1$ で囲まれた部分の面積 S を求めよ。

JUMP 61 定積分 $\int_0^2 |2x-1|\,dx$ を求めよ。

まとめの問題 積分法

1 次の不定積分を求めよ。

(1) $\int(3x^2+6x-1)\,dx$

(2) $\int\left(\frac{1}{2}t^2-t+1\right)dt$

(3) $\int(3x-2)^2\,dx$

2 次の条件を満たす関数 $F(x)$ を求めよ。
$F'(x)=6x^2+2x+2$，$F(-1)=2$

3 次の定積分を求めよ。

(1) $\int_{-2}^{1}(x^2+2x-3)\,dx$

(2) $\int_0^2(x^2-2x)\,dx-\int_0^{-1}(x^2-2x)\,dx$

4 次の計算をせよ。

(1) $\frac{d}{dx}\int_{-1}^{x}(6t^2-2t+1)\,dt$

(2) $\frac{d}{dx}\int_0^{x}(t-1)(t-2)(t-3)\,dt$

5 等式 $\int_{-2}^{x} f(t)\,dt = x^2 - ax + 6$ を満たす定数 a の値と関数 $f(x)$ を求めよ。

6 放物線 $y = x^2 - 2$ と x 軸で囲まれた部分の面積 S を求めよ。

7 2つの放物線 $y = x^2 + 2x + 1$ と $y = -x^2 + 5$ で囲まれた部分の面積 S を求めよ。

8 放物線 $y = -x^2 + x$ と x 軸および直線 $x = 2$ で囲まれた2つの部分の面積の和 S を求めよ。

こたえ

1 (1) x^3-3x^2+3x-1
(2) $8a^3+12a^2b+6ab^2+b^3$
(3) x^3+1　(4) $8a^3-b^3$

2 (1) $(x+1)(x^2-x+1)$
(2) $(2a-b)(4a^2+2ab+b^2)$

3 (1) $8x^3+12x^2+6x+1$
(2) $27x^3-27x^2y+9xy^2-y^3$
(3) x^3+8y^3　(4) $27a^3-b^3$

4 (1) $(x+2)(x^2-2x+4)$
(2) $(2a-1)(4a^2+2a+1)$

5 (1) $27a^3+8b^3$
(2) $-x^3+6x^2y-12xy^2+8y^3$
(3) $-27x^3-54x^2-36x-8$
(4) $27x^3-64y^3$

6 (1) $2(5a+b)(25a^2-5ab+b^2)$
(2) $p(2x-y)(4x^2+2xy+y^2)$

JUMP 1　$a^{12}-2a^6b^6+b^{12}$

7 $x^4+8x^3+24x^2+32x+16$

8 20

9 (1) $a^4-4a^3b+6a^2b^2-4ab^3+b^4$
(2) $x^5+15x^4+90x^3+270x^2+405x+243$
(3) $16x^4-96x^3y+216x^2y^2-216xy^3+81y^4$
(4) $64x^6+192x^5y+240x^4y^2+160x^3y^3$
$+60x^2y^4+12xy^5+y^6$

10 (1) 15　(2) 60　(3) 1080

JUMP 2　30

11 商 x^2-2x+3，余り 2

12 x^2+2x+3

13 (1) 商 $2x-2$，余り 7
(2) 商 $x-1$，余り x

14 $2x^3+9x^2+12x$

15 商 $3x^2+2x-3$，余り 0

16 x^2+x+1

17 $2x^2-3x+4$

JUMP 3　x について整理すると
商 $2x-3y+4$，余り $12y^2-10y-1$
y について整理すると
商 $3y-x-1$，余り $3x^2+5x-1$

18 (1) $\dfrac{3}{x-1}$　(2) $x-1$

19 (1) $x+1$　(2) $\dfrac{1}{x-3}$

20 (1) 1　(2) $\dfrac{x}{(x+1)(x+4)}$

21 (1) $\dfrac{7}{x+2}$　(2) $\dfrac{x+1}{(x+3)(x+2)}$
(3) $\dfrac{2}{(x+3)(x-1)}$

22 (1) $\dfrac{1}{2}$　(2) $\dfrac{(2x-1)(x-4)}{(x-3)(x-1)}$

23 (1) $\dfrac{x^2}{x-1}$　(2) $\dfrac{2}{x-4}$

JUMP 4　$x-1$

24 $x=3$，$y=5$

25 (1) $5-i$　(2) $2+i$
(3) $-13+11i$　(4) $3-2i$

26 (1) $7+i$　(2) $1+5i$
(3) $3+2i$　(4) $11+3i$

27 (1) $2-3i$　(2) 13　(3) $-\dfrac{5}{13}+\dfrac{12}{13}i$

28 (1) $-6+4i$　(2) $3+8i$　(3) $16+11i$
(4) $\dfrac{1}{13}+\dfrac{21}{13}i$　(5) $-\dfrac{11}{13}+\dfrac{10}{13}i$

29 $x=1$，$y=-1$

JUMP 5　$(x,\ y)=(2,\ 2)$，$(-2,\ -2)$

30 (1) $\sqrt{7}\,i$　(2) $\pm 8i$

31 (1) $-2\sqrt{5}$　(2) $-\dfrac{\sqrt{3}}{3}i$

32 (1) $x=\pm\sqrt{10}\,i$　(2) $x=\pm 2i$

33 (1) $5i$　(2) $\pm 3\sqrt{2}\,i$

34 (1) $-4-3i$　(2) $-5\sqrt{3}$　(3) 3

35 (1) $x=\pm 2\sqrt{2}\,i$　(2) $x=\pm 7i$

36 (1) $12i$　(2) 2
(3) $4+6\sqrt{5}\,i$　(4) $\dfrac{8\sqrt{3}}{9}i$

37 (1) $x=\pm\dfrac{1}{2}i$　(2) $x=\pm\dfrac{2\sqrt{3}}{3}i$

JUMP 6　(1) $\dfrac{3-2\sqrt{10}\,i}{7}$
(2) $\dfrac{3+5\sqrt{2}-(14-4\sqrt{2})i}{41}$

38 (1) $x=\dfrac{-5\pm\sqrt{21}}{2}$　(2) $x=\dfrac{1\pm\sqrt{33}}{4}$
(3) $x=\dfrac{1\pm\sqrt{23}\,i}{4}$

39 (1) $x=-2\pm\sqrt{2}\,i$　(2) $x=\dfrac{3\pm\sqrt{5}}{4}$
(3) $x=\dfrac{-2\pm\sqrt{11}\,i}{3}$

40 (1) $x=\dfrac{3\pm\sqrt{5}}{2}$　(2) $x=\dfrac{3\pm\sqrt{19}\,i}{2}$
(3) $x=\dfrac{1\pm\sqrt{5}\,i}{2}$　(4) $x=\dfrac{-3\pm\sqrt{69}}{6}$
(5) $x=\dfrac{1\pm\sqrt{11}\,i}{4}$

41 (1) $x=\dfrac{1\pm\sqrt{5}}{2}$　(2) $x=\dfrac{3}{2}$
(3) $x=\dfrac{3\pm\sqrt{23}\,i}{4}$　(4) $\dfrac{3\pm 3i}{2}$
(5) $\dfrac{\sqrt{6}}{3}$

JUMP 7　$x=-1$，$\dfrac{-3-\sqrt{3}}{3}$

42 (1) 異なる2つの実数解をもつ。
(2) 異なる2つの虚数解をもつ。
(3) 重解をもつ。
43 $m>3$
44 (1) 異なる2つの実数解をもつ。
(2) 異なる2つの虚数解をもつ。
(3) 重解をもつ。
45 $m<2$
46 $m=5$，重解は $x=-2$
47 (1) 異なる2つの虚数解をもつ。
(2) 異なる2つの実数解をもつ。
48 $m\leqq -2$，$6\leqq m$
49 $m<-3$，$3<m$ のとき異なる2つの実数解，
$m=\pm 3$ のとき重解，
$-3<m<3$ のとき異なる2つの虚数解をもつ。
JUMP 8 $m=0$ のとき1つの実数解，
$-\frac{1}{2}<m<0$，$0<m<\frac{1}{2}$ のとき異なる2つの実数解，
$m=\pm\frac{1}{2}$ のとき重解，
$m<-\frac{1}{2}$，$\frac{1}{2}<m$ のとき異なる2つの虚数解をもつ。
50 (1) -2 (2) $-\frac{5}{2}$ (3) 5
(4) 9 (5) -23
51 (1) -5 (2) -19 (3) 11
(4) $\frac{3}{7}$ (5) $-\frac{5}{7}$
52 (1) $\frac{31}{9}$ (2) $-\frac{46}{27}$ (3) $\frac{5}{3}$
53 $m=9$，2つの解は -3，-6
JUMP 9 $m=11$，このとき2つの解は4，7
$m=-3$，このとき2つの解は -3，0
54 (1) $\left(x-\frac{1+\sqrt{17}}{2}\right)\left(x-\frac{1-\sqrt{17}}{2}\right)$
(2) $(x-3i)(x+3i)$
55 $x^2-6x+25=0$
56 (1) $(x-2-\sqrt{2})(x-2+\sqrt{2})$
(2) $(2x-3)(3x+2)$
(3) $2\left(x-\frac{1+\sqrt{5}i}{2}\right)\left(x-\frac{1-\sqrt{5}i}{2}\right)$
57 $x^2-6x+7=0$
58 $x^2-4x-2=0$
59 $x^2+x+2=0$
60 (1) $2x^2+6x+3=0$
(2) $9x^2-24x+4=0$
JUMP 10 $2+i$，$2-i$

まとめの問題 式の計算，複素数と方程式

1 (1) $x^3-9x^2+27x-27$
(2) $\frac{a^3}{8}-b^3$
(3) $(x-4)(x^2+4x+16)$
2 60
3 x^2+x-2
4 (1) $\frac{2(x+1)}{x-5}$ (2) $\frac{x+4}{(x+2)(x-4)}$
5 (1) $3+4i$ (2) $-19+4i$ (3) $\frac{16}{5}+\frac{3}{5}i$
6 (1) 11 (2) $2-2i$
7 (1) $x=\frac{2\pm\sqrt{2}i}{3}$ (2) $x=\frac{\sqrt{3}\pm i}{2}$
8 (1) $2<m<6$ (2) $m\leqq 2$，$6\leqq m$
9 (1) 21 (2) 23 (3) $\frac{90}{7}$
10 $m=48$，2つの解は4，12
11 $x^2-4x+11=0$
61 (1) 0 (2) 14
62 $2x+5$
63 (1) -2 (2) -8
64 $k=35$
65 $-3x+2$
66 $k=2$
67 (1) 8 (2) 44 (3) $9x+17$
68 $2x+2$
JUMP 11 $7x-5$
69 $m=-3$
70 $(x-1)(x-2)(x+4)$
71 $m=-2$
72 (1) $(x-1)(x+3)(x-3)$
(2) $(x-1)(x+2)(x+4)$
(3) $(x-1)(x+3)^2$
73 $m=-\frac{1}{2}$，2
74 (1) $(x+1)(x+2)(x+3)$
(2) $(x-1)(2x-1)(x+2)$
(3) $(x+1)(2x-1)^2$
JUMP 12 $a=3$，$b=-11$
75 (1) $x=-2$，$1\pm\sqrt{3}i$ (2) $x=\pm i$，$\pm\sqrt{2}$
76 $x=1$，-2，-4
77 (1) $x=\pm i$，± 4 (2) $x=1$，-2，3
(3) $x=-1$，2，4 (4) $x=1$，$1\pm\sqrt{5}$
78 (1) $x=\pm 2$，-1，3 (2) $x=-2$，$\frac{3\pm\sqrt{3}i}{2}$
(3) $x=2$，-3，$-\frac{1}{2}$
JUMP 13 $a=-3$，$b=10$，他の解は $x=-2$，$2-i$
79 (1) $a=6$，$b=13$，$c=5$
(2) $a=1$，$b=2$，$c=3$
80 (1) $a=1$，$b=2$，$c=3$
(2) $a=3$，$b=0$，$c=-5$
81 $a=1$，$b=-6$
82 $x=10$，$y=5$
JUMP 14 $a=1$，$b=-2$，$c=1$
83 略
84 略
85 (1) 略 (2) 略
86 略
87 (1) 略 (2) 略 (3) 略
JUMP 15 2

88 (1) 略
(2) 略（等号成立は $x=2$ のとき）
(3) 略（等号成立は $a=b=0$ のとき）
89 略（等号成立は $x=-3$, $y=1$ のとき）
90 略
91 略（等号成立は $a=3$ のとき）
JUMP 16 略 $\left(\text{等号成立は } a=\frac{2}{3}b \text{ のとき}\right)$

まとめの問題 因数定理と恒等式，等式・不等式の証明

1 (1) 4 (2) -56
2 $-x+5$
3 $m=-1$, $P(x)=(x-1)(x+2)(x-2)$
4 (1) $(x-1)(x+2)(x-4)$
(2) $(x-1)(x-2)(x+5)$
5 (1) $x=\pm1$, ±3 (2) $x=-1$, $1\pm\sqrt{2}$
(3) $x=-2$, $\frac{1\pm2\sqrt{2}i}{3}$ (4) $x=3$, -6
6 $a=2$, $b=5$, $c=3$
7 略
8 略
9 略 $\left(\text{等号成立は } a=\frac{3}{2}b \text{ のとき}\right)$
10 略 $\left(\text{等号成立は } a=\frac{\sqrt{6}}{3}b \text{ のとき}\right)$

92 (1) 5 (2) 2 (3) 12
93 数直線：F(-4)，A(1)，D(3)，C(4)，B(6)，E(11)
94 (1) C(4) (2) D(2)
(3) E(17) (4) $F\left(-\frac{11}{2}\right)$
95 (1) AP=3，BP=2，3：2 に内分する点
(2) AQ=10，BQ=15，2：3 に外分する点
96 (1) C(1) (2) D(-15)
97 40
98 (1) C(-4) (2) $M\left(-\frac{9}{2}\right)$ (3) $D\left(\frac{4}{3}\right)$
(4) $AD=\frac{25}{3}$, $DB=\frac{10}{3}$
99 $b=10$
JUMP 17 $b=13$，もう 1 つの 3 等分点の座標は 8，
または $b=\frac{11}{2}$，もう 1 つの 3 等分点の座標は $\frac{1}{2}$
100 (1) $3\sqrt{2}$ (2) C(0, 2) (3) D(4, 6)
101 G(1, 3)
102 (1) $4\sqrt{5}$ (2) P(3, 3) (3) Q(0, 9)
(4) M(4, 1) (5) $G\left(3, \frac{4}{3}\right)$
103 $x=7$, -1
104 (1) C(-2, 0), D(2, -8)
(2) $4\sqrt{5}$
105 (1) $AB^2=a^2+b^2+c^2+2ac$,
$AC^2=a^2+b^2+9c^2-6ac$,
$AD^2=a^2+b^2$, $BD^2=c^2$
(2) 略
JUMP 18 $(x, y)=(2\sqrt{3}, 3)$, $(-2\sqrt{3}, 3)$
106

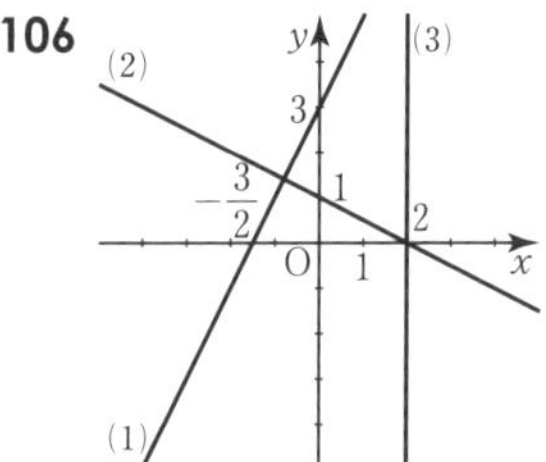

107 (1) $y=2x+1$ (2) $y=-x+6$
(3) $x=2$ (4) $y=4$
108

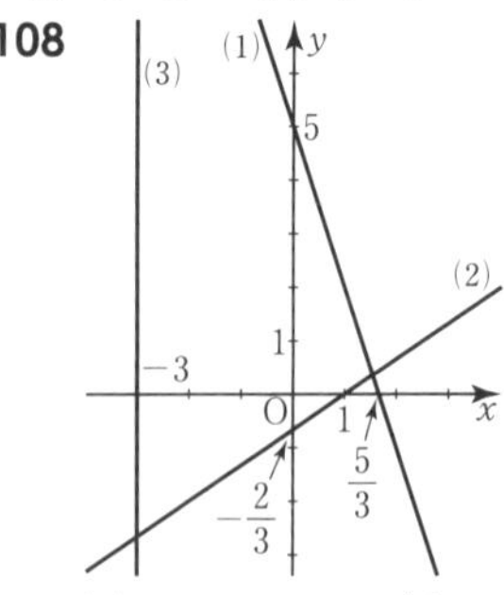

109 (1) $y=3x-6$ (2) $y=-2x-1$
(3) $x=4$
110 $a=\frac{11}{4}$

111 (1) $y=\frac{3}{2}x-5$ (2) $y=-\frac{4}{3}x-\frac{26}{3}$

(3) $y=-\frac{5}{2}x+5$ (4) $y=-3$

112 $a=-2,\ 3$

JUMP 19 P$(-3,\ -5)$

113 (1) 傾き 1，y 切片 $-\frac{5}{2}$

(2) 傾き $-\frac{1}{3}$，y 切片 2

(1)
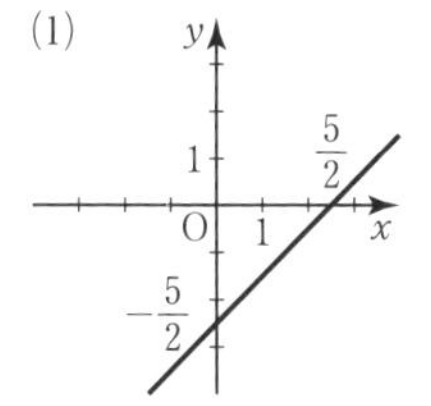
(2)
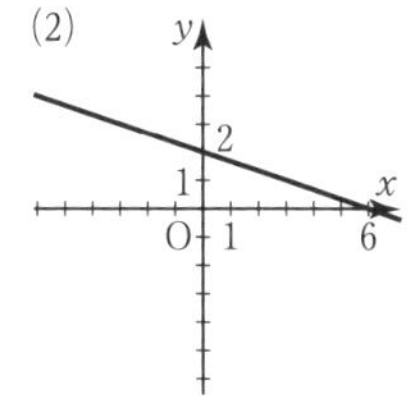

114 (1) $(-5,\ 3)$

(2) $x+4y-7=0$ $\left(y=-\frac{1}{4}x+\frac{7}{4}\ \text{でもよい}\right)$

115 (1) 傾き $\frac{3}{2}$，y 切片 2 (2) 傾き $-\frac{2}{3}$，y 切片 2

(1)
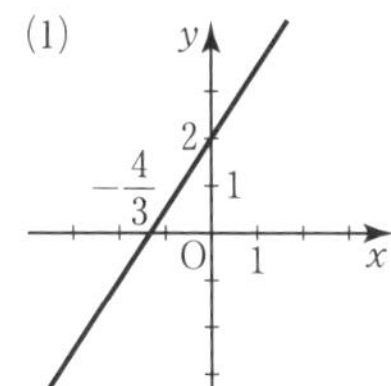
(2)
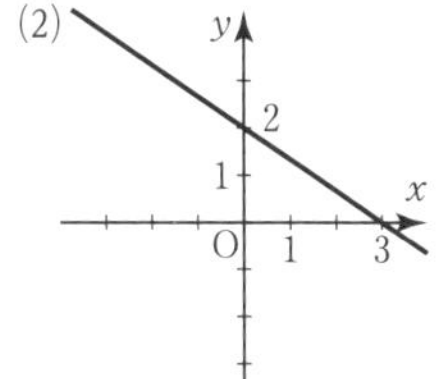

116 $2x+y+1=0$（$y=-2x-1$ でもよい）

117 $x+y-6=0$（$y=-x+6$ でもよい）

118 $4x+3y-5=0$ $\left(y=-\frac{4}{3}x+\frac{5}{3}\ \text{でもよい}\right)$

119 $a=2$

JUMP 20 $\angle C=90^\circ$ である直角二等辺三角形

120 (1) ①と⑥，③と⑤

(2) ②と⑦，④と⑧

121 (1) $3x-y-7=0$（$y=3x-7$ でもよい）

(2) $x+3y+1=0$ $\left(y=-\frac{1}{3}x-\frac{1}{3}\ \text{でもよい}\right)$

122 (1) $2x-5y+2=0$ $\left(y=\frac{2}{5}x+\frac{2}{5}\ \text{でもよい}\right)$

(2) $5x+2y-24=0$ $\left(y=-\frac{5}{2}x+12\ \text{でもよい}\right)$

123 (1) $x-2y-4=0$ $\left(y=\frac{1}{2}x-2\ \text{でもよい}\right)$

(2) $x-2y+2=0$ $\left(y=\frac{1}{2}x+1\ \text{でもよい}\right)$

124 ① $2x-3y-3=0$ $\left(y=\frac{2}{3}x-1\ \text{でもよい}\right)$

② $3x+2y-8=0$ $\left(y=-\frac{3}{2}x+4\ \text{でもよい}\right)$

125 $3x-5y-8=0$ $\left(y=\frac{3}{5}x-\frac{8}{5}\ \text{でもよい}\right)$

126 (1) $\frac{b}{a}=\frac{1}{2}$ (2) $2a+b=4$ (3) $\left(\frac{8}{5},\ \frac{4}{5}\right)$

JUMP 21 $a=\frac{2}{3}$ のとき垂直，$a=-2,\ 4$ のとき平行

127 (1) 4 (2) $\sqrt{5}$ (3) $\frac{4\sqrt{5}}{5}$

128 (1) $\frac{\sqrt{10}}{2}$ (2) 1 (3) $\frac{3\sqrt{10}}{10}$

129 (1) 1 (2) $\sqrt{5}$ (3) $\frac{\sqrt{13}}{13}$

130 (1) $x-y+2=0$ (2) $4\sqrt{2}$

131 (1) $\frac{3\sqrt{10}}{2}$ (2) $\frac{\sqrt{21}}{7}$

132 (1) $2\sqrt{17}$ (2) $\frac{9\sqrt{17}}{17}$ (3) 9

JUMP 22 $k=\pm10$

まとめの問題　図形と方程式①

1 (1) C(-4)，AC$=2$ (2) D(-26)，BD$=30$

2 (1) $4\sqrt{2}$ (2) C$(1,\ 6)$，D$(4,\ 9)$

3 G$\left(1,\ -\frac{4}{3}\right)$

4 (1) $y=4x+6$

(2) $y=-2x+10$

(3) $x=-3$

5 $3x-y+11=0$（$y=3x+11$ でもよい）

6 (1) $x+2y-1=0$ $\left(y=-\frac{1}{2}x+\frac{1}{2}\ \text{でもよい}\right)$

(2) $5x+3y-12=0$ $\left(y=-\frac{5}{3}x+4\ \text{でもよい}\right)$

7 P$(-3,\ 6)$

8 (1) $\sqrt{10}$ (2) $\frac{9\sqrt{13}}{26}$

9 (1) $\frac{9\sqrt{10}}{10}$ (2) $\frac{9}{2}$

133 (1)
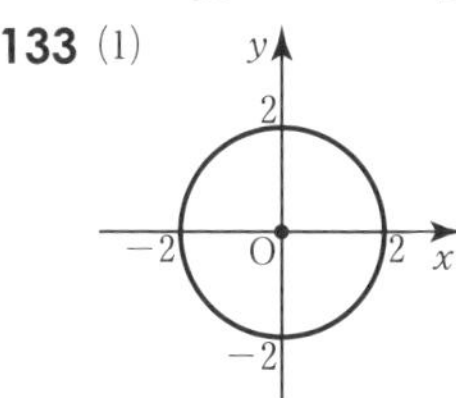
(2)
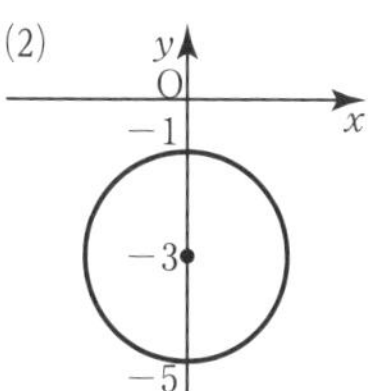
(3)
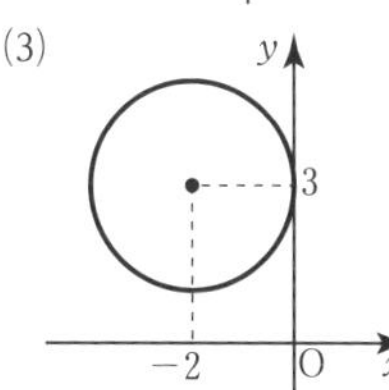

134 (1) $(x-2)^2+(y-5)^2=16$

(2) $(x+3)^2+(y+2)^2=8$

(3) $x^2+(y-2)^2=5$

135 (1) $x^2+y^2=25$

(2) $(x-1)^2+(y-3)^2=8$

(3) $(x-4)^2+(y+1)^2=17$

(4) $(x+2)^2+(y-1)^2=25$

(5) $(x-5)^2+(y-4)^2=8$

136 (1) $(x+2)^2+(y-4)^2=16$

(2) $(x+2)^2+(y-4)^2=4$

137 (1) $(x+1)^2+(y-5)^2=52$

(2) $(x-1)^2+(y-2)^2=18$

138 $(x-4)^2+(y-2)^2=5$

139 $(x+1)^2+(y-1)^2=1$,
$(x+5)^2+(y-5)^2=25$

JUMP 23 $(x+1)^2+(y+2)^2=25$

140 (1) 中心 (2, 1), 半径 2 の円
(2) 中心 (3, −1), 半径 4 の円

141 $x^2+y^2-2x-2y=0$

142 (1) 中心 (−3, −5), 半径 6 の円
(2) 中心 (−2, 3), 半径 7 の円

143 $x^2+y^2-6x-1=0$, 中心 (3, 0), 半径 $\sqrt{10}$

144 (1) 中心 (4, −1), 半径 $2\sqrt{5}$ の円
(2) 中心 $\left(\frac{3}{2},\ \frac{1}{2}\right)$, 半径 $\frac{\sqrt{2}}{2}$ の円

145 $x^2+y^2-4x+2y-20=0$, 中心 (2, −1), 半径 5

JUMP 24 中心 (3, 2), 半径 5

146 (0, −3), (3, 0)

147 (1) (2, 4), (4, 2)
(2) (−5, 0), (−3, 4)

148 $-6 \leqq m \leqq 6$

149 (−1, 2)

150 $m<-5\sqrt{10}$, $5\sqrt{10}<m$

151 $r=2\sqrt{5}$

JUMP 25 $2\sqrt{3}$

152 (1) $3x+2y=13$ (2) $y=3$

153 (1) $-3x+y=10$ (2) $y=-\sqrt{3}$

154 $-x+2y=10$, $-2x-y=10$

155 $r=1$

156 $3x-2y=13$, $-2x-3y=13$

157 $r=2\sqrt{5}+2$

JUMP 26 $y=2x+5$, $y=2x-5$
($2x-y+5=0$, $2x-y-5=0$ でもよい)

158 (1) 直線 $2x+y-10=0$
(2) 点 (−3, 0) を中心とする半径 3 の円

159 直線 $2x-4y-7=0$

160 点 (0, 0) を中心とする半径 2 の円

161 (1) $s^2+t^2=4$
(2) $x=\frac{6+s}{2}$, $y=\frac{t}{2}$
(3) 点 (3, 0) を中心とする半径 1 の円

162 点 (−3, −5) を中心とする半径 $6\sqrt{2}$ の円

163 点 (0, −2) を中心とする半径 2 の円

JUMP 27 $\mathrm{P}(t,\ t^2+2t-1)$, 放物線 $y=x^2+2x-1$

164

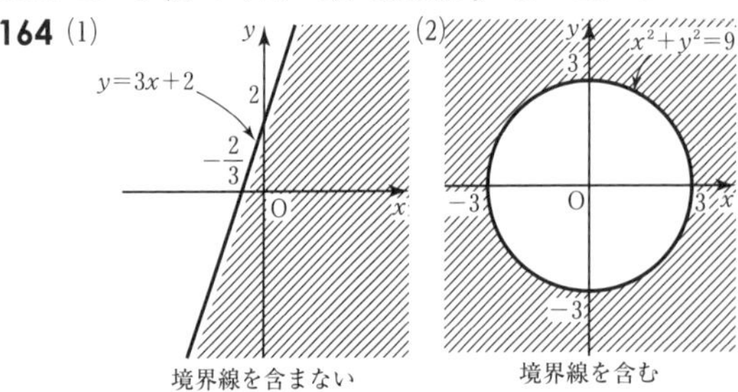

165 (1) $y>-2x+2$ (2) $x^2+(y-1)^2 \leqq 1$

166

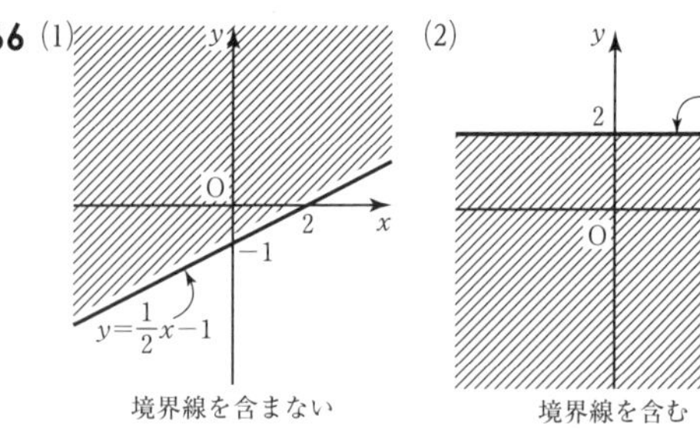

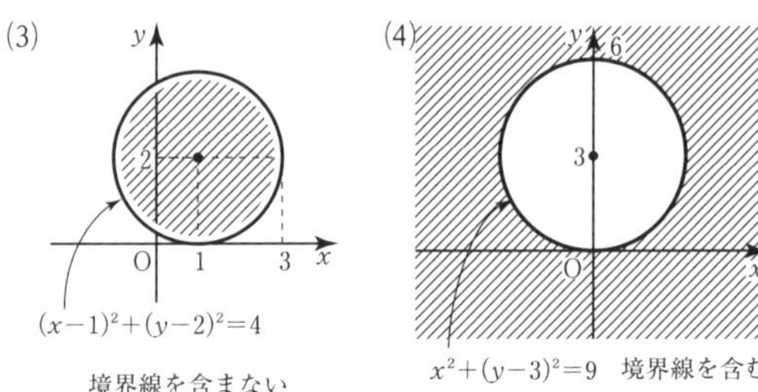

167 (1) $y<-\frac{1}{2}x+5$ (2) $(x-1)^2+(y+1)^2 \leqq 4$

168

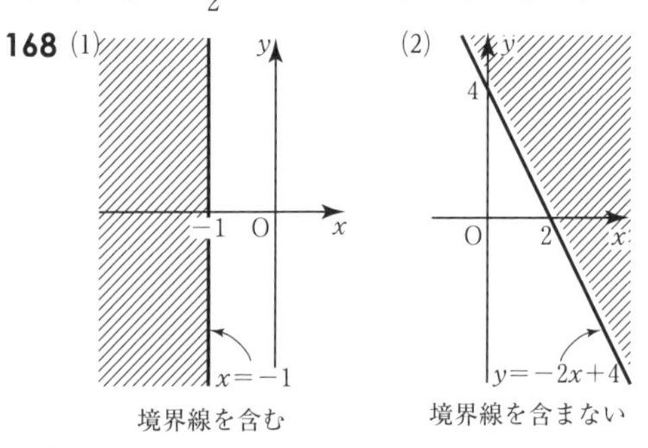

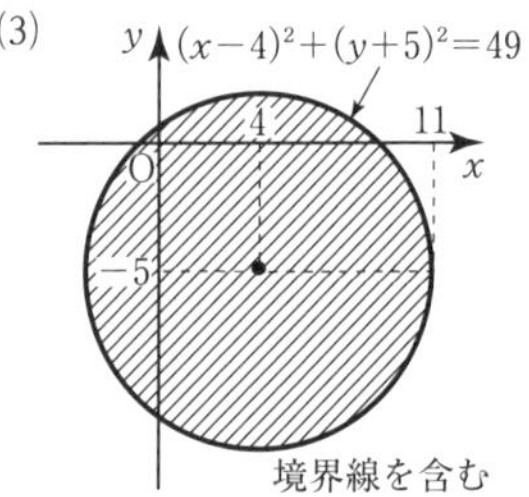

169 (1) $y \geqq \frac{5}{3}x+5$ (2) $(x-2)^2+(y-6)^2>40$

JUMP 28

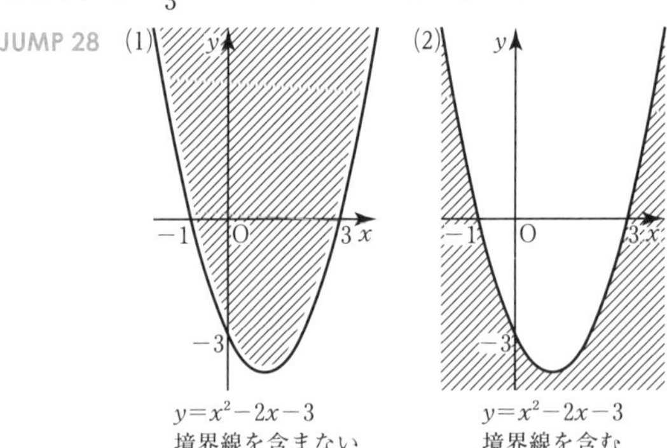

(3)

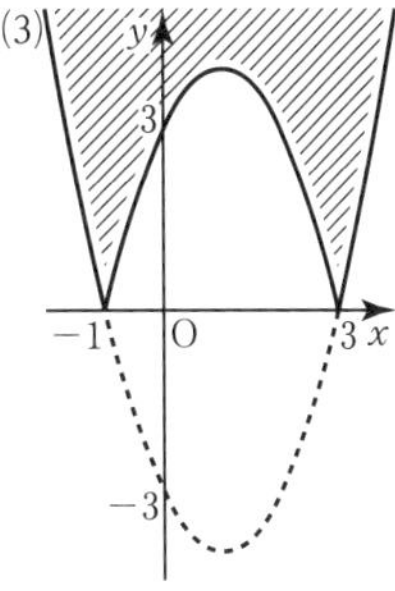

$y=|x^2-2x-3|$
境界線を含まない

170

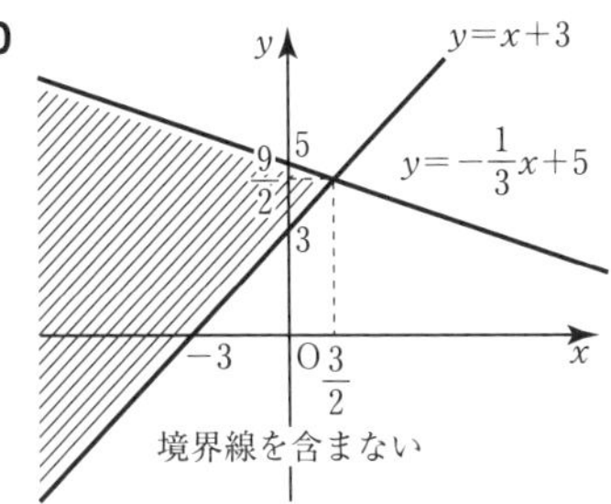

171 (1) $\begin{cases} y>x+1 \\ y<-2x-5 \end{cases}$　(2) $\begin{cases} y\geqq -x+1 \\ (x-1)^2+y^2\leqq 1 \end{cases}$

172 (1)

$y=-x+3$
3
$\frac{7}{3}$
1
$-\frac{1}{2}$
O $\frac{2}{3}$
3
x
$y=2x+1$　境界線を含まない

(2)

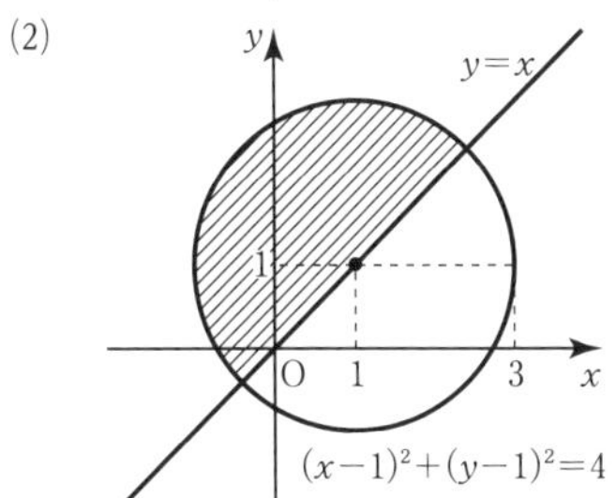

境界線を含む

(3)

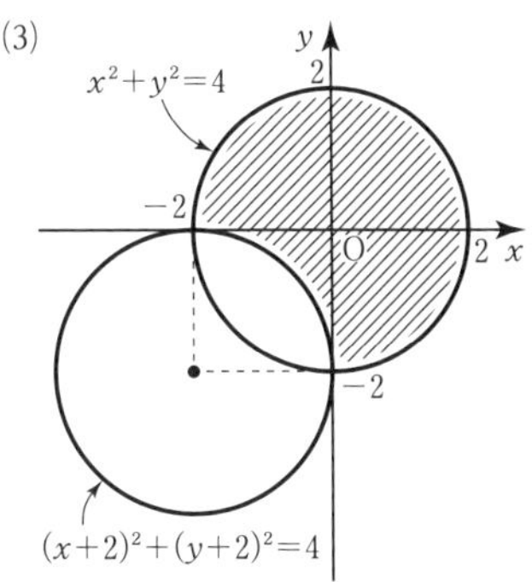

境界線を含まない

173

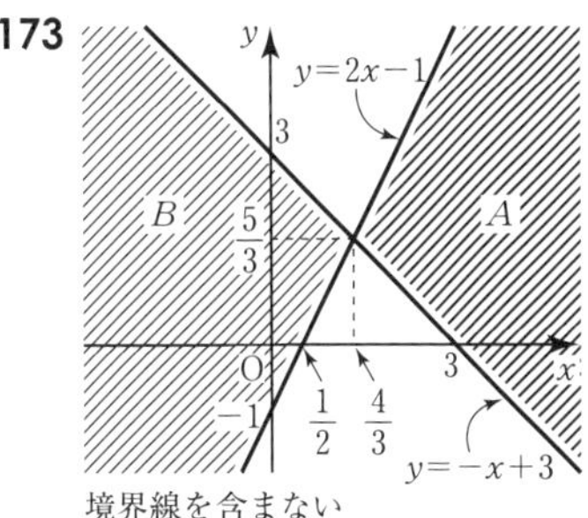

境界線を含まない

174

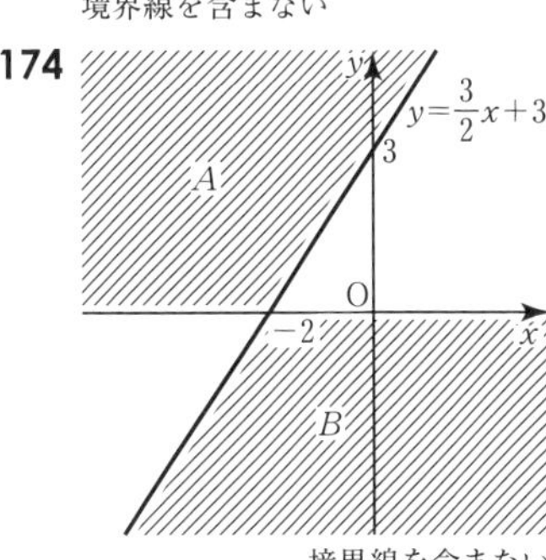

175 (1)

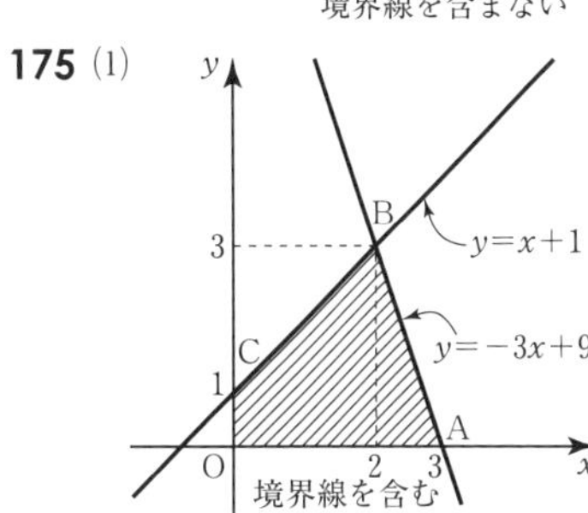

(2)　最大値 5 ($x=2$, $y=3$ のとき)
　　最小値 0 ($x=0$, $y=0$ のとき)

JUMP 29　最大値 $\sqrt{10}$，最小値 -1

まとめの問題　図形と方程式②

1 (1)　$(x+2)^2+(y-3)^2=4$
　(2)　$(x-3)^2+(y-5)^2=8$
　(3)　$(x+1)^2+(y-2)^2=34$

2　$x^2+y^2-4x-8y-5=0$，中心 $(2,\ 4)$，半径 5

3　$\left(\frac{1}{5},\ \frac{7}{5}\right)$，$(-1,\ -1)$

4　$r\geqq\sqrt{10}$

5 (1)　$x-3y=10$
　(2)　$-3x-y=10$，$-x+3y=10$

6　点 $(0,\ -2)$ を中心とする半径 $2\sqrt{2}$ の円

7　点 $(-1,\ 0)$ を中心とする半径 $\frac{3}{2}$ の円

8 (1)

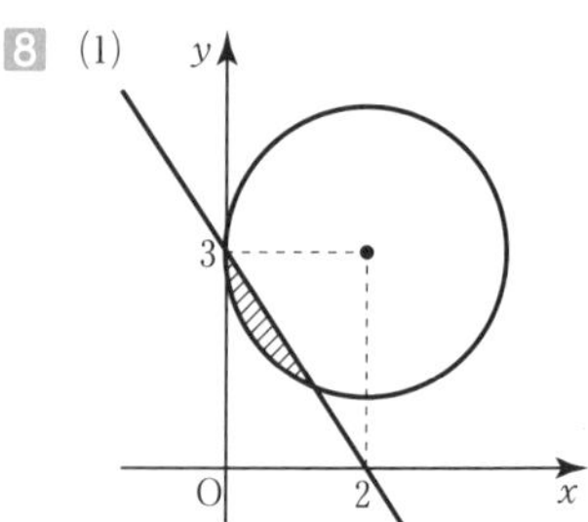

境界線を含む

(2)

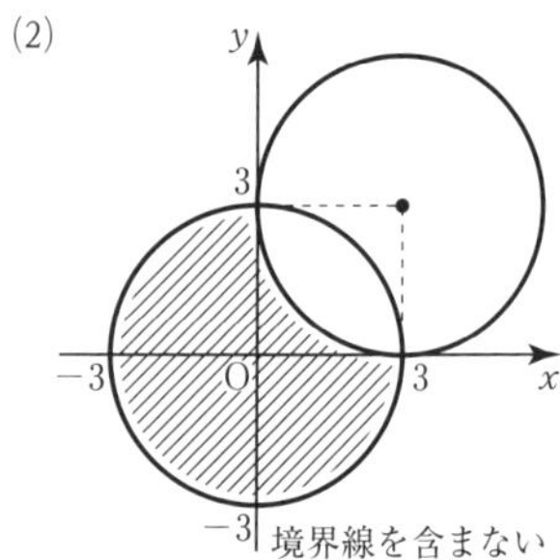

境界線を含まない

9

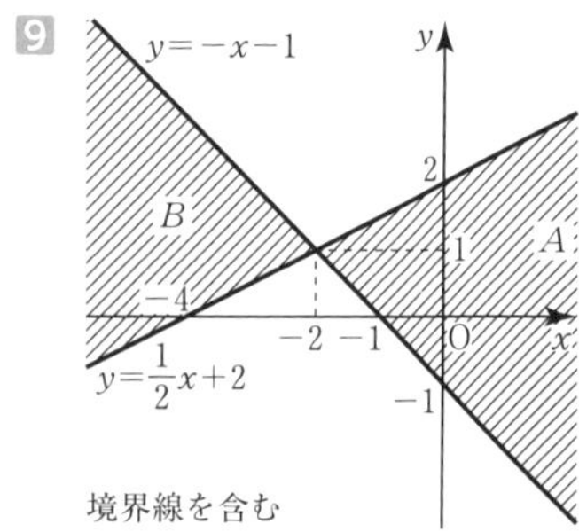

境界線を含む

176

A	30°	45°	60°
$\sin A$	$\frac{1}{2}$	$\frac{1}{\sqrt{2}}$	$\frac{\sqrt{3}}{2}$
$\cos A$	$\frac{\sqrt{3}}{2}$	$\frac{1}{\sqrt{2}}$	$\frac{1}{2}$
$\tan A$	$\frac{1}{\sqrt{3}}$	1	$\sqrt{3}$

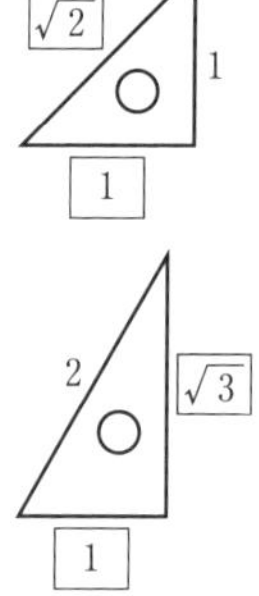

177 (1)　$\sin A=\frac{1}{\sqrt{5}}$，$\cos A=\frac{2}{\sqrt{5}}$，$\tan A=\frac{1}{2}$

(2)　$\sin A=\frac{5}{13}$，$\cos A=\frac{12}{13}$，$\tan A=\frac{5}{12}$

178 (1)　$x \fallingdotseq 8.8$，$y \fallingdotseq 4.7$　　(2)　$x \fallingdotseq 5.3$

179

P(−1, 1)　135°　$\sqrt{2}$　$-\sqrt{2}$

$\sin 135°=\frac{1}{\sqrt{2}}$，$\cos 135°=-\frac{1}{\sqrt{2}}$，$\tan 135°=-1$

180

θ	90°	120°	135°	150°	180°
$\sin\theta$	1	$\frac{\sqrt{3}}{2}$	$\frac{1}{\sqrt{2}}$	$\frac{1}{2}$	0
$\cos\theta$	0	$-\frac{1}{2}$	$-\frac{1}{\sqrt{2}}$	$-\frac{\sqrt{3}}{2}$	-1
$\tan\theta$	╳	$-\sqrt{3}$	-1	$-\frac{1}{\sqrt{3}}$	0

181　$\cos\theta=-\frac{3}{5}$，$\tan\theta=-\frac{4}{3}$

182 (1)

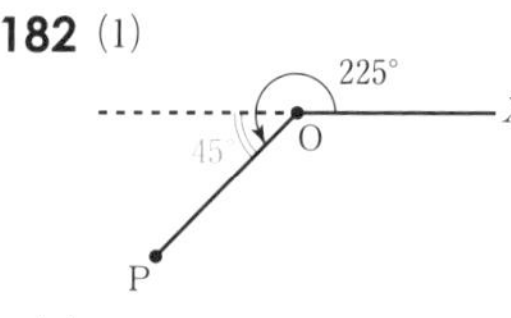

(2)

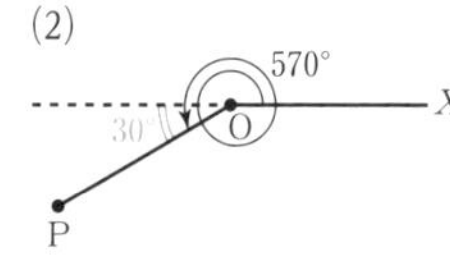

(3)

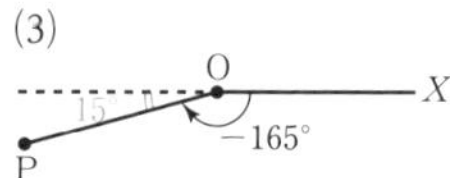

183 (1)　$l=\frac{3}{2}\pi$　　(2)　$S=\frac{9}{2}\pi$

184 (1)

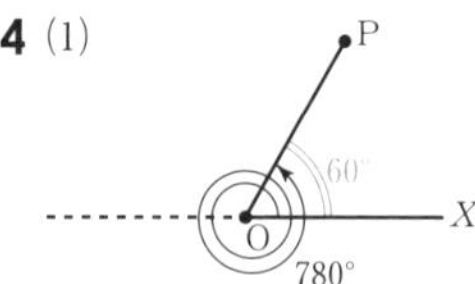

(2)

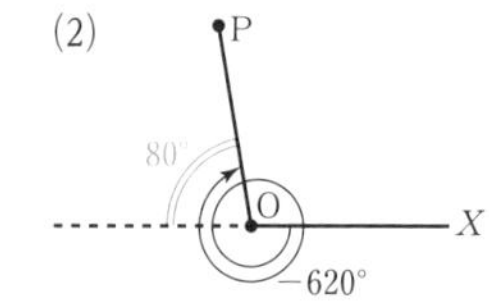

185

0°	30°	45°	60°	90°	120°	135°	150°
0	$\frac{\pi}{6}$	$\frac{\pi}{4}$	$\frac{\pi}{3}$	$\frac{\pi}{2}$	$\frac{2}{3}\pi$	$\frac{3}{4}\pi$	$\frac{5}{6}\pi$

−30°	−60°	−135°	180°	225°	270°	720°
$-\frac{\pi}{6}$	$-\frac{\pi}{3}$	$-\frac{3}{4}\pi$	π	$\frac{5}{4}\pi$	$\frac{3}{2}\pi$	4π

186 ①と②

187 (1)　(2)

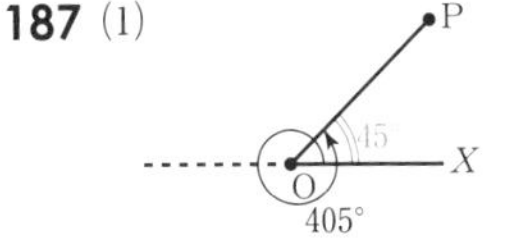

188 (1) $l=\frac{25}{2}\pi$, $S=\frac{375}{4}\pi$

(2) $l=4\pi$, $S=12\pi$

JUMP 31　60°

189 (1) $\frac{\sqrt{3}}{2}$　(2) 0

190 (1) $-\frac{1}{\sqrt{2}}$　(2) $-\sqrt{3}$

191 (1) $\sin\left(-\frac{\pi}{4}\right)=-\frac{1}{\sqrt{2}}$, $\cos\left(-\frac{\pi}{4}\right)=\frac{1}{\sqrt{2}}$,

$\tan\left(-\frac{\pi}{4}\right)=-1$

(2) $\sin\frac{25}{4}\pi=\frac{1}{\sqrt{2}}$, $\cos\frac{25}{4}\pi=\frac{1}{\sqrt{2}}$, $\tan\frac{25}{4}\pi=1$

(3) $\sin\left(-\frac{5}{6}\pi\right)=-\frac{1}{2}$, $\cos\left(-\frac{5}{6}\pi\right)=-\frac{\sqrt{3}}{2}$,

$\tan\left(-\frac{5}{6}\pi\right)=\frac{1}{\sqrt{3}}$

(4) $\sin 8\pi=0$, $\cos 8\pi=1$, $\tan 8\pi=0$

192

θ	第 1 象限	第 2 象限	第 3 象限	第 4 象限
$\sin\theta$	+	+	−	−
$\cos\theta$	+	−	−	+
$\tan\theta$	+	−	+	−

193

θ	$\frac{\pi}{2}$	$\frac{3}{4}\pi$	$\frac{11}{6}\pi$	$-\frac{3}{2}\pi$	$-\frac{11}{4}\pi$	-3π
$\sin\theta$	1	$\frac{1}{\sqrt{2}}$	$-\frac{1}{2}$	1	$-\frac{1}{\sqrt{2}}$	0
$\cos\theta$	0	$-\frac{1}{\sqrt{2}}$	$\frac{\sqrt{3}}{2}$	0	$-\frac{1}{\sqrt{2}}$	−1
$\tan\theta$	╳	−1	$-\frac{1}{\sqrt{3}}$	╳	1	0

194 (1) $P\left(-\frac{1}{\sqrt{2}}, -\frac{1}{\sqrt{2}}\right)$, $\sin\frac{5}{4}\pi=-\frac{1}{\sqrt{2}}$,

$\cos\frac{5}{4}\pi=-\frac{1}{\sqrt{2}}$, $\tan\frac{5}{4}\pi=1$

(2) $P\left(-\frac{\sqrt{3}}{2}, \frac{1}{2}\right)$, $\sin\left(-\frac{7}{6}\pi\right)=\frac{1}{2}$,

$\cos\left(-\frac{7}{6}\pi\right)=-\frac{\sqrt{3}}{2}$, $\tan\left(-\frac{7}{6}\pi\right)=-\frac{1}{\sqrt{3}}$

JUMP 32　第 1 象限または第 3 象限の角

195 $\cos\theta=-\frac{\sqrt{7}}{4}$, $\tan\theta=\frac{3\sqrt{7}}{7}$

196 (1) $-\frac{1}{3}$　(2) $\frac{4\sqrt{3}}{9}$

197 $\sin\theta=-\frac{12}{13}$, $\tan\theta=-\frac{12}{5}$

198 (1) $-\frac{1}{4}$　(2) $\frac{5\sqrt{2}}{8}$

199 $\sin\theta=-\frac{4}{5}$, $\cos\theta=-\frac{3}{5}$

200 (1) $\frac{3}{8}$　(2) $-\frac{11}{16}$

JUMP 33　略

201 (1) $\frac{1}{\sqrt{2}}$　(2) $\frac{1}{\sqrt{2}}$　(3) −1

202 −1

203 (1) $\frac{\sqrt{3}}{2}$　(2) $-\frac{1}{2}$　(3) $-\sqrt{3}$

204 (1) 0　(2) 1

205 (1) $-\frac{1}{\sqrt{2}}$　(2) $\frac{1}{\sqrt{2}}$　(3) $-\frac{1}{\sqrt{3}}$

206 (1) 0　(2) 0

JUMP 34　(1) b　(2) b　(3) $\frac{b}{a}$

207 (1)

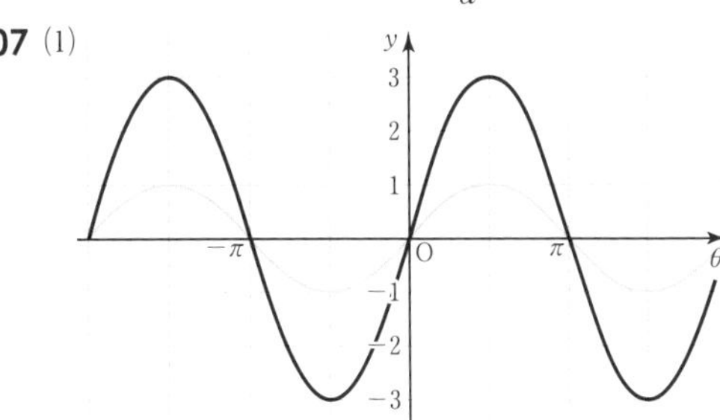

周期は 2π

(2)

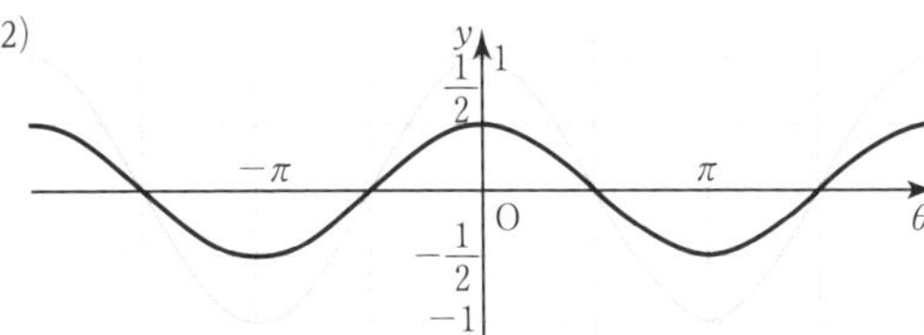

周期は 2π

208 (1)

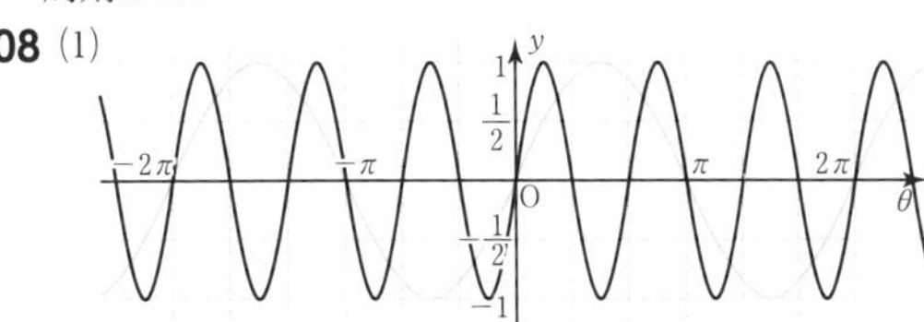

周期は $\frac{2}{3}\pi$

(2)

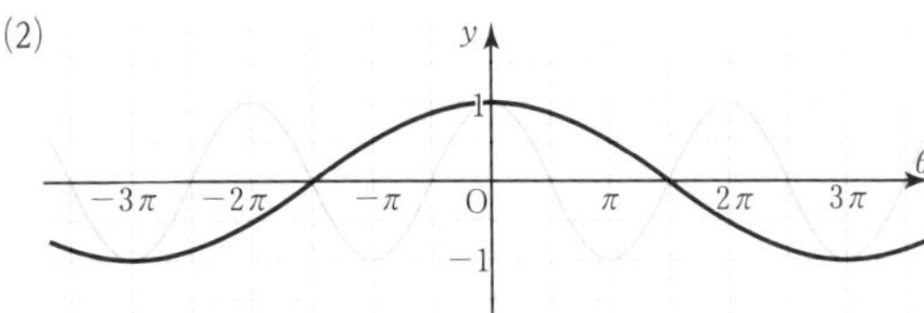

周期は 6π

(3)

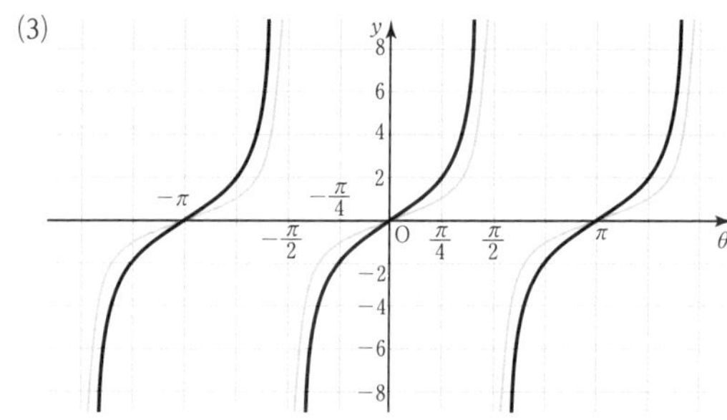

周期は π

JUMP 35

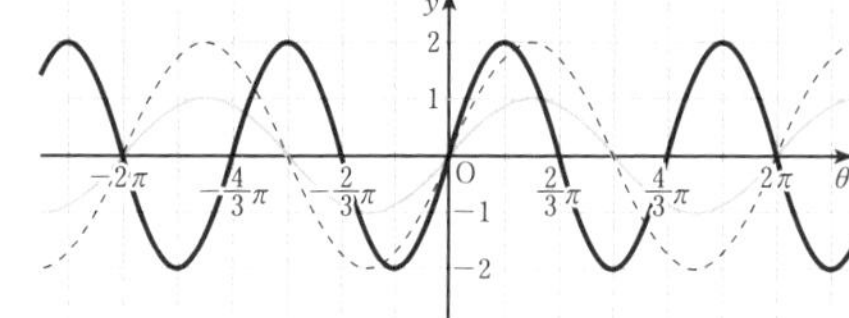

周期は $\dfrac{4}{3}\pi$

209 (1)

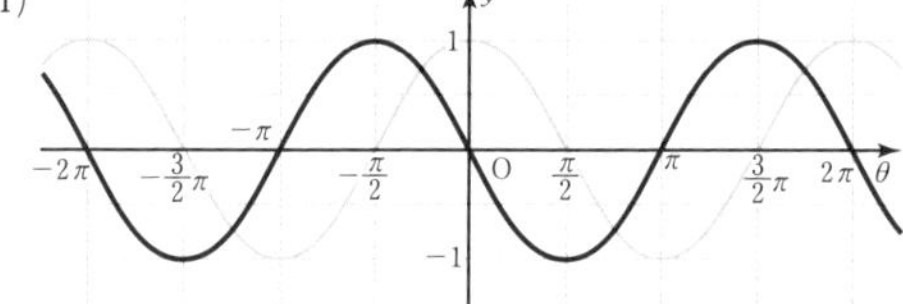

周期は 2π

(2)

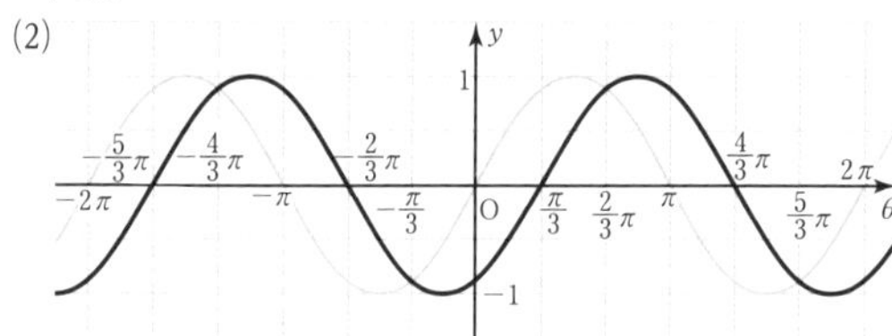

周期は 2π

210 (1)

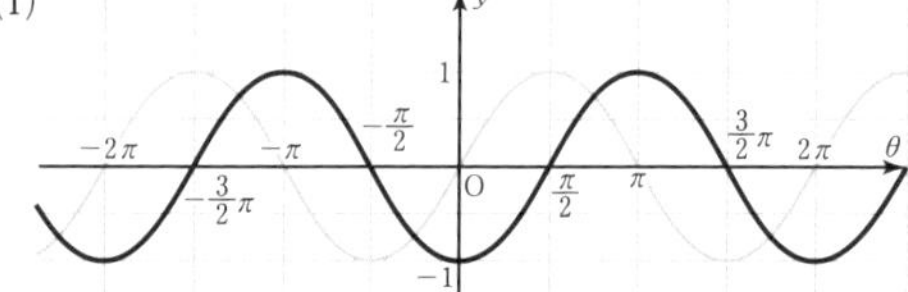

周期は 2π

(2)

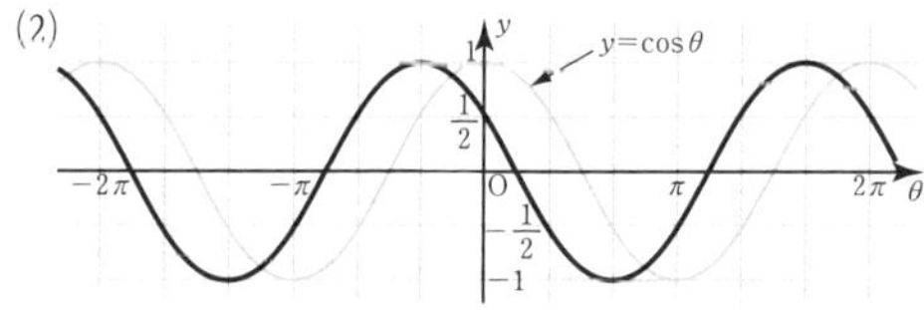

周期は 2π

(3)

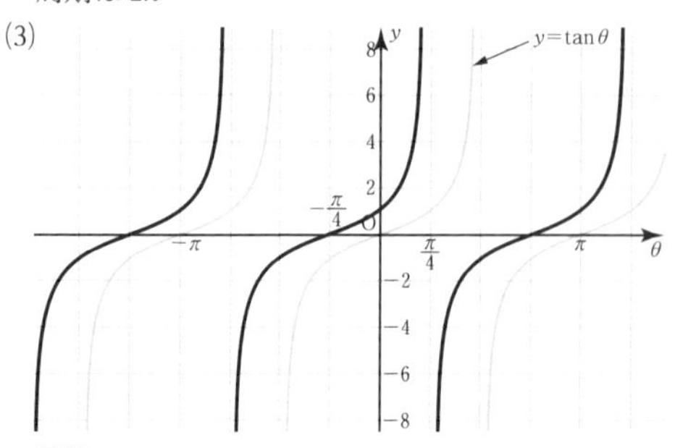

周期は π

JUMP 36

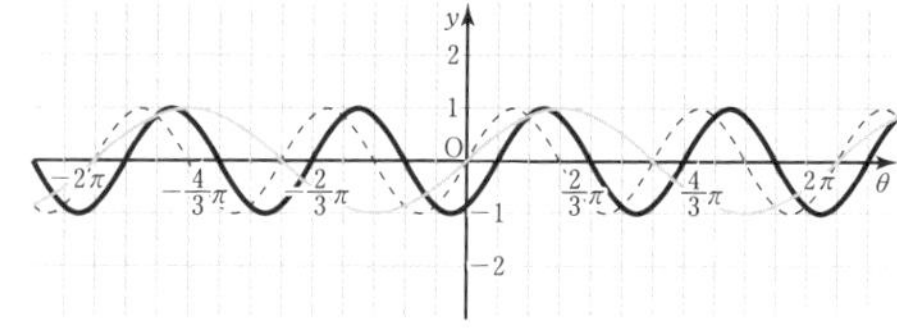

周期は π

211 (1) $\theta=\dfrac{\pi}{6},\ \dfrac{11}{6}\pi$

(2) $0\leqq\theta\leqq\dfrac{4}{3}\pi,\ \dfrac{5}{3}\pi\leqq\theta<2\pi$

212 (1) $\theta=\dfrac{\pi}{3},\ \dfrac{2}{3}\pi$

(2) $\theta=\dfrac{3}{4}\pi,\ \dfrac{5}{4}\pi$

(3) $\theta=\dfrac{4}{3}\pi,\ \dfrac{7}{4}\pi$

213 (1) $\dfrac{\pi}{6}<\theta<\dfrac{5}{6}\pi$

(2) $\dfrac{3}{4}\pi\leqq\theta\leqq\dfrac{5}{4}\pi$

214 $\theta=\dfrac{\pi}{3},\ \dfrac{5}{3}\pi$

JUMP 37 $\dfrac{\pi}{6}\leqq\theta<\dfrac{\pi}{2},\ \dfrac{7}{6}\pi\leqq\theta<\dfrac{3}{2}\pi$

まとめの問題　三角関数①

1

θ	$-\dfrac{5}{3}\pi$	$-\dfrac{5}{4}\pi$	$-\dfrac{5}{6}\pi$	$\dfrac{3}{2}\pi$	$\dfrac{41}{6}\pi$
$\sin\theta$	$\dfrac{\sqrt{3}}{2}$	$\dfrac{1}{\sqrt{2}}$	$-\dfrac{1}{2}$	-1	$\dfrac{1}{2}$
$\cos\theta$	$\dfrac{1}{2}$	$-\dfrac{1}{\sqrt{2}}$	$-\dfrac{\sqrt{3}}{2}$	0	$-\dfrac{\sqrt{3}}{2}$
$\tan\theta$	$\sqrt{3}$	-1	$\dfrac{1}{\sqrt{3}}$		$-\dfrac{1}{\sqrt{3}}$

2 $\cos\theta=-\dfrac{2\sqrt{2}}{3},\ \tan\theta=-\dfrac{\sqrt{2}}{4}$

3 $\sin\theta=-\dfrac{3\sqrt{10}}{10},\ \cos\theta=\dfrac{\sqrt{10}}{10}$

4 (1) $-\dfrac{3}{8}$　(2) $-\dfrac{8}{3}$　(3) $-\dfrac{11}{16}$

5 $-2\sin\theta$

6 (1)

周期は 2π

(2)

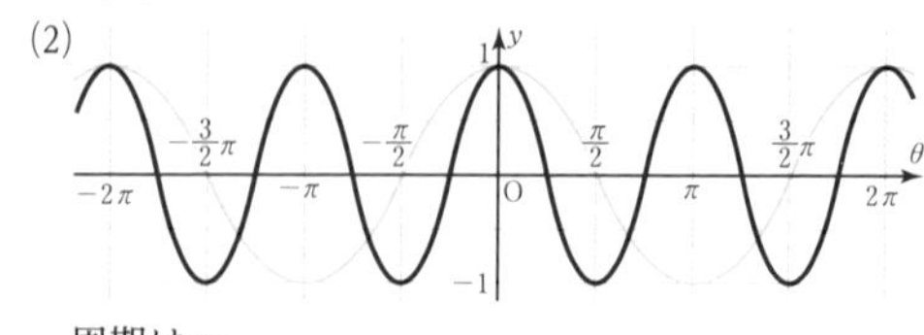

周期は π

(3)

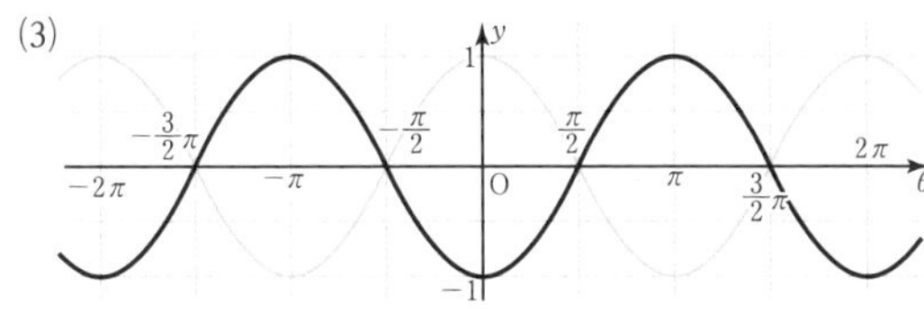

周期は 2π

7 (1) $\theta=\frac{5}{4}\pi,\ \frac{7}{4}\pi$

(2) $0\leqq\theta\leqq\frac{5}{6}\pi,\ \frac{7}{6}\pi\leqq\theta<2\pi$

8 $\theta=\frac{2}{3}\pi,\ \frac{4}{3}\pi$

215 $\frac{\sqrt{2}-\sqrt{6}}{4}$

216 (1) $\frac{12}{13}$　(2) $-\frac{5}{13}$　(3) $\frac{119}{169}$

217 (1) $\frac{\sqrt{6}-\sqrt{2}}{4}$　(2) $\frac{\sqrt{6}+\sqrt{2}}{4}$

(3) $2-\sqrt{3}$

218 $\frac{\pi}{4}$

219 (1) -1　(2) $-\frac{24}{25}$　(3) $\frac{7}{24}$

JUMP 38　$\frac{\pi}{4}$

220 $\sin 2\alpha=\frac{4\sqrt{5}}{9}$, $\cos 2\alpha=\frac{1}{9}$, $\tan 2\alpha=4\sqrt{5}$

221 $\theta=\frac{\pi}{2},\ \frac{7}{6}\pi,\ \frac{3}{2}\pi,\ \frac{11}{6}\pi$

222 $\sin 2\alpha=-\frac{4\sqrt{2}}{9}$, $\cos 2\alpha=-\frac{7}{9}$, $\tan 2\alpha=\frac{4\sqrt{2}}{7}$

223 (1) $\theta=0,\ \frac{\pi}{2},\ \pi,\ \frac{3}{2}\pi$

(2) $\theta=0,\ \pi,\ \frac{7}{6}\pi,\ \frac{11}{6}\pi$

224 (1) $\frac{\sqrt{2-\sqrt{3}}}{2}\left(=\frac{\sqrt{6}-\sqrt{2}}{4}\right)$

(2) $\frac{\sqrt{2-\sqrt{2}}}{2}$

225 (1) $\theta=0,\ \frac{2}{3}\pi,\ \pi,\ \frac{4}{3}\pi$

(2) $\theta=\frac{\pi}{3},\ \frac{5}{3}\pi$

JUMP 39　$\theta=\frac{\pi}{2}$ のとき最大値 3

$\theta=\frac{7}{6}\pi,\ \frac{11}{6}\pi$ のとき最小値 $-\frac{3}{2}$

226 (1) $\sqrt{2}\sin\left(\theta+\frac{3}{4}\pi\right)$

(2) $2\sin\left(\theta-\frac{\pi}{6}\right)$

227 最大値 2，最小値 -2

228 (1) $2\sin\left(\theta+\frac{5}{6}\pi\right)$

(2) $\sqrt{10}\sin(\theta+\alpha)$

ただし，$\cos\alpha=\frac{3}{\sqrt{10}}$, $\sin\alpha=\frac{1}{\sqrt{10}}$

229 (1) 最大値 13，最小値 -13

(2) 最大値 $\sqrt{6}$，最小値 $-\sqrt{6}$

230 (1) $\theta=\pi,\ \frac{3}{2}\pi$

(2) $\theta=\frac{\pi}{2},\ \frac{7}{6}\pi$

(3) $\theta=\frac{5}{12}\pi,\ \frac{11}{12}\pi$

JUMP 40　(1) $\sqrt{10}$　(2) $-\frac{3}{4}$

まとめの問題　三角関数②

1 (1) $-\frac{\sqrt{6}+\sqrt{2}}{4}$　(2) $-2+\sqrt{3}$

2 (1) $\frac{12}{13}$　(2) $\frac{4}{5}$　(3) $\frac{33}{65}$

(4) $-\frac{16}{65}$　(5) $-\frac{33}{56}$　(6) $\frac{63}{16}$

3 (1) $\frac{24}{25}$　(2) $\frac{7}{25}$　(3) $\frac{24}{7}$

4 $\theta=\frac{\pi}{6},\ \frac{5}{6}\pi,\ \frac{3}{2}\pi$

5 (1) 最大値 $\sqrt{3}$，最小値 $-\sqrt{3}$

(2) 最大値 2，最小値 -2

6 $\theta=\frac{\pi}{3},\ \pi$

231 (1) 1 (2) $\frac{1}{8}$

232 (1) a (2) a^7 (3) $\frac{b^8}{a^4}$ (4) a^4

233 (1) $\frac{1}{16}$ (2) 32 (3) 27

234 (1) $\frac{1}{16}$ (2) 1 (3) 100

235 (1) a^3 (2) a^3 (3) $\frac{a^3}{b^4}$ (4) a^{10}

236 (1) $\frac{1}{5}$ (2) 4

237 (1) a (2) a^4b (3) $8a^4$

(4) $\frac{27}{2a^{12}}$ (5) 3

JUMP 41 (1) $\frac{1}{a^5b^4}$ (2) $\frac{5}{2}$

238 (1) -3 (2) 5 (3) 6 (4) 9

239 (1) 9 (2) 3 (3) a

240 (1) $\pm\frac{1}{2}$ (2) 3 (3) 4 (4) $\frac{1}{2}$

241 (1) 81 (2) 2

242 (1) 2 (2) 4 (3) $\frac{3}{2}$

243 (1) 1 (2) $\frac{1}{a}$

JUMP 42 (1) 2 (2) $\sqrt[3]{a}$

244 (1)

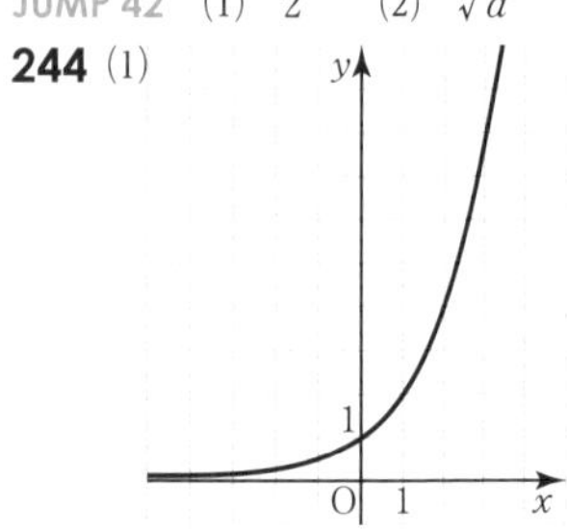

(2) 最大値は $x=3$ のとき $y=8$

最小値は $x=-2$ のとき $y=\frac{1}{4}$

(3) $\sqrt[5]{2^2}<\sqrt{2}<\sqrt[8]{2^5}$

245 (1)

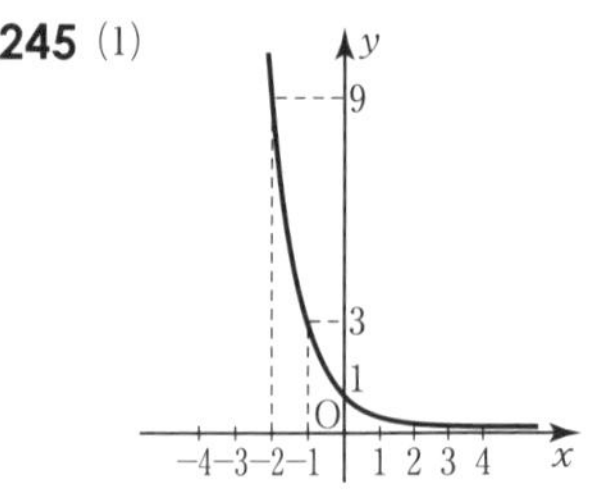

(2) $\frac{1}{81}\leqq y\leqq 9$

(3) ① 0 ② -1

246 (1) $\sqrt[3]{2}<\sqrt[8]{8}<\sqrt[5]{4}$

(2) $0.6^2<0.6<1<0.6^{-1}<0.6^{-2}$

(3) $\left(\frac{1}{4}\right)^{\frac{1}{4}}<\left(\frac{1}{2}\right)^{\frac{1}{4}}<\left(\frac{1}{8}\right)^{-\frac{1}{3}}$

JUMP 43 $a=4$, $b=1$, $c=\frac{1}{4}$

247 (1) $x=\frac{3}{2}$ (2) $x=-1$

248 (1) $x>\frac{3}{2}$ (2) $x\geqq-1$ (3) $x<\frac{4}{3}$

249 (1) $x=\frac{5}{2}$ (2) $x=-1$

250 (1) $x>-1$ (2) $x\leqq 0$

251 (1) $x=-\frac{5}{4}$ (2) $x=3$

252 (1) $x>-1$ (2) $x\geqq-3$

JUMP 44 (1) $t>0$ (2) $t=2$ (3) $x=1$

まとめの問題　指数関数

1 (1) a^4 (2) $-a^{-6}$ (3) a

(4) 3 (5) $\frac{1}{5}$

2 (1)

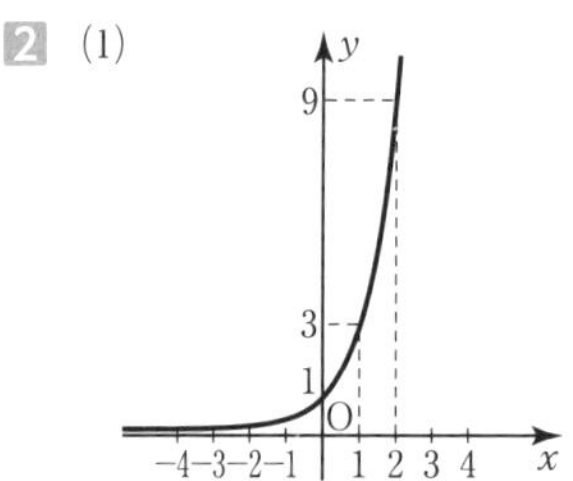

(2) $\frac{1}{9}\leqq y<\sqrt{3}$

(3) ① 0 ② $-\frac{3}{2}$

3 (1) $\sqrt[4]{243}<\sqrt[3]{81}<\sqrt{27}$

(2) $0.7^2<\frac{7}{10}<1<0.7^{-1}<0.7^{-2}$

(3) $\sqrt[3]{\frac{1}{32}}<\sqrt[5]{\frac{1}{64}}<1$

4 (1) $x=-4$ (2) $x<-4$

5 (1) $x=1$ (2) $x=1$

(3) $x\leqq-2$ (4) $x>-\frac{5}{4}$

253 (1) $\log_3 27=3$ (2) $\log_2\frac{1}{16}=-4$

(3) $100=10^2$

254 (1) 2 (2) $\frac{3}{2}$ (3) $-\frac{1}{2}$

255 (1) $\log_6 36=2$ (2) $\log_2\frac{1}{8}=-3$

(3) $\log_2\sqrt{2}=\frac{1}{2}$ (4) $49=7^2$

256 (1) 2 (2) -2 (3) -2

257 (1) $\log_{\frac{1}{2}}4=-2$ (2) $\log_3 1=0$

(3) $\log_8 4=\frac{2}{3}$ (4) $10=10^1$

258 (1) $\frac{3}{4}$ (2) 6

JUMP 45 (1) $a=-\frac{1}{6}$ (2) $b=8$ (3) $c=\frac{1}{9}$

259 (1) 2 (2) 1

260 (1) $\frac{5}{3}$ (2) 4 (3) 1

261 (1) 2 (2) 3 (3) 3

262 (1) $\frac{1}{4}$ (2) -4

263 (1) -1 (2) $\frac{1}{2}$ (3) 1 (4) 2

(5) $\frac{3}{4}$ (6) 3

JUMP 46 1

264 (1)

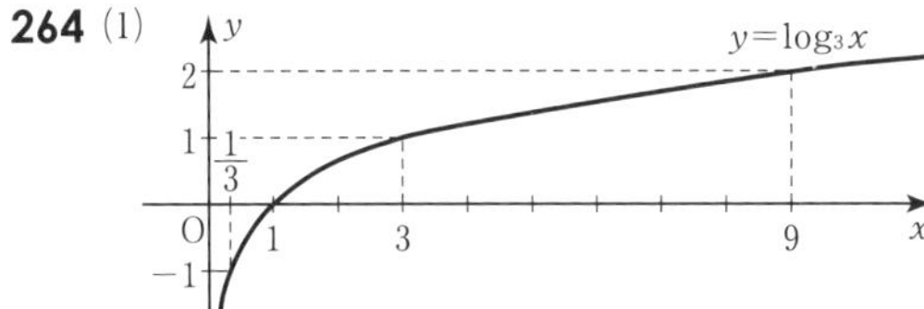

(2) 最大値は $x=9$ のとき $y=2$

最小値は $x=\frac{1}{3}$ のとき $y=-1$

(3) $\log_3 1<\log_3 3<\log_3 5$

265 (1)

(2) 最大値は $x=8$ のとき $y=3$

最小値は $x=\frac{1}{4}$ のとき $y=-2$

(3) $\log_2 \frac{1}{5}<\log_2 0.5<\log_2 5$

266 (1)

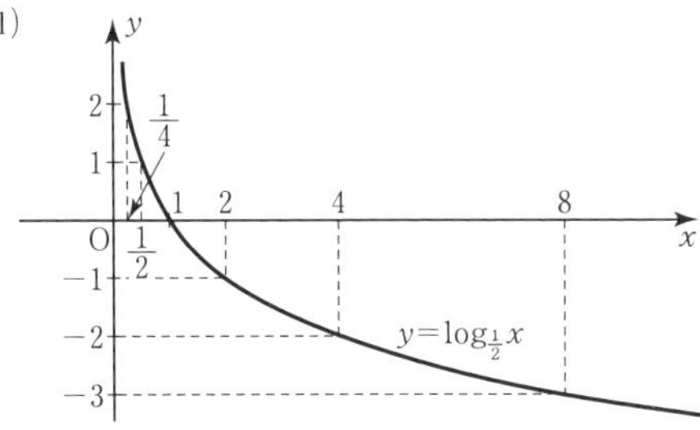

(2) 最大値は $x=\frac{1}{4}$ のとき $y=2$

最小値は $x=8$ のとき $y=-3$

(3) $\log_{\frac{1}{2}} 5<\log_{\frac{1}{2}} 0.5<\log_{\frac{1}{2}} \frac{1}{5}$

JUMP 47 (1) $\log_4 \frac{1}{2}<0<\log_4 3<1<\log_4 10$

(2) $\log_{\frac{1}{2}} 3<\log_{\frac{1}{4}} 3<\log_4 3<\log_2 3$

267 (1) $x=1$ (2) $x=1$ (3) $x=\pm 2$

268 (1) $2<x<7$ (2) $x>12$

269 (1) $x=1$ (2) $x=9$

270 (1) $x \geqq 16$ (2) $\frac{1}{3}<x<1$ (3) $0<x \leqq \frac{1}{4}$

271 (1) $x=1$ (2) $x=2$

272 (1) $x>2$ (2) $x>4$

JUMP 48 (1) $x=5$ (2) $x=4,\ \frac{1}{2}$

273 (1) 2.3010 (2) -1.5229 (3) 1.0791

274 31 桁

275 (1) $a+b$ (2) $a-b$ (3) $2-a$

(4) $\frac{2a+b}{3}$ (5) $\frac{2b}{a}$

276 48 桁

277 小数第 16 位

JUMP 49 少なくとも 6 枚必要

まとめの問題 対数関数

1 (1) 5 (2) $\frac{3}{2}$ (3) 4

(4) -5 (5) -2

2 (1)

(2) 最大値は $x=\frac{1}{9}$ のとき $y=2$

最小値は $x=3$ のとき $y=-1$

(3) $\log_{\frac{1}{3}} 5<\log_{\frac{1}{3}} 0.5<\log_{\frac{1}{3}} \frac{1}{5}$

3 (1) $x=\pm 2$ (2) $x=9$

(3) $\frac{2}{3}<x<1,\ 2<x$ (4) $0<x<\frac{1}{2}$

4 (1) 13 桁 (2) 小数第 24 位

278 (1)　14　　(2)　$3h-1$
279 5
280 (1)　6　　(2)　-3
281 (1)　2　　(2)　-2
282 (1)　$a+b+1$　　(2)　$2a+h+1$
283 (1)　3　　(2)　7
JUMP 50　$3a^2+4$
284 $f'(x)=2x$
285 (1)　$y'=6x^2$　　(2)　$y'=-7$
(3)　$y'=2x-3$　　(4)　$y'=0$
286 (1)　$y'=3$　　(2)　$y'=-8x$
(3)　$y'=-2$　　(4)　$y'=9x^2$
(5)　$y'=15x^2+6$
287 (1)　$y'=9x^2+4x$　　(2)　$y'=2x+4$
(3)　$y'=18x+6$
288 (1)　$y'=2x+1$　　(2)　$y'=-3x^2+12x$
(3)　$y'=x^2+x+1$
289 (1)　$y'=8x$　　(2)　$y'=3x^2$
(3)　$y'=24x^2+24x+6$
JUMP 51　$f'(x)=3x^2-4x$
290 (1)　0　　(2)　$4a-4$　　(3)　$a=3$
291 $\dfrac{dy}{dt}=gt$
292 (1)　7　　(2)　4
293 (1)　$6a-5$　(2)　$a=1$
294 (1)　$\dfrac{dK}{dv}=mv$　　(2)　$\dfrac{dx}{dt}=at+v$
295 (1)　0　　(2)　27
296 (1)　$a=\pm 2$　　(2)　$a=0$
297 (1)　$\dfrac{dV}{dr}=2\pi rh$　　(2)　$\dfrac{dV}{dh}=\pi r^2$
JUMP 52　$a=-3$，$b=-1$
298 $y=6x-1$
299 $y=(4a-3)x-2a^2$
300 (1)　$y=-4x+5$
(2)　点 $(1,\ 0)$ における接線 $y=-2x+2$，
点 $(-1,\ 0)$ における接線 $y=2x+2$
(3)　$y=4x+5$
301 (1)　$y=4x+4$
(2)　$y=6x+3$
(3)　$y=8x$，$y=-4x-12$
JUMP 53　A$(-1,\ -1)$，$y=-\dfrac{1}{2}x-\dfrac{3}{2}$
302 (1)

x	…	-2	…	0	…
y'	＋	0	－	0	＋
y	↗	2	↘	-2	↗

区間 $x\leqq -2$，$0\leqq x$ で増加し，
区間 $-2\leqq x\leqq 0$ で減少する。

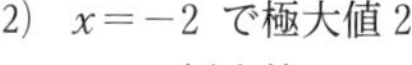
(2)　$x=-2$ で極大値 2
$x=0$ で極小値 -2

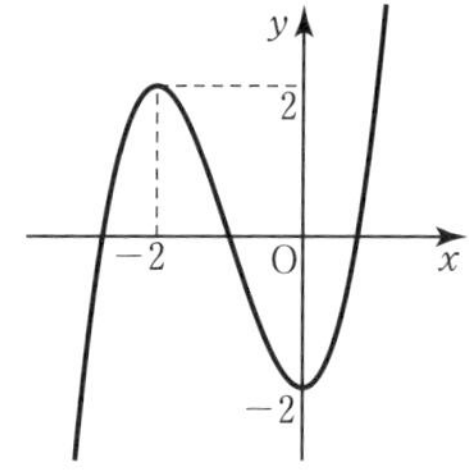

303 (1)

x	…	0	…	2	…
y'	－	0	＋	0	－
y	↘	-2	↗	2	↘

$x=0$ で極小値 -2
$x=2$ で極大値 2

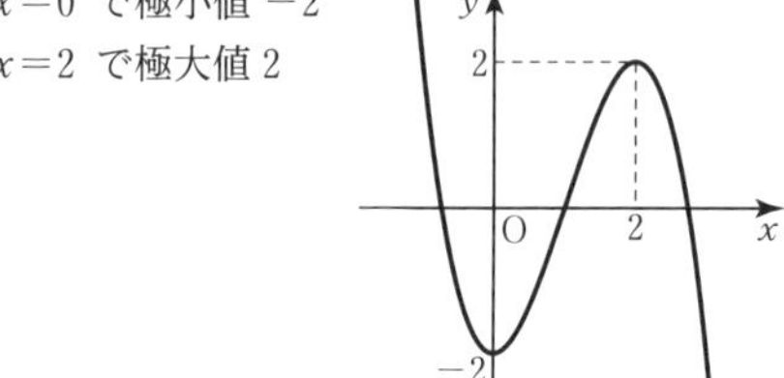

(2)

x	…	-1	…	1	…
y'	＋	0	－	0	＋
y	↗	0	↘	-4	↗

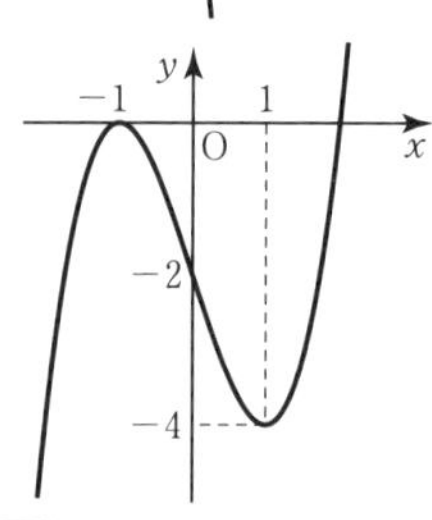

$x=-1$ で極大値 0
$x=1$ で極小値 -4

304 (1)

x	…	-1	…	0	…
y'	－	0	＋	0	－
y	↘	$\dfrac{1}{2}$	↗	1	↘

$x=-1$ で極小値 $\dfrac{1}{2}$
$x=0$ で極大値 1

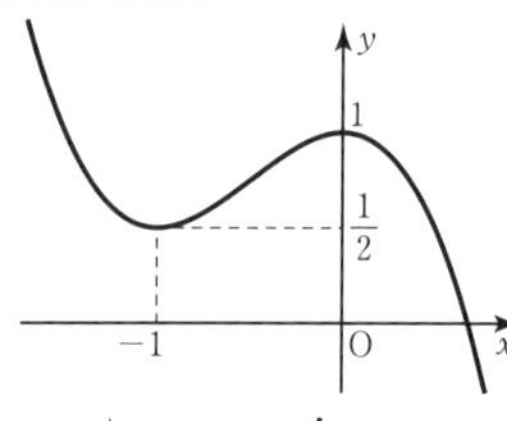

(2)
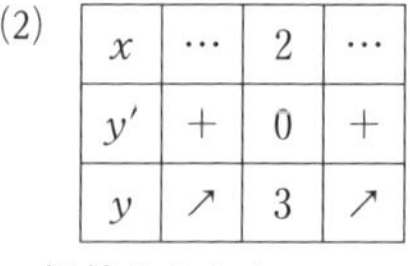

x	…	2	…
y'	＋	0	＋
y	↗	3	↗

極値をもたない

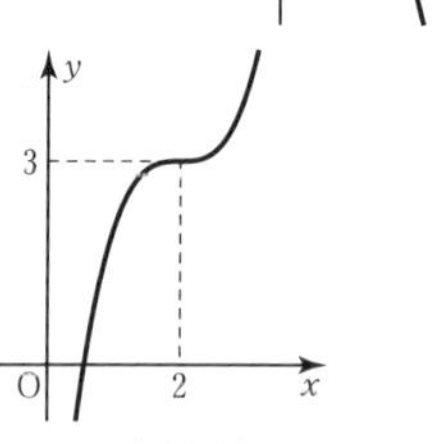

JUMP 54　$a=-12$，$b=6$，$x=2$ で極小値 -10
305 最大値 4，最小値 -5
306 最大値 6，最小値 -14
307 最大値 1，最小値 -3
308 最大値 1，最小値 -1
309 16 cm^3
JUMP 55　$a=1$

310 3個
311 3個
312 略（等号成立は $x=1$ のとき）
313 2個
314 略（等号成立は $x=1$ のとき）
JUMP 56　$a<-5$，$27<a$ のとき　1個
$a=-5$，27 のとき　2個
$-5<a<27$ のとき　3個

まとめの問題　微分法とその応用

1　(1)　3　(2)　$f'(x)=2x+2$　(3)　0
2　(1)　$y'=6x^2-10x+1$　(2)　$y'=4x+5$
(3)　$y'=12x^2-3$　(4)　$y'=3x^2+6ax+3a^2$
3　(1)　$y=4x+1$　(2)　$y=8x+3$
(3)　$y=-4x+9$，$y=-12x+33$
　(1)

x	$\cdots$	-1	$\cdots$	3	$\cdots$
$f'(x)$	+	0	−	0	+
$f(x)$	↗	11	↘	−21	↗

$x=-1$ で極大値 11
$x=3$ で極小値 -21
(2)　最大値 11
最小値 -16
(3)　3個

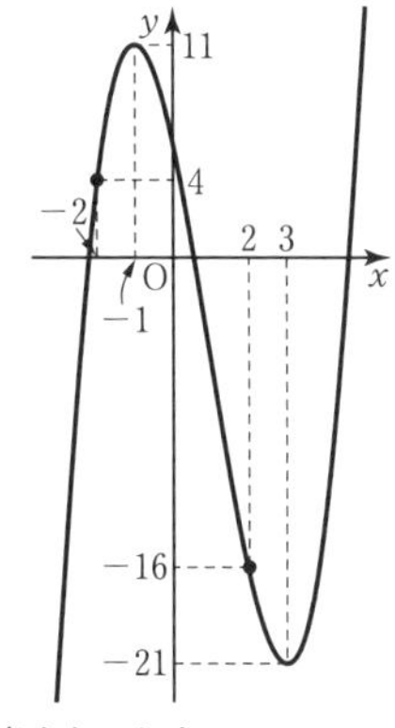

（注）不定積分では，C は積分定数を表すものとする。
315 (1)　$4x^3+C$　(2)　$3x^2+C$　(3)　$2x+C$
316 (1)　$\frac{1}{2}x^2+3x+C$　(2)　$\frac{1}{3}x^3+x^2+C$
317 (1)　$2x^2-2x+C$　(2)　x^3+x^2+C
(3)　$\frac{1}{3}x^3+\frac{1}{2}x^2+x+C$　(4)　$\frac{2}{3}x^3-\frac{3}{2}x^2+4x+C$
(5)　t^3+3t^2-2t+C
318 $F(x)=-x^3+2x^2+x+2$
319 (1)　$\frac{1}{3}x^3-4x+C$　(2)　$\frac{2}{3}x^3+3x^2+C$
(3)　$3x^3-3x^2+x+C$　(4)　$\frac{2}{3}u^3-\frac{5}{2}u^2-3u+C$
320 $F(x)=x^3+3x^2+3x+1$
JUMP 57　$f(x)=2x^3-x^2-2$

321 (1)　14　(2)　0　(3)　18
(4)　10　(5)　-15
322 (1)　-5　(2)　0　(3)　9
(4)　$-\frac{22}{3}$　(5)　$-\frac{22}{3}$
323 (1)　50　(2)　8　(3)　$-\frac{1}{2}$
JUMP 58　(1)　$1+2t$　(2)　$3x^2+1$
324 (1)　8　(2)　65
325 (1)　$3x^2-4x+5$　(2)　$(x-3)(x+1)$
326 $f(x)=4x-3$，$a=1$
327 (1)　48　(2)　-16　(3)　6
328 $f(x)=2x-4$，$a=1$，3
JUMP 59　$a=-1$ のとき　$f(x)=2x-2$
$a=1$ のとき　$f(x)=2x+2$
329 (1)　$\frac{14}{3}$　(2)　$\frac{4}{3}$
330 (1)　26　(2)　12　(3)　$\frac{4}{3}$
331 (1)　$\frac{26}{3}$　(2)　$4\sqrt{3}$
JUMP 60　$a=2$
332 $\frac{9}{2}$
333 $\frac{9}{2}$
334 $\frac{32}{3}$
335 $\frac{1}{6}$
336 9
JUMP 61　$\frac{5}{2}$

まとめの問題　積分法

1　(1)　x^3+3x^2-x+C　(2)　$\frac{1}{6}t^3-\frac{1}{2}t^2+t+C$
(3)　$3x^3-6x^2+4x+C$
2　$F(x)=2x^3+x^2+2x+5$
3　(1)　-9　(2)　0
4　(1)　$6x^2-2x+1$　(2)　$(x-1)(x-2)(x-3)$
5　$a=-5$，$f(x)=2x+5$
6　$\frac{8\sqrt{2}}{3}$
7　9
8　1

常用対数表 (1)

数	0	1	2	3	4	5	6	7	8	9
1.0	.0000	.0043	.0086	.0128	.0170	.0212	.0253	.0294	.0334	.0374
1.1	.0414	.0453	.0492	.0531	.0569	.0607	.0645	.0682	.0719	.0755
1.2	.0792	.0828	.0864	.0899	.0934	.0969	.1004	.1038	.1072	.1106
1.3	.1139	.1173	.1206	.1239	.1271	.1303	.1335	.1367	.1399	.1430
1.4	.1461	.1492	.1523	.1553	.1584	.1614	.1644	.1673	.1703	.1732
1.5	.1761	.1790	.1818	.1847	.1875	.1903	.1931	.1959	.1987	.2014
1.6	.2041	.2068	.2095	.2122	.2148	.2175	.2201	.2227	.2253	.2279
1.7	.2304	.2330	.2355	.2380	.2405	.2430	.2455	.2480	.2504	.2529
1.8	.2553	.2577	.2601	.2625	.2648	.2672	.2695	.2718	.2742	.2765
1.9	.2788	.2810	.2833	.2856	.2878	.2900	.2923	.2945	.2967	.2989
2.0	.3010	.3032	.3054	.3075	.3096	.3118	.3139	.3160	.3181	.3201
2.1	.3222	.3243	.3263	.3284	.3304	.3324	.3345	.3365	.3385	.3404
2.2	.3424	.3444	.3464	.3483	.3502	.3522	.3541	.3560	.3579	.3598
2.3	.3617	.3636	.3655	.3674	.3692	.3711	.3729	.3747	.3766	.3784
2.4	.3802	.3820	.3838	.3856	.3874	.3892	.3909	.3927	.3945	.3962
2.5	.3979	.3997	.4014	.4031	.4048	.4065	.4082	.4099	.4116	.4133
2.6	.4150	.4166	.4183	.4200	.4216	.4232	.4249	.4265	.4281	.4298
2.7	.4314	.4330	.4346	.4362	.4378	.4393	.4409	.4425	.4440	.4456
2.8	.4472	.4487	.4502	.4518	.4533	.4548	.4564	.4579	.4594	.4609
2.9	.4624	.4639	.4654	.4669	.4683	.4698	.4713	.4728	.4742	.4757
3.0	.4771	.4786	.4800	.4814	.4829	.4843	.4857	.4871	.4886	.4900
3.1	.4914	.4928	.4942	.4955	.4969	.4983	.4997	.5011	.5024	.5038
3.2	.5051	.5065	.5079	.5092	.5105	.5119	.5132	.5145	.5159	.5172
3.3	.5185	.5198	.5211	.5224	.5237	.5250	.5263	.5276	.5289	.5302
3.4	.5315	.5328	.5340	.5353	.5366	.5378	.5391	.5403	.5416	.5428
3.5	.5441	.5453	.5465	.5478	.5490	.5502	.5514	.5527	.5539	.5551
3.6	.5563	.5575	.5587	.5599	.5611	.5623	.5635	.5647	.5658	.5670
3.7	.5682	.5694	.5705	.5717	.5729	.5740	.5752	.5763	.5775	.5786
3.8	.5798	.5809	.5821	.5832	.5843	.5855	.5866	.5877	.5888	.5899
3.9	.5911	.5922	.5933	.5944	.5955	.5966	.5977	.5988	.5999	.6010
4.0	.6021	.6031	.6042	.6053	.6064	.6075	.6085	.6096	.6107	.6117
4.1	.6128	.6138	.6149	.6160	.6170	.6180	.6191	.6201	.6212	.6222
4.2	.6232	.6243	.6253	.6263	.6274	.6284	.6294	.6304	.6314	.6325
4.3	.6335	.6345	.6355	.6365	.6375	.6385	.6395	.6405	.6415	.6425
4.4	.6435	.6444	.6454	.6464	.6474	.6484	.6493	.6503	.6513	.6522
4.5	.6532	.6542	.6551	.6561	.6571	.6580	.6590	.6599	.6609	.6618
4.6	.6628	.6637	.6646	.6656	.6665	.6675	.6684	.6693	.6702	.6712
4.7	.6721	.6730	.6739	.6749	.6758	.6767	.6776	.6785	.6794	.6803
4.8	.6812	.6821	.6830	.6839	.6848	.6857	.6866	.6875	.6884	.6893
4.9	.6902	.6911	.6920	.6928	.6937	.6946	.6955	.6964	.6972	.6981
5.0	.6990	.6998	.7007	.7016	.7024	.7033	.7042	.7050	.7059	.7067
5.1	.7076	.7084	.7093	.7101	.7110	.7118	.7126	.7135	.7143	.7152
5.2	.7160	.7168	.7177	.7185	.7193	.7202	.7210	.7218	.7226	.7235
5.3	.7243	.7251	.7259	.7267	.7275	.7284	.7292	.7300	.7308	.7316
5.4	.7324	.7332	.7340	.7348	.7356	.7364	.7372	.7380	.7388	.7396

常用対数表 (2)

数	0	1	2	3	4	5	6	7	8	9
5.5	.7404	.7412	.7419	.7427	.7435	.7443	.7451	.7459	.7466	.7474
5.6	.7482	.7490	.7497	.7505	.7513	.7520	.7528	.7536	.7543	.7551
5.7	.7559	.7566	.7574	.7582	.7589	.7597	.7604	.7612	.7619	.7627
5.8	.7634	.7642	.7649	.7657	.7664	.7672	.7679	.7686	.7694	.7701
5.9	.7709	.7716	.7723	.7731	.7738	.7745	.7752	.7760	.7767	.7774
6.0	.7782	.7789	.7796	.7803	.7810	.7818	.7825	.7832	.7839	.7846
6.1	.7853	.7860	.7868	.7875	.7882	.7889	.7896	.7903	.7910	.7917
6.2	.7924	.7931	.7938	.7945	.7952	.7959	.7966	.7973	.7980	.7987
6.3	.7993	.8000	.8007	.8014	.8021	.8028	.8035	.8041	.8048	.8055
6.4	.8062	.8069	.8075	.8082	.8089	.8096	.8102	.8109	.8116	.8122
6.5	.8129	.8136	.8142	.8149	.8156	.8162	.8169	.8176	.8182	.8189
6.6	.8195	.8202	.8209	.8215	.8222	.8228	.8235	.8241	.8248	.8254
6.7	.8261	.8267	.8274	.8280	.8287	.8293	.8299	.8306	.8312	.8319
6.8	.8325	.8331	.8338	.8344	.8351	.8357	.8363	.8370	.8376	.8382
6.9	.8388	.8395	.8401	.8407	.8414	.8420	.8426	.8432	.8439	.8445
7.0	.8451	.8457	.8463	.8470	.8476	.8482	.8488	.8494	.8500	.8506
7.1	.8513	.8519	.8525	.8531	.8537	.8543	.8549	.8555	.8561	.8567
7.2	.8573	.8579	.8585	.8591	.8597	.8603	.8609	.8615	.8621	.8627
7.3	.8633	.8639	.8645	.8651	.8657	.8663	.8669	.8675	.8681	.8686
7.4	.8692	.8698	.8704	.8710	.8716	.8722	.8727	.8733	.8739	.8745
7.5	.8751	.8756	.8762	.8768	.8774	.8779	.8785	.8791	.8797	.8802
7.6	.8808	.8814	.8820	.8825	.8831	.8837	.8842	.8848	.8854	.8859
7.7	.8865	.8871	.8876	.8882	.8887	.8893	.8899	.8904	.8910	.8915
7.8	.8921	.8927	.8932	.8938	.8943	.8949	.8954	.8960	.8965	.8971
7.9	.8976	.8982	.8987	.8993	.8998	.9004	.9009	.9015	.9020	.9025
8.0	.9031	.9036	.9042	.9047	.9053	.9058	.9063	.9069	.9074	.9079
8.1	.9085	.9090	.9096	.9101	.9106	.9112	.9117	.9122	.9128	.9133
8.2	.9138	.9143	.9149	.9154	.9159	.9165	.9170	.9175	.9180	.9186
8.3	.9191	.9196	.9201	.9206	.9212	.9217	.9222	.9227	.9232	.9238
8.4	.9243	.9248	.9253	.9258	.9263	.9269	.9274	.9279	.9284	.9289
8.5	.9294	.9299	.9304	.9309	.9315	.9320	.9325	.9330	.9335	.9340
8.6	.9345	.9350	.9355	.9360	.9365	.9370	.9375	.9380	.9385	.9390
8.7	.9395	.9400	.9405	.9410	.9415	.9420	.9425	.9430	.9435	.9440
8.8	.9445	.9450	.9455	.9460	.9465	.9469	.9474	.9479	.9484	.9489
8.9	.9494	.9499	.9504	.9509	.9513	.9518	.9523	.9528	.9533	.9538
9.0	.9542	.9547	.9552	.9557	.9562	.9566	.9571	.9576	.9581	.9586
9.1	.9590	.9595	.9600	.9605	.9609	.9614	.9619	9624	.9628	.9633
9.2	.9638	.9643	.9647	.9652	.9657	.9661	.9666	.9671	.9675	.9680
9.3	.9685	.9689	.9694	.9699	.9703	.9708	.9713	.9717	.9722	.9727
9.4	.9731	.9736	.9741	.9745	.9750	.9754	.9759	.9763	.9768	.9773
9.5	.9777	.9782	.9786	.9791	.9795	.9800	.9805	.9809	.9814	.9818
9.6	.9823	.9827	.9832	.9836	.9841	.9845	.9850	.9854	.9859	.9863
9.7	.9868	.9872	.9877	.9881	.9886	.9890	.9894	.9899	.9903	.9908
9.8	.9912	.9917	.9921	.9926	.9930	.9934	.9939	.9943	.9948	.9952
9.9	.9956	.9961	.9965	.9969	.9974	.9978	.9983	.9987	.9991	.9996

アクセスノート　数学Ⅱ

●編　者――実教出版編修部
●発行者――小田良次
●印刷所――大日本印刷株式会社

●発行所――実教出版株式会社

〒102-8377
東京都千代田区五番町5
電 話〈営業〉(03)3238-7777
〈編修〉(03)3238-7785
〈総務〉(03)3238-7700
https://www.jikkyo.co.jp/

002402023　ISBN 978-4-407-35212-2

三角比の表

A	$\sin A$	$\cos A$	$\tan A$	A	$\sin A$	$\cos A$	$\tan A$
0°	0.0000	1.0000	0.0000	45°	0.7071	0.7071	1.0000
1°	0.0175	0.9998	0.0175	46°	0.7193	0.6947	1.0355
2°	0.0349	0.9994	0.0349	47°	0.7314	0.6820	1.0724
3°	0.0523	0.9986	0.0524	48°	0.7431	0.6691	1.1106
4°	0.0698	0.9976	0.0699	49°	0.7547	0.6561	1.1504
5°	0.0872	0.9962	0.0875	50°	0.7660	0.6428	1.1918
6°	0.1045	0.9945	0.1051	51°	0.7771	0.6293	1.2349
7°	0.1219	0.9925	0.1228	52°	0.7880	0.6157	1.2799
8°	0.1392	0.9903	0.1405	53°	0.7986	0.6018	1.3270
9°	0.1564	0.9877	0.1584	54°	0.8090	0.5878	1.3764
10°	0.1736	0.9848	0.1763	55°	0.8192	0.5736	1.4281
11°	0.1908	0.9816	0.1944	56°	0.8290	0.5592	1.4826
12°	0.2079	0.9781	0.2126	57°	0.8387	0.5446	1.5399
13°	0.2250	0.9744	0.2309	58°	0.8480	0.5299	1.6003
14°	0.2419	0.9703	0.2493	59°	0.8572	0.5150	1.6643
15°	0.2588	0.9659	0.2679	60°	0.8660	0.5000	1.7321
16°	0.2756	0.9613	0.2867	61°	0.8746	0.4848	1.8040
17°	0.2924	0.9563	0.3057	62°	0.8829	0.4695	1.8807
18°	0.3090	0.9511	0.3249	63°	0.8910	0.4540	1.9626
19°	0.3256	0.9455	0.3443	64°	0.8988	0.4384	2.0503
20°	0.3420	0.9397	0.3640	65°	0.9063	0.4226	2.1445
21°	0.3584	0.9336	0.3839	66°	0.9135	0.4067	2.2460
22°	0.3746	0.9272	0.4040	67°	0.9205	0.3907	2.3559
23°	0.3907	0.9205	0.4245	68°	0.9272	0.3746	2.4751
24°	0.4067	0.9135	0.4452	69°	0.9336	0.3584	2.6051
25°	0.4226	0.9063	0.4663	70°	0.9397	0.3420	2.7475
26°	0.4384	0.8988	0.4877	71°	0.9455	0.3256	2.9042
27°	0.4540	0.8910	0.5095	72°	0.9511	0.3090	3.0777
28°	0.4695	0.8829	0.5317	73°	0.9563	0.2924	3.2709
29°	0.4848	0.8746	0.5543	74°	0.9613	0.2756	3.4874
30°	0.5000	0.8660	0.5774	75°	0.9659	0.2588	3.7321
31°	0.5150	0.8572	0.6009	76°	0.9703	0.2419	4.0108
32°	0.5299	0.8480	0.6249	77°	0.9744	0.2250	4.3315
33°	0.5446	0.8387	0.6494	78°	0.9781	0.2079	4.7046
34°	0.5592	0.8290	0.6745	79°	0.9816	0.1908	5.1446
35°	0.5736	0.8192	0.7002	80°	0.9848	0.1736	5.6713
36°	0.5878	0.8090	0.7265	81°	0.9877	0.1564	6.3138
37°	0.6018	0.7986	0.7536	82°	0.9903	0.1392	7.1154
38°	0.6157	0.7880	0.7813	83°	0.9925	0.1219	8.1443
39°	0.6293	0.7771	0.8098	84°	0.9945	0.1045	9.5144
40°	0.6428	0.7660	0.8391	85°	0.9962	0.0872	11.4301
41°	0.6561	0.7547	0.8693	86°	0.9976	0.0698	14.3007
42°	0.6691	0.7431	0.9004	87°	0.9986	0.0523	19.0811
43°	0.6820	0.7314	0.9325	88°	0.9994	0.0349	28.6363
44°	0.6947	0.7193	0.9657	89°	0.9998	0.0175	57.2900
45°	0.7071	0.7071	1.0000	90°	1.0000	0.0000	——

指数関数・対数関数

1 指数の拡張

$a \neq 0$，n が正の整数のとき

$$a^0=1,\quad a^{-n}=\frac{1}{a^n}$$

2 累乗根の性質

$a>0$，$b>0$，m，n，p が正の整数のとき

$(\sqrt[n]{a})^n=a$，$\sqrt[n]{a}>0$（n は 2 以上）

$$\sqrt[n]{a}\sqrt[n]{b}=\sqrt[n]{ab},\quad \frac{\sqrt[n]{a}}{\sqrt[n]{b}}=\sqrt[n]{\frac{a}{b}},\quad (\sqrt[n]{a})^m=\sqrt[n]{a^m}$$

$$\sqrt[m]{\sqrt[n]{a}}=\sqrt[mn]{a},\quad \sqrt[n]{a^m}=\sqrt[np]{a^{mp}}$$

3 有理数の指数

$a>0$，m が整数，n が正の整数，r が有理数のとき

$$a^{\frac{m}{n}}=\sqrt[n]{a^m},\quad a^{-r}=\frac{1}{a^r}$$

4 指数法則

$a>0$，$b>0$，p，q が有理数のとき

$$a^pa^q=a^{p+q},\quad (a^p)^q=a^{pq},\quad (ab)^p=a^pb^p$$

$$\frac{a^p}{a^q}=a^{p-q},\quad \left(\frac{a}{b}\right)^p=\frac{a^p}{b^p}$$

5 指数関数 $y=a^x$

定義域は実数全体，値域は $y>0$，
グラフの漸近線は x 軸

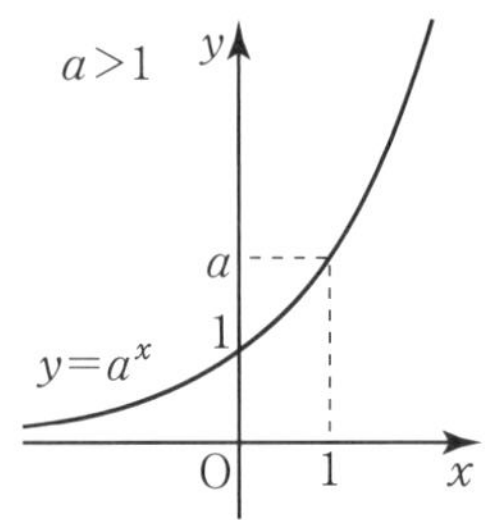

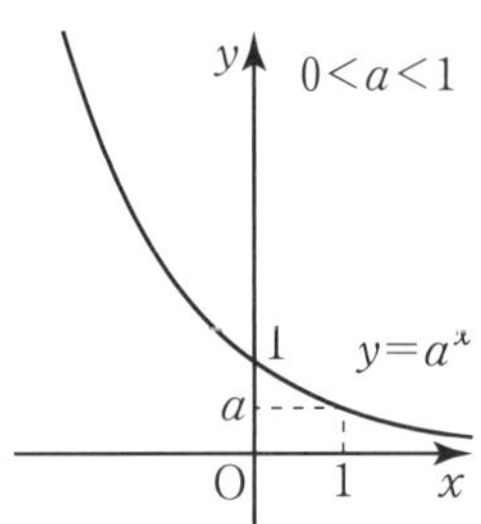

6 指数の大小関係

$a>0$，$a \neq 1$ のとき

・$p=q \iff a^p=a^q$

・$p<q \iff \begin{cases} a^p<a^q & (a>1) \\ a^p>a^q & (0<a<1) \end{cases}$

7 指数と対数の関係

$a>0$，$a \neq 1$，$M>0$ のとき

・$a^p=M \iff p=\log_a M$

・$\log_a a^p=p$

8 対数の性質

$a>0$，$a \neq 1$，$M>0$，$N>0$ のとき

(1) $\log_a 1=0$，$\log_a a=1$

(2) $\log_a MN=\log_a M+\log_a N$

(3) $\log_a \dfrac{M}{N}=\log_a M-\log_a N$

(4) $\log_a M^r=r\log_a M$（r は実数）

(5) $\log_a \dfrac{1}{N}=-\log_a N$

(6) $\log_a \sqrt[n]{M}=\dfrac{1}{n}\log_a M$

(7) 底の変換公式

$a>0$，$b>0$，$c>0$，$a \neq 1$，$c \neq 1$ のとき

$$\log_a b=\frac{\log_c b}{\log_c a}$$

9 対数関数 $y=\log_a x$

定義域は $x>0$，値域は実数全体，
グラフの漸近線は y 軸

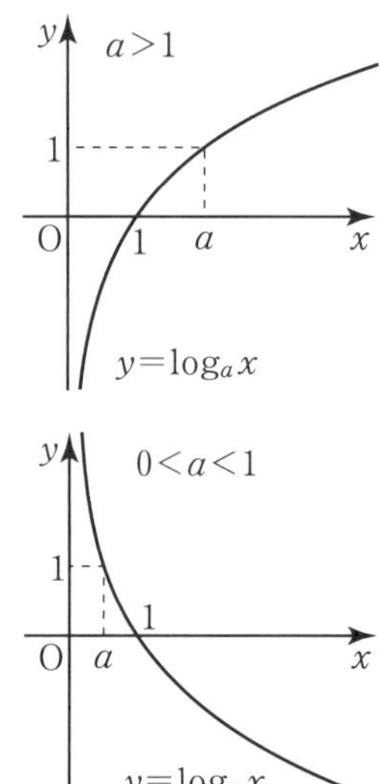

対数関数を含む方程式・不等式では，対数関数の定義域 $x>0$（真数条件）に注意する。

10 対数の大小関係

$a>0$，$a \neq 1$ のとき

・$p=q \iff \log_a p=\log_a q$

・$p<q \iff \begin{cases} \log_a p<\log_a q & (a>1) \\ \log_a p>\log_a q & (0<a<1) \end{cases}$

11 常用対数 $\log_{10} N$（$N>0$）

・N の整数部分が n 桁

$\iff 10^{n-1} \leqq N<10^n$

$\iff n-1 \leqq \log_{10} N<n$

・N は小数第 n 位にはじめて 0 でない数字が現れる

$\iff 10^{-n} \leqq N<10^{-n+1}$

$\iff -n \leqq \log_{10} N<-n+1$